高等院校课程设计案例精编

SketchUp草图大师 建筑 景观 园林设计 经典课堂

汪仁斌　吴蓓蕾　主编

清華大學出版社
北京

内 容 简 介

本书以最新版的 SketchUp 2018 为操作平台，以“理论知识＋实操案例”为创作导向，围绕建筑设计及景观园林设计展开讲解。本书利用 SketchUp 实现效果图可视化设计，书中的每个案例都给出了详细的操作步骤，并对操作过程中的设计技巧进行了描述。

全书共 9 章，包括 SketchUp 2018 轻松入门、SketchUp 基础操作、SketchUp 基础工具、SketchUp 高级工具、光影与材质的应用、文件的导入与导出、基础模型的创建、海边救生站场景的制作以及小区景观规划效果的制作。第 1 至 6 章后都附有课堂练习和强化训练，第 1 至 9 章章首均设置内容导读。本书结构清晰，思路明确，内容丰富，语言简炼，解说详略得当，既有鲜明的基础性，又有很强的实用性。

本书既可作为大中专院校及高等院校相关专业的教学用书，又可作为建筑设计及景观园林设计爱好者的学习用书。同时，也可作为社会各类 SketchUp 培训班的首选教材。

图书在版编目(CIP)数据

SketchUp草图大师建筑景观园林设计经典课堂 / 汪仁斌，吴蓓蕾主编. —北京：清华大学出版社，2020.7（2024.7重印）
高等院校课程设计案例精编
ISBN 978-7-302-55645-9

Ⅰ. ①S… Ⅱ. ①汪… ②吴… Ⅲ. ①建筑设计—计算机辅助设计—应用软件—课程设计—高等学校—教学参考资料 Ⅳ. ①TU201.4

中国版本图书馆CIP数据核字（2020）第101125号

责任编辑：李玉茹
封面设计：杨玉兰
责任校对：周剑云
责任印制：杨 艳
出版发行：清华大学出版社
网 址：https://www.tup.com.cn, https://www.wqxuetang.com
地 址：北京清华大学学研大厦A座 邮 编：100084
社 总 机：010-83470000 邮 购：010-62786544
投稿与读者服务：010-62776969，c-service@tup.tsinghua.edu.cn
质量反馈：010-62772015，zhiliang@tup.tsinghua.edu.cn
印 装 者：三河市君旺印务有限公司
经 销：全国新华书店
开 本：185mm×260mm 印 张：15.75 字 数：381千字
版 次：2020年8月第1版 印 次：2024年7月第6次印刷
定 价：79.00 元

产品编号：087146-01

PREFACE
序 言

为啥要学设计？

随着社会的发展，人们对美好事物的追求与渴望，已达到了一个新的高度。这一点充分体现在审美意识上，毫不夸张地讲我们身边的美无处不有，大到园林建筑，小到平面海报，抑或是犄角旮旯里的小门店也都要装饰一番并突显出自己的特色。这一切都是“设计”的结果，可以说生活中的很多元素都被有意或无意地设计过。俗话说：学设计饿不死，学设计高工资！那些有经验的设计师们，月薪过万不是梦。正是因为这一点很多人都投身于设计行业。

问：学设计可以就职哪类工作？求职难吗？

答：广为人知的设计行业包括：室内设计、建筑设计、景观园林设计、广告设计、UI 设计、珠宝设计、服装设计、影视动画设计……所以你还在问求职难吗！

问：如何选择学习软件？

答：根据设计类型和就业方向，学习相关软件。比如，平面设计类软件大同小异，重在设计体验。室内外设计软件各有侧重，贵在实际应用。各类软件之间也要配合使用，好比设计师要用 Photoshop 对建筑效果图做后期处理，为了让设计作品呈现更好的效果，有时会把视频编辑软件与平面软件相互配合使用。

问：没有美术基础的人也可以学设计吗？

答：可以。设计类的专业有很多，并不是所有的设计专业都需要有美术的功底。例如工业设计、展示设计等。俗话说“艺术归结于生活”，学设计不但可以提高自身审美能力，还能有效地指引人们制作出更精美的作品，提升自己的生活品质。

问：设计该从何学起？

答：自学设计可以先从软件入手：位图、矢量图和排版。学会了软件可以胜任 90% 的设计工作，只是缺乏“经验”。设计是软件技术 + 审美 + 创意，其中软件学习比较容易上手，而审美的提升则需要多欣赏优秀作品，只要不断学习，突破自我，优秀的设计技术轻松掌握！

系列图书课程安排

本系列图书既注重单个软件的实操应用，又看重多个软件的协同办公，以“理论知识 + 实际应用 + 案例展示”为创作思路，向读者全面阐述了各软件在设计领域中的强大功能。在讲解过程中，结合各领域的实际应用，对相关的行业知识进行了深度剖析，以辅助读者完成各种类型的设计工作。正所谓要“授人以渔”，读者不仅可以掌握这些设计软件的使用方法，还能利用它独立完成作品的创作。本系列图书包含以下图书作品：

- 《SketchUp 草图大师建筑 景观 园林设计经典课堂》
- 《室内效果图表现技法经典课堂（AutoCAD + 3ds max + VRay）》
- 《建筑室内外效果表现技法经典课堂（AutoCAD + SketchUp + VRay）》
- 《3ds max 建模技法经典课堂》
- 《3ds Max+VRay 效果图表现技法经典课堂》
- 《Adobe Photoshop CC 2017 图像处理经典课堂》
- 《Adobe Illustrator CC 2017 平面设计经典课堂》
- 《Adobe InDesign CC 2017 排版设计经典课堂》
- 《Photoshop + Illustrator 平面设计经典课堂》
- 《Photoshop + CorelDRAW 平面设计经典课堂》

本书配套教学资源请扫描此二维码获取：

实例文件

课件

适用读者群体

- ☑ 景观及建筑效果图制作人员
- ☑ 景观、建筑设计人员
- ☑ 环艺、建筑设计培训班学员
- ☑ 大中专院校及高等院校相关专业师生
- ☑ SketchUp 爱好者

作者团队

本书由汪仁斌、吴蓓蕾主编，在编写过程中力求严谨细致，但疏漏之处在所难免，望广大读者批评指正。

致谢

为了令本系列图书尽可能满足读者的需要，许多人付出了辛勤的劳动。在此，向参与本书出版工作的“ACAA 教育集团”和“Autodesk 中国教育管理中心”的领导及老师、米粒儿设计团队成员等，致以诚挚谢意。同时感谢清华大学出版社的所有编审人员为本系列图书的出版所付出的辛勤劳动。本系列图书在编写过程中力求严谨细致，但由于时间和精力有限，书中仍难免出现疏漏和不妥之处，希望各位读者朋友们多多包涵，并批评指正，万分感谢！

编者

本书知识结构导图

SketchUP基础知识
SketchUp基础操作
视图控制
对象的选择
对象的显示风格及样式
实体的显示和隐藏
SketchUp基本工具
绘图工具
直线工具
矩形工具
圆工具
圆弧工具
多边形工具
手绘线工具
编辑工具
移动工具
旋转工具
缩放工具
偏移工具
推/拉工具
路径跟随工具
擦除工具
建筑施工工具
卷尺工具
尺寸工具
量角器工具
文字工具
三维文字工具
SketchUp高级工具
组工具
组件工具
群组工具
沙箱工具
根据等高线创建
根据网格创建
曲面起伏
曲面平整
曲面投射
添加细部
对调角线
图层工具
相机工具
实体工具
光影与材质
SketchUp材质
纹理贴图
光影设置
地理参照设置
阴影设置
雾化设置
文件的导入与导出
导入与导出AutoCAD文件
导入与导出3ds max文件
导入与导出二维图像文件
基础模型与综合案例的制作

CONTENTS
目录

CHAPTER 01
SketchUp 2018 轻松入门

CHAPTER 02
SketchUp 基础操作

CONTENTS

CONTENTS

CHAPTER 04

SketchUp 高级工具

CHAPTER 05

光影与材质的应用

CONTENTS

CHAPTER 08

海边救生站场景的制作

CHAPTER 09

小区景观规划效果的制作

参考文献

CHAPTER 01

SketchUp 2018 轻松入门

内容导读 Guided reading

SketchUp 是一款功能强大但简便易学的绘图工具，它融合了铅笔画的优美与自然笔触，可以迅速地建构、显示、编辑三维建筑模型，是一套注重设计过程的软件。本章主要介绍 SketchUp 软件的应用领域、用途、特点以及相关工作环境的设置等，为后面章节的学习做一个铺垫。

学习目标

√ 了解 SketchUp 的应用领域
√ 了解 SketchUp 的界面构成
√ 掌握坐标系的设置
√ 掌握场景单位的设置
√ 了解鼠标的应用

作品展示

◎启动界面

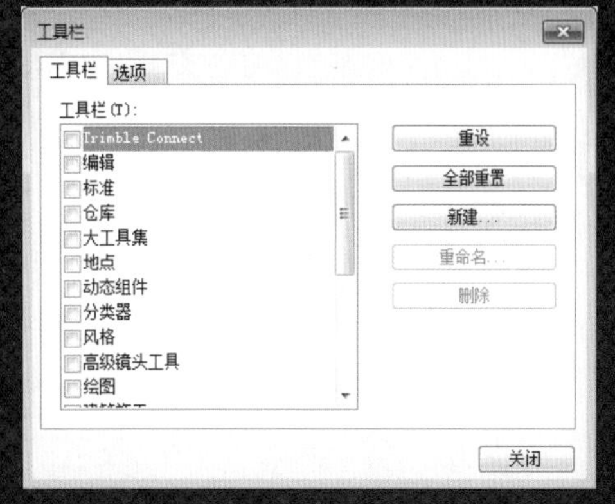

◎工具栏

1.1 SketchUp 2018 概述

使用 SketchUp 建立三维模型，与使用铅笔在图纸上作图一样，就是画线并创造成面，然后推拉成型，这也是建筑建模最常用的方法。使用 SketchUp，设计者可以专注于设计本身，不必为使用软件而烦恼，因为其操作很简单。设计者可以自由地创建 3D 模型，还可以将自己的作品发布到 Google Earth 上和其他人分享，或是提交到 Google' s 3D Warehous，也能从 Google' s 3D Warehouse 上得到需要的素材，以此作为创作的基础，获得灵感。

1.1.1 SketchUp 软件简介

AtlastSoftware 公司是美国著名的建筑设计软件开发商，其推出的 SketchUp 建筑草图设计工具是一套令人耳目一新的设计工具，它给建筑师带来边构思边表现的体验，能打破建筑师设计思想表现的束缚，快速形成建筑草图，创作建筑方案。SketchUp 被建筑师称为最优秀的建筑草图工具，是建筑创作上的一大革命。

SketchUp 简便易学，即使不熟悉电脑的建筑师也可以很快掌握。该软件融合了铅笔画的优美与自然笔触，可以迅速地建构、显示、编辑三维建筑模型，同时可以导出透视图、DWG 或 DXF 格式的 2D 向量文件等平面图形。该软件也适用于装潢设计师和户型设计师。

SketchUp 是一套直接面向设计方案创作过程的设计工具，设计师可以在电脑上进行直观的构思，最终形成的模型可以直接具备高级渲染功能的软件进行最终渲染。这样，可以最大限度地减少交给其他机械重复劳动，并可以控制设计成果的准确性。

1.1.2 SketchUp 软件特色

SketchUp 之所以能够快速、全面地被室内设计、建筑设计、园林景观、城市规划等诸多设计领域所接受并推崇，主要因为以下几种区别于其他三维软件的特点。

1. 直观多样的显示效果

在使用 SketchUp 进行设计创作时，可以实现“所见即所得”，在设计过程中的任何阶段都可以作为直观的三维成品进行观察，甚至可以模拟手绘草图的效果，能够快速切换不同的显示风格，与客户进行更为直接、有效的交流。

2. 建模高效快捷

SketchUp 能提供三维的坐标轴，在绘制草图时，稍加留意跟踪线的颜色，就可以准确定位图形的坐标。

SketchUp“画线成面，推拉成体”的操作方法极为便捷，在软件中不需要频繁地切换视图，可以在三维界面中绘制出二维图形，然后直接推拉成三维立体模型。另外，还可以通过数值输入框手动输入数值进行建模，以确保模型尺寸的标准。

3. 材质和贴图使用便捷

SketchUp 拥有自己的材质库，并能够实时显示出来。用户可以根据需要赋予模型各种材质和贴图，从而直观地看到效果。也可以将自定义的材质添加到材质库，以便在以后的设计制作中直接应用。材质确定后，可以方便地修改色调，并能够直观地显示修改结果，避免了反复试验。另外，通过调整贴图的颜色，一张贴图就可以成为不同颜色的材质。

4. 全面的软件支持与互转

SketchUp 虽然俗称“草图大师”，但其功能远不止于方案设计的草图阶段。SketchUp 不但能在模型的建立上满足建筑制图高精确度的要求，还能完美结合 VRay、Piranesi、Artlantis 等渲染器，实现多种风格的表现效果。

此外，SketchUp 与 AutoCAD、3ds max、Revit 等常用设计软件可以进行文件转换互用，满足了多个设计领域的需求。

5. 准确定位阴影

可以设定建筑所在的城市、时间等，并实时分析阴影，形成阴影的演示动画。

■ 1.1.3　SketchUp 2018 新功能

2017 年 11 月 15 日，官方正式发布了 SketchUp 2018 版本，这里简单介绍一下该版本做了哪些优化。

1. 更智能的剖切工具

新的“截面”工具栏中增加了剖面填充功能，设计者可以从“风格”设置面板中设置想要的填充颜色和填充模板，如图 1-1 所示。当创建剖切面后，会发现剖切面的 4 个角不再是老版本中的小箭头，而是变成了传统施工图中的剖切符号，如图 1-2 所示。

图 1-1 “风格”设置面板

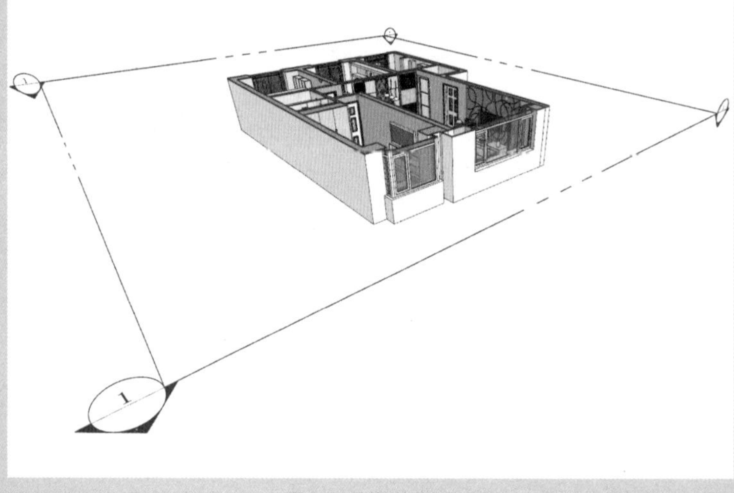

图 1-2 剖切符号

2. 组件高级属性

新版本的 SketchUp 可以为组件增减高级属性，如价格、大小、URL、类型、状态、制造商等。在项目中嵌入有价值的信息更加容易，“创建组件”对话框如图 1-3 所示。

3. 更强大的 LayOut

LayOut 的编辑面板中增加了一个新面板“按比例的图纸”，如图 1-4 所示。用户可根据 SketchUp 模型窗口的比例绘制对应比例的图形，也可直接在 LayOut 中绘制对应比例的图形。

图 1-3 组件高级属性

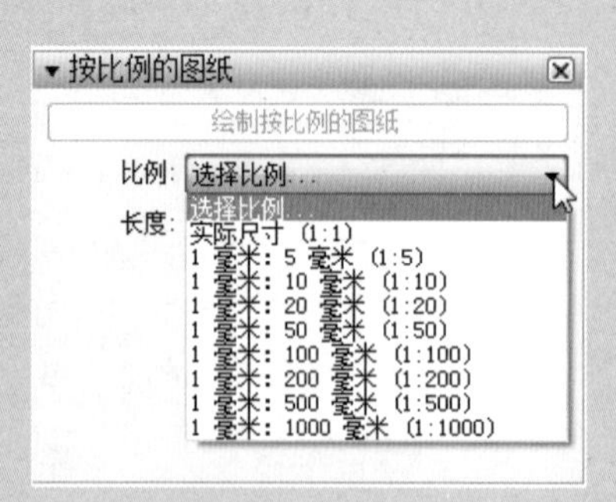

图 1-4 图纸比例

另外，新版本的 LayOut 支持导入 DWG 文件。如图 1-5 所示为导入 DWG 文件后弹出的“DWG/DXF 导入选项”对话框，用户可以选择导入“纸张空间”或“模型空间”。导入图纸后可设置图纸的显示比例，如图 1-6 所示。

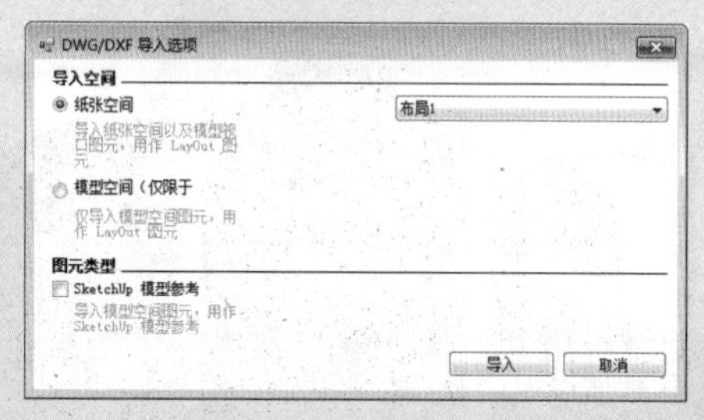

图 1-5 DWG/DXF 导入选项

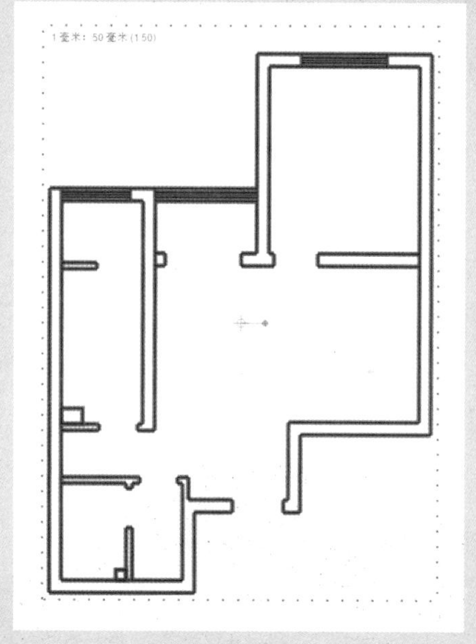

图 1-6 图纸显示比例

1.2 SketchUp 的应用领域

SketchUp 可应用于建筑设计、规划设计、景观园林设计、室内设计、工业设计等领域。

1. SketchUp 在建筑设计中的应用

SketchUp 在建筑方案设计中的应用较为广泛，从前期现场的构造，到建筑大概形体的确定，再到建筑造型及立面设计，还应用于建筑内部空间的推敲、光影及日照间距分析、建筑色彩及质感分析、方案的动态分析及对比分析等。如图 1-7 所示为利用 SketchUp 制作的建筑设计方案。

图 1-7 建筑设计方案

2. SketchUp 在规划设计中的应用

SketchUp 辅助建模及分析功能大大解放了设计师的思维，提高了规划编制的科学性与合理性。

目前，SketchUp 被广泛应用于控制性详细规划、城市设计、修建性详细设计以及概念性规划等不同规划类型的项目中。如图 1-8 所示为利用 SketchUp 构建的城市规划设计方案。

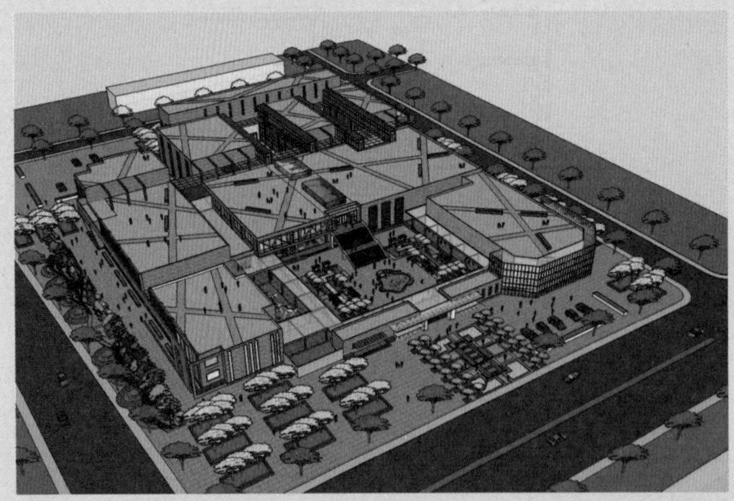

图 1-8 城市规划设计方案

3. SketchUp 在景观园林设计中的应用

SketchUp 在构建地形高差等方面可以生成直观的效果，且拥有丰富的景观素材库和强大的贴图材质功能。最重要的是，SketchUp 的图样风格非常适合景观设计表现。如图 1-9 所示为利用 SketchUp 创建的景观园林场景效果。

图 1-9　景观园林场景效果

4. SketchUp 在室内设计中的应用

室内设计的宗旨是创造满足人们物质生活和精神生活需要的室内环境，包括视觉环境和工程技术方面的问题。设计的整体风格和细节装饰在很大程度上受业主的喜好和性格特征的影响，传统的二维室内设计表现让很多业主无法理解设计师的设计理念，而 3ds max 等类似的三维室内效果图软件又不能灵活地对设计进行改动。SketchUp 能够在已知的户型图基础上快速向业主展示室内设计效果。如图 1-10 所示为利用 SketchUp 创建的室内场景效果。如果再进行渲染，可以得到更好的效果。

图 1-10　室内场景效果

5. SketchUp 在工业设计中的应用

SketchUp 在工业设计中的应用也越来越普遍，如机械产品设计、橱窗或展馆的设计等，如图 1-11 所示为一款发动机产品模型效果。

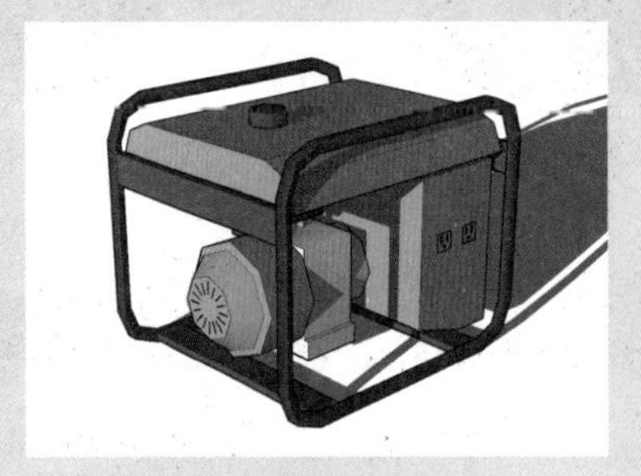

图 1-11 工业设计产品效果

1.3 SketchUp 2018 的界面构成

SketchUp 的操作简易快捷，界面简洁明快，初学者很容易上手。

1.3.1 SketchUp 的启动界面与主界面

软件正确安装后，启动 SketchUp 应用程序，首先出现的是 SketchUp 2018 启动界面的“学习”界面，如图 1-12 所示。

图 1-12 学习界面

SketchUp 中有很多模板可以选择，如图 1-13 所示。使用者可以根据需要选择相对应的模板进行设计建模。选择好合适的模板后，单击“开始使用 SketchUp”图形按钮，即可进入 SketchUp 2018 的工作界面。

图 1-13 选择模板

工作界面主要由标题栏、菜单栏、工具栏、状态栏、数值控制栏以及中间的绘图区构成，如图 1-14 所示。

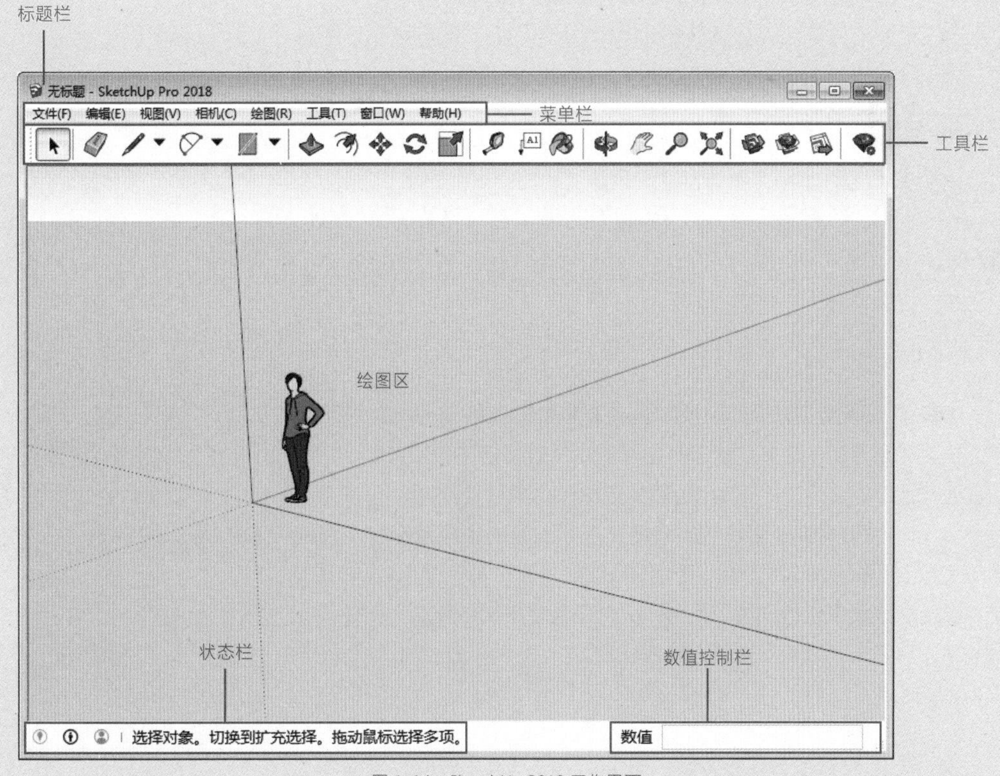

图 1-14 SketchUp 2018 工作界面

1．标题栏

标题栏位于绘图窗口的顶部，其右端有 3 个常见控制按钮，即最小化、最大化、关闭按钮。启动 SketchUp 后，出现的是空白的绘图窗口，默认标题为“无标题”，表示尚未保存文件。

2．菜单栏

菜单栏显示在标题栏下方，提供了大部分的 SketchUp 工具、命令和设置，由“文件”“编辑”“视图”“相机”“绘图”“工具”“窗口”“帮助”8 个菜单构成，每个菜单都可以打开相应的“子菜单”及“次级子菜单”。

- 文件：该菜单中包含了与 SketchUp 文件有关的命令。
- 编辑：该菜单中包含了针对模型中的物体进行操作的命令。
- 视图：该菜单中包含了显示模型的相关命令。
- 相机：该菜单中包含了与视图、视点相关的命令，集中了透视与轴侧的切换、观察模型和确定视角的主要命令。
- 绘图：该菜单中包含了全部的基本绘图命令以及两个沙箱创建命令。
- 工具：该菜单中包含了 SketchUp 所有的编辑命令。
- 窗口：该菜单中包含了针对绘图窗口的命令。
- 帮助：该菜单中包含了帮助中心、许可证、检查更新、关于 SketchUp 等选项，主要是对 SketchUp 的介绍。

3．工具栏

工具栏是浮动窗口，用户可随意摆放。默认状态下的 SketchUp 仅有横向工具栏，主要包括“绘图”“测量”“编辑”等工具组按钮。另外，通过执行“视图”|“工具栏”命令，在打开的“工具栏”对话框中也可以调出或者关闭某个工具栏。

4．状态栏

状态栏位于绘图窗口的下面，左端是命令提示和 SketchUp 的状态信息，用于显示当前的操作状态，也可对命令进行描述和操作提示。其中包含了地理位置定位、归属、登录以及显示 / 隐藏工具向导 4 个按钮。

状态栏的信息会随着鼠标的移动、操作工具的更换及操作步骤的改变而改变，总的来说是对命令的描述，提供操作工具名称和操作方法。当操作者在绘图区进行任意操作时，状态栏就会出现相应的文字提示，根据这些提示，可以更加准确地完成操作。

5．数值控制栏

数值控制栏位于状态栏右侧，用于显示所绘制内容的尺寸信息。

用户也可以在数值控制栏中输入数值，以操作当前选中的视图。

在进行精确模型创建时，可以通过键盘直接在输入框内输入“长度”“半径”“角度”“个数”等数值，以准确指定所绘图形的尺寸。

6. 绘图区

绘图区占据了 SketchUp 工作界面的大部分空间。与 Maya、3ds max 等大型三维软件的平面、立面、剖面及透视多视口显示方式不同，SketchUp 为了界面的简洁，仅设置了单视口，然后通过对应的工具按钮或快捷键对各个视图进行快速切换，有效节省了系统显示的负数。

1.3.2　SketchUp 的工具栏

SketchUp 的工具栏和其他程序的工具栏相似，可以游离或者吸附到绘图窗口的边上，也可以根据需要拖曳工具栏窗口，并调整大小。下面介绍几个常用工具栏。

1.“标准”工具栏

“标准”工具栏用于管理文件、打印和查看帮助，包括新建、打开、保存、剪切、复制、粘贴、擦除、撤销、重做、打印和模型信息等按钮，如图 1-15 所示。

图 1-15　“标准”工具栏

2.“编辑”与“主要”工具栏

“编辑”工具栏包括移动、推 / 拉、旋转、路径跟随、缩放和偏移等按钮，如图 1-16 所示。“主要”工具栏包括选择、制作组件、材质和擦除等按钮，如图 1-17 所示。

图 1-16　“编辑”工具栏　　图 1-17　“主要”工具栏

3.“绘图”工具栏

绘图工具栏包括矩形、直线、圆、手绘线、多边形、圆弧和饼图等按钮。圆弧分为两种，分别为根据起点、终点和凸起部分绘制圆弧；从中心和两点绘制圆弧，如图 1-18 所示。

图 1-18　“绘图”工具栏

4.“建筑施工”工具栏

“建筑施工”工具栏包括卷尺工具、尺寸、量角器、文字、轴和三维文字 6 个按钮，如图 1–19 所示。

5.“相机”工具栏

“相机”工具栏用于控制视图显示。包括环绕观察、平移、缩放、缩放窗口、充满视窗、上一个、定位相机、绕轴旋转和漫游等按钮，如图 1–20 所示。

图 1–19 “建筑施工”工具栏　　图 1–20 “相机”工具栏

6.“风格”工具栏

“风格”工具栏用于控制场景显示的风格模式。包括 X 光透视模式、后边线、线框显示、消隐、阴影、材质贴图和单色显示等按钮，如图 1–21 所示。

7.“视图”工具栏

“视图”工具栏用于切换到标准预设视图。底视图没有包括在内，但是可以从查看菜单中打开。此工具栏包括等轴、俯视图、前视图、右视图、后视图和左视图等按钮，如图 1–22 所示。

图 1–21 “风格”工具栏　　图 1–22 “视图”工具栏

8.“图层”工具栏

“图层”工具栏提供了显示当前图层、了解选中视图所在图层、改变实体的图层分配、开启图层管理器等常用的图层操作，如图 1–23 所示。

9.“截面”工具栏

“截面”工具栏可以很方便地执行常用的剖面操作。包括添加剖切面、显示 / 隐藏剖切面和显示 / 隐藏剖面切割，如图 1–24 所示。

10.“沙箱”工具栏

“沙箱”工具栏用于地形方面的制作。包括根据等高线创建、根据网格创建、曲面起伏、曲面平整、曲面投射、添加细部和对调角线等按钮，如图 1–25 所示。

图 1-23　“图层”工具栏

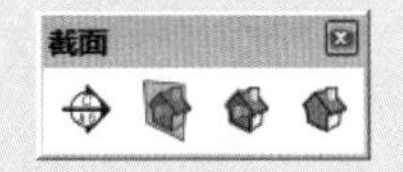

图 1-24　“截面”工具栏

图 1-25　“沙箱”工具栏

绘图技巧

在初始界面是看不到“大工具集”的，需要执行“视图” |“工具栏”命令，勾选“大工具集”复选框之后才会显示。

1.4　绘图环境的设置

SketchUp 的“编辑”工具栏包含了“移动”“推拉”“旋转”“路径跟随”“缩放”以及“偏移”6 种工具，如图 1-26 所示。其中“移动”“旋转”“缩放”以及“偏移”4 个工具用于对对象位置、形态的变换与复制，而“推拉”和“路径跟随”两个工具主要用于将二维图形转变成三维模型。

图 1-26　“编辑”工具

1.4.1　设置场景坐标系

与其他三维建筑设计软件一样，SketchUp 也使用坐标系来辅助绘图。启动 SketchUp 后，会看到屏幕中有一个三色的坐标轴，该坐标轴为默认坐标轴。绿色的坐标轴代表 x 轴向，红色的坐标轴代表 y 轴向，蓝色的坐标轴代表 z 轴向，其中实线轴为坐标轴正方向，虚线轴为坐标轴负方向，如图 1-27 所示。

用户可以利用“轴”工具对默认的坐标轴进行定义。激活“轴”工具，在场景中指定新的原点以及轴向即可创建新的坐标系，如图 1-28 所示。

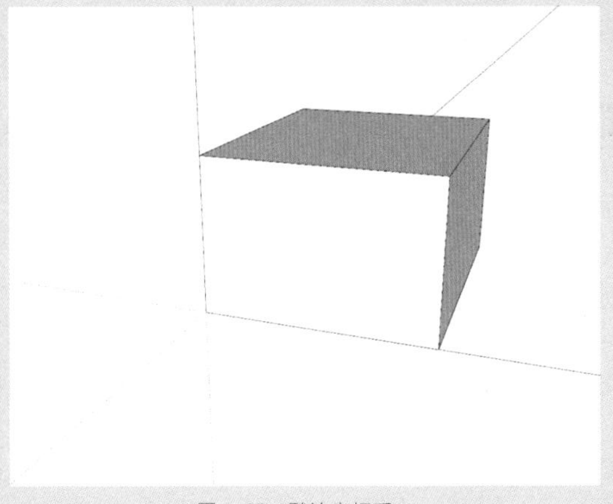
图 1-27　默认坐标系

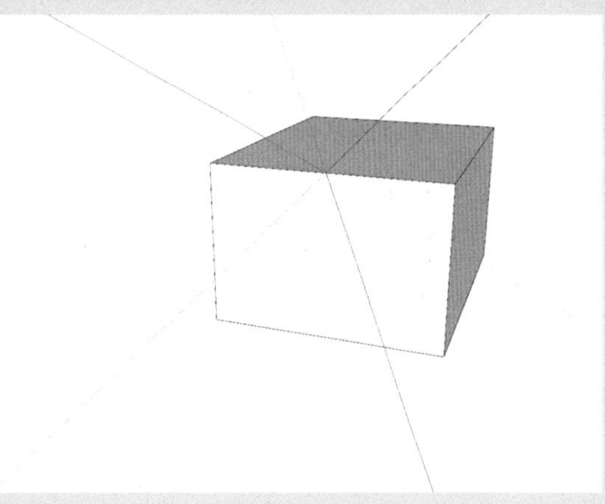
图 1-28　新建坐标系

1.4.2 设置场景单位

SketchUp 在默认情况下以美制英寸为绘图单位，而我国设计规范均以毫米（米制）为单位，精度通常为 0mm。

"单位"选项栏位于"模型信息"面板中，主要用于对绘图单位进行设置，包括长度单位与角度单位。该设置非常重要，最好在开始工作之前就将绘图单位设置好。执行"窗口"|"模型信息"命令，打开"模型信息"对话框，在左侧单击"单位"选项，在右侧的选项卡中设置单位格式为"十进制"，单位为"mm"，精确度为"0mm"，如图 1-29 所示。

图 1-29 场景单位设置

- 长度单位：用于设置当前 SketchUp 模型的默认长度单位。SketchUp 中包含工程、建筑、十进制、小数 4 种单位制式，按照设计习惯一般选择十进制中的毫米。
- 角度单位：用于设置当前模型的默认角度精度及捕捉等。

1.4.3 自动保存与备份

为了防止断电等突发情况造成文件的丢失，SketchUp 提供了文件自动备份与保存的功能，执行"窗口"|"系统设置"命令，打开"SketchUp 系统设置"对话框，在"常规"选项卡中，可根据需要勾选相关选项，如图 1-30 示。

图 1-30 自动保存与备份设置

知识拓展

本小节中所讲解的设置场景坐标轴和显示十字光标这两个操作并不常用，对于初学者来说，并不需要过多的研究，有一定的了解即可。

绘图技巧

在第一次使用 SketchUp 软件时应加载"建筑施工文档 - 毫米"模板，因为这是一个一劳永逸的做法，今后作图无须再设置绘图单位。

- 创建备份：提供创建 *.skb 的备份文件，当出现意外情况时可以将备份文件的后缀名改为 .skp，即可打开还原文件。
- 自动保存：以后面的间隔时间进行自动保存。
- 自动检测：可以自动检测模型在加载或保存时的错误。
- 自动修复：不提示信息自动修复所发现的错误。

在“文件”选项卡中单击“模型”后的“设置路径”按钮，可以设置自动备份的文件路径，如图 1-31 所示。

图 1-31　设置文件路径

知识拓展

创建备份与自动保存是两个概念，如果只勾选“自动保存”复选框，则数据将直接保存在已经打开的文件上。只有同时勾选“创建备份”，才能将数据另存在一个新的文件上，这样，即使打开的文件出现损坏，还可以使用备份文件。

1.4.4　设置硬件加速

SketchUp 是一款十分依赖内存、CPU、3D 显示卡和 OpenGL 驱动的三维应用软件，运行该软件时需要 100% 兼容的 OpenGL 驱动。

OpenGL 是众多游戏和应用程序进行三维对象实时渲染的工业标准，Windows 和 MacOS 都内建了基于软件加速的 OpenGL 驱动。安装好 SketchUp 后，系统默认是使用 OpenGL 硬件加速，如果计算机配备了 100% 兼容 OpenGL 硬件加速的显示卡，那么可以在“系统设置”对话框的 OpenGL 选项卡中进行设置，以充分发挥硬件的加速性能，如图 1-32 所示。

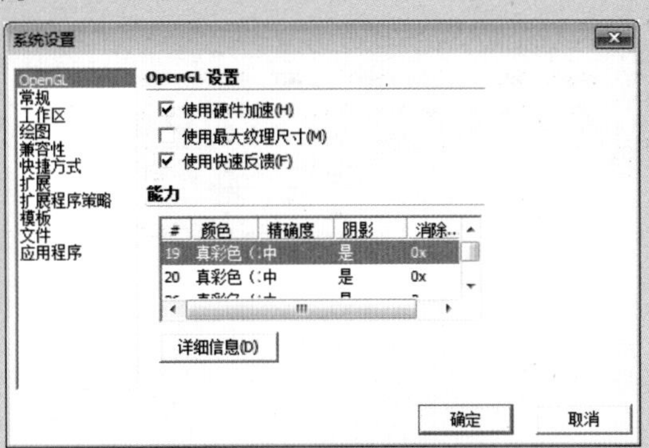

图 1-32　硬件加速

如果显卡 100% 兼容 OpenGL，那么 SketchUp 的工作效率将比软件加速模式要快得多，会明显感觉到速度的提升。如果不能正常使用某些工具，或者渲染时出错，那么显卡可能不是 100% 兼容，这时最好取消勾选“使用硬件加速”复选框。

1.4.5 设置地理位置

南北半球的建筑物接受日照的时长和角度都不一样，就是在同一半球、同一国家，由于经纬度的不同，日照情况也不一样。因此，设置准确的地理位置，是 SketchUp 产生准确光影效果的前提。

利用“地理位置”选项卡可以很方便地通过 Google Earth 导入国家、城市的经纬度信息，并导入该地区的 Google Earth 图像，不必另外开启 Google Earth，如图 1-33 所示。

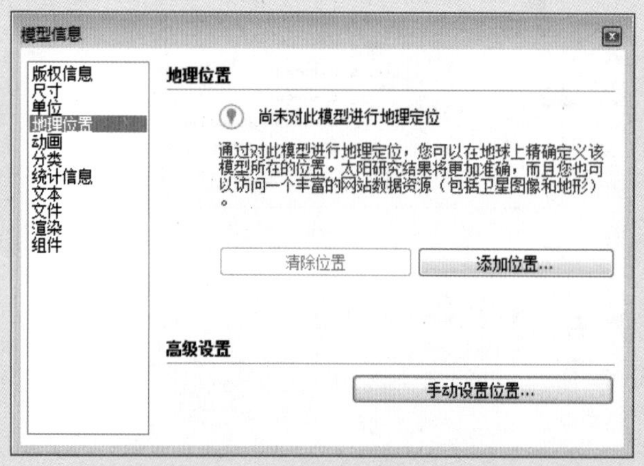

图 1-33 “地理位置”选项栏

知识拓展

很多用户不注意地理位置的设置。由于纬度的不同，不同地区日照的时长和角度都不一样，如果地理位置设置不正确，则阴影与光线的模拟就会失真，从而影响整体的效果。

小试身手——自定义快捷键

SketchUp 为一些常用工具设置了默认快捷键，如图 1-34 所示，用户也可以自定义快捷键，以符合个人的操作习惯，操作步骤如下。

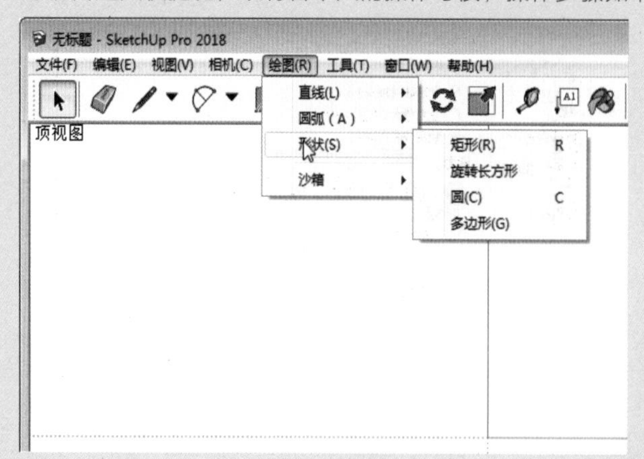

图 1-34 默认快捷键

01 在菜单栏中执行“窗口”|“系统设置”命令，打开“SketchUp 系统设置”对话框，在左侧单击“快捷方式”选项，即可在右侧自定义快捷键，如图 1-35 所示。

图 1-35　“SketchUp 系统设置”对话框

02 输入快捷键后，单击“添加”按钮。如果该快捷键已经被其他命令占用，系统将会弹出如图 1-36 所示的提示框，此时单击“是”按钮即会将原有快捷键代替。

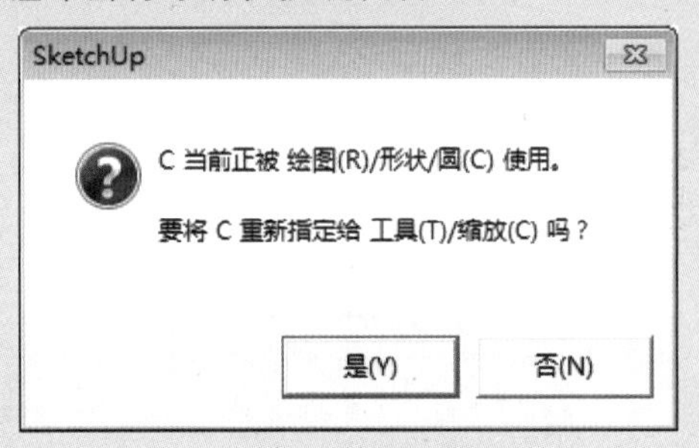

图 1-36　替换快捷键

绘图技巧

如果要删除已经设置好的快捷键，只需要在“SketchUp 系统设置”对话框右侧单击选择已指定的快捷键，再单击“删除”按钮 - 即可。

常见快捷键见表 1-1。

表 1-1　常见快捷键

直线		L	手绘线		F	矩形		R
圆		C	多边形		N	圆弧		A
选择		空格键	擦除		E	材质		X
移动		M	推 / 拉		U	旋转		R
路径跟随		J	缩放		S	偏移		O

（续表）

卷尺工具		Q	尺寸		D	量角器		V
文字		T	轴		Y	三维文字		SHIFT+Z
平移		H	缩放		Z	充满视窗		SHIFT+
定位相机		I	绕轴旋转		K	漫游		W
上一视图		F8	等轴		F2	俯视图		F3
右视图		F7	前视图		F4	后视图		F5
左视图		F6	绕轴旋转		鼠标中键	制作组件		G

1.5 在 SketchUp 中使用鼠标

SketchUp 既可支持三键鼠标又可支持单键鼠标（常见于 Mac 计算机）。由于三键鼠标能大大提高使用 SketchUp 的效率，推荐选用三键鼠标。

1.5.1 使用三键鼠标

三键鼠标包含一个左键，一个中键（也叫作滚轮）以及一个右键。下面介绍三键鼠标在 SketchUp 中的各种常见操作。

- 点击：是指快速按下鼠标左键，然后放开。
- 点击并按住：是指按下并按住鼠标左键。
- 点击、按住并拖曳：是指按下并按住鼠标左键，然后移动光标。
- 中键点击、按住并拖曳：是指按下并按住鼠标中键然后移动光标。
- 滚动：是指旋转鼠标中间的滚轮。
- 右键点击：是指点击鼠标右键。右键点击一般用来显示上下文菜单，如图 1-37 所示。

知识拓展

上下文菜单是内容随调用环境不同而发生变化的菜单（通常位于绘图区的一个或多个图元上或者是在组件内，例如对话框）。如图 1-37 所示为一个平面图元的上下文菜单。

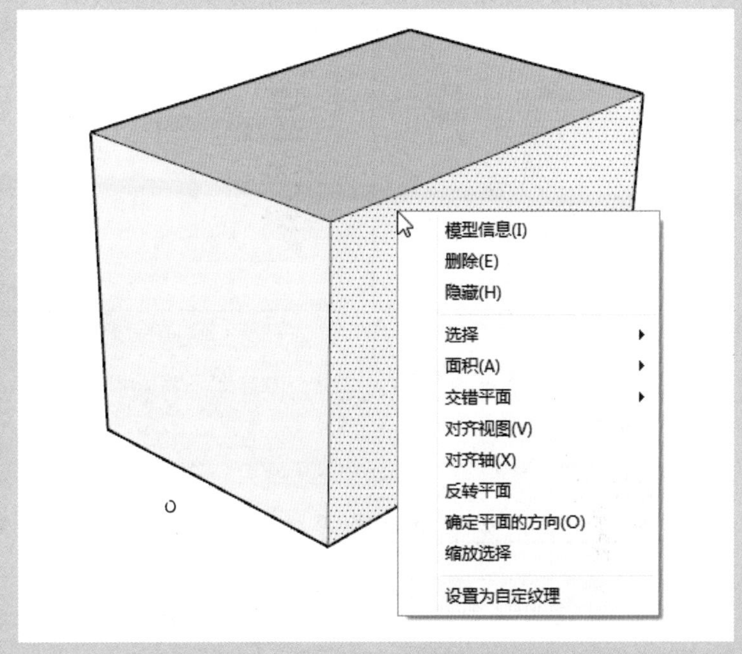

图 1-37　上下文菜单

■ 1.5.2　使用单键鼠标

下面介绍单键鼠标在 SketchUp 中的各种常见操作。

- 点击：是指快速按下然后释放鼠标键。
- 点击并按住：指按下并按住鼠标键。
- 点击、按住并拖曳：是指按住鼠标键，然后移动光标。
- 滚动：是指旋转鼠标滚动球（在某些 Mac 计算机上可用）。
- 右键点击：是指按住控制键的同时点击鼠标键。

课堂练习——自定义工具栏

为了提高绘图效率，用户可以把工具摆放在顺手的位置。下面介绍操作步骤。

01 执行“视图”|“工具栏”命令，打开“工具栏”对话框，如图 1-38 所示。

02 在列表中选择需要的工具栏选项，如图 1-39 所示。

图 1-38 “工具栏”对话框

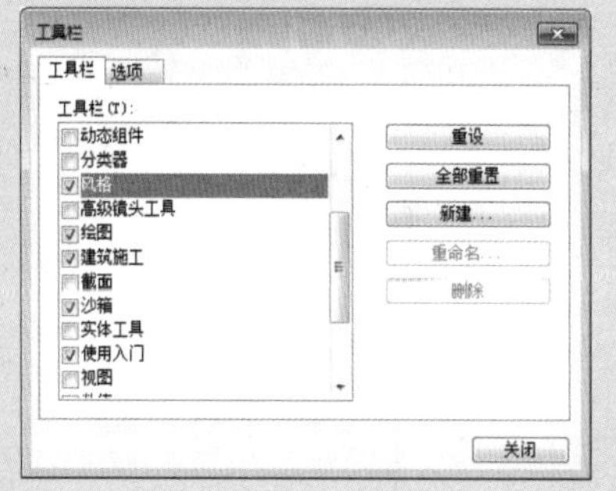

图 1-39 选择工具栏选项

03 关闭“工具栏”对话框，返回到工作界面，可以看到被调出的工具栏，如图 1-40 所示。

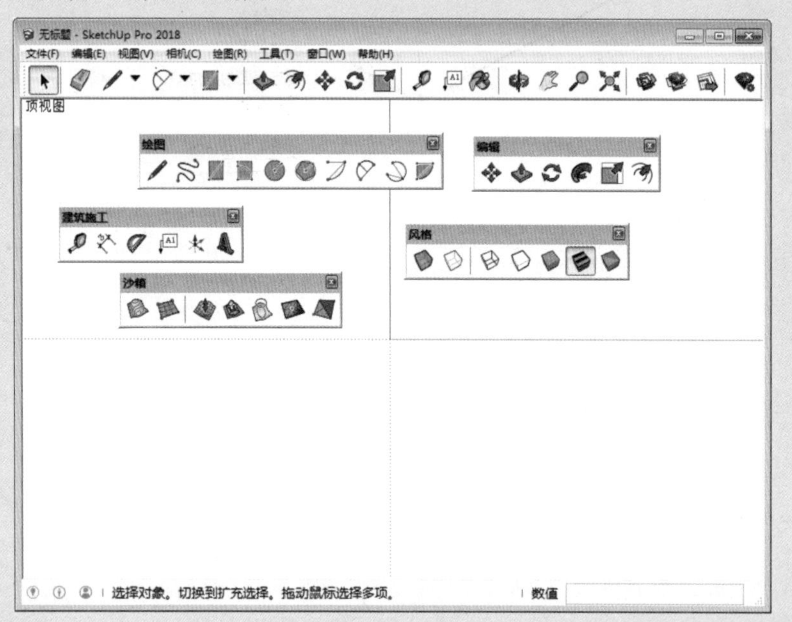

图 1-40 调出的工具栏

04 除了系统中原有的工具栏，还可以根据绘图习惯创建自定义工具栏，再次打开“工具栏”对话框，单击“新建”按钮，如图 1-41 所示。

图 1-41 创建自定义工具栏

05 在弹出的“工具栏名称”输入框中输入“自定义”，单击“确定”按钮，如图 1-42 所示。

06 在“工具栏”对话框中会自动增加“自定义”选项，在界面中也会增加一个空白的“自定义”工具栏，如图 1-43 所示。

> **知识拓展**
>
> 自定义工具栏操作必须在“工具栏”对话框打开的情况才可以进行工具的拖曳。拖曳成功后，原工具条中的该工具将被移除。在“工具栏”对话框中单击“全部重置”按钮，即可恢复原工具栏的布置。

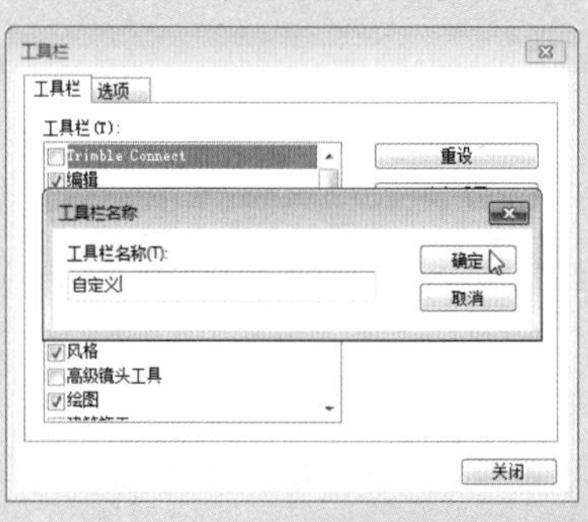

图 1-42 自定义工具栏名称

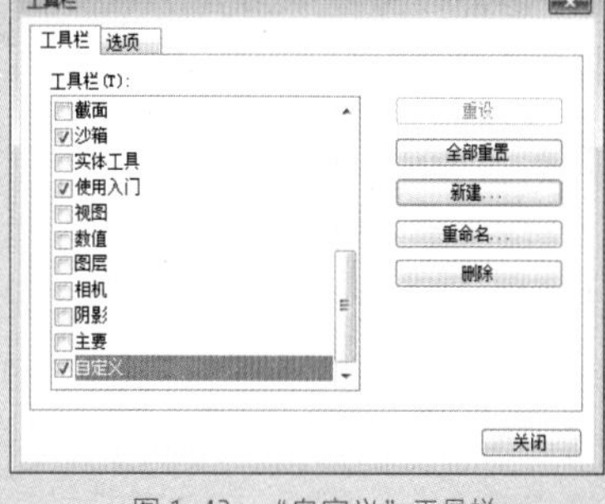

图 1-43 “自定义”工具栏

07 调整“自定义”工具栏到合适位置，在左侧工具栏中选择自己需要的工具，这里选择矩形工具，按住鼠标左键将其拖曳到“自定义”工具栏中，如图 1-44 所示。

08 继续拖曳其他工具到“自定义”工具栏中，完成“自定义”工具栏的制作，同时所拖曳的工具将会从左侧工具栏中消失，如图 1-45 所示。

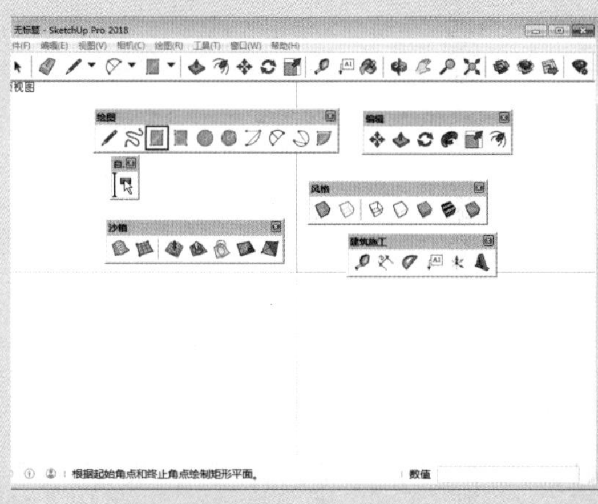

图 1-44 选择并拖曳矩形工具

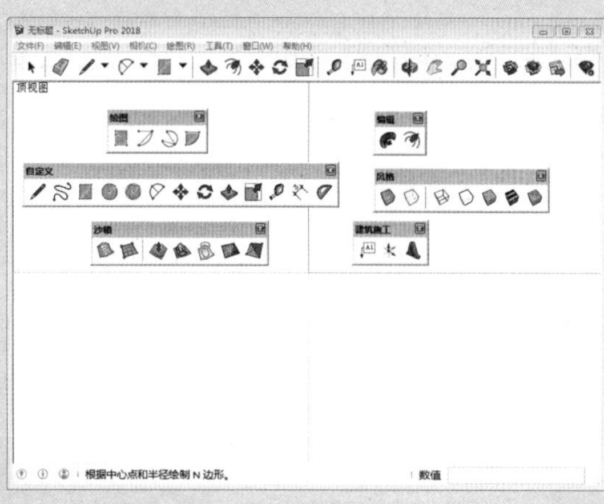

图 1-45 拖曳其他工具

强化训练

为了更好地掌握本章所学知识，在此列举几个针对本章的拓展案例，以供练习!

1. 调用模板

操作提示:

01 在软件的欢迎界面中单击“选择模板”按钮，在列表中选择系统设定好的或者自定义模板，如图 1-46 所示。

02 在软件操作界面执行“窗口”|“系统设置”命令，在弹出的“系统设置”对话框的“模板”选项卡中选择模板，如图 1-47 所示。可以看到，“系统设置”对话框中的模板列表与欢迎界面中的模板是一致的。

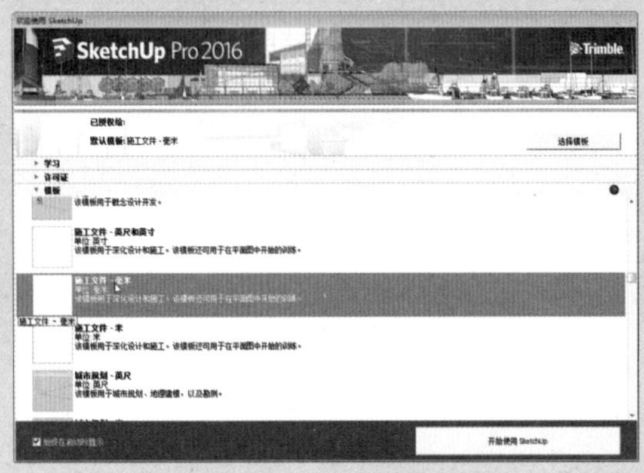

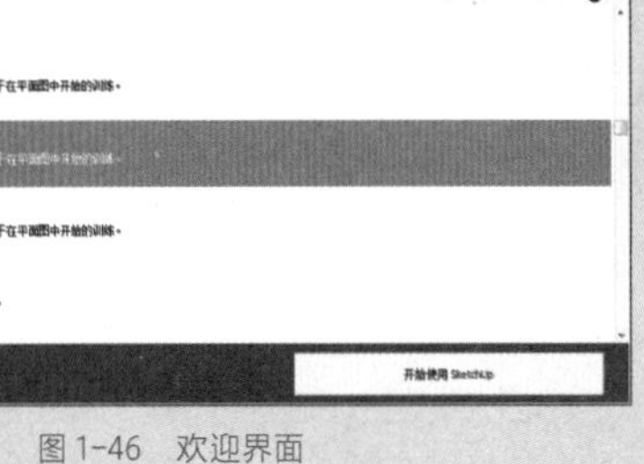

图 1-46　欢迎界面

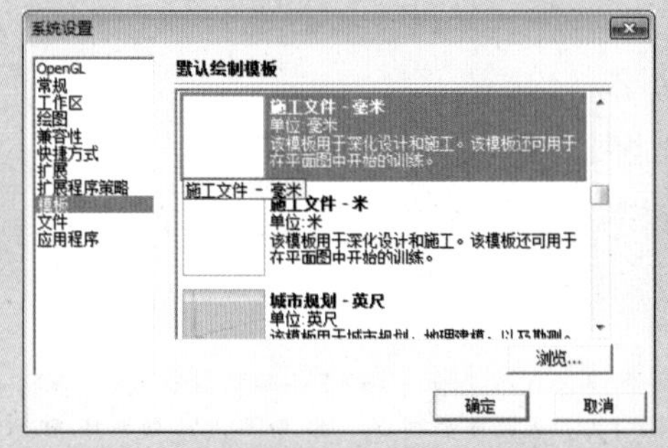

图 1-47　选择模板

2. 开启辅助十字光标

如果用户想在绘图时出现如图 1-48 所示的用于辅助定位的十字光标，就像是在 AutoCAD 中绘图时的屏幕光标一样，可以通过“系统设置”对话框进行设置。

操作提示:

执行“窗口”|“系统设置”命令，打开“SketchUp 系统设置”对话框，选择“绘图”选项，勾选“显示十字准线”复选框，如图 1-49 所示。

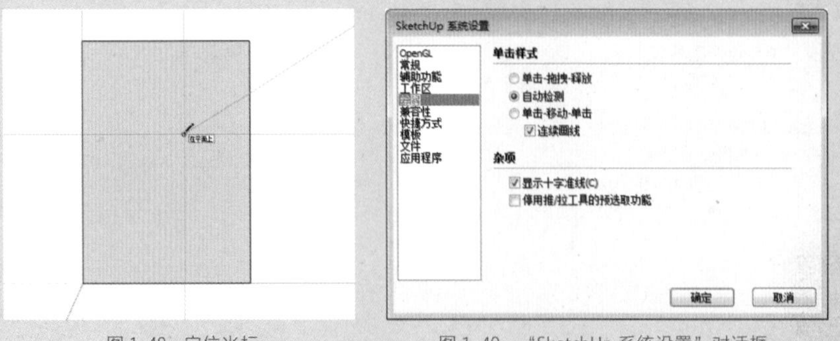

图 1-48　定位光标　　图 1-49　“SketchUp 系统设置”对话框

2.1 SketchUp 视图控制

在使用 SketchUp 时，会频繁地对当前的视图方式进行调整（如切换视图、缩放视图、平移视图等），以确定模型的创建位置或观察当前模型的细节效果。因此，熟练地对视图进行控制操作是掌握 SketchUp 其他功能的基础。

2.1.1 切换视图

设计师在三维制图时经常要进行视图间的切换，在 SketchUp 中切换视图主要是通过“视图”工具栏中的 6 个按钮进行快速切换，如图 2-1 所示。

图 2-1 “视图”工具栏

单击其中的按钮即可切换到相应的视图，依次为等轴视图、俯视图、前视图、右视图、后视图、左视图，如图 2-2 至图 2-7 所示。

图 2-2 等轴视图

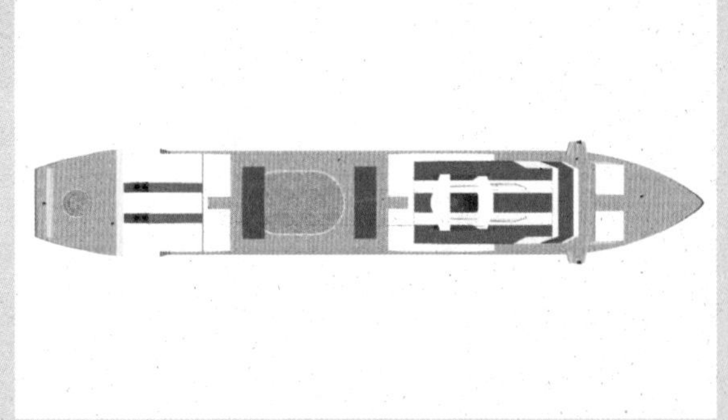
图 2-3 俯视图

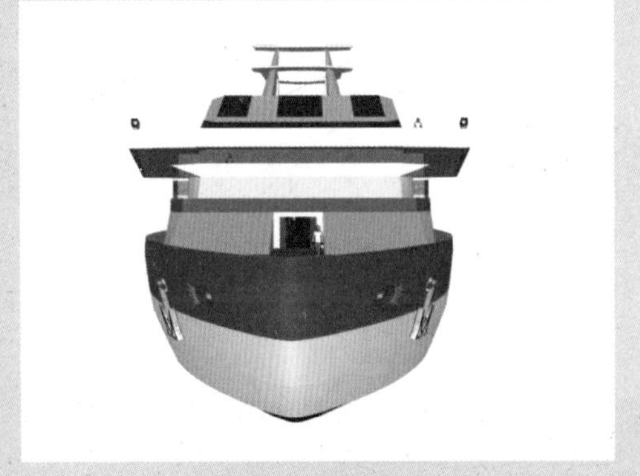
图 2-4 前视图

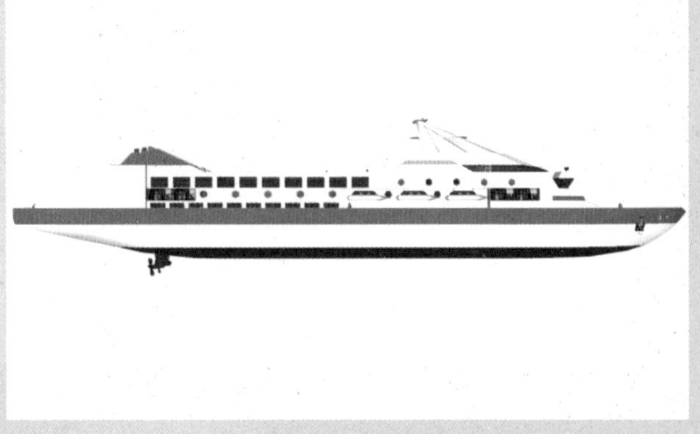
图 2-5 右视图

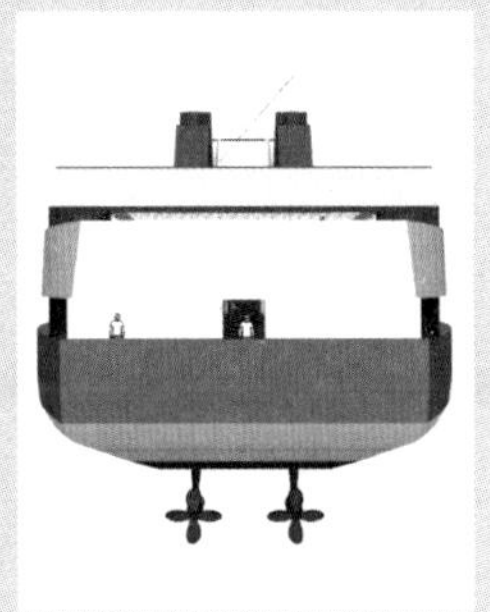
图 2-6 后视图

图 2-7 左视图

绘图技巧

SketchUp 默认设置为“透视显示”，因此所得到的平面与立面视图都非绝对的投影效果，如图 2-8 所示，执行“相机”|“平行投影”命令即可得到绝对的投影视图，如图 2-9 所示。

图 2-8 透视显示

图 2-9 平行投影

由于计算机屏幕观察模型的局限性，为了达到精确作图的目的，必须转换到最精确的视图窗口操作，这时对模型的操作才最准确。

2.1.2 缩放视图

绘图是一个不断地从局部到整体，再从整体到局部的过程。为了精确绘图，设计师经常需要放大图形以观察局部细节；而为了进行全局的调整，又要缩小图形以查看整体效果。

通过缩放工具可以调整模型在视图中的显示大小，从而进行整体细节或局部细节的观察，SketchUp 的“相机”工具栏中提供了多种视图缩放工具。

1. “缩放”工具

“缩放”工具用于调整整个模型在视图中的大小。单击“镜头”工具栏中的“缩放”按钮，按住鼠标左键不放，从屏幕下方往上方移动可放大视图，从屏幕上方往下方移动可缩小视图，如图 2-10、图 2-11 所示。

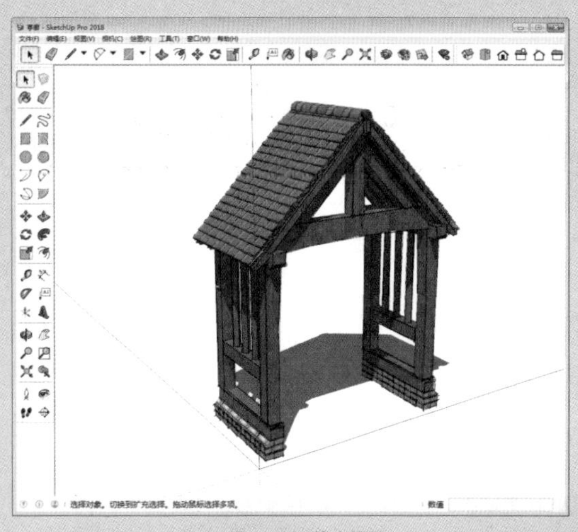

图 2-10　放大视图

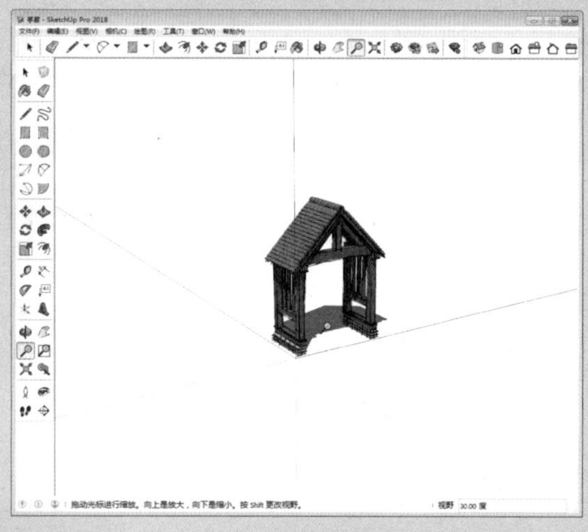

图 2-11　缩小视图

2. “缩放窗口”工具

通过“缩放窗口”可以划定一个显示区域，位于划定区域内的模型将在视图内最大化显示，单击“相机”工具栏中的“缩放窗口”按钮，然后在视图中划定一个区域即可进行缩放，如图 2-12 所示。

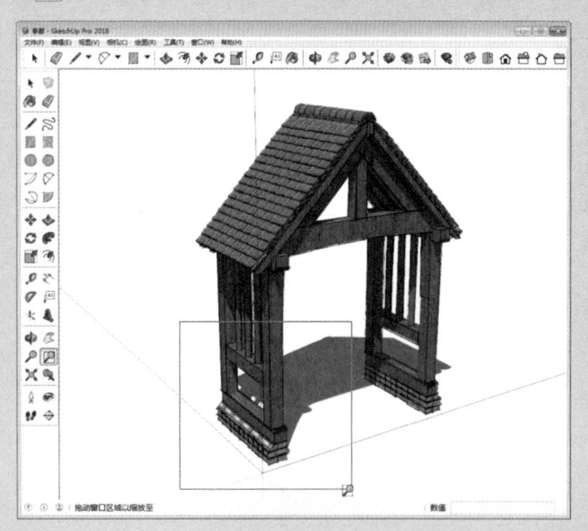

图 2-12　缩放窗口前后对比

3. “充满视窗”工具

“充满视窗”工具可以快速地将场景中所有可见模型以屏幕中心为中心进行最大化显示。其操作步骤也非常简单，单击“相机”工具栏中的“充满视窗”按钮即可，设置前后效果如图 2-13 所示。

绘图技巧

默认设置下“缩放”的快捷键为“Z”，前后滚动鼠标滚轮也可以进行缩放操作。

绘图技巧

在进行视图操作时，难免会出现错误，这时使用“相机”工具栏中的“上一个”按钮或“下一个”按钮，即可进行视图的撤销与返回。

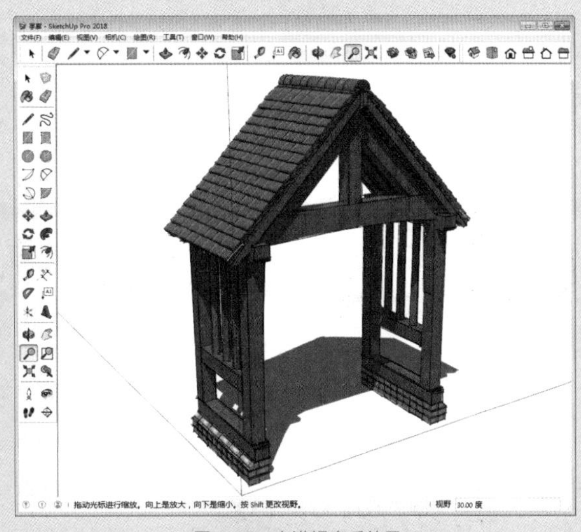

图 2-13　充满视窗后效果

2.1.3　旋转视图

在任意视图中旋转，可以快速观察模型各个角度的效果，“镜头”工具栏中提供了“绕轴观察”命令。旋转三维视图有两种方法：一种是直接单击工具栏中的“绕轴观察”按钮，直接旋转视图以达到观测的角度；另一种是按住鼠标中键不放，转动视图以达到观测的角度。如图 2-14 所示为旋转视图前后效果。

绘图技巧

在使用“绕轴观察”工具调整观测角度时，SketchUp 为保证观测测试点的平稳性，将不会移动相机机身位置。如果需要观测视点随着鼠标的转动而移动相机机身，可以按住 Ctrl 键不放，再进行转动。

图 2-14　旋转视图前后效果

2.1.4　平移视图

“平移”工具可以在保持当前视图内模型显示大小比例不变的情况下，整体拖曳视图进行任一方向的移动，以观察当前未显示在视窗内的模型。

单击“镜头”工具栏中的“平移”按钮，当视图中出现抓手图标时，拖曳鼠标即可进行视图的平移操作，如图 2-15 ~图 2-17 所示依次为原始图效果、向左平移效果、向右平移效果。

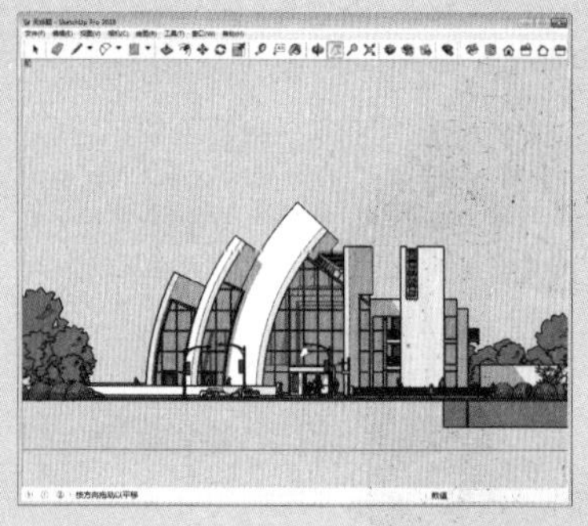
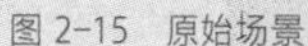
图 2-15　原始场景

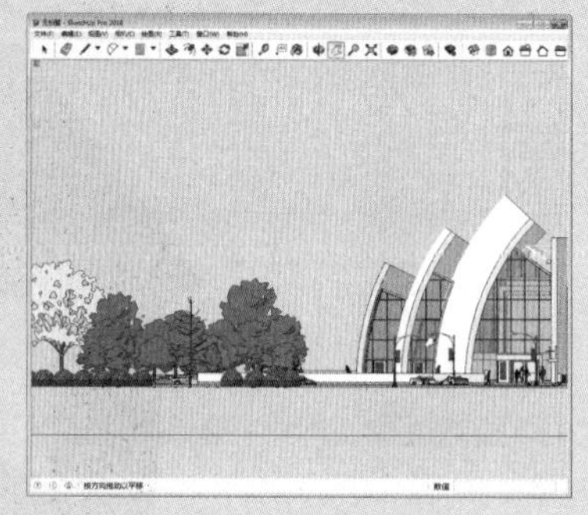
图 2-16　向左平移效果

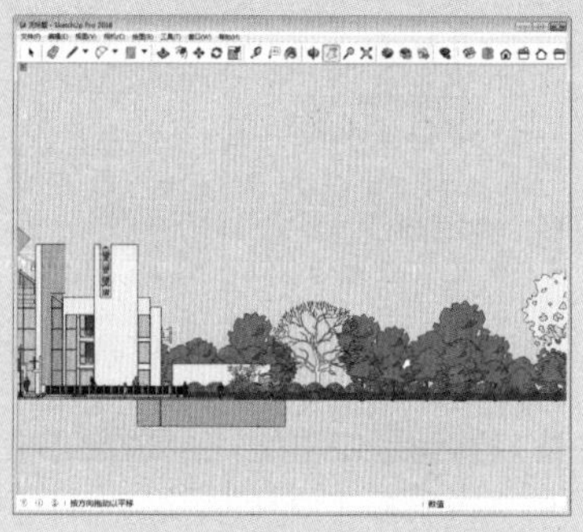
图 2-17　向右平移效果

2.2　对象的选择

在 SketchUp 中，选择图形可以使用“选择”工具。对于习惯使用 AutoCAD 的人来说，可能会有些不习惯，建议将“选择”工具的快捷键设置为空格键，使用完一个工具后随手按一下空格键，即可进入选择状态。SketchUp 常用的选择方式有“一般选择”“框选与叉选”及“扩展选择”三种。

2.2.1　点选

点选方式就是在物体上单击鼠标左键进行选择。选择一个面时，如果双击该面，可以同时选中这个面和构成面的线；如果单击三次以上，则可选中与这个面相连的所有面、线以及被隐藏的虚线（不包括组和组件），如图 2-18 ~ 图 2-20 所示。

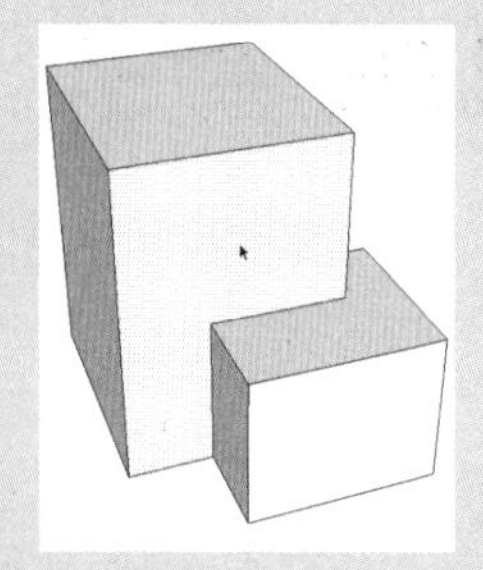
图 2-18　单击鼠标

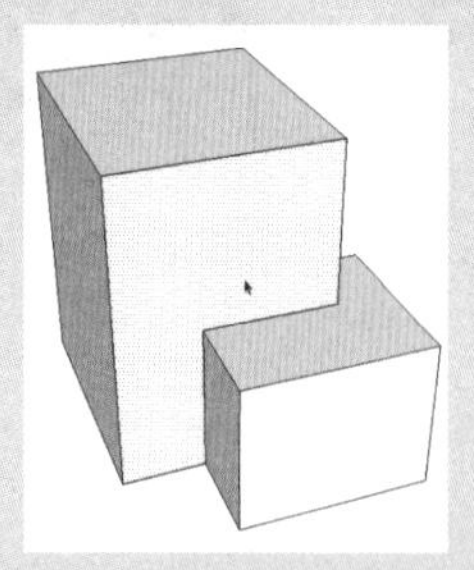
图 2-19　双击鼠标

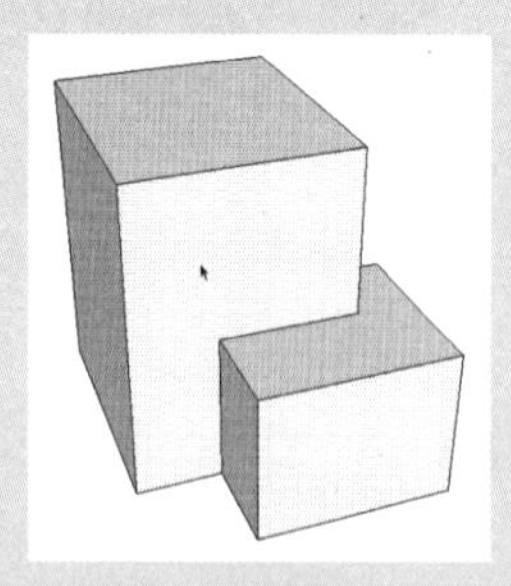
图 2-20　单击鼠标三次

2.2.2　框选与叉选

以上介绍的选择方法均为单击鼠标，因此每次只能选择单个对象，而“框选”与“叉选”可以一次性完成多个对象的选择。

绘图技巧

当今的计算机大多配有滚轮鼠标，滚轮鼠标可以上下滑动，也可以将滚轮当中键使用。为了加快 SketchUp 的作图速度，对视图进行操作时应最大限度地发挥鼠标的功能：

第一，按住中键不放并移动鼠标可实现转动功能。

第二，按住 Shift 键不放加鼠标中键实现平移功能。

第三，将滚轮鼠标上下滑动实现缩放功能。

绘图技巧

如果按住 Shft 键不放，则视图中的光标会变成 ↖±。这时单击当前未选择的对象则会进行加选，单击当前已选择的对象则会进行减选。

1. 框选

“框选”是指在激活“选择”工具后，使用鼠标从左至右拖曳出如图 2-21 所示的实线选择框，完全被该选择框包围的对象将会被选中，如图 2-22 所示。

图 2-21　框选对象

图 2-22　框选效果

2. 叉选

“叉选”是指在激活“选择”工具后，使用鼠标从右到左拖曳出如图 2-23 所示的虚线选择框，全部或者部分位于选择框内的对象都将被选中，如图 2-24 所示。

图 2-23　叉选对象

图 2-24　叉选效果

■ 2.2.3　扩展选择

激活“选择”工具后，在图像上单击鼠标右键，将会弹出快捷菜单，用户可在该菜单中进行扩展选择，如图 2-25 所示。

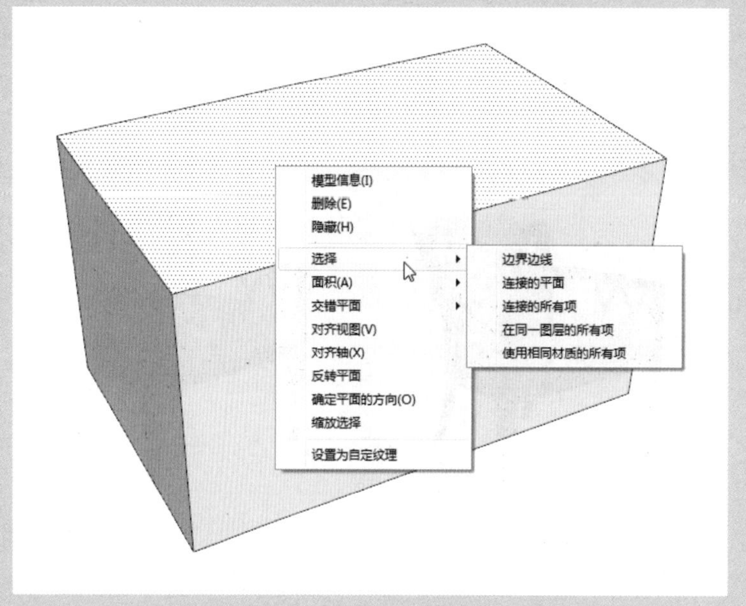

图 2-25 扩展选择快捷菜单

2.3 对象的显示风格及样式

在做设计方案时，设计师为了让甲方能够更好地了解方案，理解设计意图，往往会从多种角度、用各种方法来表达设计成果。SketchUp 作为直接面向设计的软件，提供了大量的显示模式，以便于设计师选择表现手法，满足设计方案的表达。

2.3.1 7 种显示风格

SketchUp 的“风格”工具栏中包含了“X 光透视模式”“后边线”“线框显示”“消隐”“阴影”“材质贴图”“单色显示”7 种显示模式，如图 2-26 所示。

图 2-26 “风格”工具栏

1.X 光透视模式

该模式可以将场景中所有物体都透明化，就像用 X 射线扫描一样，如图 2-27 所示。在此模式下，可以在不隐藏任何物体的情况下方便地观察模型内部构造。

2. 后边线

该模式可在当前显示效果的基础上以虚线的形式显示模型背面无法观察到的线条，如图 2-28 所示。但在“X 射线”和“线框”模式下时，该模式无效。

图 2-27　X 光透视模式

图 2-28　后边线模式

3. 线框显示

该模式是将场景中的所有物体以线框的方式显示，如图 2-29 所示。在这种模式下，所有模型的材质、贴图和面都是失效的，但是此模式下的显示效果非常迅速。

4. 消隐

该模式将仅显示场景中可见的模型面，此时大部分的材质与贴图会暂时失效，仅在视图中体现实体与透明的材质区别，如图 2-30 所示。

图 2-29　线框显示模式

图 2-30　消隐模式

5. 阴影

该模式是介于“隐藏线”和“阴影纹理”之间的一种显示模式，

该模式在可见模型面的基础上，根据场景已经赋予过的材质，自动在模型表面生成相近的色彩，如图 2-31 所示。在该模式下，会体现出实体与透明材质的区别，因此模型的空间感比较强。

6. 材质贴图

该模式是 SketchUp 中全面的显示模式，材质的颜色、纹理及透明度都将得到完整体现，如图 2-32 所示。

图 2-31　阴影模式

图 2-32　材质贴图模式

7. 单色显示

该模式是一种在建模过程中经常使用到的显示模式，以纯色显示场景中的可见模型面，以黑色显示模型的轮廓线，空间立体感很强，如图 2-33 所示。

图 2-33　单色显示模式

■ 2.3.2　边线的显示效果

SketchUp 俗称草图大师，即该软件的功能有些趋近于设计方案的手绘。手绘方案时，在图形的边界往往会有一些特殊的处理效果，如两条直线相交时出头，使用有一定弯度变化的线条代替单调的直线，这样的表现手法在 SketchUp 中都可以体现。

知识拓展

材质贴图模式会占用大量系统资源，因此该模式通常用于观察材质以及模型整体效果。进行建立模式、旋转、平衡视图等操作时，应尽量使用其他模式，以避免卡屏、迟滞等情况。此外，如果场景中的模型没有被赋予任何材质，该模式将无法应用。

知识拓展

对于这几种显示模式，要针对具体情况进行选择。在绘制室内设计图时，由于需要看到内部的空间结构，用户可以考虑用 X 光透视模式；绘制建筑图纸时，在图形没有完成的情况下可以使用阴影模式，这时显示速度会快一些；图形完成后可以使用材质贴图模式查看整体效果。

知识拓展

SketchUp 无法分别设置边线颜色，唯有利用“按材质”或“按轴线”才能使边线颜色有所差别，但即使这样，颜色效果的区分也不是绝对的，因为即使不设置任何边线类型，场景的模型仍可以显示出部分黑色边线。

1. 设置边线显示类型

执行“视图”|“边线样式”命令，在其二级子菜单中可以快速设置边线、后边线、轮廓线、深粗线等，如图 2-34 所示。另外在“样式”对话框中也可以设置边线的显示效果，如图 2-35 所示。

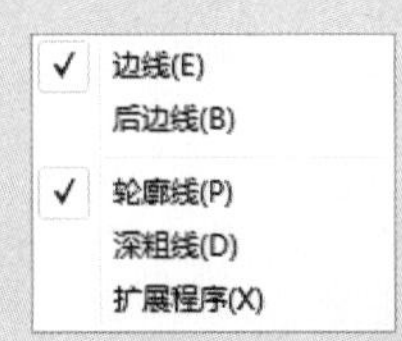

图 2-34　边线样式子菜单

图 2-35　样式对话框

打开模型，如图 2-36 所示为模型没有边线时的效果。勾选“边线”复选框可以看到显示边线的效果，如图 2-37 所示。

图 2-36　无边线效果

图 2-37　边线效果

勾选“后边线”复选框可以看到隐藏边线的效果，且以虚线显示，如图 2-38 所示。

“轮廓线”复选框默认为勾选，可以看到场景中的模型边线得到加强，如图 2-39 所示。

图 2-38　后边线效果

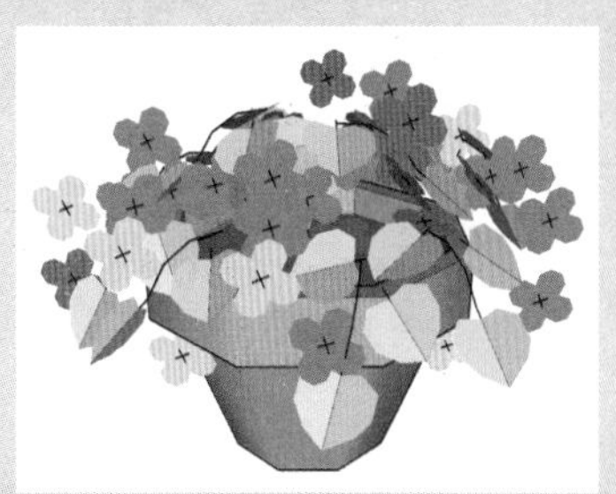

图 2-39　轮廓线效果

勾选“深粗线”复选框，边线将以比较粗的深色线条显示，如图 2-40 所示。但是由于这种效果影响模型的细节，通常不予采用。

勾选“出头”复选框，即可显示出手绘草图的效果，两条相交的直线会稍微延伸出头，如图 2-41 所示。

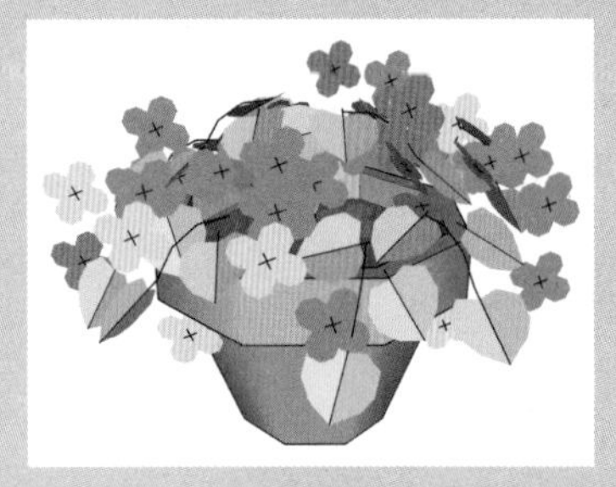

图 2-40　深粗线效果

图 2-41　出头效果

勾选“端点”复选框，边线与边线的交界处将以较粗的线条显示，如图 2-42 所示。

勾选“抖动”复选框，笔直的边界线以稍许弯曲的线条进行显示，用于模拟手绘中真实的线段细节，如图 2-43 所示。

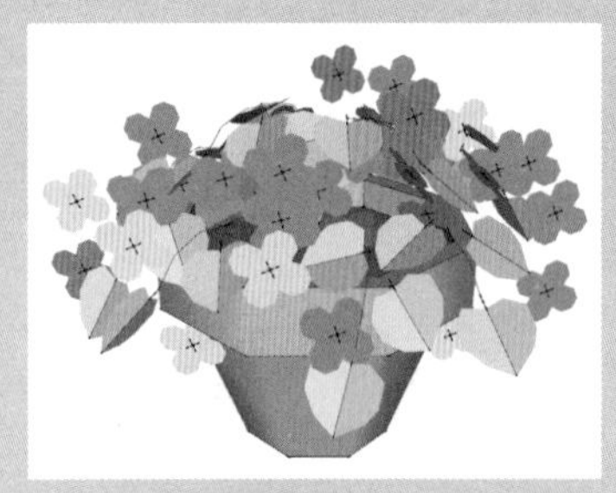

图 2-42　端点效果

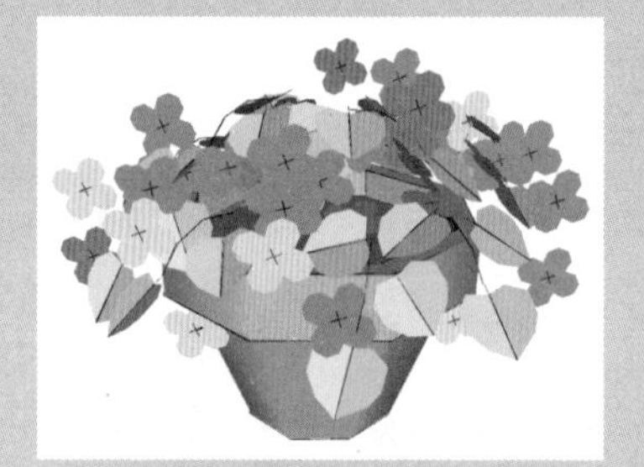

图 2-43　抖动效果

> **绘图技巧**
>
> 打开“样式”对话框，单击“选择”选项，在下面的列表中单击“手绘边线”，如图 2-44 所示，即可打开“手绘边线”的样式库，用户可以任意选择边线的样式，如图 2-45 所示。

2. 设置边线显示颜色

默认设置下边线以深色显示，单击“样式”对话框中的“颜色”下拉按钮，在下拉列表中可以选择三种不同的边线颜色设置类型，如图 2-46 所示。

图 2-44　选择样式

图 2-45　样式库

图 2-46　边线颜色设置

各个选项含义如下。

（1）全部相同

默认边线颜色选项为“全部相同”，单击其后的色块可以自由调整色彩，如图 2-47 和图 2-48 所示为红色边线与绿色边线的显示效果。

图 2-47　红色边线效果

图 2-48　绿色边线效果

（2）按材质

选择该选项后，系统将自动把模型边线调整为与自身材质颜色一致，如图 2-49 所示。

（3）按轴线

选择该选项后，系统分别将 x、y、z 轴向上的边线以红、绿、蓝三种颜色显示，如图 2-50 所示。

图 2-49　按材质显示边线

图 2-50　按轴线显示边线

除了调整以上类似铅笔黑白素描的效果外，通过“样式”对话框中的下拉按钮，还可以选择诸如手绘边线、照片建模、颜色集等其他效果，如图 2-51 所示。各效果下又有多个不同选择，如图 2-52 所示。图 2-53 所示为颜色集下橙色和绿色的显示效果。

图 2-51　样式对话框

图 2-52　样式颜色集

图 2-53　橙色和绿色显示效果

2.3.3　背景与天空

场景中的建筑物等并不是孤立存在的，需要通过周围的环境烘托，比如背景和天空。在 SketchUp 中，可以根据个人需要对二者进行设置。执行“窗口”| Default Tray |“风格”命令，打开“风格”设置面板，切换到“编辑”设置选项卡中的“背景设置”，设置背景及天空的颜色，如图 2-54 所示。此时天空及背景颜色即会随之变化，如图 2-55 所示。

图 2-54　“背景设置”面板

图 2-55　背景与天空效果

2.3.4　水印设置

SketchUp 的水印是一个很有意思的功能，其创意性不输给 SU 本身，很多漂亮的风格都是建立在这个基础上的，而且同样易于操作。

水印特性可以在模型周围放置二维图像，用来创造背景，或者在带纹理的表面上模拟绘图的效果，放在前景里的图像可以为模型添加标签。通过“风格”设置面板可进行水印的设置，如图 2-56 所示。

> **知识拓展**
>
> 在水印图标上单击鼠标右键，在弹出的快捷菜单中选择“输出水印图像”命令，即可将模型中的水印图片导出，如图 2-57 所示。

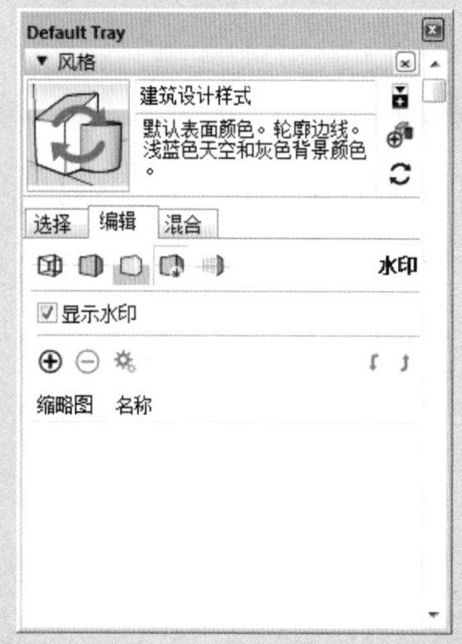

图 2-56　“水印设置”面板

图 2-57　输出水印图像

2.4　面的操作

在 3ds max 中，模型可以是多边形、片面和网格中的一种或几种形式的组合等，但是在 SketchUp 中，模型都是由面组成的。所以在 SketchUp 中建模是围绕着以面为中心的方式操作的。这种操作方式的优点是模型精简，操作简单，缺点是很难建立形体奇特的模型。

2.4.1　面的概念

在 SketchUp 中，只要是线性物体（直线、圆形、圆弧）组成了一个封闭、共面的区域，即会自动形成一个面。

一个面是由两个部分组成的，即正面与反面。正面与反面是相对的，一般情况下，需要渲染的面或重点表达的面是正面。三维设计软件渲染器的默认设置一般都是单面渲染，比如在 3ds max 中，扫描线渲染器中的“强制双面”复选框是未选中的。由于面数成倍增加，双面渲染比单面渲染要多花一倍的计算时间，因此为了节省作图时间，设计师在绝大多数情况下都使用单面渲染。

如果单独使用 SketchUp 作图，可以不考虑单面与双面的问题，因为 SketchUp 没有渲染功能。设计师往往会将 SketchUp 作为一个中间软件，即在 SketchUp 中建模，然后导入其他的渲染器中进行渲染，如 Lightscape、3ds max 等。在这样的思路引导下，用 SketchUp 作图时，必须对所有的面进行统一处理，否则导入渲染器后，正反面不一致，无法完成渲染。

2.4.2 正面与反面的区别

在 SketchUp 中，通常用黄色或者白色的表面表示正面，用蓝色或者灰色的表面表示反面。如果需要修改正反面显示的颜色，执行“窗口”|“样式”命令，在打开的“样式”对话框中切换到“编辑”设置界面，再选择“表面”选项，调整前景色与背景色。

用颜色区分正反面只不过是事物的外表。要真正理解正反面的本质区别，就需要在 3ds max 中观察显示的效果。

在 3ds max 的默认情况下，只渲染正面而不渲染反面。所以在绘制室内设计图时，需要把正面向内；而在绘制室外建筑图时，正面需要向外，而且正面与反面必须统一方向。

小试身手——面的反转

在绘制室内效果图时，需要表现的是室内墙体的效果，这时的正面需要向内。在绘制室外效果图时，需要表现的是外墙的效果，这时正面需要向外。在默认情况下，SketchUp 将正面设置在外侧。绘制室内效果图的操作步骤如下。

01 绘制一个长方体，如图 2-58 所示。

02 右键单击任意一个面，在弹出的快捷菜单中选择“反转平面”命令，如图 2-59 所示。

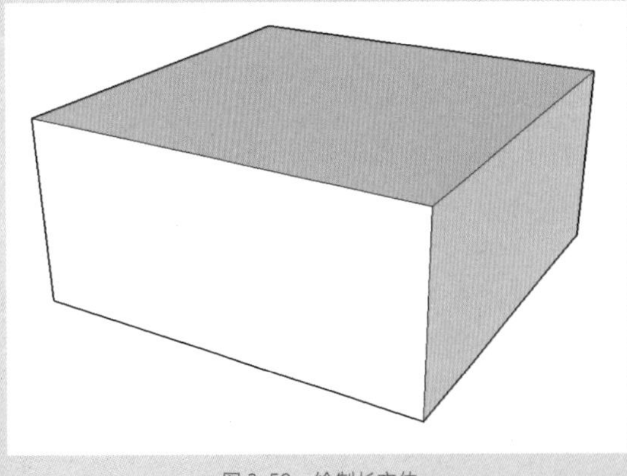

图 2-58 绘制长方体

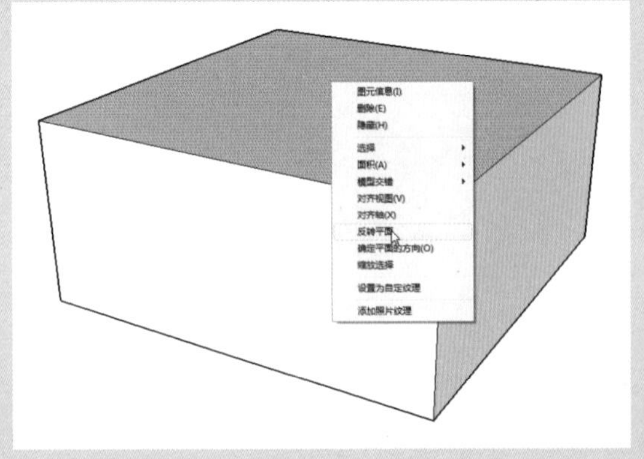

图 2-59 反转平面

03 将选择的正面翻转到里面，将深蓝色的反面显示到外面，再右键单击该反面，在弹出的快捷菜单中选择“确定平面的方向”命令，如图 2-60 所示。

04 如此即可将所有的面都翻转为反面，如图 2-61 所示。

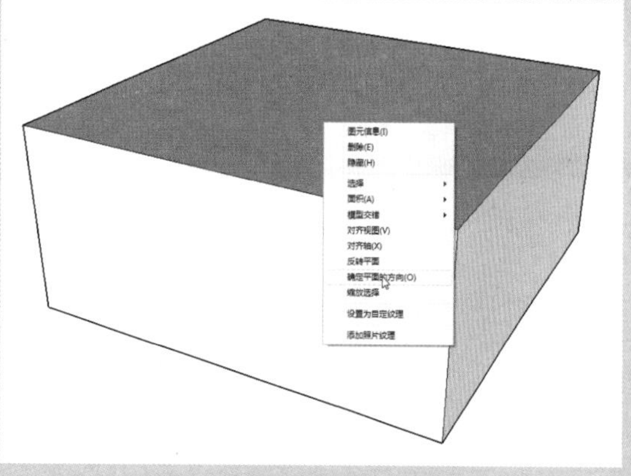

图 2-60　确定平面的方向

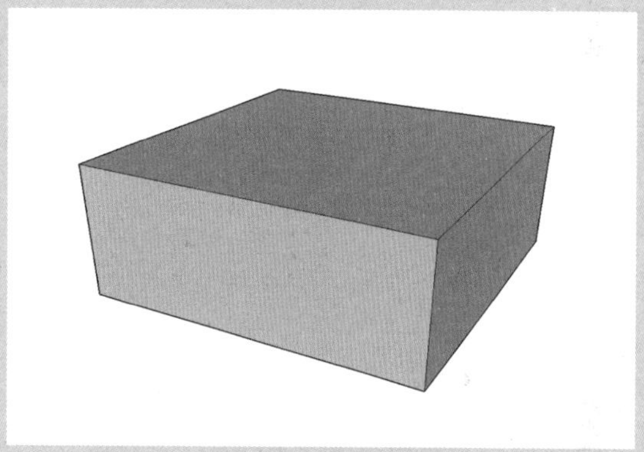

图 2-61　查看反转结果

> **绘图技巧**
>
> 使用“确定平面的方向”命令，只能针对相关联的物体，如果场景中还有其他物体，需要再次进行操作。

2.5　实体的显示和隐藏

要简化当前视图显示，或者想看到物体内部并在其内部工作，可以将一些几何体隐藏起来，隐藏的几何体不可见，但仍在模型中，需要时可以重新显示。

1. 显示隐藏的几何体

执行视图菜单下的“隐藏物体”命令，可以使隐藏的物体以网格形式显示。图 2-62 所示为隐藏了长方体的一个面，执行“视图”|“隐藏物体”命令，则被隐藏的面会以网格显示，如图 2-63 所示。

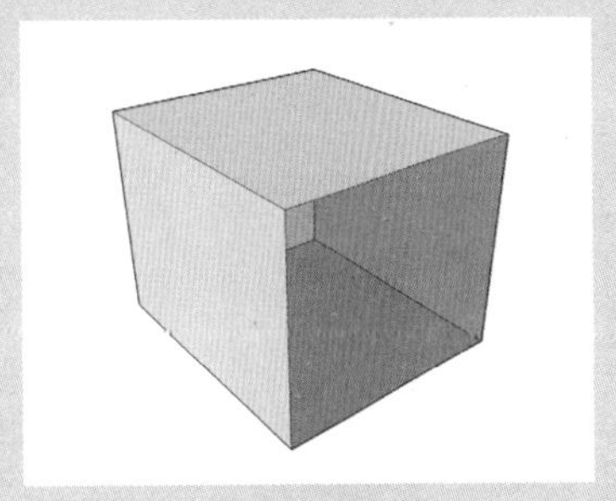

图 2-62　初始模型

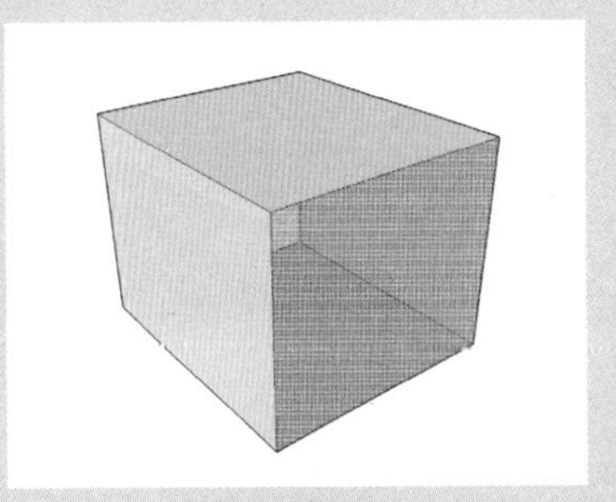

图 2-63　隐藏面

2. 隐藏和显示实体

SketchUp 中的任何实体都可以被隐藏。包括：组、组件、辅助物体、坐标轴、图像、剖切面、文字，以及尺寸标注。SketchUp 提供了一系列的方法来控制物体的显示。

- 编辑菜单 : 用选择工具选中要隐藏的物体，执行编辑菜单中的“隐藏”命令。相关命令还有：“选定项”、“最后”、“全部”。
- 关联菜单 : 在实体上单击鼠标右键，在弹出的关联菜单中选择“显示”或“隐藏”命令。
- 删除工具 : 使用删除工具的同时，按住 Shift 键，可以将边线隐藏。
- 图元信息 : 每个实体的“图元信息”对话框中都有一个“隐藏复选框”。在实体上单击鼠标右键，在弹出的关联菜单中选择“图元信息”命令，在打开的“图元信息”对话框中即可勾选“隐藏复选框”。

3. 隐藏绘图坐标轴

SketchUp 的绘图坐标轴是绘图辅助物体，不能像几何实体那样选择隐藏。要隐藏坐标轴，可以在视图菜单中取消“坐标轴”，也可以在坐标轴上右击，在关联菜单中选择“隐藏”命令。

4. 隐藏剖切面

剖切面的显示和隐藏是全局控制。可以使用剖面工具栏或工具菜单控制所有剖切面的显示和隐藏。

5. 隐藏图层

用户可以同时显示和隐藏一个图层中的所有几何体，这是操作复杂几何体的有效方法。图层的可视控制位于图层管理器中。

首先，在窗口菜单中选择“图层”命令打开图层管理器，或者单击图层工具栏上的图层管理器按钮，然后单击图层的“可见”栏，则该图层中的所有几何体就会从绘图窗口中消失。

课堂练习——制作漫画天空效果

水印除了原有的保护图片原创的功能外，还有很多扩展应用。其中之一就是用于背景制作。本案例中将利用水印功能制作出漫画般的场景效果，操作步骤如下。

01 打开文件，可以看到场景中的背景是蓝色的天空，如图 2-64 所示。

02 执行“窗口”|“默认面板”|“风格”命令，打开“风格”面板，如图 2-65 所示。

图 2-64 打开文件

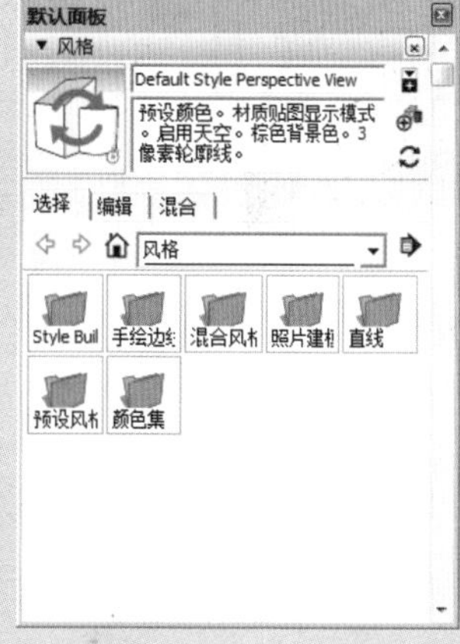

图 2-65 “风格”选项板

03 切换到“编辑”选项卡的“水印”选项组，如图 2-66 所示。

04 单击“添加水印”按钮⊕，打开“选择水印”对话框，选择要作为背景的图片，单击“打开”按钮，如图 2-67 所示。

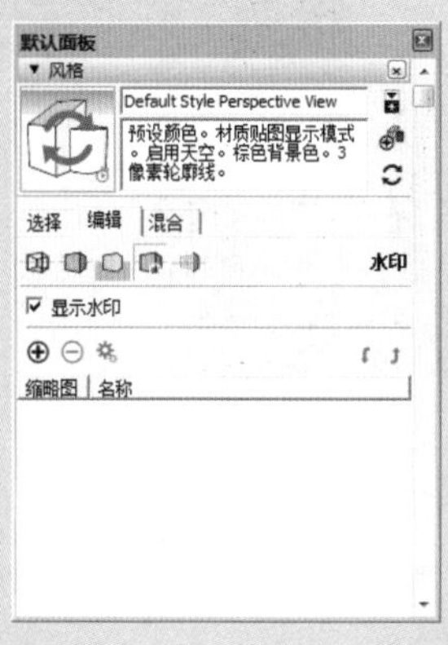

图 2-66 设置水印

图 2-67 选择水印文件

05 图片作为水印被添加到场景中，系统会自动弹出“创建水印”对话框，从中选择“背景”选项，图片会以背景显示在场景中，单击“下一步”按钮，如图 2-68 所示。

图 2-68　选择背景

06 调整背景和图像的混合度，单击“下一步”按钮，如图 2-69 所示。

图 2-69　调整背景

07 选择“在屏幕中定位”选项，在右侧选择中上方，再调整图片显示比例，这里调整为最大，单击“完成”按钮，即可完成水印的添加，如图 2-70 所示。

08 在“样式”对话框中会显示水印的图片，如图 2-71 所示。

09 再切换到“边线”设置选项组，设置边线参数，如图 2-72 所示。

图 2-70　调整图片显示比例

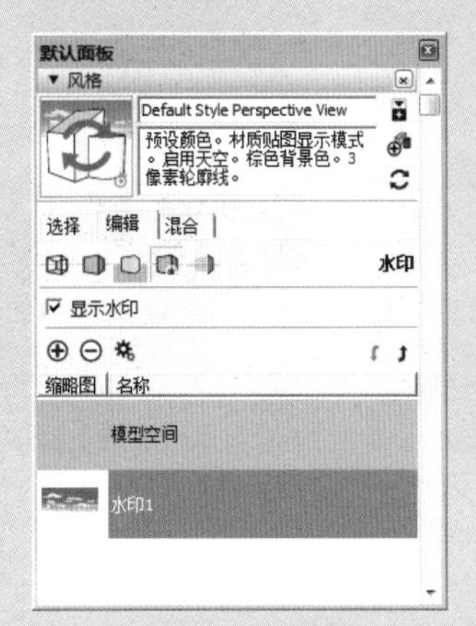

图 2-71　显示水印图片

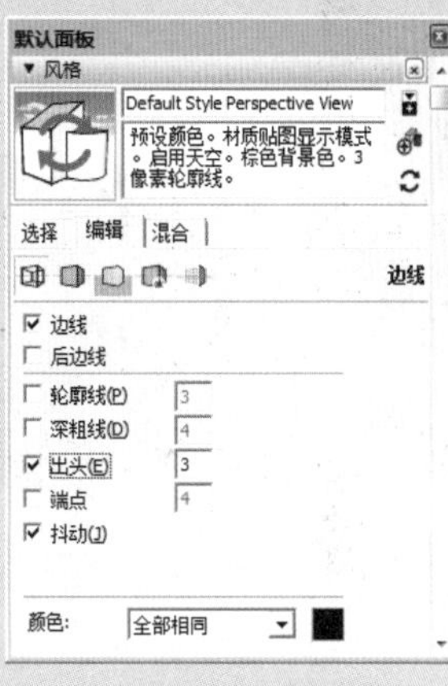

图 2-72　设置边线参数

10 设置完成后的效果如图 2-73 所示。

图 2-73　完成水印添加

强化训练

为了更好地掌握本章所学知识，在此列举几个针对本章的拓展案例，以供练习！

1. 设置背景天空效果

在效果图制作过程中，可根据需要设置天空颜色，以适应当前场景。

操作提示：

01 在软件操作界面执行“窗口”|“风格”命令，打开“风格”设置面板，设置天空颜色为天蓝色，可模拟晴天效果，如图 2-74 所示。

02 设置天空颜色为灰蓝色，可模拟阴天效果，如图 2-75 所示。

图 2-74　晴天效果

图 2-75　阴天效果

2. 设置边线效果

如果想将模型设置成手绘效果，可以手动设置边线效果，也可以利用预设效果进行设置。

操作提示：

01 打开“风格”面板，设置边线样式，勾选“深粗线”“出头”“端点”“抖动”复选框，将显示样式设置为隐藏线模式，如图 2-76 所示。

02 打开“手绘边线”文件夹，从中选择“记号笔”效果，如图 2-77 所示。

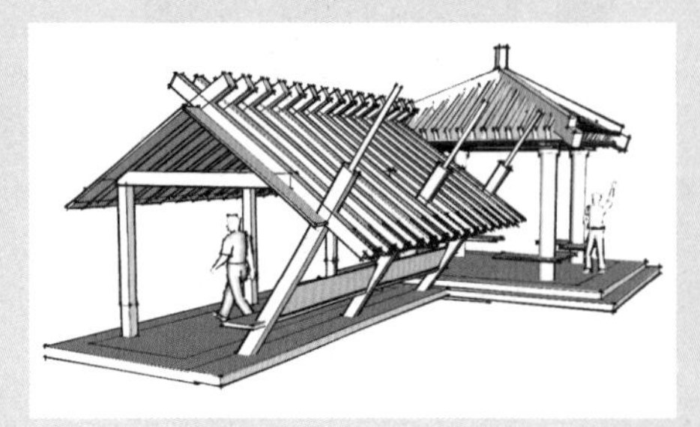

图 2-76　手动设置边线效果

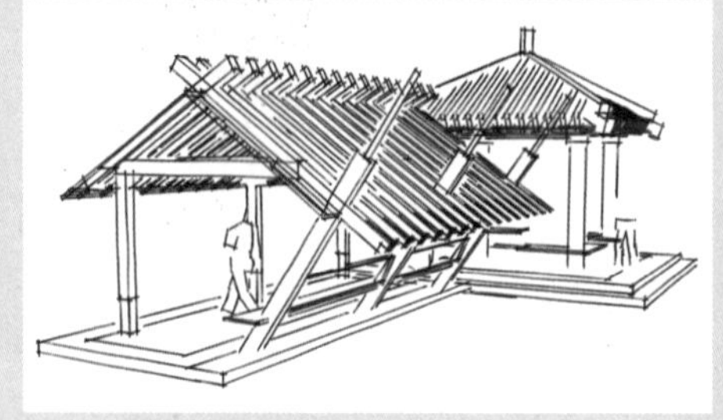

图 2-77　“记号笔”边线效果

S K E T C H U P

CHAPTER 03

SketchUp 基础工具

内容导读 Guided reading

SketchUp 有几个特点：一是精确性，可以直接以数值定位，进行绘图捕捉；二是工业制图性，拥有三维的尺寸与文本标注。本章主要介绍 SketchUp 的常用工具，包括绘图工具、编辑工具、建筑施工工具以及删除工具等，熟悉并掌握这些工具可创建出完美的模型效果。

学习目标

- √ 掌握绘图工具的使用
- √ 掌握编辑工具的使用
- √ 掌握建筑施工工具的使用
- √ 掌握删除工具的使用

作品展示

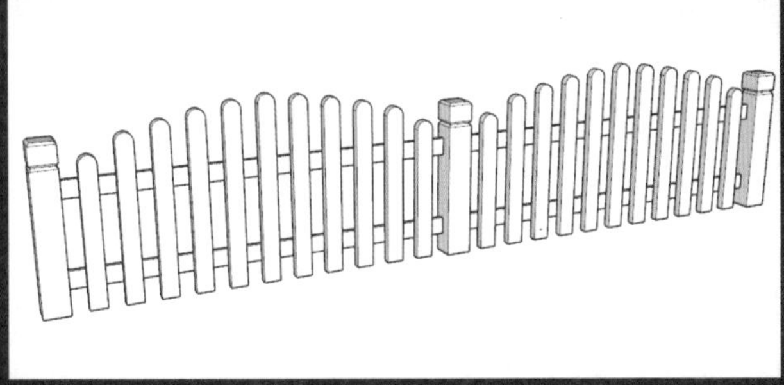

◎栅栏模型

◎躺椅模型

3.1 绘图工具

SketchUp 的“绘图”工具栏中包含了“直线”“手绘线”“矩形”“圆”“多边形”“圆弧”和“扇形”7 种二维图形绘制工具，如图 3-1 所示。

图 3-1 “绘图”工具栏

3.1.1 直线工具

“直线”工具可以用来画单段直线、多段连接线或者闭合的形体，也可以用来分割表面或修复被删除的表面，还可以直接输入尺寸和坐标点，其有自动捕捉功能和自动追踪功能。用户可以通过以下几种方式激活“直线”工具。

- 在菜单栏中执行“绘图”｜“直线”｜“直线”命令。
- 在“绘图”工具栏中单击“直线”按钮。
- 在键盘上按 L 键。

> **绘图技巧**
>
> 在线段的绘制过程中，确定线段终点后按下 Esc 键，即可完成此次线段的绘制。如果不取消，则会开始下一条线段的绘制，上一条线段的终点即为下一条线段的起点。

1. 通过输入参数绘制精确长度的直线

激活“直线”工具，单击确定线段的起点，往画线的方向移动鼠标，此时在数值控制框中会动态显示线段的长度。用户可以在确定线段终点之前或画好线段后，在键盘上输入一个精确的线段长度，也可以单击线段起点后移动鼠标，在线段终点处再次单击，绘制一条线段。

2. 通过对齐关系绘制直线

利用 SketchUp 强大的几何体参考引擎，可以使用“直线”工具直接在三维空间中绘制，在绘图窗口中显示的参考点和参考线，表达了要绘制的线段与模型中几何体的精确对齐关系，例如“平行”“垂直”等；如果要绘制的线段平行于坐标轴，那么线段会以坐标轴的颜色亮显，并显示“在红色轴线上”“在绿色轴线上”或“在蓝色轴线上”等提示，如图 3-2 所示。

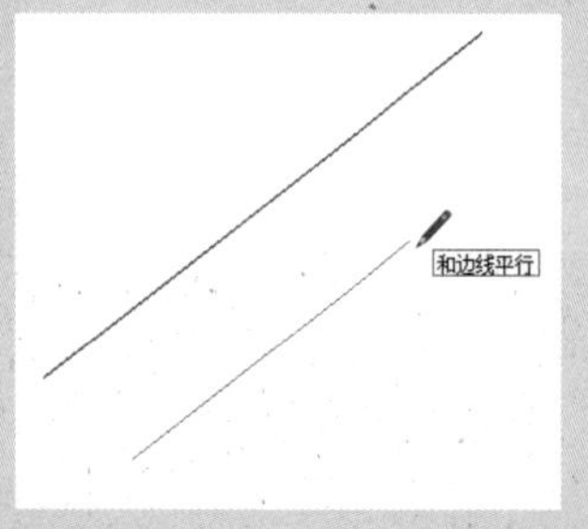

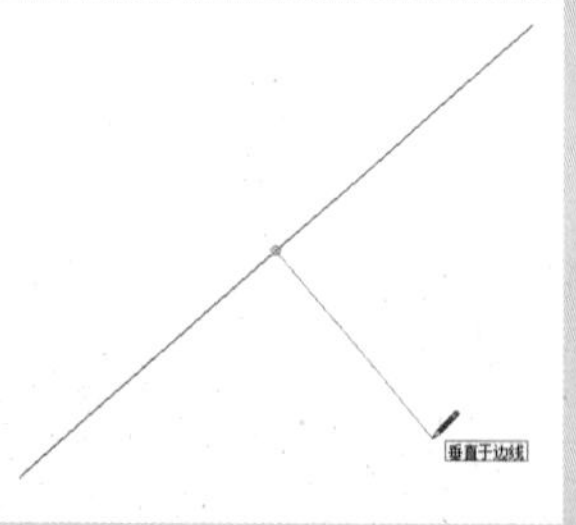

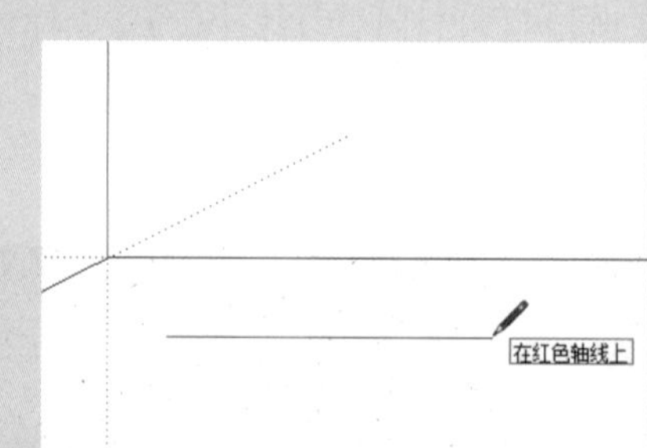

图 3-2 通过对齐关系绘制直线

在绘制直线的过程中，所绘制直线与坐标轴平行，则可按住 Shift 键，此时线条会变粗，且被锁定在该轴上，显示“限制在直线”的提示。无论鼠标怎么移动，都只沿该轴绘制直线，如图 3-3 所示。

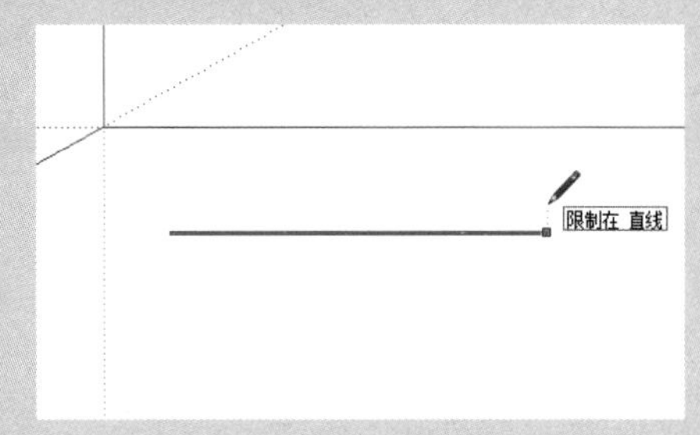

图 3-3　限制直线

3. 分割线段

如果在一条线段上绘制直线，SketchUp 会自动将原来的线段从新直线的起点处断开。例如，如果要将一条线分为两段，就以该线上的任意位置为起点，绘制一条新的直线，再次选择原来的线段时，会发现该线段已经被分为两段，如图 3-4、图 3-5 所示。如果将新绘制的线段删除，则已有线段又重新恢复成一条完整的线段。

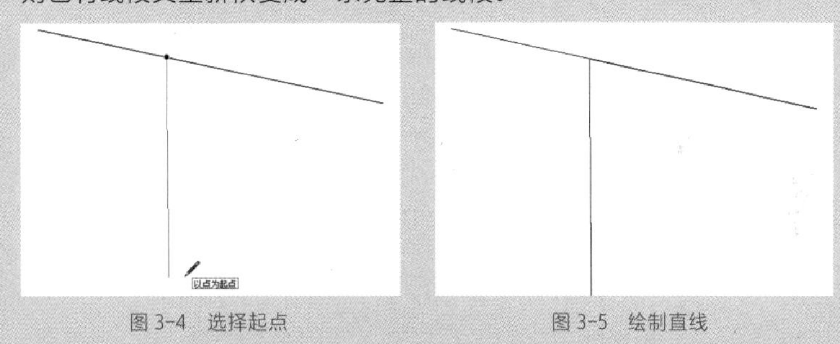

图 3-4　选择起点　　图 3-5　绘制直线

4. 分割平面

在 SketchUp 中可以通过绘制一条起点和端点都在平面边线上的直线来分割这个平面，在已有平面的一条边上选择单击一个点作为直线的起点，再向另一条边上拖曳鼠标，选择好终点单击鼠标完成直线的绘制，可以看到已有平面变成两个，如图 3-6、图 3-7 所示。

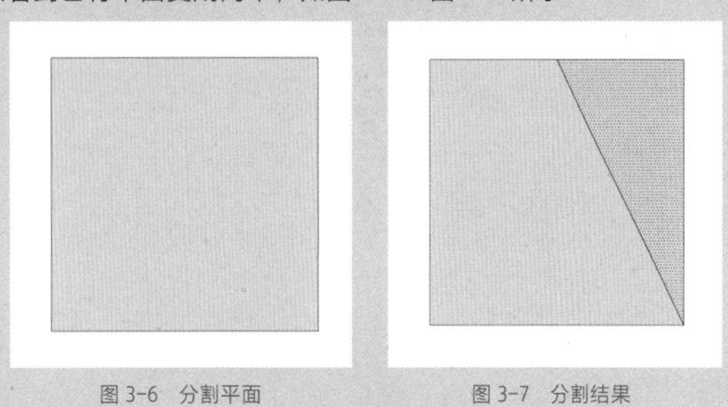

图 3-6　分割平面　　图 3-7　分割结果

有时交叉线不能按照用户的需要进行分割，如果出现这种情况，可用“直线”工具在该线上绘制一条新的线进行分割，此时 SketchUp 会重新分析几何图形并重新整合这条线。

5. 直线的捕捉与追踪功能

与 CAD 相比，SketchUp 的捕捉与追踪功能显得更加简便、更易操作。在绘制直线时，多数情况下都需要使用捕捉功能。

所谓捕捉就是在定位点时，自动定位到特殊点的绘图模式。SketchUp 自动打开 3 类捕捉，即端点捕捉、中点捕捉和交点捕捉，如图 3-8 所示。在绘制几何物体时，光标只要遇到这三类特殊的点，就会自动捕捉到，这是软件精确作图的表现之一。

知识拓展

SketchUp 的捕捉与追踪功能是自动开启的，在实际工作中，精确作图的每一步或者通过数值输入，或者使用捕捉功能。

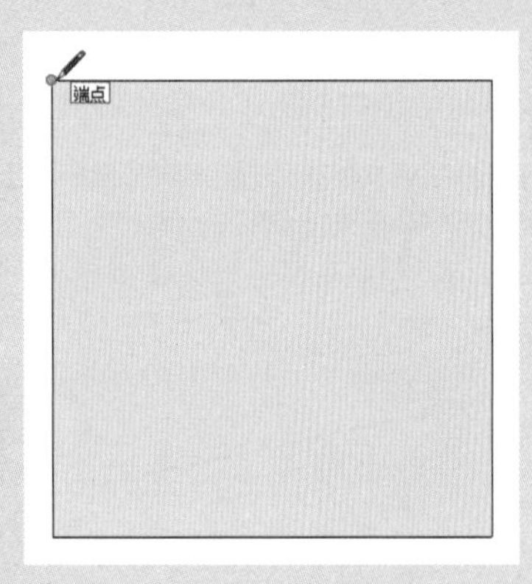

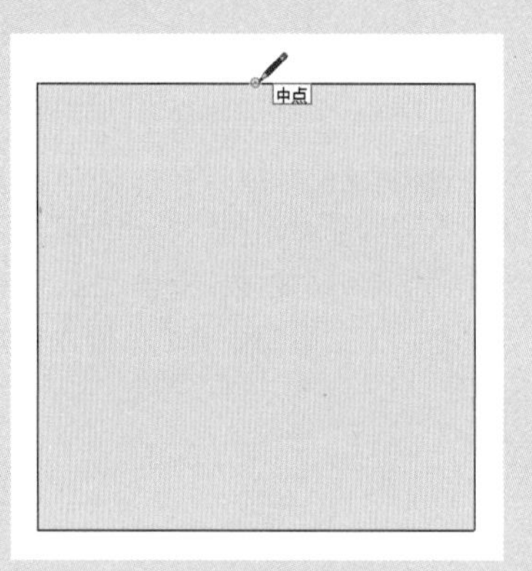

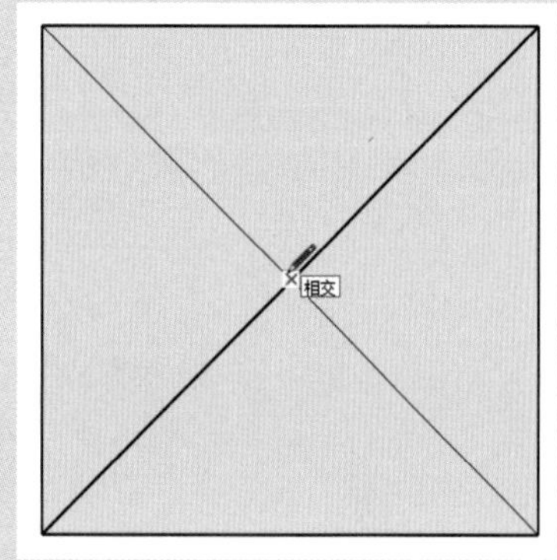

图 3-8　捕捉定位示意图

6. 等分线段

SketchUp 中的线段可以被等分为若干段。在线段上右键单击鼠标，在关联菜单中选择“拆分”后，在线段上移动鼠标，系统会自动计算分段数量以及长度，如图 3-9、图 3-10 所示。

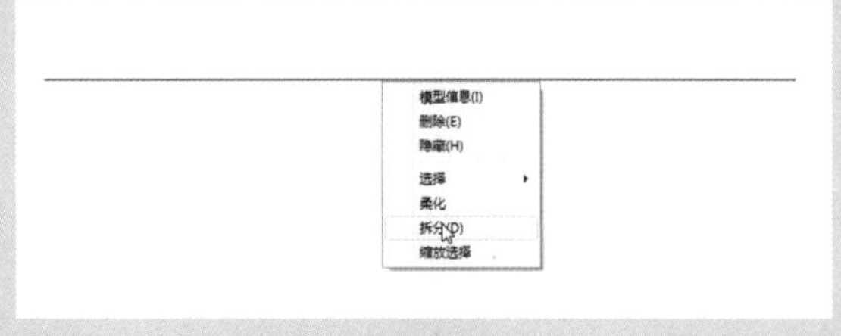

图 3-9　选择菜单选项

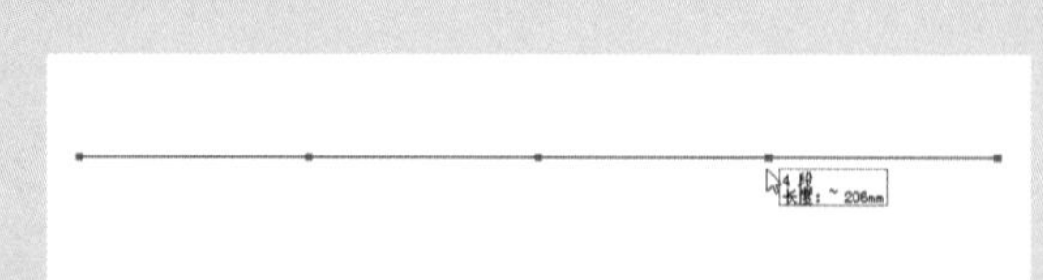

图 3-10　等分线段结果

3.1.2　矩形工具

“矩形”工具通过定位两个对角点来绘制规则的平面矩形，并自动封闭成一个面。用户可以通过以下几种方式激活“矩形”工具。

- 在菜单栏中执行“绘图” | “形状” | “矩形”命令。
- 在“绘图”工具栏中单击“矩形”按钮▨。
- 在键盘上按 R 键。

1. 通过输入参数创建精确尺寸的矩形

绘制矩形时，其尺寸会在数值控制框中动态显示，用户可以在确定第一个角点或者刚绘制完矩形后，通过键盘输入精确尺寸，如图 3-11 所示。除了输入数字外，还可以输入相应的单位，例如，英制的（1'6"）或者 mm、m 等，如图 3-12 所示。

尺寸 600,200

图 3-11　输入精确尺寸

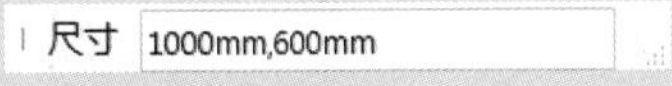

尺寸 1000mm,600mm

图 3-12　输入带单位的尺寸

2. 根据提示绘制矩形

在绘制矩形时，如果长宽比满足黄金分割比率，则在拖曳鼠标定位时会在矩形中出现一条虚线表示的对角线，在鼠标指针旁会出现“黄金分割”的文字提示，如图 3-13 所示，此时绘制的矩形满足黄金分割比，是最协调的。如果长度宽度相同，矩形中同样会出现一条虚线的对角线，鼠标指针旁出现按“正方形”的文字提示，如图 3-14 所示，这时矩形为正方形。

知识拓展

在原有的面上绘制矩形可以完成对面的分割，这样做的好处是在分割之后的任意一个面上都可以进行三维操作，这种绘图方法在建模中经常用到。

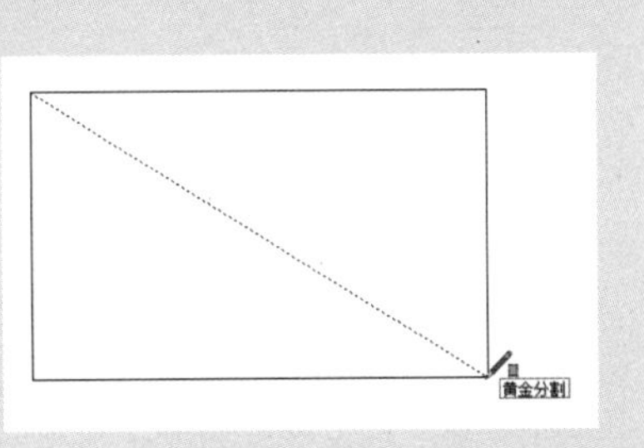

图 3-13　鼠标提示信息

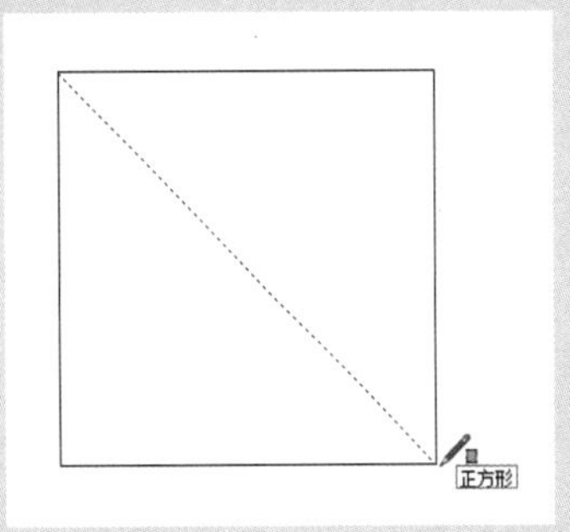

图 3-14　正方形提示信息

3.1.3　圆工具

在 SketchUp 中，“圆”工具可以用来绘制圆形以及生成圆形的“面”。用户可以通过以下几种方式激活“圆”工具：

- 在菜单栏中执行“绘图” | “形状” | “圆”命令。
- 在“绘图”工具栏中单击“圆”按钮●。
- 在键盘上按 C 键。

SketchUp 中的圆形实际上是由正多边形组成的，操作时并不明显，但是当导入到其他软件后就会发现问题。所以在 SketchUp 中绘制圆形时可以调整圆的片段数（多边形的边数）。在激活“圆”工具后，在数值控制栏中输入片段数“s”，如“8s”表示片段数为 8，也就是此圆用正八边形显示，“16s”表示正十六边形，如图 3-15 ~ 图 3-17 所示。要注意，在制作圆形物体时尽量不要使用片段数低于 16 的圆。

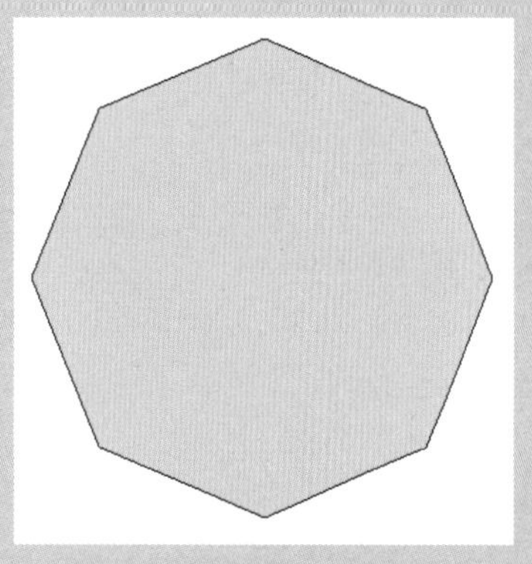
图 3-15　8s 圆形

图 3-16　16s 圆形

图 3-17　50s 圆形

3.1.4　圆弧工具

“圆弧”工具用于绘制圆弧实体，和圆一样，都是由多个直线段连接而成的。可以通过以下几种方式激活“圆弧”工具：

- 在菜单栏中执行“绘图”｜“圆弧”命令。
- 在“绘图”工具栏中单击“圆弧”按钮。
- 在键盘上按 A 键。

1. 根据圆心和两点绘制圆弧

该工具是通过指定圆弧的圆心、半径以及角度来绘制圆弧。激活该工具后，光标位置会显示一个量角器，在绘图区内单击指定圆心，然后分别指定圆弧的起点和终点，即可绘制圆弧，如图 3-18、图 3-19 所示。

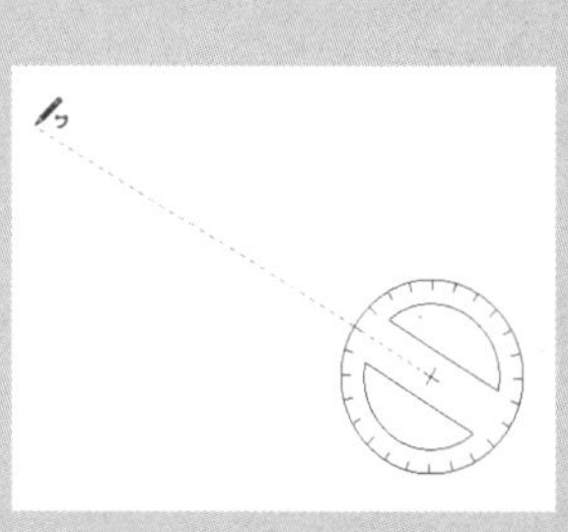
图 3-18　指定圆弧起点

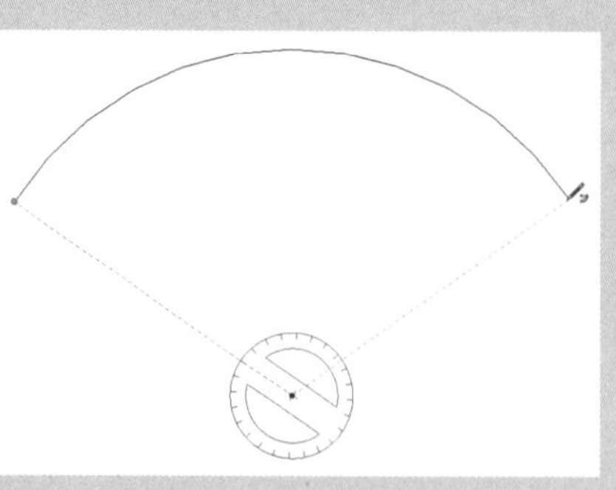
图 3-19　指定圆弧终点

知识拓展

一般来说，不用修改圆的片段数，使用默认值即可。如果片段数过多，会引起面的增加，这样会使场景的显示速度变慢。在将 SketchUp 模型导入到 3ds max 中时，尽量减少场景中的圆形，因为导入到 3ds max 中会产生大量的三角面，在渲染时将占用大量的系统资源。

2. 根据两点和凸起高度绘制圆弧

该工具是通过指定圆弧的起点、端点以及凸起高度来绘制圆弧，是默认的圆弧绘制方式。激活该工具后，分别指定圆弧的起点和端点，然后拖曳鼠标指定弧的高度，也可通过数值控制框输入精确数值，完成圆弧的绘制，如图 3-20、图 3-21 所示。

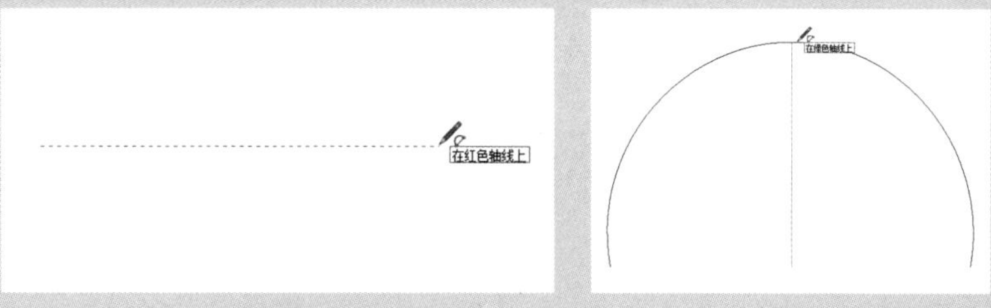

图 3-20　指定圆弧起点和终点　　图 3-21　指定圆弧高度

3. 三点画弧和扇形

三点画弧就是通过指定圆弧上的三个点确定圆弧。扇形的绘制方法与圆心和两点画弧相同，但绘制的结果是一个封闭的圆弧，且自动成面，如图 3-22、图 3-23 所示。

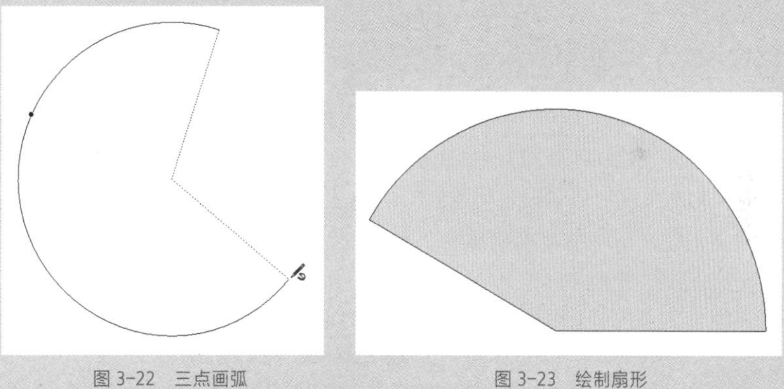

图 3-22　三点画弧　　图 3-23　绘制扇形

3.1.5　多边形工具

在 SketchUp 中，多边形的绘制方法同圆形的绘制方法基本相同，激活“多边形”工具后，在数值控制框中输入多边形的边数，按 Enter 键后即可指定圆心和半径，这里不再赘述。

3.1.6　手绘线工具

“手绘线”工具常用来绘制不规则的、共面的曲线形体。曲线图元由多条连接在一起的线段构成，这些曲线可作为单一的线条，用于定义和分割平面，但它们也具备连接性，选择其中一段即选择了整个图元。单击“徒手画笔”工具，在图像上的一点单击并按住鼠标左键不放，移动光标以绘制所需要的曲线，绘制完毕后释放鼠标即可，如图 3-24 所示为利用“手绘线”绘制的树木形象。

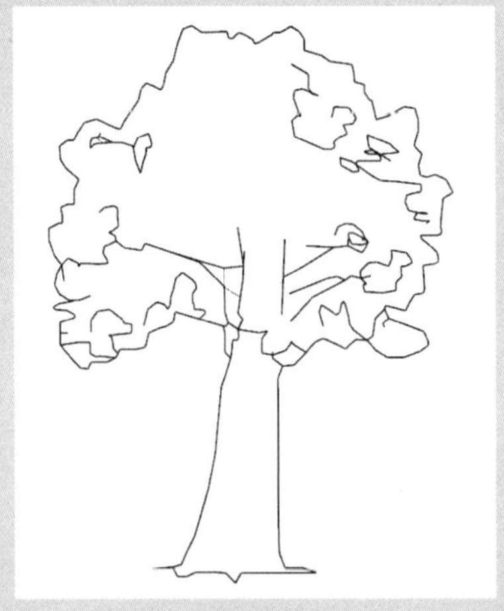

图 3-24　徒手绘制树木

知识拓展

一般情况下很少用到“徒手画笔”工具，因为这个工具绘制曲线的随意性比较强，很难掌握。建议操作者在 AutoCAD 中绘制完成这样的曲线，再导入到 SketchUp 中进行操作。将 AutoCAD 文件导入到 SketchUp 的方法在本书后面的章节中将有介绍。

3.2　编辑工具

SketchUp 的“编辑”工具栏包含了“移动”“推 / 拉”“旋转”、“路径跟随”、“缩放”以及“偏移复制”6 种工具，如图 3-25 所示。其中“移动”、“旋转”、“缩放”以及“偏移复制”4 个工具是用于对对象位置、形态的变换与复制，“推拉”和“路径跟随”两个工具主要用于将二维图形转变成三维实体。

图 3-25　“编辑”工具

3.2.1　移动工具

使用“移动”工具可以对图形对象进行移动、复制、拉伸操作。用户可以通过以下几种方式激活“移动”工具：

- 在菜单栏中执行“工具”｜“移动”命令。
- 在“编辑”工具栏中单击“移动”按钮。
- 在键盘上按 M 键。

1. 移动对象

选择需要移动的图形对象，激活“移动”工具，指定移动基点，接着移动光标到指定目标点，即可对图形对象进行移动操作。

在移动图形对象时，会出现一条参考线，且在数值控制框中会动态显示移动距离，如图 3-26 所示。也可以直接输入移动数值或者三维坐标值进行精确移动。在移动之前或者移动过程中，按住 Shift 键可以锁定参考，避免参考捕捉时受到其他干扰。

2. 复制对象

选择图形对象，激活“移动”工具，在按住 Ctrl 键时光标旁边会出现一个“ + ”号，单击确定起点，再移动鼠标到指定点，即可移动复制图形对象，如图 3-27 所示。

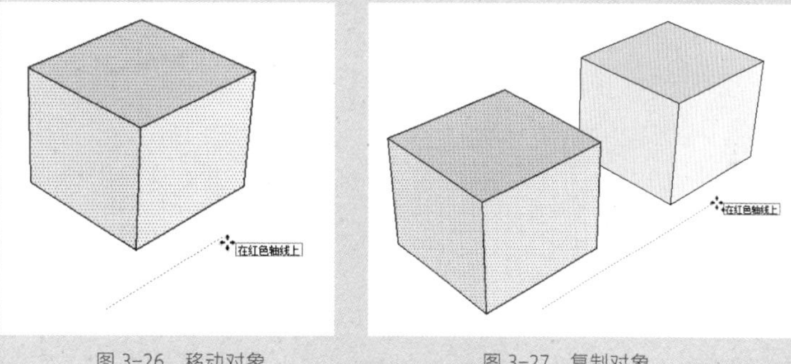

图 3-26　移动对象　　图 3-27　复制对象

完成一个对象的复制后，如果在数值控制框中输入“ × 5”字样，即表示以前面复制物体的相同间距阵列复制出 5 份，如图 3-28 所示。

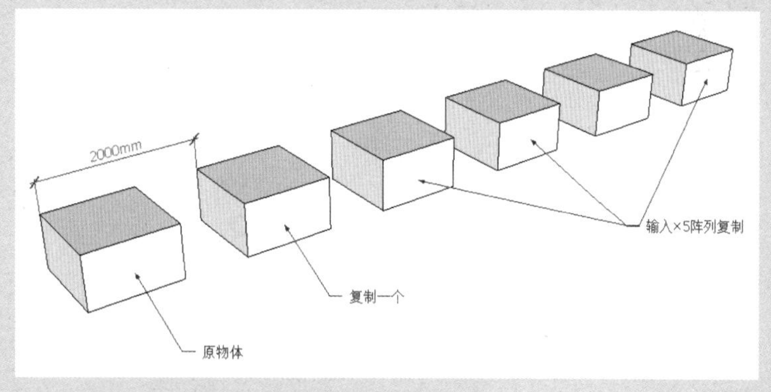

图 3-28　阵列复制对象

3. 拉伸对象

在移动到物体的点、边线或面时，这些对象元素即被激活，移动鼠标即可改变对象形状，如图 3-29 ～图 3-31 所示。

按住 Alt 键的同时使用“移动”工具，可以强制拉伸线或面，从而生成不规则几何体，如图 3-32 ～图 3-34 所示。

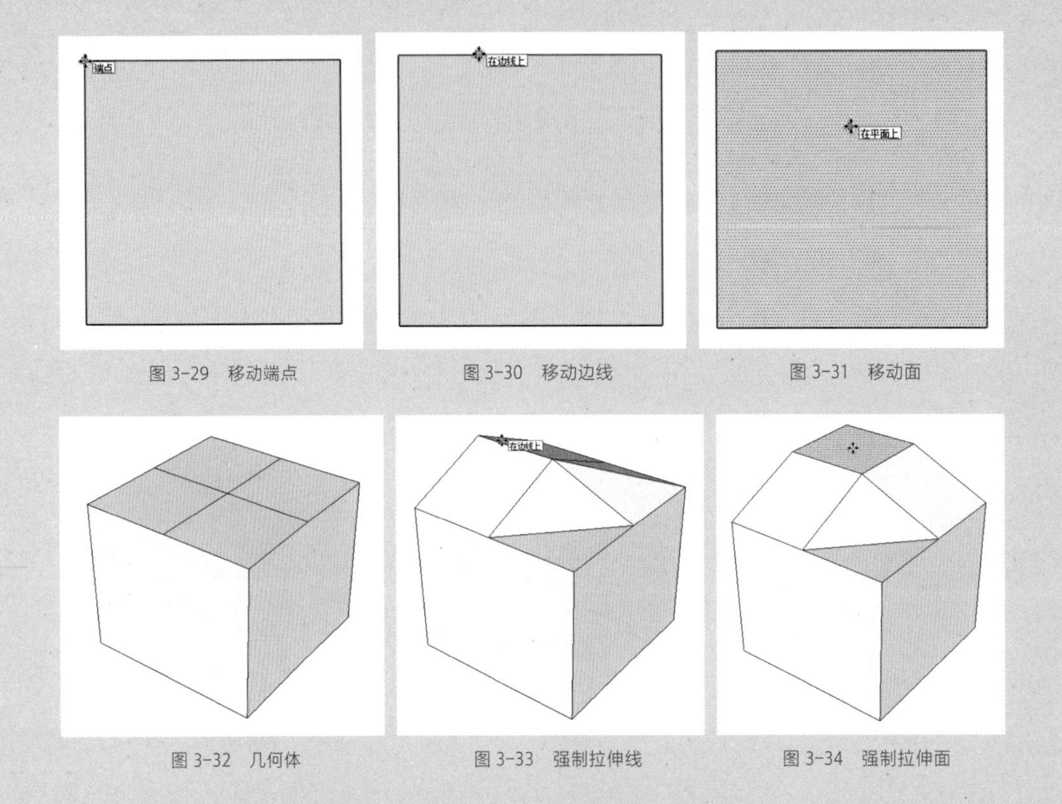

图 3-29　移动端点　　图 3-30　移动边线　　图 3-31　移动面

图 3-32　几何体　　图 3-33　强制拉伸线　　图 3-34　强制拉伸面

■ 3.2.2　旋转工具

“旋转”工具用于旋转对象，可以对单个物体或者多个物体进行旋转，也可以对物体中的某一个部分进行旋转，还可以在旋转的过程中对物体进行复制。用户可以通过以下几种方式激活“旋转”工具：

- 在菜单栏中执行“工具”｜“旋转”命令。
- 在“编辑”工具栏中单击“旋转”按钮。
- 在键盘上按 Q 键。

选择图形对象，激活“旋转”工具，确定旋转中心和旋转轴线，拖曳鼠标指定旋转起点和终点即可对图形对象进行旋转操作，如图 3-35、图 3-36 所示。

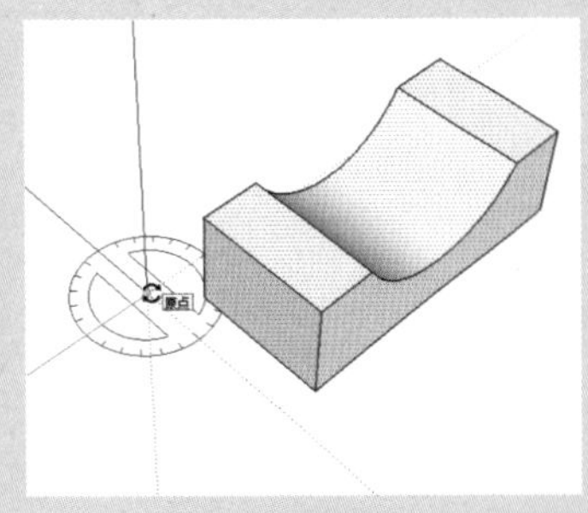

图 3-35　指定旋转中心

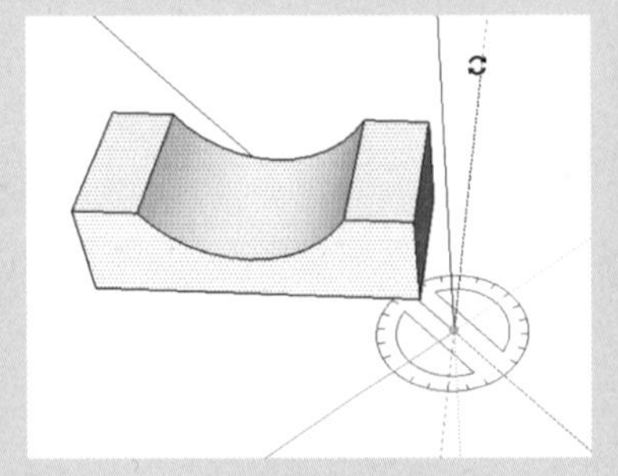

图 3-36　指定旋转终点

> **绘图技巧**
>
> 在“旋转”命令的执行过程中，鼠标上的量角器符号颜色会随着选择面的不同而变化。量角器颜色为蓝色时，是在xy平面旋转；颜色为红色时，是在yz平面旋转；颜色为绿色时，是在xz平面旋转。不同的旋转平面，得到的旋转效果也不同。

使用“旋转”工具配合Ctrl键可以在旋转的同时复制物体，如果在数值控制框中输入“*3”或“*5”字样即可按照上一次的旋转角度对物体进行再次旋转复制3或5次，类似于AutoCAD中的环形阵列效果，如图3-37、图3-38所示。

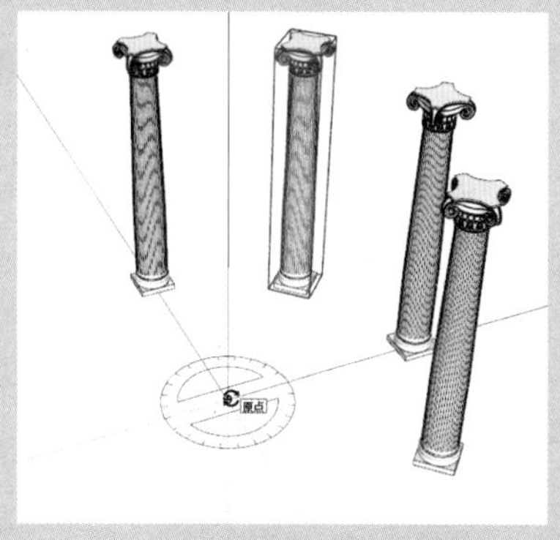

图3-37　旋转*3效果

图3-38　旋转*5效果

3.2.3　缩放工具

“缩放”工具主要用于对图形对象进行放大或缩小，可以在X、Y、Z这三个轴上同时进行等比缩放，也可以是锁定任意两个或单个轴向的非等比缩放。用户可以通过以下几种方式激活“移动”工具：

- 在菜单栏中执行“工具”｜“缩放”命令。
- 在“编辑”工具栏中单击“缩放”按钮。
- 在键盘上按S键。

1. 精确缩放

在进行缩放操作时，数值控制框会显示缩放比例，用户可以在完成缩放后输入一个比例值。

2. 中心缩放

在缩放面对象或者模型对象时，配合Ctrl键即可对其进行中心缩放，如图3-39所示。

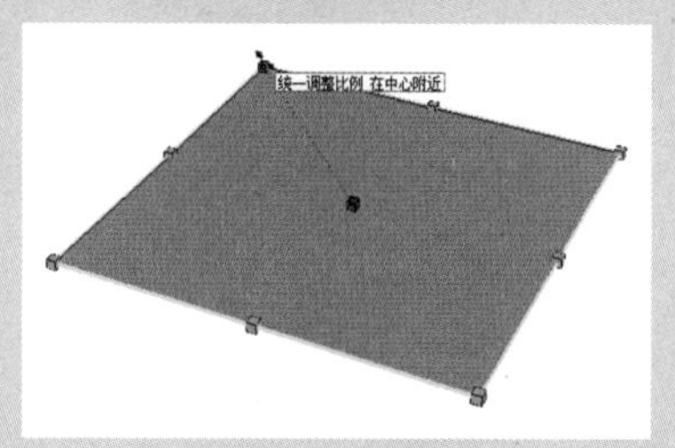

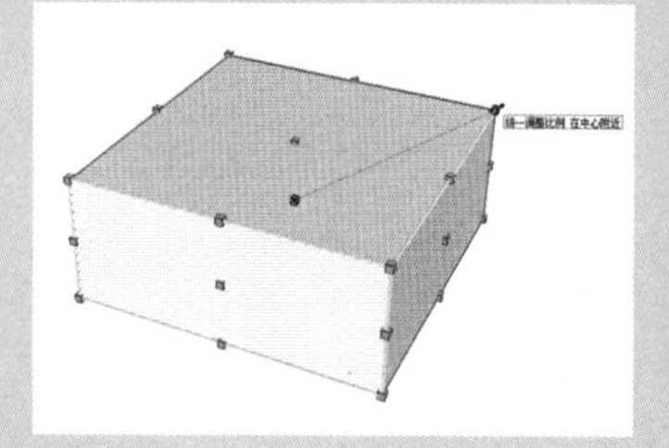

图3-39　中心缩放

3. 镜像物体

使用“缩放”工具还可以镜像缩放物体，只需要往反方向拖曳缩放夹点即可。也可以输入负数值完成镜像缩放，或者在夹点上单击鼠标右键，在弹出的快捷菜单中选择“翻转方向”选项并指定镜像沿轴方向，如图 3-40、图 3-41 所示。

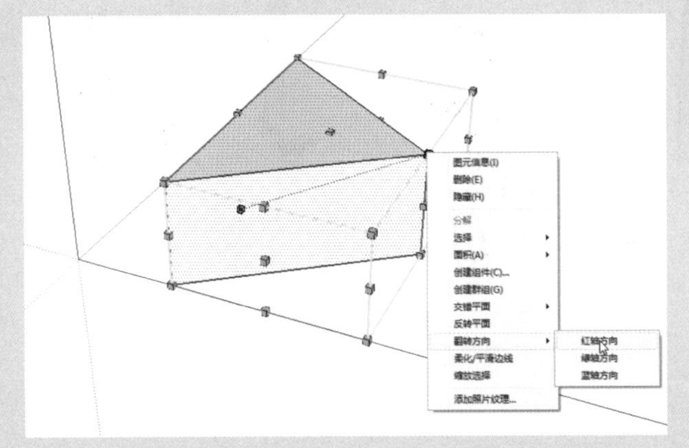

图 3-40　翻转方向

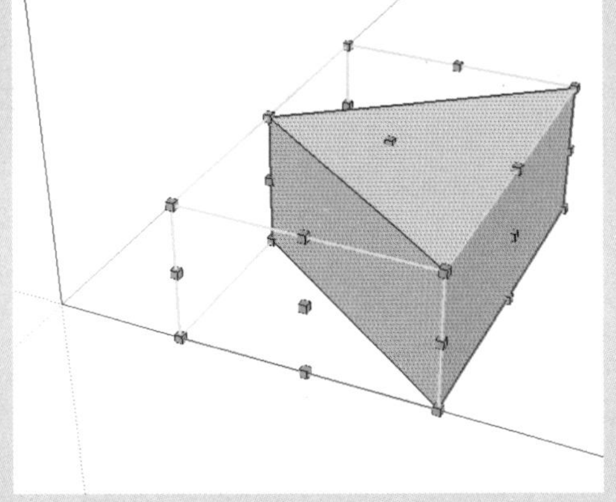

图 3-41　镜像缩放

3.2.4　偏移工具

“偏移”工具可以将在同一平面中的线段或者面域沿着一个方向偏移一个统一的距离，并复制出一个新的物体。偏移的对象可以是面域、两条或两条以上首尾相接的线形物体集合、圆弧、圆或者多边形。用户可以通过以下几种方式激活“偏移”工具：

- 在菜单栏中执行“工具”｜“偏移”命令。
- 在“编辑”工具栏中单击“偏移”按钮。
- 在键盘上按 O 键。

> 知识拓展
>
> 如果要使镜像后的物体大小不变，只需移动一个夹点，在数值控制框中输入“-1”即可对物体进行原大小镜像。

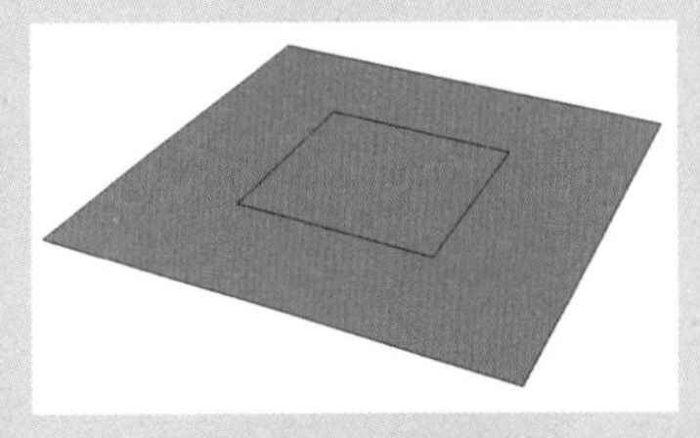

图 3-42　偏移面

图 3-43　偏移线

> 知识拓展
>
> 线的偏移方法和面的偏移方法大致相同，但要注意的是，选择线的时候必须选择两条以上的连线，且所有的线处于同一个平面上，如图 3-42、图 3-43 所示。使用“偏移”工具一次只能偏移一个面或者一组共面的线。

3.2.5　推 / 拉工具

“推 / 拉”工具是二维平面生成三维实体模型最为常用的工具，可以将图形的表面以自身的垂直方向拉伸出想要的高度。用户可以通过以下几种方式激活“推 / 拉”工具：

- 在菜单栏中执行“工具”｜“推 / 拉”命令。
- 在“编辑”工具栏中单击“推 / 拉”按钮。
- 在键盘上按 P 键。

激活“推 / 拉”工具，将鼠标移动到已有的面上，可以看到已有的面会显示为被选择状态，单击鼠标并沿垂直方向拖曳，已有的面就会随着光标的移动转换为三维实体，如图 3-44、图 3-45 所示。

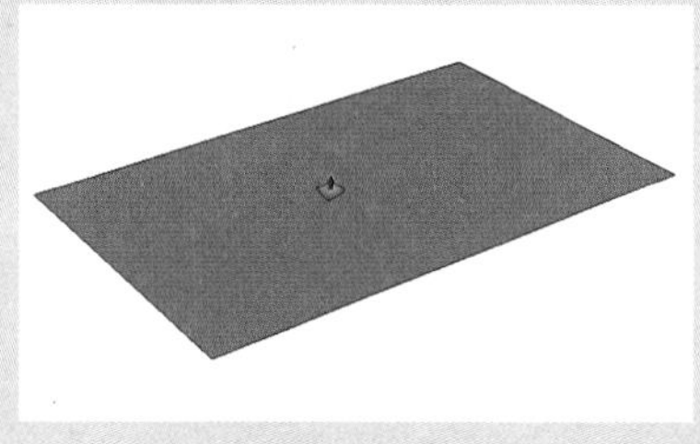
图 3-44　选择面

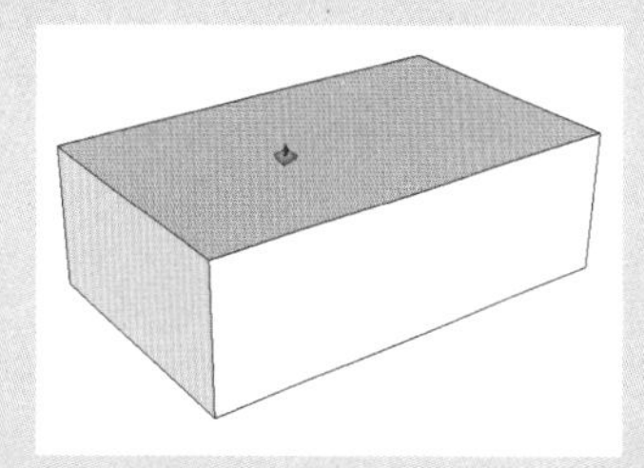
图 3-45　推拉效果

1. 重复推拉

将一个面推拉出一定高度后，如果紧接着在另一个面上双击，即可将该面拉伸出同样的高度。

2. 复制推拉

结合 Ctrl 键可以在推拉面的时候复制一个新的面并进行推拉操作，如图 3-46、图 3-47 所示。

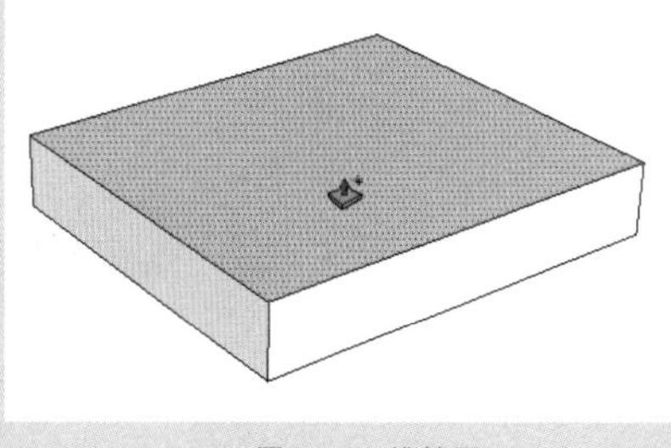
图 3-46　推拉面

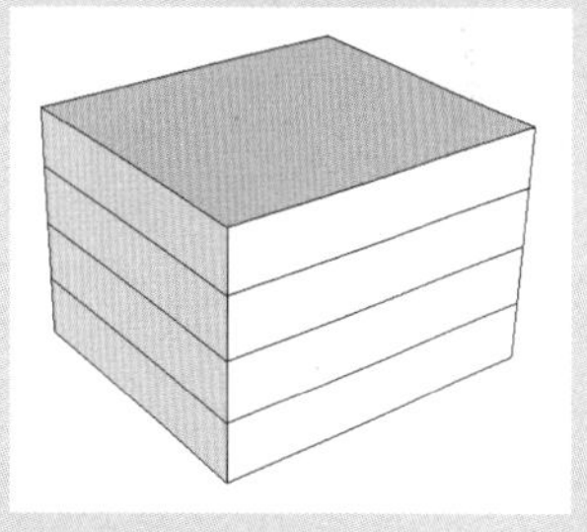
图 3-47　复制推拉效果

3.2.6　路径跟随工具

路径跟随是指将一个界面沿着某一指定线路进行拉伸的建模方式，与 3ds max 中的“放样”命令有些相似，是一种很传统的从二维转换到三维的建模工具。用户可以通过以下几种方式激活“路径跟随”工具：

- 在菜单栏中执行“工具”｜“路径跟随”命令。
- 在“编辑”工具栏中单击“路径跟随”按钮。

1. 手动放样

绘制路径边线和截面，激活“路径跟随”工具，单击截面并按住鼠标沿着路径移动，此时路径边线会变成红色，到达端点时释放鼠标即可完成操作，如图 3-48、图 3-49 所示。

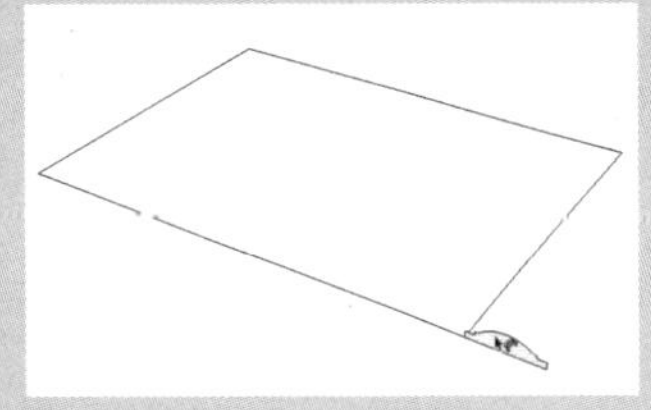

图 3-48　单击截面

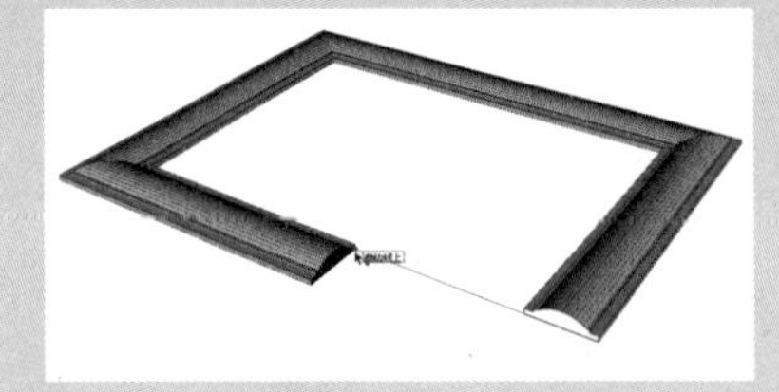
图 3-49　沿路径移动

2. 自动放样

选择路径，再激活“路径跟随”工具，单击截面，即可自动生成三维模型，如图 3-50、图 3-51 所示。

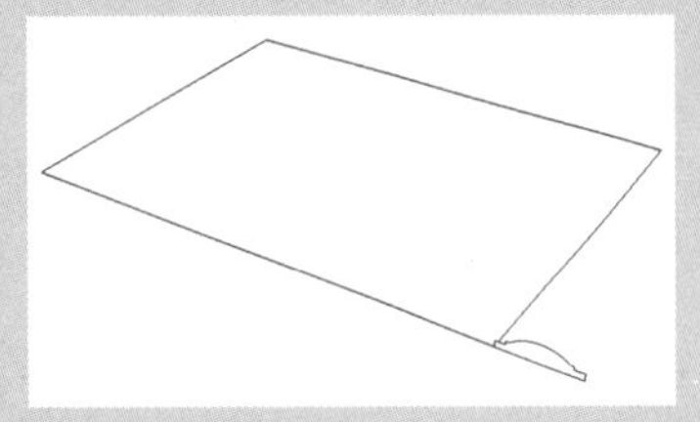
图 3-50　选择路径

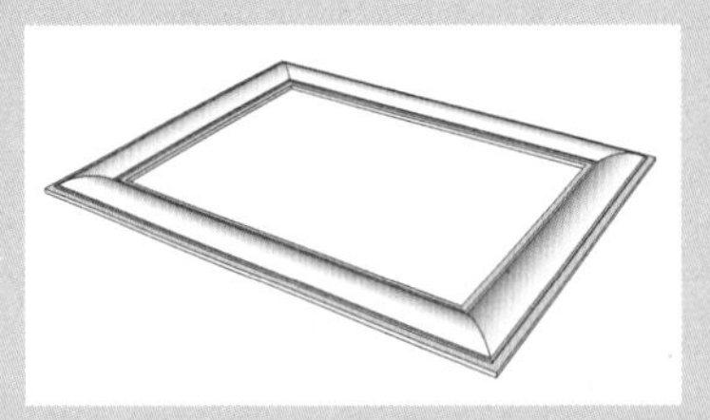
图 3-51　生成三维模型

绘图技巧

利用“路径跟随”工具还可以创建球体模型，但是在放样过程中，由于路径线与截面相交，导致放样出的模型会被路径线分割，如图 3-52、图 3-53 所示。只要使路径和截面不相交，即能够创建出无分割的球体模型，如图 3-54、图 3-55 所示。

图 3-52　截面与路径相交

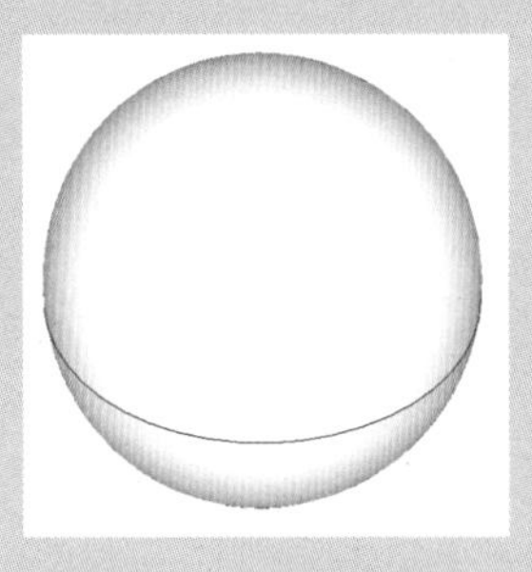
图 3-53　分割球体效果

图 3-54　截面与路径分离

图 3-55　无缝球体效果

小试身手——制作庭院栅栏模型

栅栏在生活中的应用十分广泛，很多城市都流行别墅和庭院栅栏，其多以木质板材为主，由栅栏板、横带板、栅栏柱三部分组成。本案例将利用前面所学的知识制作一个庭院栅栏模型。

01 激活“矩形”工具，绘制一个尺寸为 800mm×100mm 的矩形，如图 3-56 所示。

02 激活“圆弧”工具，捕捉端点绘制一条弧线，如图 3-57 所示。

03 删除边线，再激活“推 / 拉”工具，将面推出 50mm，制作出栅栏板模型，如图 3-58 所示。

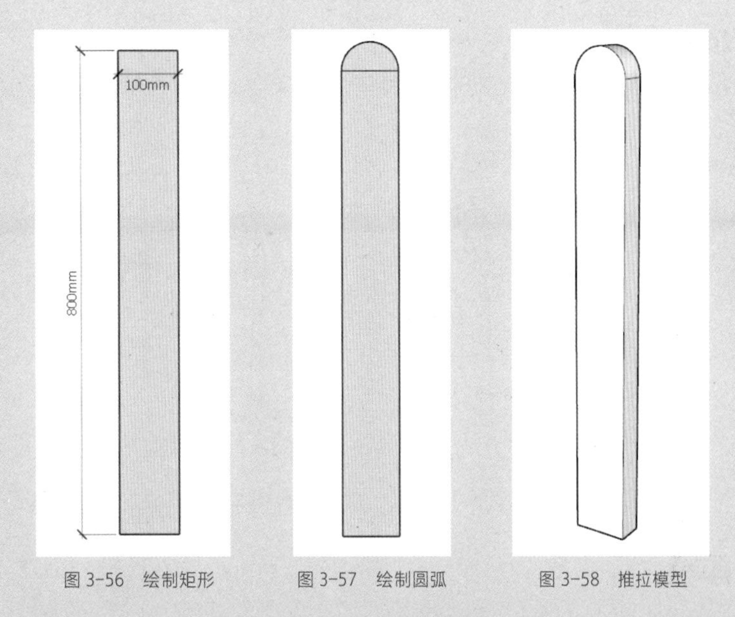

图 3-56　绘制矩形　　图 3-57　绘制圆弧　　图 3-58　推拉模型

04 将栅栏板模型创建成组，选择模型，激活“移动”工具，按住 Ctrl 键向一侧进行移动复制，设置间距为 100mm，如图 3-59 所示。

05 双击其中一个模型进入编辑模式，选中顶部造型并向上移动 100mm，如图 3-60 所示。

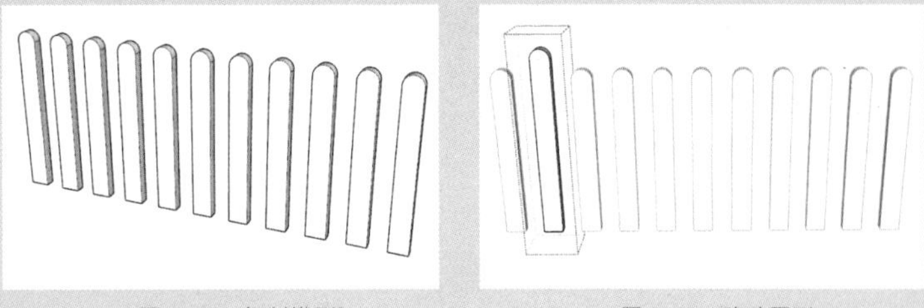

图 3-59　复制模型　　图 3-60　移动图形

06 照此方法依次移动其他模型的顶部，使其成为弧形造型，如图 3-61 所示。

07 激活“矩形”工具，绘制尺寸为 2300mm*100mm 的矩形，并居中放置到合适的位置，如图 3-62 所示。

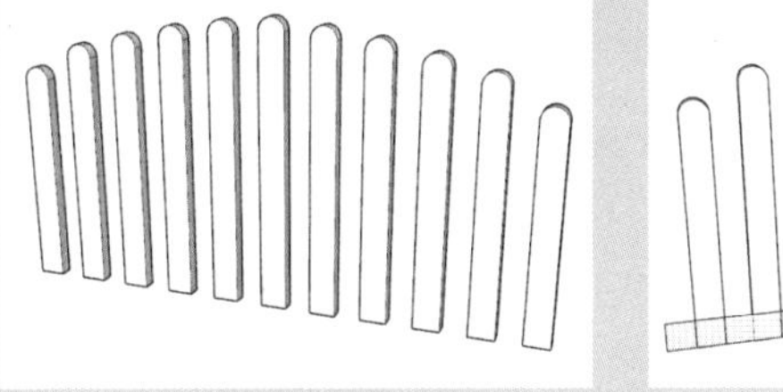

图 3-61　制作弧形造型

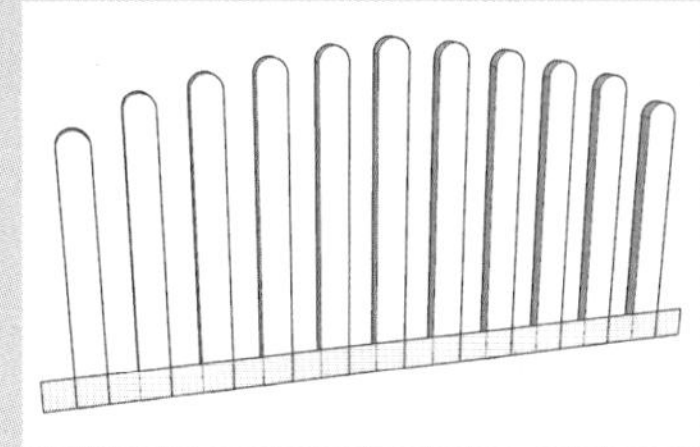

图 3-62　绘制矩形

08 激活“移动”工具，将矩形向上移动120mm，如图3-63所示。

09 激活“推/拉”工具，将矩形推出30mm，制作出横带板模型，如图3-64所示。

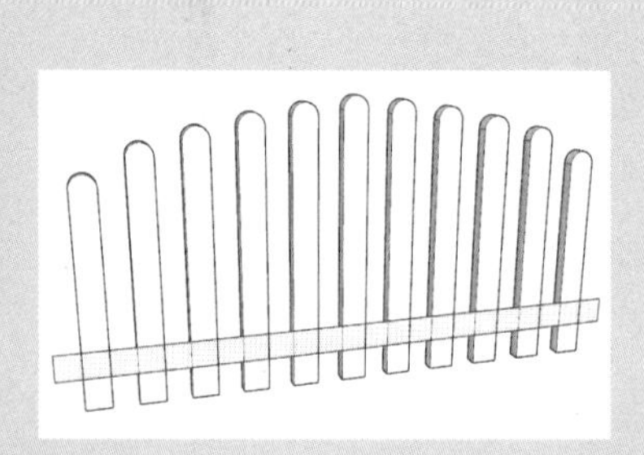

图3-63　移动图形

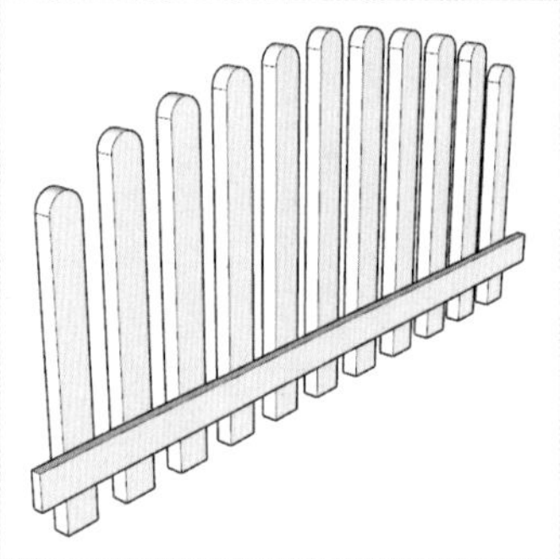

图3-64　推拉模型

10 将模型创建成组，激活“移动”工具，按住Ctrl键向上复制模型，设置间距为400mm，如图3-65所示。

11 利用“矩形”“推拉”工具制作尺寸为150mm×150mm×800mm的长方体模型，如图3-66所示。

图3-65　复制模型

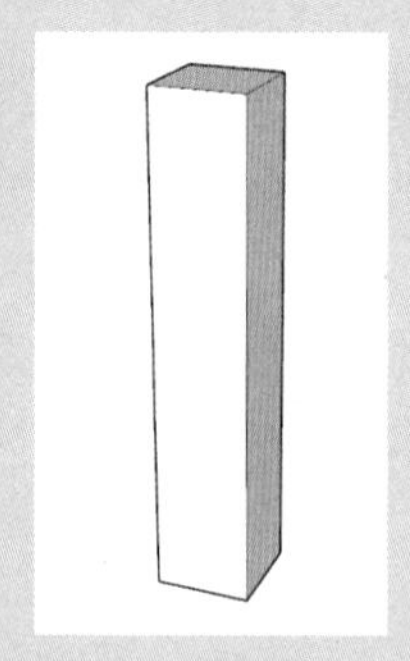

图3-66　绘制长方体

12 激活“偏移”工具，将顶部的边线向内偏移15mm，如图3-67所示。

13 激活“直线”工具，绘制角线，如图3-68所示。

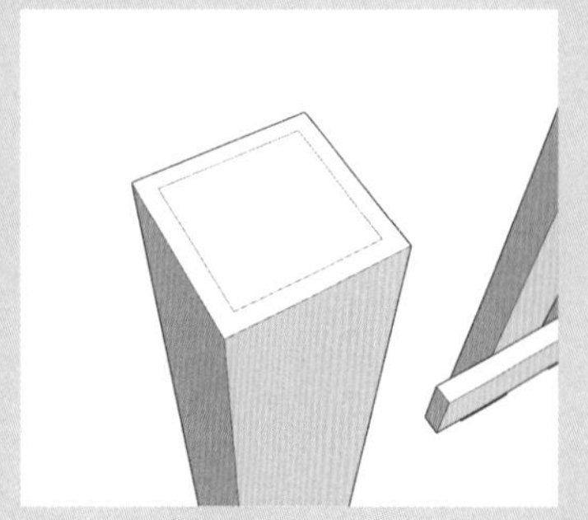

图3-67　偏移图形

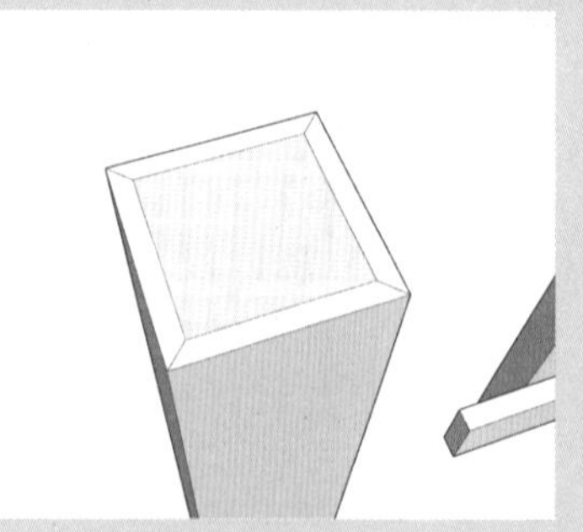

图3-68　绘制角线

14 选择内部的边和面，激活“移动”工具，沿 z 轴向上移动 15mm，如图 3-69 所示。

15 激活“偏移”工具，继续偏移边线，再激活“直线”工具，绘制角线，如图 3-70 所示。

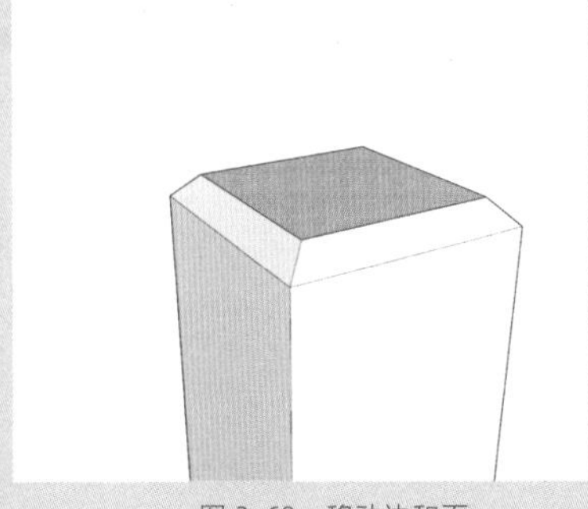

图 3-69　移动边和面

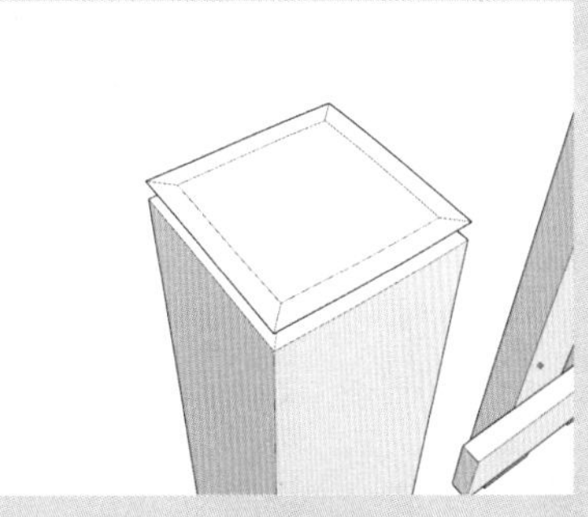

图 3-70　偏移并绘制角线

16 将外边线向上移动 15mm，如图 3-71 所示。

17 激活“直线”工具，绘制直线封闭面，如图 3-72 所示。

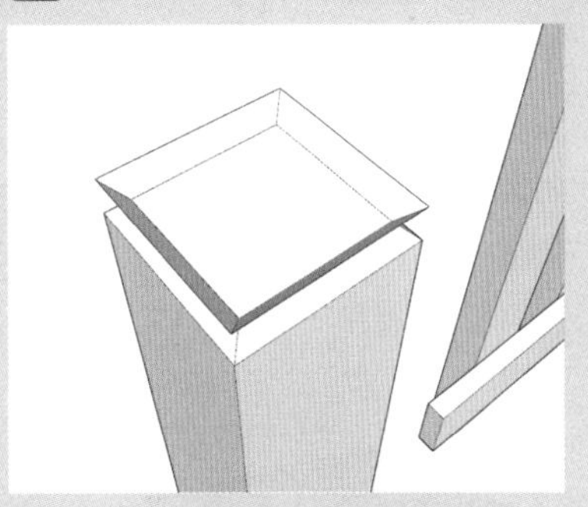

图 3-71　移动边线

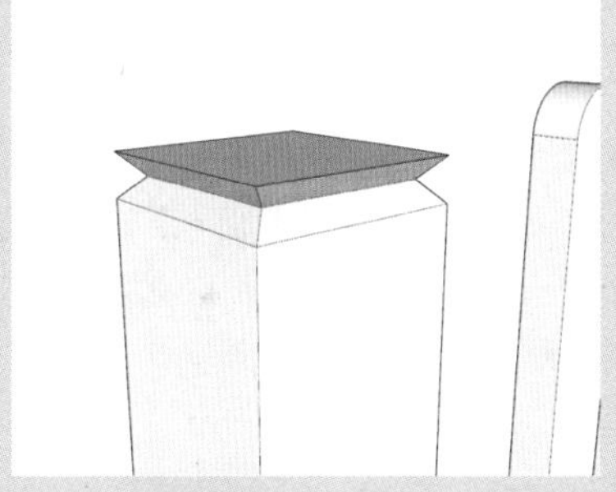

图 3-72　封闭面

18 激活“推 / 拉”工具，将面向上推出 120mm，如图 3-73 所示。

19 再利用“偏移”“直线”等工具制作柱头造型，完成栅栏柱的制作，并将其创建成组，如图 3-74 所示。

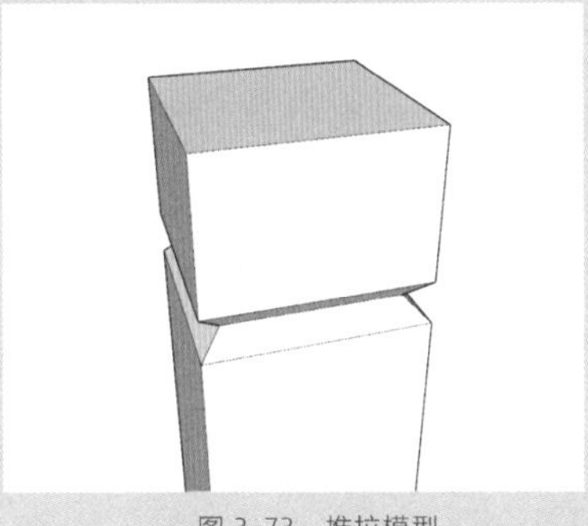

图 3-73　推拉模型

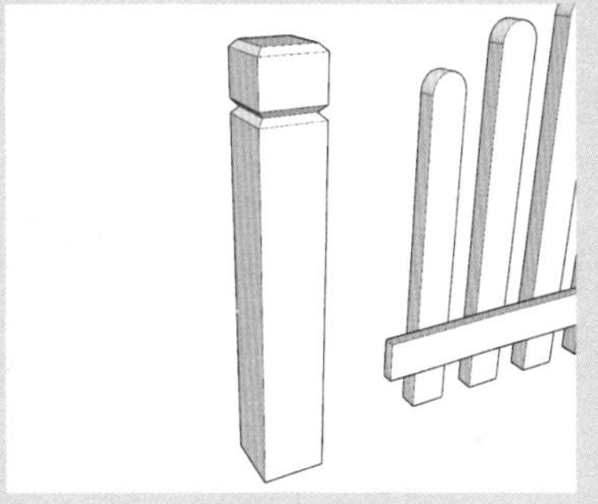

图 3-74　制作柱头造型

20 移动栅栏柱模型到栅栏一侧并进行复制，完成栅栏模型的制作，如图 3-75 所示。

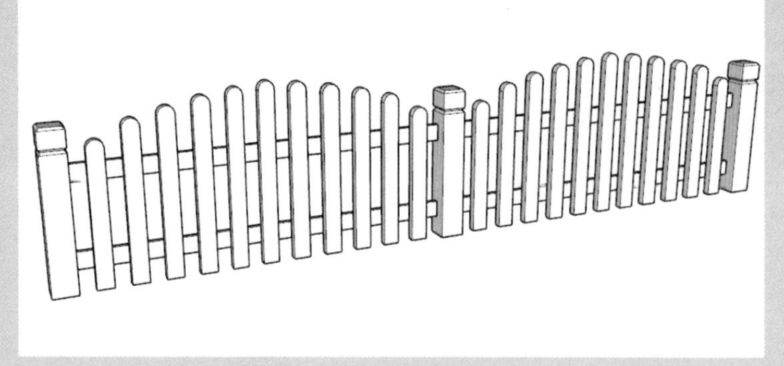

图 3-75　完成模型的制作

■ 3.2.7　擦除工具

使用选择工具选择需要删除的线或面，再按 Delete 键进行删除。除了使用 Delete 键进行删除以外，SketchUp 软件还拥有自己的删除工具。

1. 删除几何体

使用“擦除”工具删除边的方式有两种：一种是点选删除，点选删除就是使用“擦除”工具单击进行删除，在需要删除的几何体上单击鼠标即可将之删除，使用这种方法一次只能删除一个几何体，如图 3-76 所示。

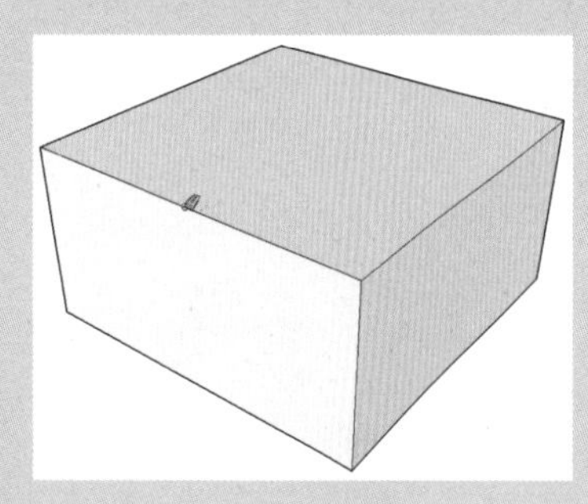

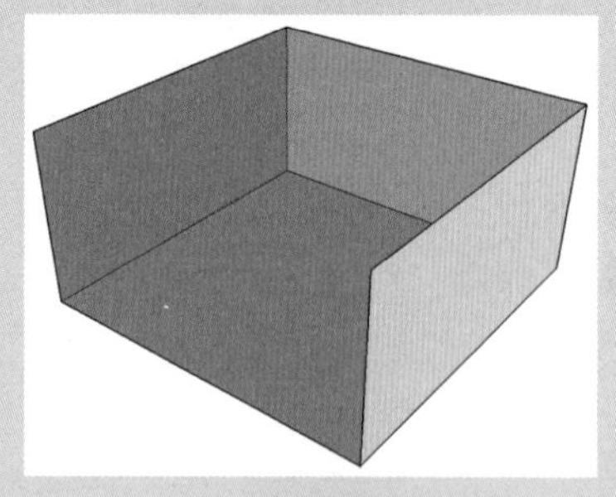

图 3-76　点选删除边线

另外一种是拖曳删除，即按住鼠标左键不放，拖曳鼠标，凡是被指针图标滑过变成蓝色的几何体，在释放鼠标后都会被删除，使用这种方法一次可以删除多个几何体。

2. 柔化、硬化和隐藏边

使用擦除工具除了可以进行边线的删除操作以外，还可以配合键盘上的按键对边线进行柔化、硬化及隐藏处理。

绘图技巧

删除几何体的边后，与边相连的面也会随之被删除。在使用拖曳删除的方法时，鼠标移动的速度不要过快，否则可能会使需要选择的边没有被选择上，从而影响操作效果和质量。

以一个长方体为例，激活“擦除”工具，选择长方体的一条边，按住 Shift 键，单击该边线，即可将该边线隐藏，但仍然可以分出明暗面，如图 3-77 所示。如果按住 Ctrl 键，再单击该边线，即可将边软化，但看不见明暗分界，如图 3-78 所示。最后同时按住 Shift 键和 Ctrl 键，单击被柔化的边线位置，即可将边线硬化，恢复边线。

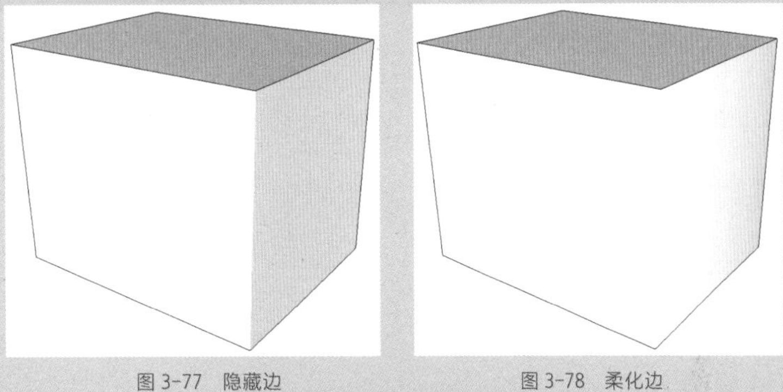

图 3-77 隐藏边　　图 3-78 柔化边

此外，也可在模型上单击鼠标右键，在弹出的快捷菜单中选择“柔化 / 平滑边线”选项，在打开的“柔化边线”设置面板中对边线进行柔化操作。

3.3 建筑施工工具

SketchUp 建模可以达到很高的精确度，主要得益于功能强大的“建筑施工”工具。“建筑施工”工具栏包括“卷尺”“尺寸”“量角器”“文本”“轴”及“三维文字”工具，如图 3-79 所示。其中“卷尺”与“量角器”工具主要用于尺寸与角度的精确测量与辅助定位，其他工具则用于进行各种标识与文字创建。

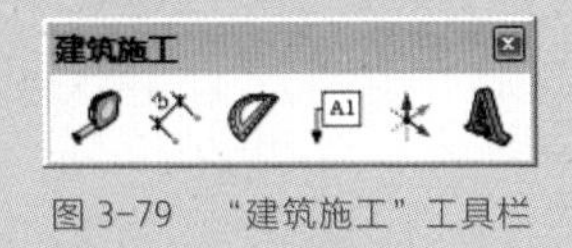

图 3-79 “建筑施工”工具栏

3.3.1 卷尺工具

“卷尺”工具不仅可以用于距离的精确测量，也可以用于制作精准的辅助线。

1. 测量长度

01 打开已有模型，激活“卷尺”工具，当光标变成卷尺时单击确定测量起点，如图 3-80 所示。

02 拖曳鼠标至测量终点，光标旁会显示出距离值字样，在数值控制栏中也可以看到显示的长度值，如图 3-81 所示。

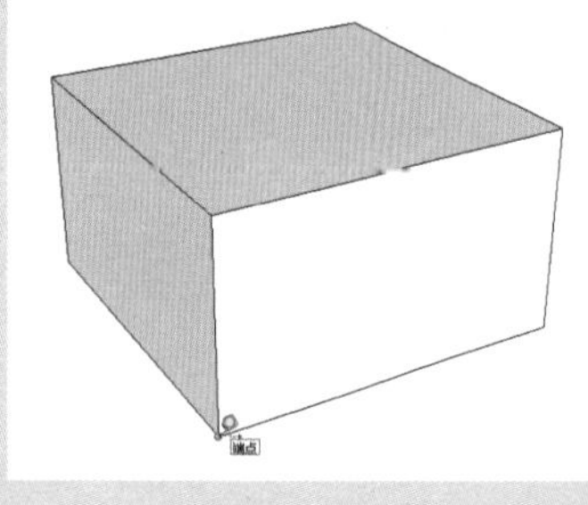

图 3-80　确定起点

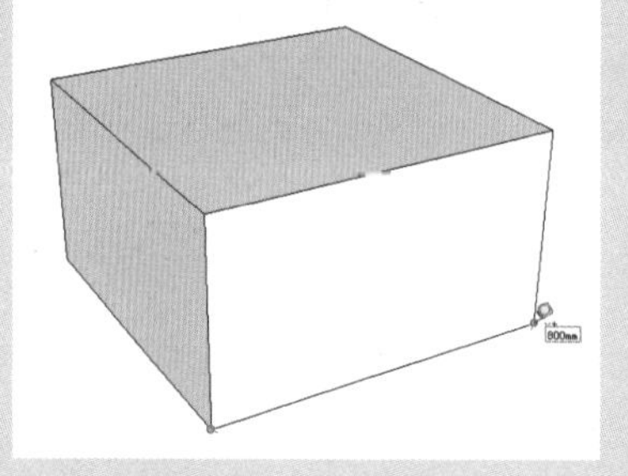

图 3-81　查看测量值

03 再次单击鼠标左键，即可完成测量。

知识拓展

如果事先未对单位精度进行设置，那么数据控制栏中显示的测量数值为大约值，这是因为 SketchUp 根据单位精度进行了四舍五入。打开“模型信息”对话框，在“单位”选项中即可对单位精度进行设置，如图 3-82 所示。

2. 创建辅助线

“卷尺”工具还可以创建如下两种辅助线：

（1）线段延长线。激活“卷尺”工具后，用鼠标在需要创建延长线段的端点处开始拖出一条延长线，延长线的长度可以在屏幕右下角的数值控制栏中输入，如图 3-83 所示。

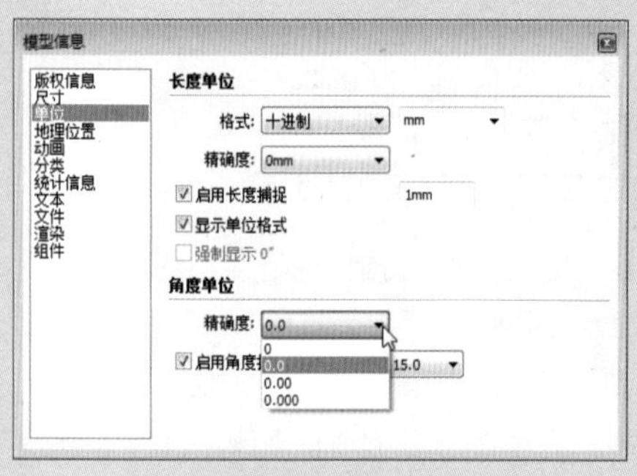

图 3-82　“模型信息”对话框

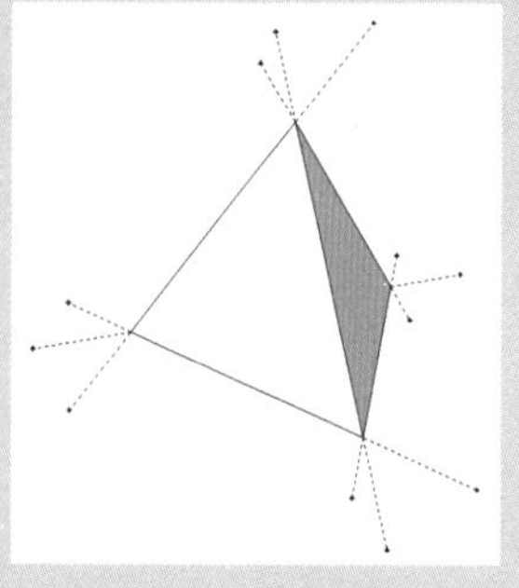

图 3-83　线段延长线

（2）直线偏移辅助线。激活“卷尺”工具后，在偏移辅助线两侧端点外的任意位置单击鼠标，以确定辅助线起点，如图 3-84 所示。移动光标，就可以看到偏移辅助线随着光标的移动自动出现，如图 3-85 所示，也可以直接在数值控制栏中输入偏移值。

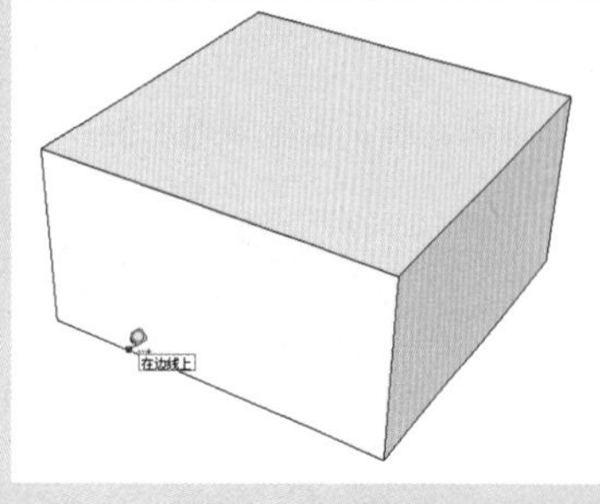

图 3-84　确定起点

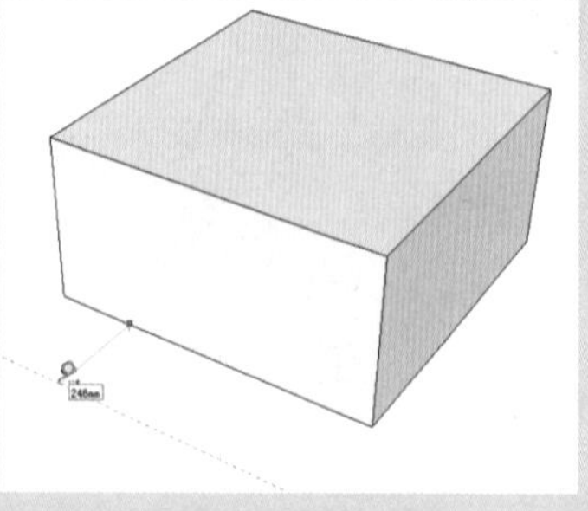

图 3-85　偏移辅助线

绘图技巧

场景中常常会出现大量的辅助线，如果是已经不需要的辅助线，就可以直接删除；如果辅助线在后面还有用处，也可以将其隐藏起来。选择辅助线，执行“编辑”|“隐藏”命令即可，或者单击鼠标右键，在弹出的快捷菜单中单击“隐藏”命令。

3.3.2　尺寸工具

SketchUp 具有十分强大的标注功能，能够创建满足施工要求的尺寸标注，这也是 SketchUp 区别于其他三维软件的一个明显优势。

不论是建筑设计还是室内设计，一般都归结为两个阶段，即方案设计和施工图设计。在施工图设计阶段需要绘制施工图，这就要求标注详细且精确。与 3ds max 相比，SketchUp 软件的优势是可以绘制三维施工图。

1. 标注样式的设置

不同类型的图纸对于标注样式有不同的要求，在图纸中进行标注的第一步就是首先要设置需要的标注样式，用户可以在“模型信息”对话框的“尺寸”选项卡中进行相关参数的设置，如图 3-86 所示。

图 3-86　“尺寸”选项卡

2. 尺寸标注

SketchUp 的尺寸标注是三维的，其引出点可以是端点、终点、交点以及边线，并且可以标注三种类型的尺寸：长度标注、半径标注、直径标注。

（1）长度标注

激活“尺寸”工具，在长度标注的起点单击，将光标移动到长度标注的终点处，再次单击，移动光标即可创建尺寸标注。

（2）半径标注

SketchUp 中的半径标注主要针对弧形物体，激活“尺寸”工具，单击选择弧形，移动光标即可创建半径标注，标注文字中的“R”表示半径，如图 3-87 所示。

（3）直径标注

SketchUp 中的直径标注主要是针对圆形物体，激活“尺寸”工具，单击选择圆形，移动光标即可创建直径标注，标注文字中的“DIA”表示半径，如图 3-87 所示。

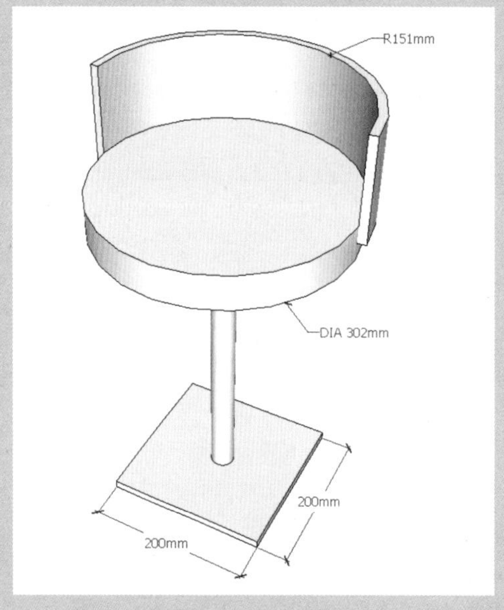

图 3-87　标注信息

3. 标注的修改

不管是尺寸标注还是文本标注，都会遇到需要对标注的样式或内容进行修改的时候。修改标注时，单击鼠标右键，在弹出的快捷菜单中选择要修改的类型即可。

（1）修改标注文字

用鼠标右键单击标注，在弹出的快捷菜单中选择“编辑文字”选项，此时标注中的文字处于编辑状态。随后输入需要的替代文字内容，在空白处单击鼠标即可完成标注文字的修改。

（2）修改标注箭头

用鼠标右键单击标注，在弹出的快捷菜单中选择“箭头”选项，弹出二级子菜单，如图 3-88 所示，可根据需要选择箭头的格式。

（3）修改标注引线

用鼠标右键单击标注，在弹出的快捷菜单中选择“引线”选项，弹出二级子菜单，如图 3-89 所示，可根据需要选择引线的格式。

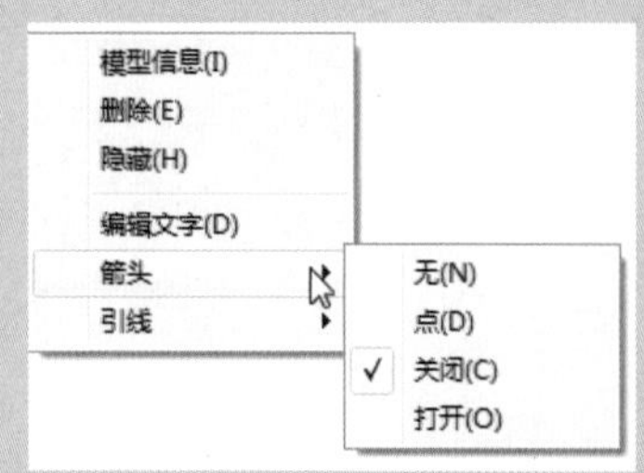

图 3-88　修改标注箭头

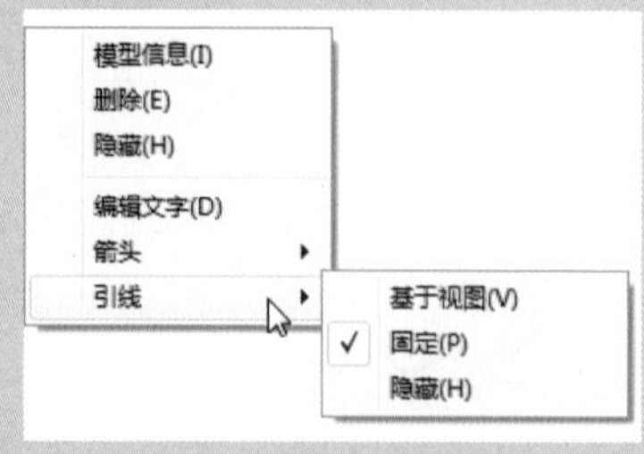

图 3-89　修改标注引线

绘图技巧

尺寸标注的数值是系统自动计算的，虽然可以修改，但是一般情况下是不允许的。因为作图时必须按照场景中的模型与实际尺寸 1:1 的比例来绘制，这种情况下，绘图是多大的尺寸，在标注时就是多大。

如果标注时发现模型的尺寸有误，应该先对模型进行修改，再对尺寸重新进行标注，以确保施工图纸的准确性。

■ 3.3.3 量角器工具

“量角器”工具可以用来创建角度辅助线和测量角度。

1. 创建角度辅助线

用户可在数值输入框内输入精确的角度值，负值表示往当前鼠标指向相反的方向旋转，按住 Shift 键可锁定当前平面。

2. 测量角度

在测量角度时按住 Ctrl 键可只对角度进行测量，而不产生角度辅助线。

■ 3.3.4 文字工具

在绘制设计图或者施工图时，在图形元素无法正确表达设计意图时可使用文本标注，比如材料的类型、细节的构造、特殊的做法以及房间的面积等。

SketchUp 的文本标注有系统标注和用户标注两种类型。系统标注是指标注的文本由系统自动生成，用户标注是指标注的文本由用户自己输入。

1. 引线注释文字

激活“文字”工具，在实体上单击并拖曳鼠标，拖出引线，在合适的位置单击，确定文本框位置，最后输入注释文字内容即可创建引线注释文字，如图 3-90 所示。

2. 用户标注

激活“文字”工具，在实体上双击鼠标，即可创建不带引线的文本框，输入文字内容即可创建注释文字，如图 3-91 所示。

知识拓展

对封闭的面域进行系统标注时，系统将自动标注面域的面积；对线段进行系统标注时，系统将自动标注线段长度；对弧线进行标注时，系统将自动标注该点的坐标值。

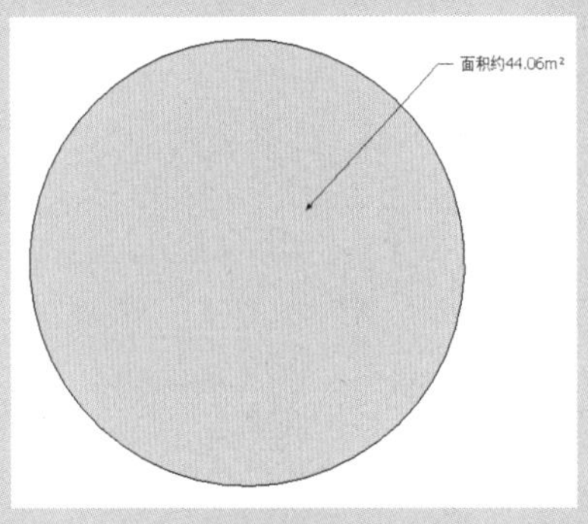

图 3-90 引线注释文字

图 3-91 不带引线注释文字

3. 屏幕文字

激活“文字”工具，在屏幕的空白处单击，在弹出的文本框中输入文字即可创建屏幕文字，如图 3-92、图 3-93 所示。

图 3-92　创建文本框

SketchUp 2018

图 3-93　输入文字

3.3.5　轴工具

SketchUp 的三维坐标系可以使用户在工作中保持三维空间方向感，而轴工具允许用户在模型中移动绘制坐标轴。使用轴工具可以在斜面上方便地构建起矩形物体，也可以更准确地缩放那些不在坐标轴平面的物体

3.3.6　三维文字工具

“三维文字”工具广泛地应用于广告、LOGO、雕塑文字等。激活“三维文字”工具，系统会弹出“放置三维文本”对话框，在其中输入相应的文字内容，再设置文字样式，单击“放置”按钮，即可将文字放置到合适的位置，单击即可完成创建，如图 3-94、图 3-95 所示。

图 3-94　“放置三维文本”对话框

图 3-95　三维文字效果

小试身手——制作停车场提示牌

下面利用该功能创建一个停车场指示牌模型，操作步骤如下。

01 激活“矩形”工具，绘制一个 1000mm×500mm 的矩形，如图 3-96 所示。

02 激活“推 / 拉”工具，将矩形向上推出 100mm，制作出一个长方体，如图 3-97 所示。

03 激活“直线”工具，捕捉中点绘制一条直线，如图 3-98 所示。

04 激活“移动”工具，按住 Ctrl 键将直线向两侧分别复制，移动距离为 30mm，如图 3-99 所示。

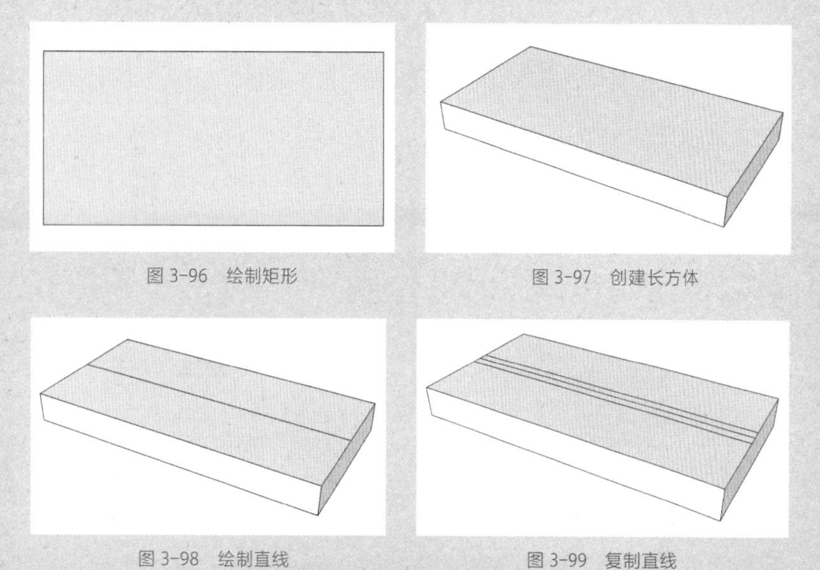

图 3-96　绘制矩形　　图 3-97　创建长方体

图 3-98　绘制直线　　图 3-99　复制直线

05 删除中线，并选择中间的面及边，如图 3-100 所示。

06 激活“移动”工具，将面沿 z 轴向上移动 100mm，如图 3-101 所示。

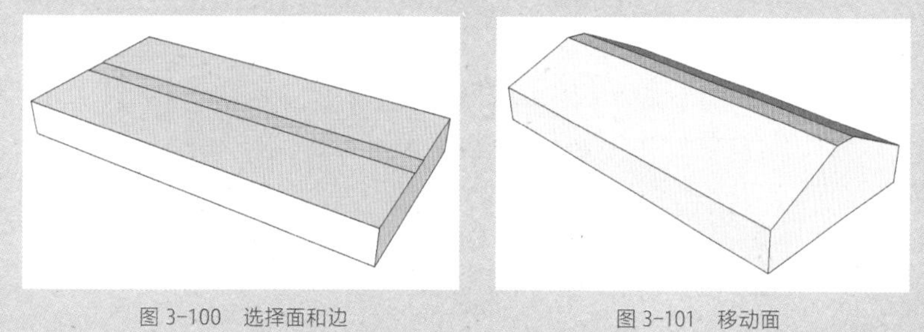

图 3-100　选择面和边　　图 3-101　移动面

07 激活“推 / 拉”工具，将面向上推出 2200mm，并将模型创建成组，如图 3-102 所示。

08 激活“三维文字”工具，打开“放置三维文本”对话框，输入文本内容“P”并设置文字样式，单击“放置”按钮，如图 3-103 所示。

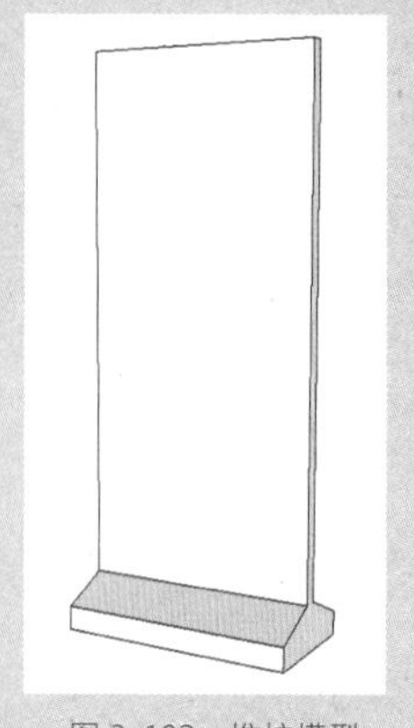

图 3-102　推拉模型

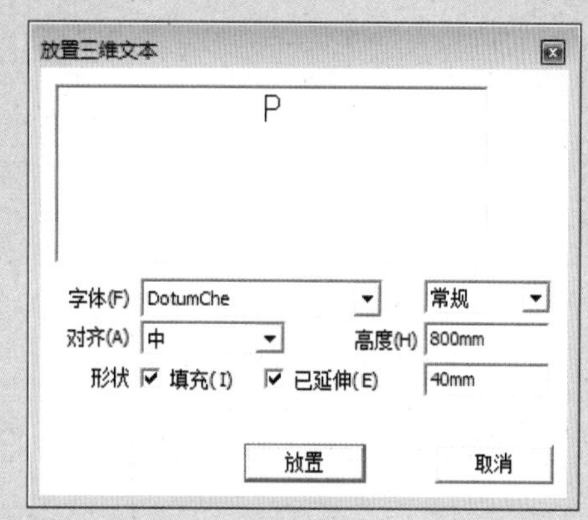

图 3-103　设置文字

09 将创建的文字放置到合适的位置，如图 3-104 所示。

10 继续创建其他文字，分别放置到合适的位置，如图 3-105 所示。

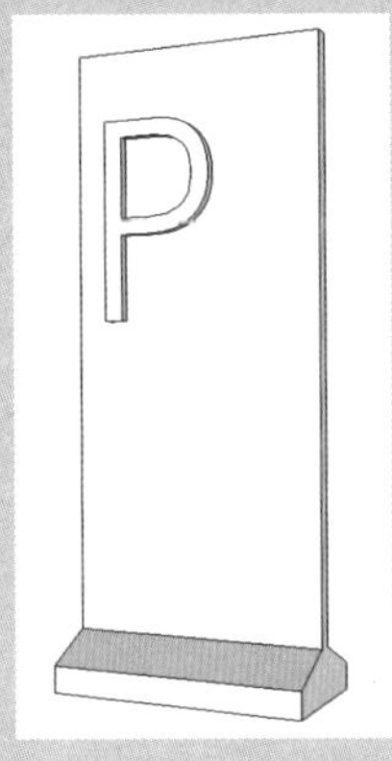

图 3-104 放置文字

图 3-105 创建其他三维文字

11 激活“矩形”命令，绘制 120mm×120mm 的矩形，如图 3-106 所示。

12 利用“移动”“清除”工具，绘制宽度为 10mm 的箭头图形，如图 3-107 所示。

图 3-106 绘制矩形

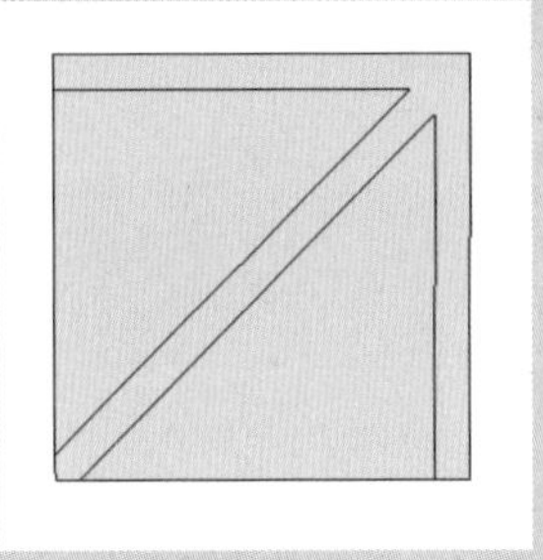

图 3-107 绘制箭头

13 删除多余线条，激活“推 / 拉”工具，将图形向外推出 20mm 的高度，如图 3-108 所示。

14 向下复制箭头模型，激活“旋转”工具，旋转箭头指向，完成停车场指示牌模型的制作，如图 3-109 所示。

图 3-108 推拉模型

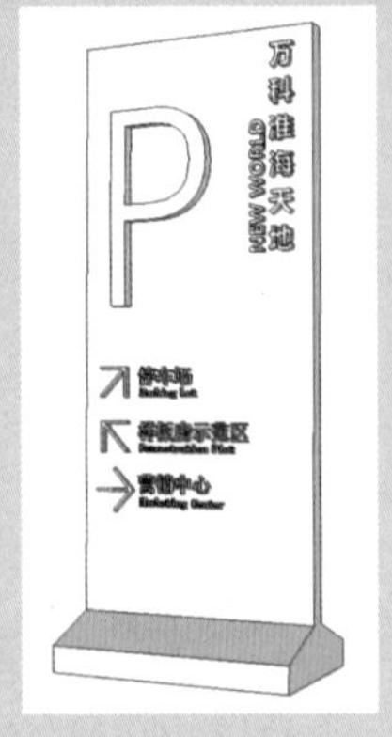

图 3-109 完成制作

3.4　“柔化 / 平滑边线”功能

SketchUp 可以对边线进行柔化和平滑处理，从而使有棱角的形体看起来更加光滑。对柔化的边线进行平滑处理可以减少曲面的可见折线，使用更少的面表现曲面，也可以使相邻的表面在渲染中能均匀过渡渐变。

柔化的边线会自动隐藏，但实际上还存在于模型中，当执行相关命令时，当前不可见的边线就会显示出来。柔化边线有以下几种方法：

- 按住 Ctrl 键的同时使用“擦除”工具，可以柔化边线而不是删除边线。
- 在边线上单击鼠标右键，在弹出的快捷菜单中选择“柔化”命令。
- 选中多条边线，然后在选集上单击鼠标右键，在弹出的快捷菜单中选择“柔化 / 平滑边点线”命令，此时将弹出“柔化边线”面板，如图 3-110 所示。在该面板中拖曳滑块可以调整光滑角度的下限值，超过此值的夹角都将被柔化处理；如果勾选“平滑法线”复选框，可以对允许角度范围内的夹角实施光滑和柔化效果处理；如果勾选“软化共面”复选框，系统将自动柔化连接共面的表面之间的边线。
- 执行“窗口”| Default Tray |“柔化边线”命令，同样可以打开“柔化边线”面板。

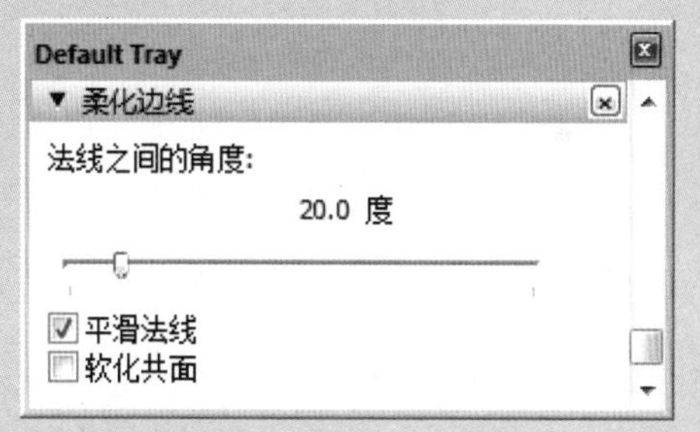

图 3-110　“柔化边线”面板

课堂练习——制作室外躺椅模型

下面利用前面所学的知识制作一个室外躺椅模型，操作步骤如下。

01 激活“矩形”工具，绘制一个 2000mm×700mm 的矩形，如图 3-111 所示。

02 选择边线，激活“移动”工具，对边线进行复制，如图 3-112 所示。

03 删除内部的面，如图 3-113 所示。

04 将两部分图形分别创建成组，如图 3-114 所示。

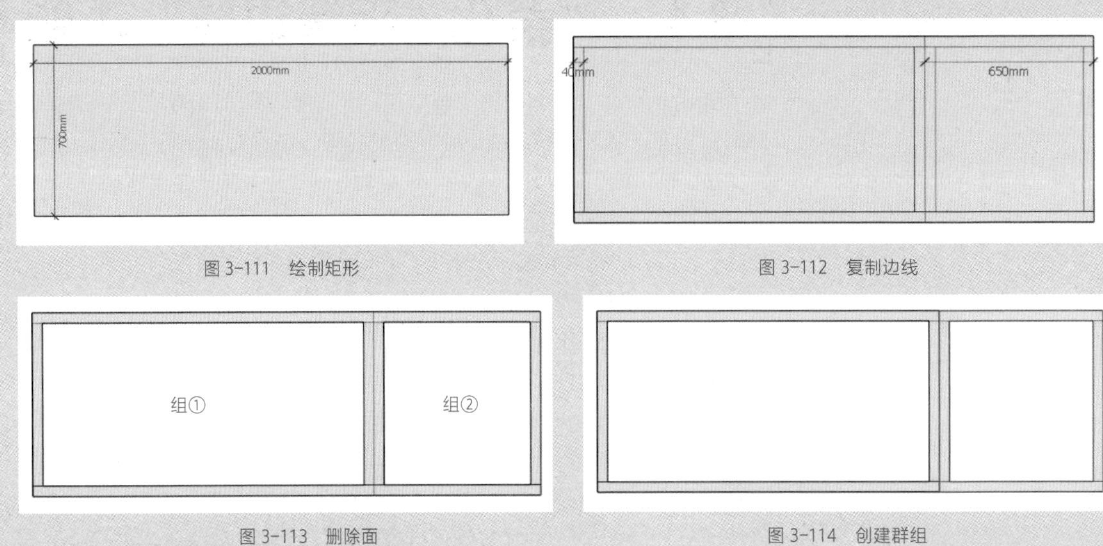

图 3-111　绘制矩形

图 3-112　复制边线

图 3-113　删除面

图 3-114　创建群组

05 双击进入编辑模式，激活“推 / 拉”工具，将图形推出 30mm 的厚度，如图 3-115 所示。

06 利用“矩形”、“推 / 拉”工具创建 40mm×620mm×20mm 的长方体，将其放置到距离边框 10mm 的位置，如图 3-116 所示。

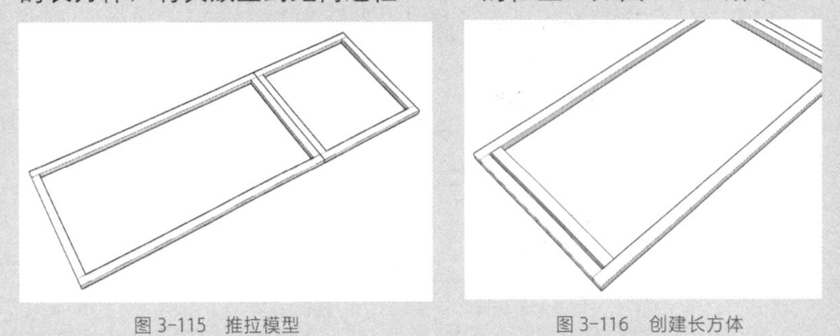

图 3-115　推拉模型

图 3-116　创建长方体

07 复制长方体，设置间距为 10mm，如图 3-117 所示。

08 激活“矩形”工具，绘制尺寸为 700mm×1400mm 的矩形，如图 3-118 所示。

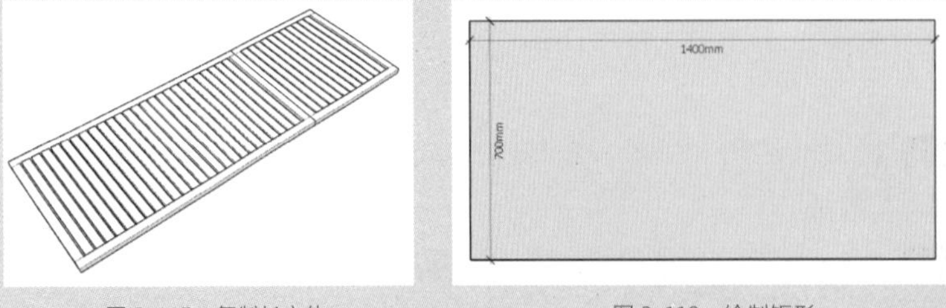

图 3-117　复制长方体

图 3-118　绘制矩形

09 激活“移动”工具，按住 Ctrl 键将边线向内复制 30mm 的距离，如图 3-119 所示。

10 继续复制间距为 60mm 的边线，如图 3-120 所示。

图 3-119 复制边线

图 3-120 复制边线

11 激活“推 / 拉”工具，将图形推出 40mm 的高度，如图 3-121 所示。

12 激活“直线”工具，补充底部的图形，再激活“推 / 拉”工具，推出 300mm 高度的椅子腿，如图 3-122 所示。

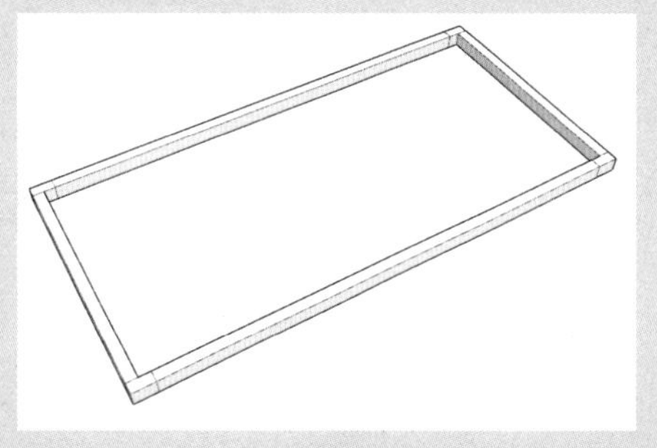

图 3-121 推拉模型

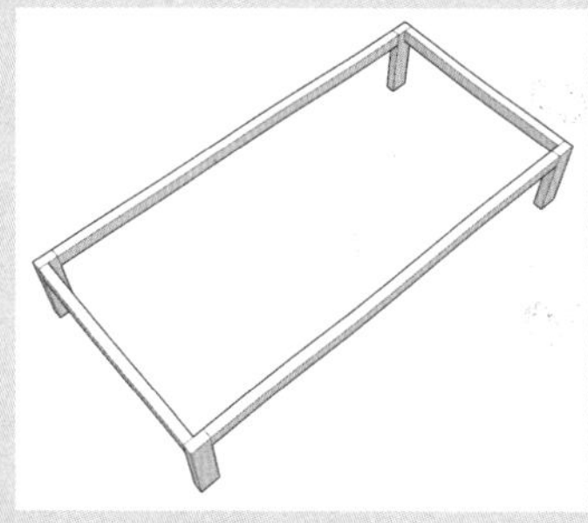

图 3-122 制作椅子腿

13 选择一条楷，激活“移动”工具，按住 Ctrl 键向下复制，间距为 40mm，如图 3-123 所示。

14 将模型创建成组，再与创建好的模型对齐放置，如图 3-124 所示。

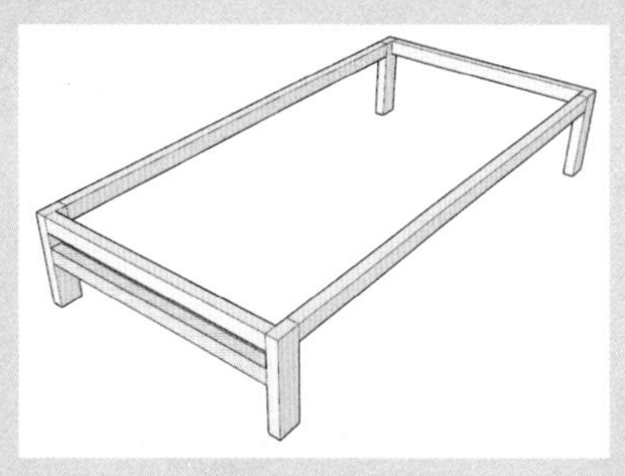

图 3-123 复制楷

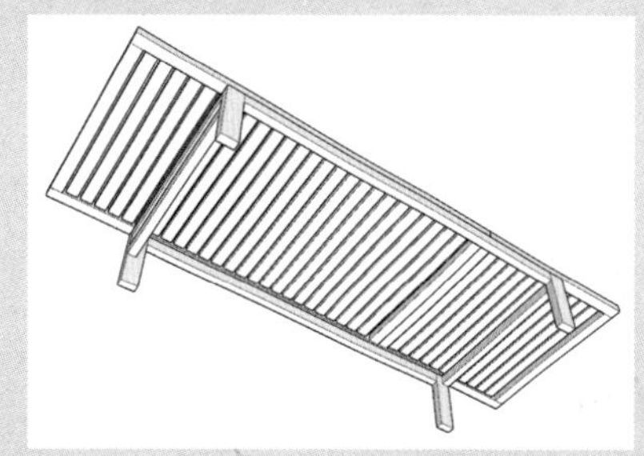

图 3-124 对齐模型

15 选择靠背位置的模型，激活“旋转”工具，以交界处为旋转中心，按逆时针旋转 40°，完成室外躺椅模型的制作，如图 3-125 所示。

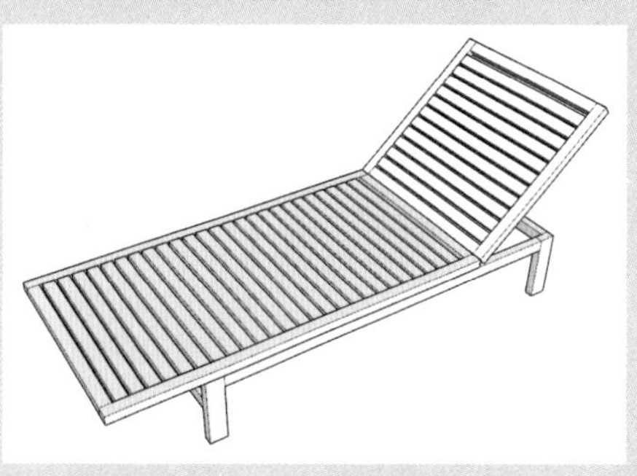

图 3-125 旋转模型

强化训练

为了更好地掌握本章所学知识，在此列举几个针对本章的拓展案例，以供练习！

1. 制作蔬菜架模型

利用矩形、圆、推 / 拉、移动等工具制作如图 3-126 所示的蔬菜架模型。

操作提示：

01 利用矩形、推 / 拉、移动等工具制作蔬菜筐，旋转并复制模型。

02 利用矩形、推 / 拉、移动等命令制作支架，合并对齐模型。

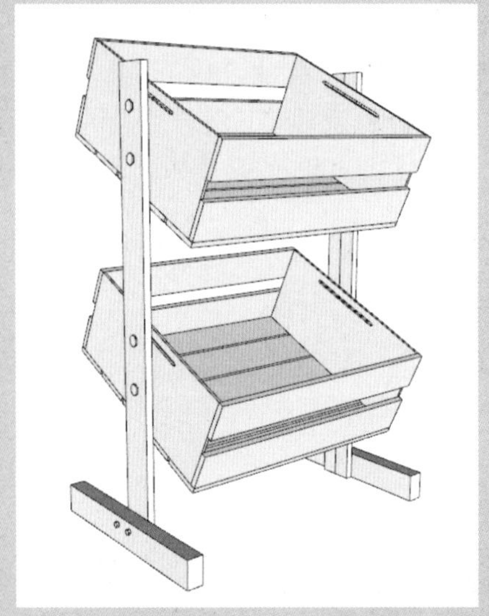

图 3-126　蔬菜架模型

2. 制作吊床模型

利用直线、圆弧、矩形、推 / 拉、移动等命令制作如图 3-127 所示的吊床模型。

操作提示：

01 利用矩形、圆弧、推 / 拉等命令制作亭廊模型。

02 利用圆、直线、推 / 拉等命令制作吊床模型。

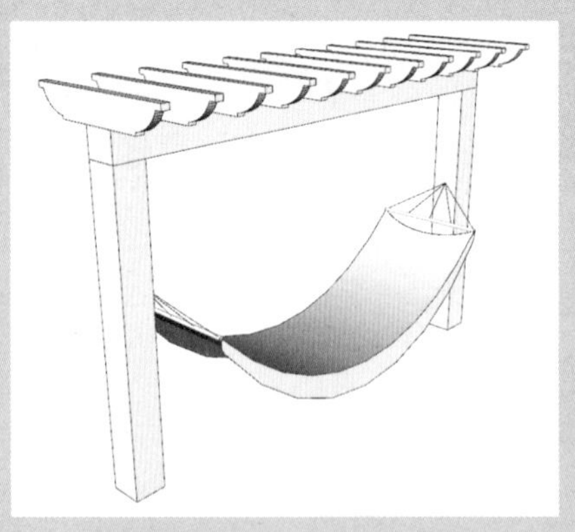

图 3-127　吊床模型

CHAPTER 04

SketchUp 高级工具

内容导读 Guided reading

SketchUp 作为三维设计软件，绘制二维图形只是铺垫，其最终目的还是建立三维模型。前几章中已经介绍了 SketchUp 的基本建模和辅助工具的操作方法，接下来本章将要介绍一些高级建模功能和场景管理工具的使用方法，以便于读者进一步深入掌握 SketchUp 的建模技巧。

学习目标

- √ 掌握组工具的使用
- √ 掌握沙箱工具的使用
- √ 掌握图层工具的使用
- √ 掌握相机工具的使用
- √ 掌握实体工具的使用

作品展示

◎曲面平整

◎小桥流水

4.1 组工具

在 SketchUp 中，用户可以对多个对象进行打包组合。组件工具与群组工具有许多共同之处，很多情况下区别不大，都可以将场景中众多的构件编辑成一个整体，并保持各构件之间的相对位置不变，从而实现各构件的整体操作。

4.1.1 组件工具

组件是 SketchUp 中常用的建模技术，在建模中非常重要，要养成习惯，在适当的时候把模型对象成组，可避免日后模型粘连的情况发生。同时应充分利用组件的关联复制性，把模型成组后再复制，以提高后续模型的应用效率。

> **绘图技巧**
>
> 在“创建组件”对话框中勾选“总是朝向相机”“阴影朝向太阳”复选框，这样不论如何旋转视口，组件都始终以正面面向视口，以避免出现不真实的单面渲染效果。

小试身手——创建植物组件

本案例中将利用组件功能创建向阳的植物模型，当旋转视图时，植物始终朝向视口，操作步骤如下。

01 选择模型中的植物模型，单击鼠标右键，在弹出的快捷菜单中选择“创建组件”命令，如图 4-1 所示。

02 打开“创建组件”对话框，勾选“总是朝向相机”选项，系统会自动选择“阴影朝向太阳”选项，单击“设置组件轴”按钮，如图 4-2 所示。

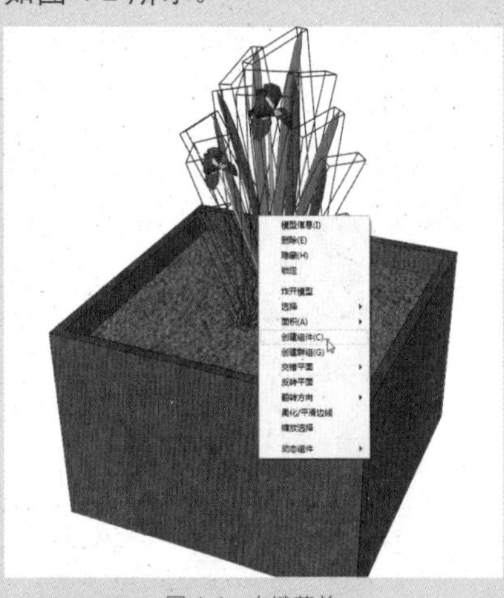

图 4-1 右键菜单

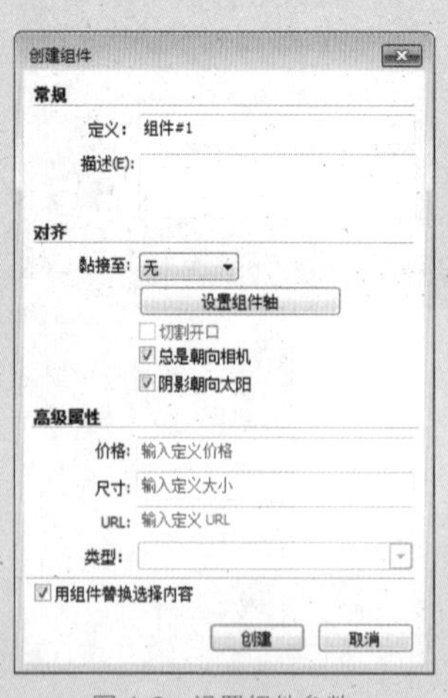

图 4-2 设置组件参数

03 以植物底部为轴心指定轴向，返回到“创建组件”对话框，单击“创建”按钮完成操作，如图 4-3 所示。

04 旋转视图，可以看到植物始终正面朝向，如图 4-4 所示。

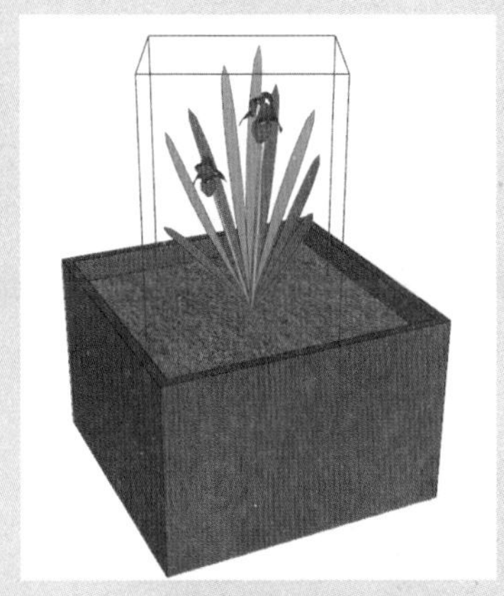

图 4-3　完成创建

图 4-4　旋转视图

4.1.2　群组工具

群组工具是一些点、线、面或者实体的集合，它与组件工具的区别在于没有组件库和关联复制的特性，但是群组可以作为临时性的组件管理，且不占用组件率，也不会使文件变大，所以使用起来很方便。

1. 群组的创建与分解

创建群组的操作步骤如下。

01 选择需要创建群组的物体，单击鼠标右键，在弹出的快捷菜单中选择“创建群组”选项，如图 4-5 所示。

02 群组创建完成的效果如图 4-6 所示，这时单击任意物体的任意部位，即会发现它们成为一个整体。

分解群组的操作步骤同创建群组基本相似，选择群组，单击鼠标右键，在弹出的快捷菜单中选择“分解”命令即可，如图 4-7 所示，这时原来的群组物体将会重新分解成多个独立的单位。

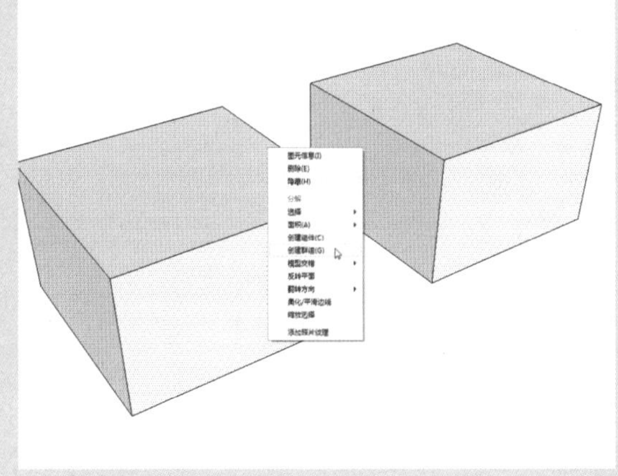

图 4-5　右键菜单

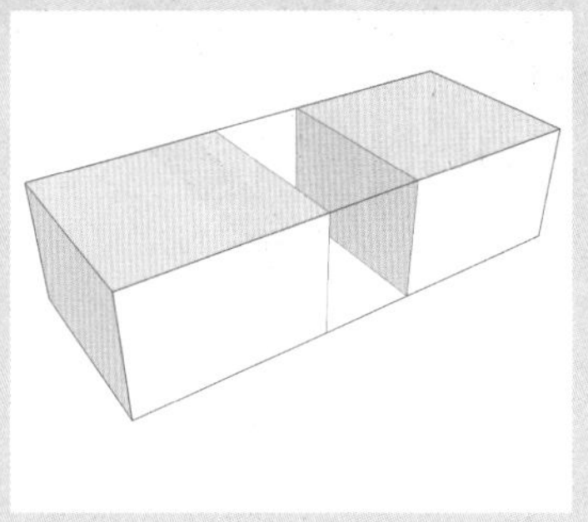

图 4-6　创建成群组

图 4-7　开启阴影显示

2. 群组的嵌套

群组的嵌套即群组中包含群组。创建一个群组后，再将该群组同其他物体一起再次创建成一个群组。

01 如图 4-8 所示的场景中有多个群组，选择场景中的所有物体并单击鼠标右键，在弹出的快捷菜单中选择“创建群组”命令。

02 单击场景中任意一个物体，就可以发现场景中的多个物体变成了一个整体，如图 4-9 所示。

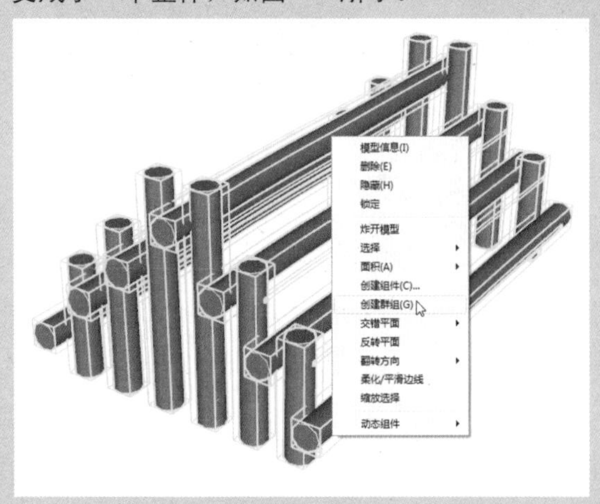

图 4-8 右键菜单

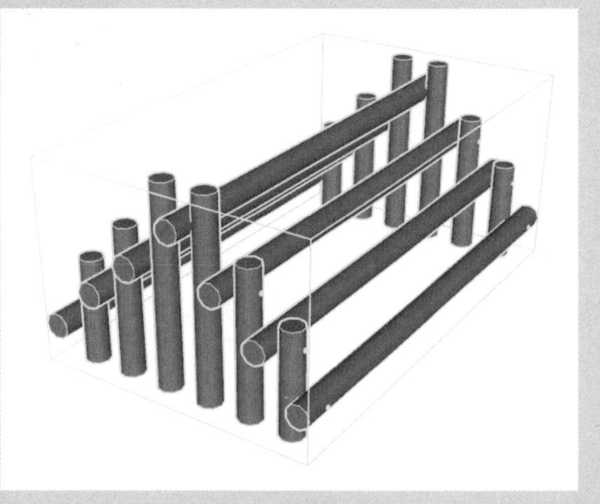

图 4-9 创建群组

3. 群组的编辑

双击群组或者在右键快捷菜单中选择“编辑组”命令，即可对群组中的模型进行单独选择和调整，调整完毕后还可以恢复到群组状态，如图 4-10 所示。

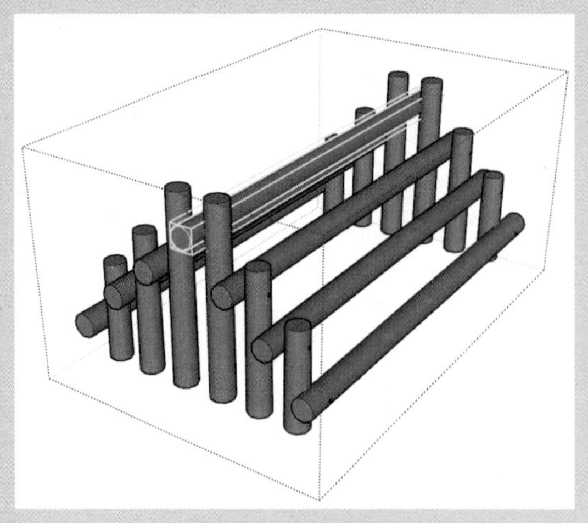

图 4-10 编辑群组

提示

在有嵌套的群组中使用“分解”命令，一次只能分解一级嵌套。如果有多级嵌套，就必须一级一级进行分解。

4. 群组的锁定与解锁

场景如果有暂时不需要编辑的群组，用户可以将其锁定，以免误操作。选择群组，单击鼠标右键，在弹出的快捷菜单中选择“锁定”命令，如图 4-11 所示。锁定后的群组会以红色线框显示，并且用户不可以对其进行修改，如图 4-12 所示。需要说明的是，只有群组才可以被锁定，物体是无法被锁定的。

如果要对群组进行解锁，选择右键快捷菜单中的“解锁”命令即可。

> **绘图技巧**
>
> 在组打开后，选择其中的模型，按 Ctrl+X 组合键可以暂时将其剪切出群组。关闭群组后，再按 Ctrl+V 组合键即可将该模型粘贴进场景并移出组。

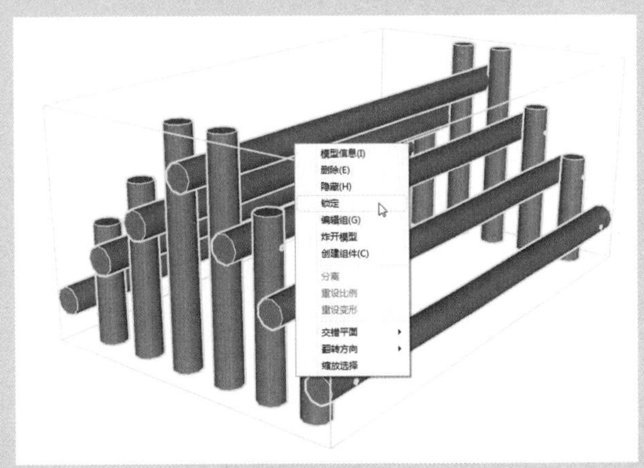

图 4-11 “锁定”命令

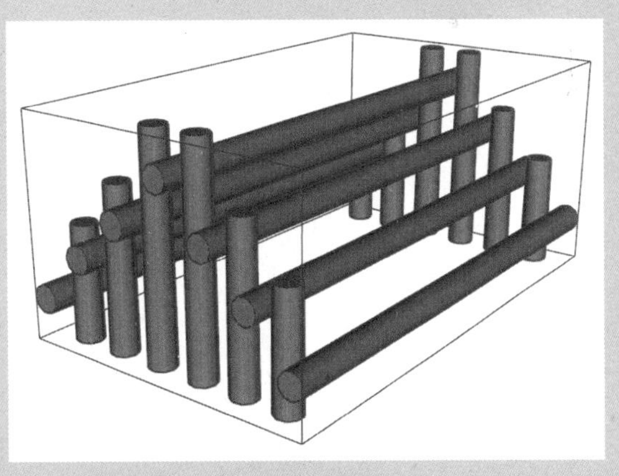

图 4-12 锁定模型

4.2 沙箱工具

SketchUp 的沙箱工具可以创建、优化和更改 3D 地形。用户可以利用一组导入的轮廓线生成平滑的地形、添加坡地和沟谷，以及创建建筑地基和车道等。

“沙箱”工具栏中包含“根据等高线创建”“根据网格创建”“曲面起伏”“曲面平整”“曲面投射”“添加细部”“对调角线”7个工具，如图4-13所示。

图4-13 “沙箱”工具

4.2.1 根据等高线创建

该工具的功能是封闭相邻的等高线以形成三角面。其等高线可以是直线、圆弧、圆形或者曲线等，该工具将自动封闭闭合或者不闭合的线形成面，从而形成有等高差的坡地。操作步骤如下。

01 选择欲封闭成三角面地形的线条（全部或者部分选择皆可），如图4-14所示。

02 在“沙箱”工具栏中单击“根据等高线创建”工具，等高线会自动生成一个组，如图4-15所示。

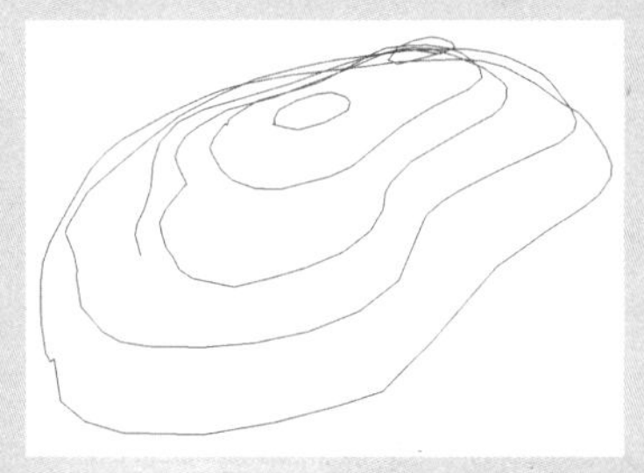

图4-14 选择线条

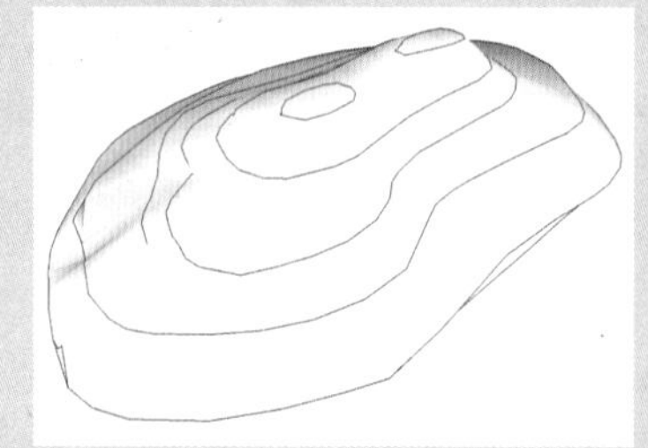

图4-15 创建等高线

绘图技巧

利用“根据等高线创建”工具制作出的地形细节效果取决于等高线的精细程度，等高线越是细致紧密，所制作出的地形图也越精致。

4.2.2 根据网格创建

山区地形建模一直是规划和设计中的难点，传统的方法是根据等高线绘制，费时费力且效果不佳，最终会产生“梯田状”的地形，且后期渲染效果也不逼真。根据网格创建山区地形，可以保证模型的精准、快速、逼真。

如图4-16所示为“沙箱”工具栏中的使用“根据网格创建”工具绘制的平面方格网。从中可以分析出绘制的参数及方法。

（1）网格间距

激活“根据网格创建”工具后，在右下角数值控制栏中输入的数字就是方格网的间距。输入后按Enter键即可确认数值。

（2）绘制矩形方格网

由于是矩形，所以长宽值是必须有的。可以用鼠标直接拖曳，也可以在数值控制栏中输入精确数值，绘制完毕后会形成一个组。

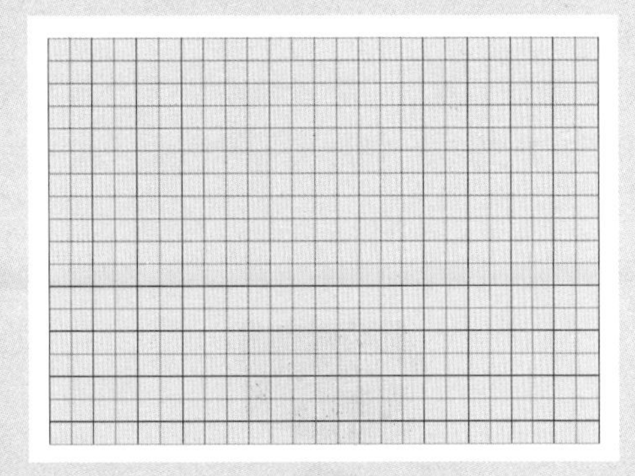

图 4-16 平面方格网

> **绘图技巧**
>
> 如果网格的大小不等于想要绘制的范围，此时会省去最后一个网格从而留有间隙。解决的方法是，先测量一个绘制的范围，然后再计算每个网格的大小。

方格网并不是最终的效果，还可以利用“沙箱”工具栏中的其他工具配合制作出需要的地形。

4.2.3 曲面起伏

从该工具开始，后面的几个工具都是围绕上述两个工具的执行结果进行修改的工具，其主要作用是修改地形 z 轴的起伏程度，拖出的形状类似于正弦曲线。需要说明的是，此工具不能对组与组件进行操作。曲面起伏工具的操作步骤如下。

01 双击视图中绘制好的网格，进入到编辑状态，激活曲面起伏工具，将鼠标移动到网格上，再输入数值确定图中所示圆的半径，也就是要拉伸点的辐射范围，如图 4-17 所示。

02 单击选择该点，再上下移动鼠标确定拉伸的 z 轴高度，如图 4-18 所示。

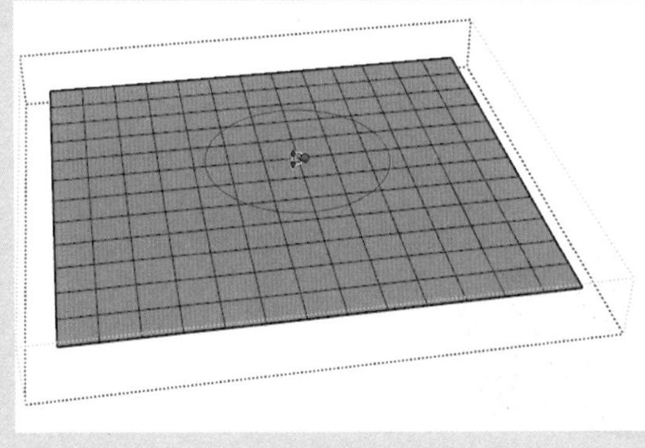

图 4-17 确定圆的半径

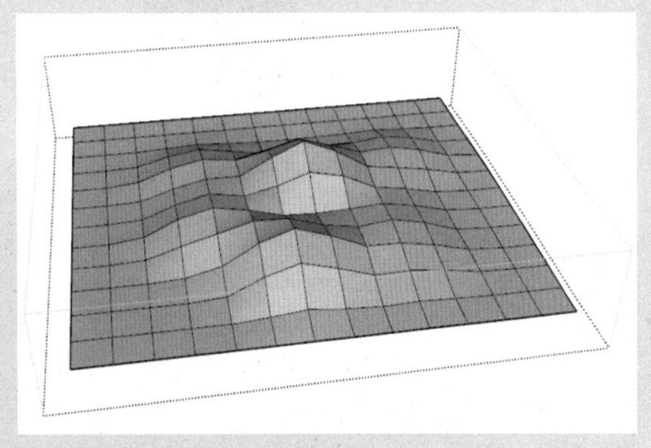

图 4-18 确定 z 轴高度

4.2.4 曲面平整

“曲面平整”工具的功能是以建筑物地面为基准面，对地形物体进行平整。操作步骤如下。

01 打开模型，可以看到房屋位于山顶上方，选择房屋模型，激活“曲面平整”工具，则房屋模型下方会出现一个红色的长方形，如图 4-19 所示，该矩形即是对下方山地产生影响的范围。

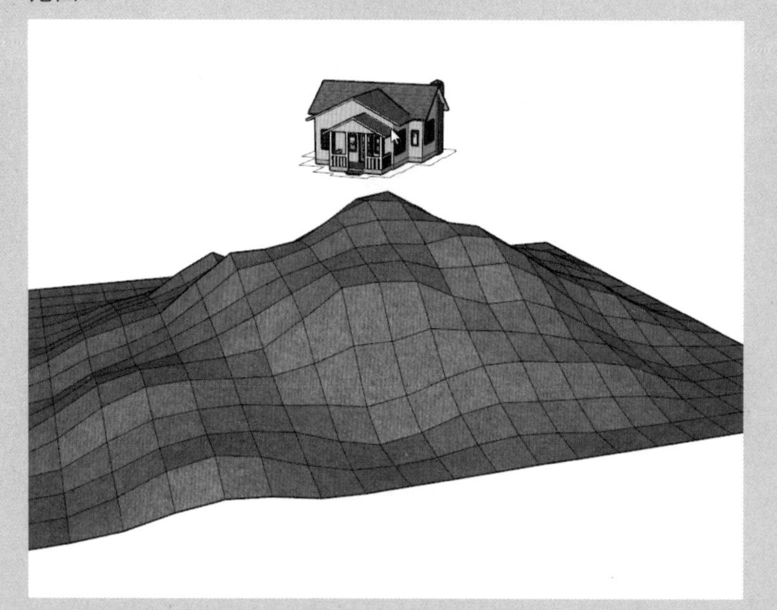

图 4-19　打开模型

02 将光标移动到山顶位置，光标会变成，山地模型也会处于被选中状态，如图 4-20 所示。

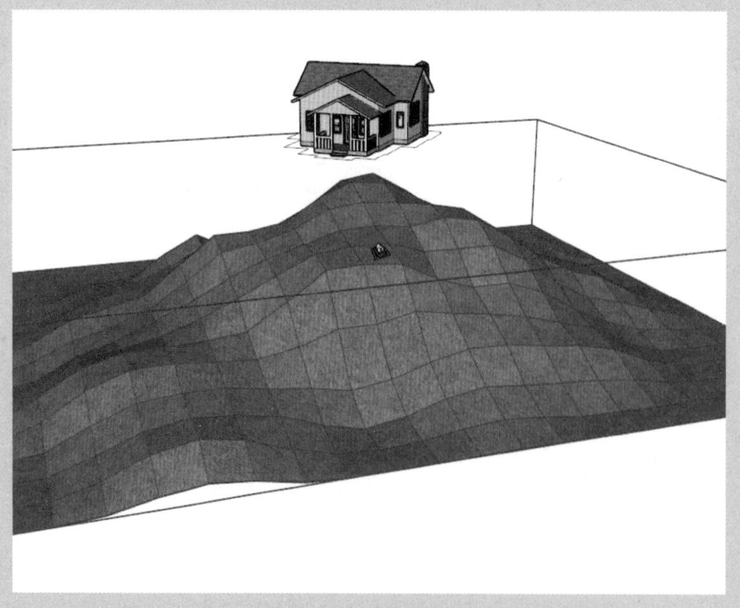

图 4-20　选择山地模型

绘图技巧

第一、用等高线生成和用网格生成的是一个组，此时要注意，在组的编辑状态下才可以执行此命令。

第二、此命令只能沿系统默认的 z 轴进行拉伸，所以如果想要多方位拉伸时，可以结合旋转工具（先将拉伸的组旋转到一定的角度后，再进入编辑状态进行拉伸）。

第三、如果用户只想对个别的点（线、面）进行拉伸，先将圆的半径设置为比一个正方形网格单位小的数值（或者设置成最小单位 1mm）。设置完成后，先退出此命令状态，再开始选择点、线（两个顶点）、面（面边线所有的顶点），然后再单击此命令，进行拉伸即可。

03 单击鼠标，光标会变成上下相反的箭头，在山顶位置会出现一个可以调整的平面，其造型同房屋模型的底部一致，如图 4-21 所示。

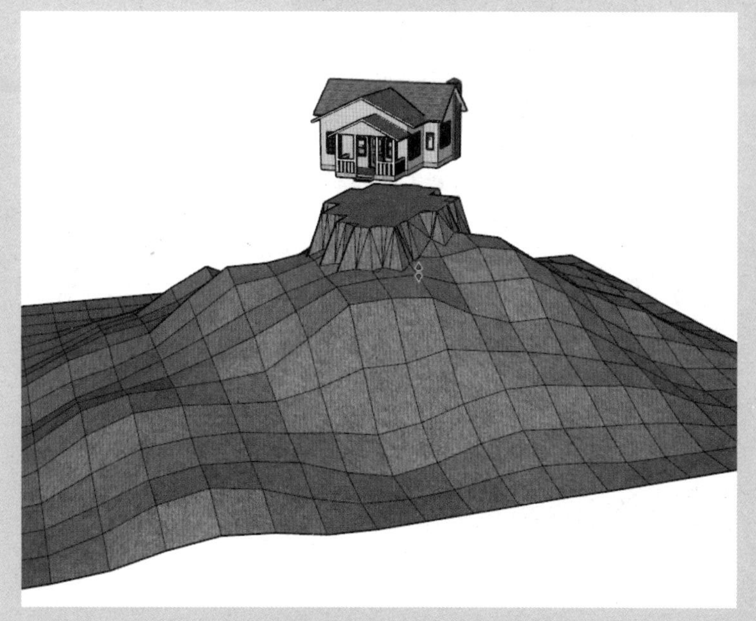

图 4-21 可调整的平面

04 调整完成后，单击鼠标确认即可获得平整的地面，如图 4-22 所示。

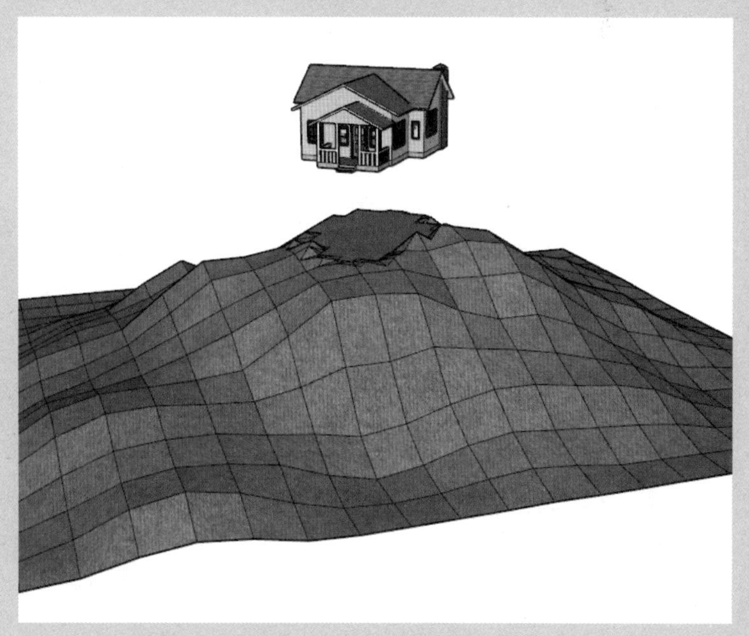

图 4-22 形成平整的地面

05 将房屋模型移动到山顶的平面，完成操作，如图 4-23 所示。

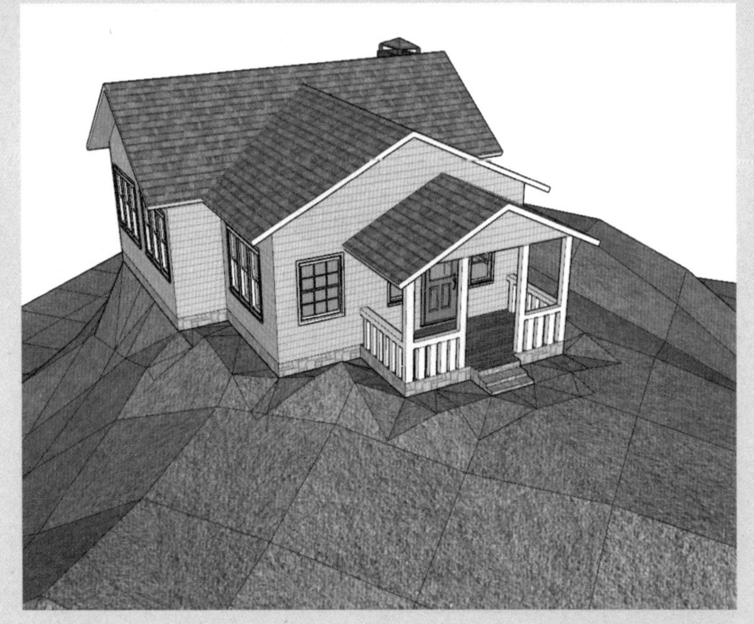

图 4-23 完成移动操作

4.2.5 曲面投射

使用“曲面投射”工具可以将物体的形状投影到地形上，如图 4-24、图 4-25 所示为利用“曲面投射”工具制作的山坡上的道路。该工具与“曲面平整”工具的区别在于，“曲面平整”工具是在地形上建立一个基地平面，使建筑物与地面结合，而“曲面投射”工具则是在地形上划分一个投影物体的形状。

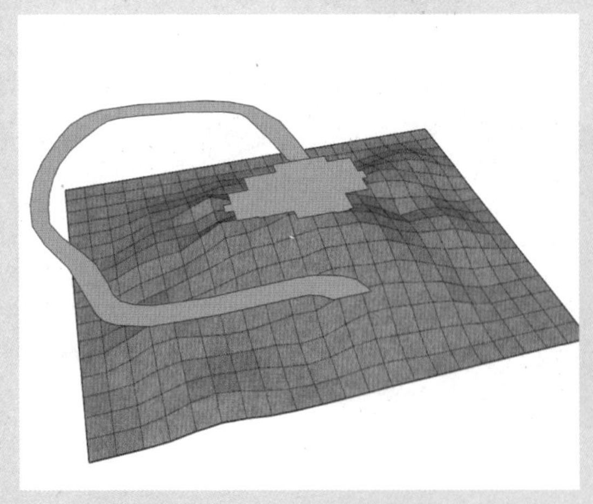

图 4-24 打开模型

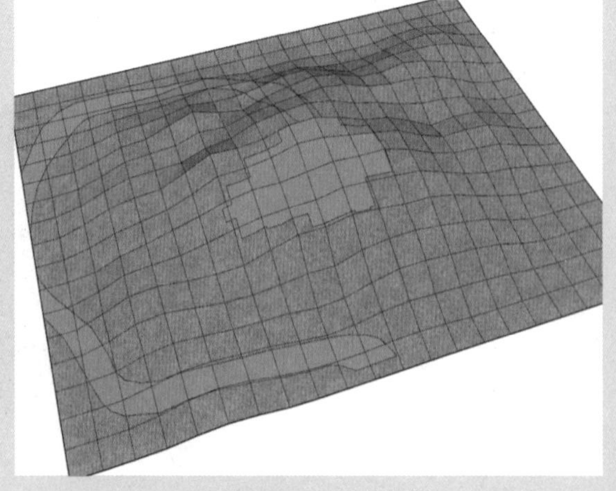

图 4-25 选择山地模型

4.2.6　添加细部

“添加细部”工具的功能是将已经绘制好的网格物体进一步细化，因为原有的网格物体的部分或者全部的网格密度不够，这就需要使用“添加细部”工具进行调整。操作步骤如下。

01 打开已经创建好的模型，双击进入编辑模式，如图 4-26 所示。

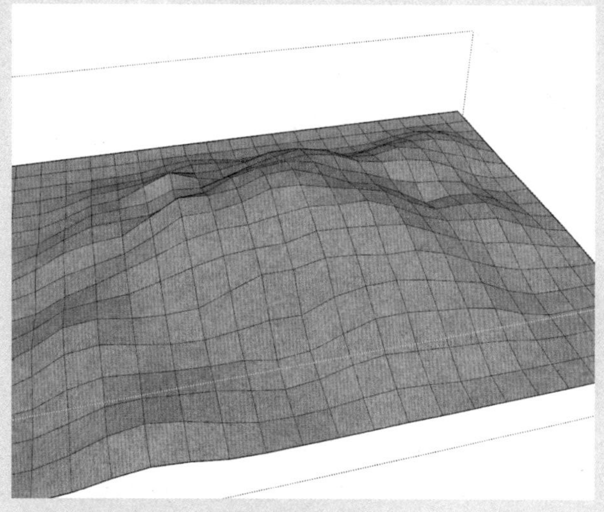

图 4-26　打开模型

02 进入顶视图，选择需要进行细化的网格面，如图 4-27 所示。

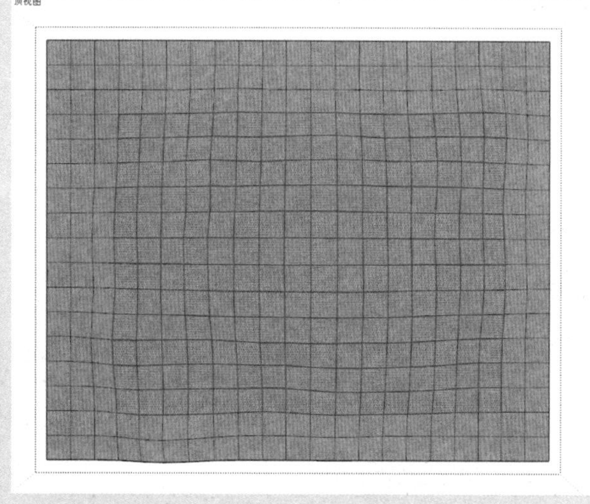

图 4-27　编辑图形

03 单击“添加细部”按钮，可以看到选中部分的网格已经进行了细部划分，更加细密，如图 4-28 所示。

04 再使用“添加细部”工具进行局部细化，效果如图 4-29 所示。

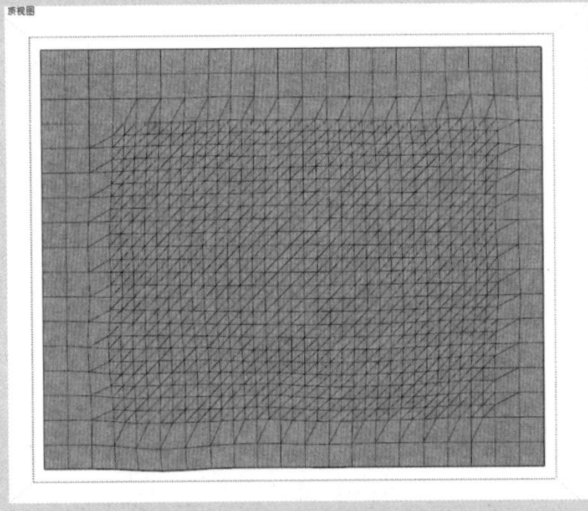

图 4-28 查看设置结果

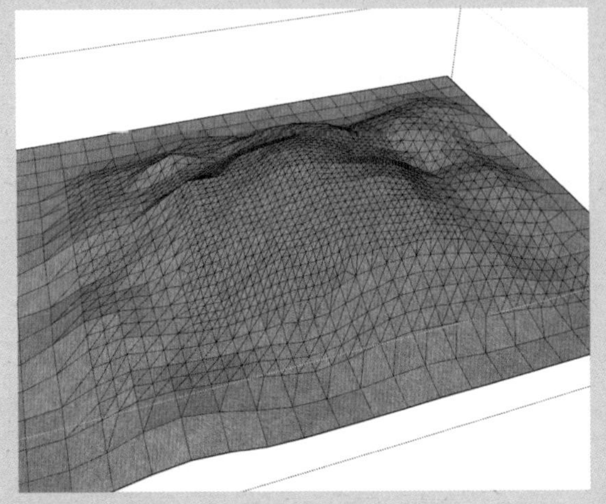

图 4-29 拉伸图形

4.2.7 对调角线

该工具的图标很直观地表达了其功能，即对一个四边形的对角线进行对调（变换对角线）。使用该工具，是因为有时软件执行的结果不会随着整体顺势而下，需要手动调整对角线。虽然有些是四边形，但是对角线都是隐藏的，执行“视图”|“隐藏物体”命令，即可显示角线，如图 4-30 所示。

激活“对调角线”工具，对对角线进行对调操作，直到达到要求，如图 4-31 所示。

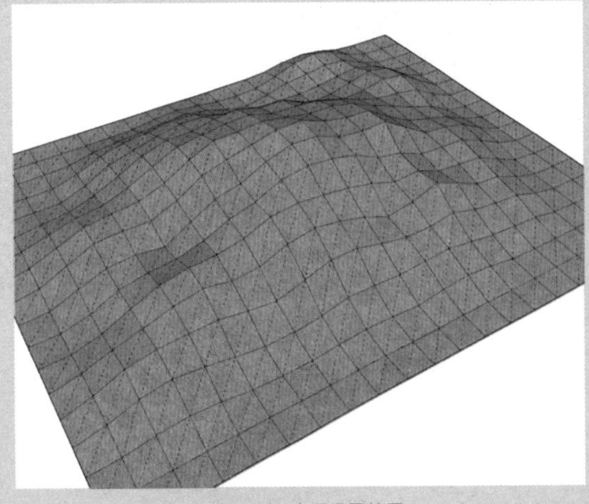

图 4-30 查看设置结果

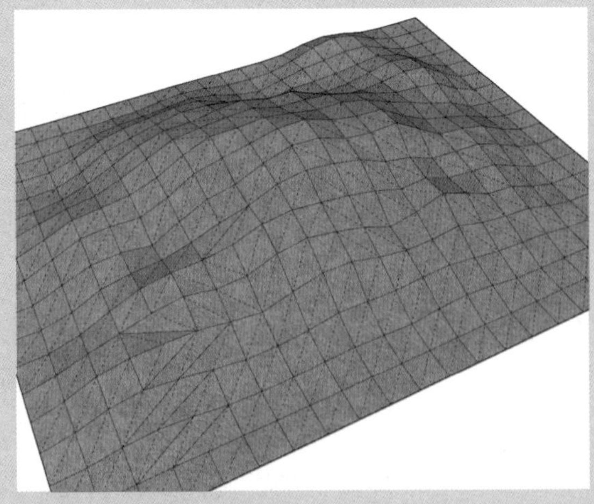

图 4-31 对调操作

4.3 图层工具

很多图形图像软件都有“图层”功能。图层的功能主要有两大类：一类如 3ds max、AutoCAD 等，作用是管理图形文件；另一类如 Photoshop，用来绘图时做出特效，而 SketchUp 的图层功能是用来管理图形文件。

由于 SketchUp 是单面建模，单体建筑就是一个物体，一个室内场景也是一个物体，所以“图层管理”这个功能没有 AutoCAD 的使用频率高。因此，在 SketchUp 的默认启动界面中是没有“图层”工具栏的。

执行“视图”|“工具栏”命令，打开“工具栏”对话框，勾选“图层”选项，打开“图层”工具栏，如图 4-32 所示。执行“窗口”|“默认面板”|“图层”命令，可以打开图层管理器，如图 4-33 所示。

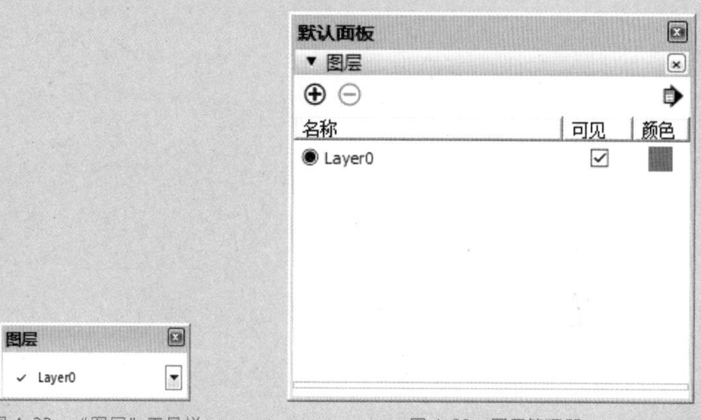

图 4-32 “图层”工具栏

图 4-33 图层管理器

4.3.1 图层的显示与隐藏

管理图层主要就是对图层进行显示与隐藏操作。对同一类别的图形对象进行操作时，如赋予材质、整体移动等，可以将其他类别的图层隐藏起来，而只显示此时需要操作的图层，以避免误操作。

隐藏图层只需要在图层管理器中取消勾选图层对应“显示”列表中的复选框即可，如图 4-34 所示，该场景中的“草皮树木”“道路”和“人物”图层是隐藏图层，“Layer0”“建筑”和“小品”图层是显示图层，在图层工具栏中显示图层字体为黑色，隐藏图层字体为灰色，如图 4-35 所示。要注意的是，当前图层不可被隐藏。

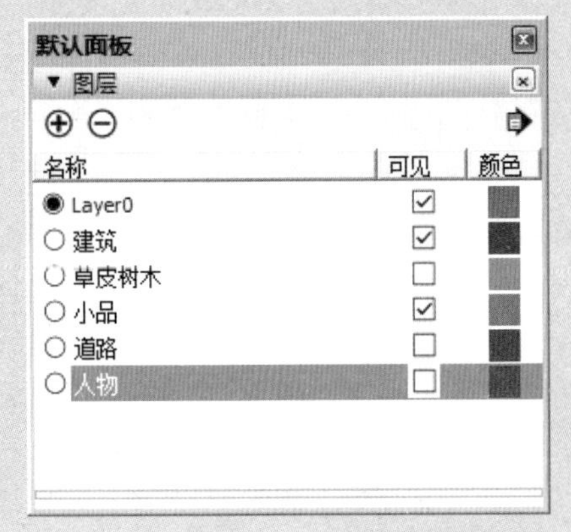

图 4-34　隐藏图层

图 4-35　查看图层

4.3.2　增加与删除图层

在 SketchUp 中，系统默认创建一个“Layer0”图层，如果不新建其他图层，则所有的图形都将被放置在该图层中。该图层不能被删除，不能改名，如果系统只有这一个图层，则该图层也不能被隐藏。

在图层管理器中，单击“添加图层”按钮⊕，即可创建新的图层，用户可以设置图层名称及图层颜色。单击“删除图层”按钮⊖，可以直接删除没有图形文件的图层，如果该图层中有图形文件，在删除图层时会弹出如图 4-36 所示的“删除包含图元的图层”对话框，用户可根据具体需求进行选择。

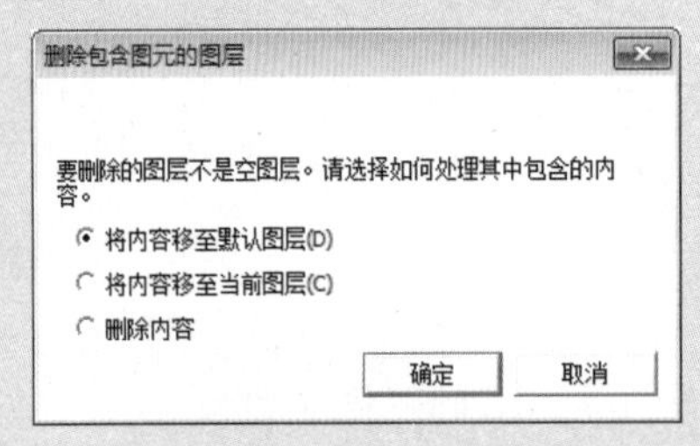

图 4-36　删除包含图元的图层对话框

> **绘图技巧**
>
> 在大型场景的建模过程中，特别是小区设计、景观设计、城市设计，由于图形对象较多，用户应详细地对图形进行分类，并以此创建图层，以方便后面的作图与图形的修饰。而在单体建筑设计与室内设计中，图形相对较为简单，此时不需要使用图层管理，使用默认的“Layer0”图层进行绘图即可。

4.4　相机工具

“定位镜头”“正面观察”“漫游”位于“相机”工具栏中，如图 4-37 所示，其中“定位镜头”和“正面观察”工具用于相机位置与观察方向的确定，而“漫游”工具则用于制作漫游动画。

图 4-37　相机工具栏

4.4.1 定位镜头与正面观察工具

激活“定位相机”工具，此时光标变成，移动光标至合适的位置，如图 4-38 所示。单击鼠标确定相机放置点，系统默认眼睛高度为 1676.4mm，场景视角也会发生变化，如图 4-39 所示。设置好相机后，旋转鼠标中键，即可自动调整相机的眼睛高度。

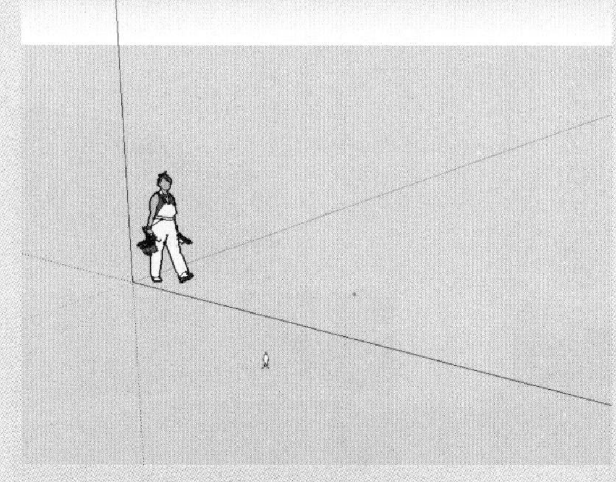

图 4-38 放置相机点

图 4-39 视角变化

相机设置好后，鼠标指针会变成眼睛的样子，按住鼠标左键不放，拖曳光标即可进行视角的转换，如图 4-40、图 4-41 所示。

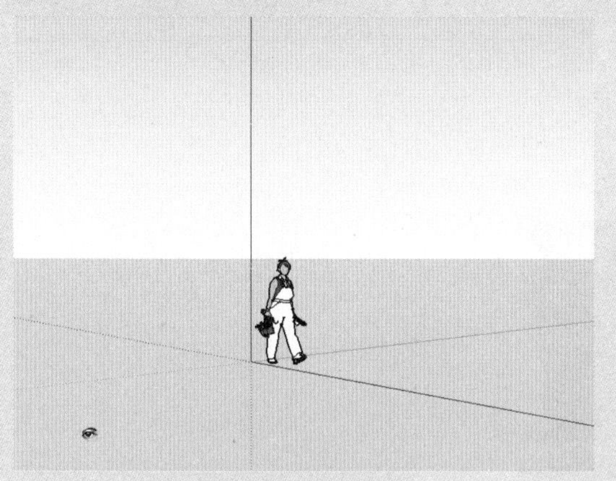

图 4-40 鼠标指针变成眼睛

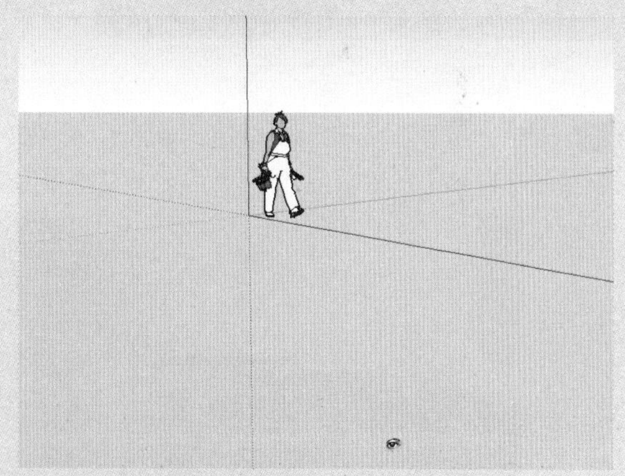

图 4-41 拖曳光标转换视角

4.4.2 漫游工具

通过“漫游”工具，可以模拟出跟随观察者移动，从而在相机视图内产生连续变化的漫游动画效果。激活“漫游”工具，光标变成，通过鼠标、Ctrl 键以及 Shift 键就可完成前进、上移、加速、旋转等漫游动作。

小试身手——创建漫游动画

下面将利用“漫游”工具创建一个漫游动画场景，操作步骤如下。

01 打开配套模型，观察当前的相机视角，如图 4-42 所示。

02 为了避免操作失误，首先创建一个场景，执行“视图”|“动画”|“添加场景”命令，如图 4-43 所示。

图 4-42 观察视角

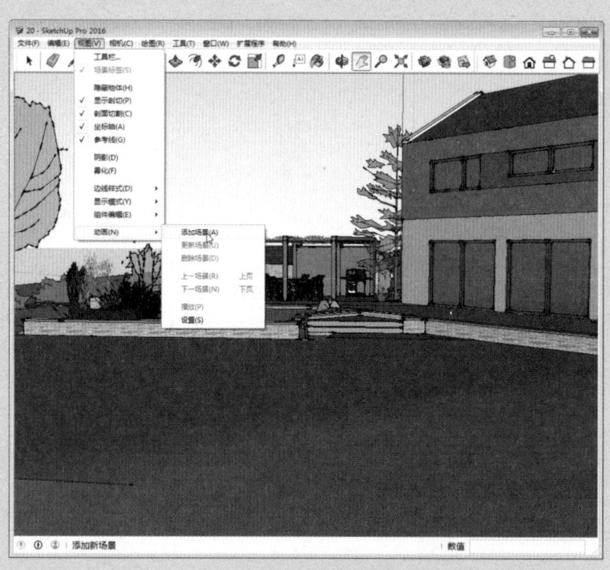

图 4-43 创建场景

03 激活“漫游”工具，在数值控制栏中重新输入眼睛高度为 1800mm，按 Enter 键后，场景视野就发生了变化，如图 4-44 所示。

图 4-44 重新输入视角高度

04 按住鼠标左键并向前推动，前进到一定的距离时停止，添加新的场景，如图 4-45 所示。

图 4-45　前进视角并添加新场景

05 向左移动鼠标，旋转视线，并添加新的场景，如图 4-46 所示。

图 4-46　旋转视线

06 按住 Shift 键向上移动鼠标，则视线也会向上移动，如图 4-47 所示。

图 4-47　上移视线

07 继续向前推动鼠标，并向右移动进行视线旋转，创建新的场景，如图 4-48 所示。随后执行“视图”|“动画”|“播放”命令，播放动画。

图 4-48　播放动画

4.5　实体工具

SketchUp 中的实体工具组包括“外壳”“相交”“联合”“减去”“剪辑”“拆分”6 个工具，如图 4-49 所示。下面将对这几种工具的使用方法逐一进行介绍。

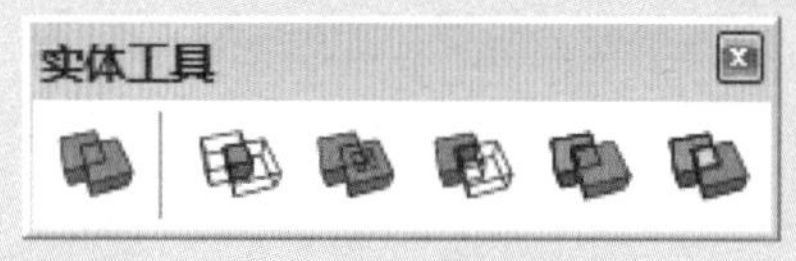

图 4-49　“实体工具”工具栏

4.5.1　外壳工具

“外壳”工具可以快速将多个单独的实体模型合并成一个实体。激活该工具，将鼠标移动到一个实体上，将会出现“实体组①”的提示，如图 4-50 所示，单击选择后再选择另一个实体，将会出现“实体组②”的提示，如图 4-51 所示，单击即可将两个实体合为一个整体，如图 4-52 所示。

知识拓展

SketchUp 中的“外壳”工具的功能与之前介绍的“组”嵌套有些相似的地方，都可以将多个实体组成一个大的对象。但是，使用“组”嵌套的实体在打开后仍可进行单独编辑，而使用“外壳”工具进行组合的实体是一个单独的实体，打开后将无法对模型进行单独编辑。

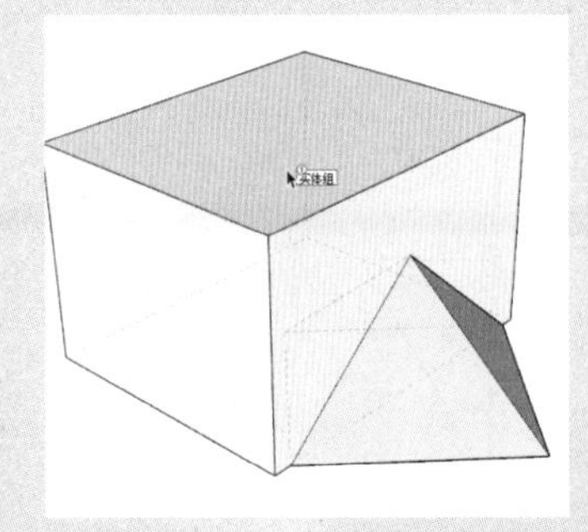

图 4-50 两个实体

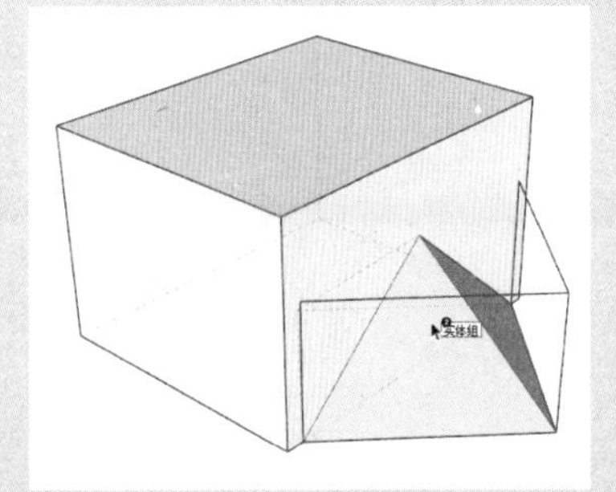

图 4-51 选择实体

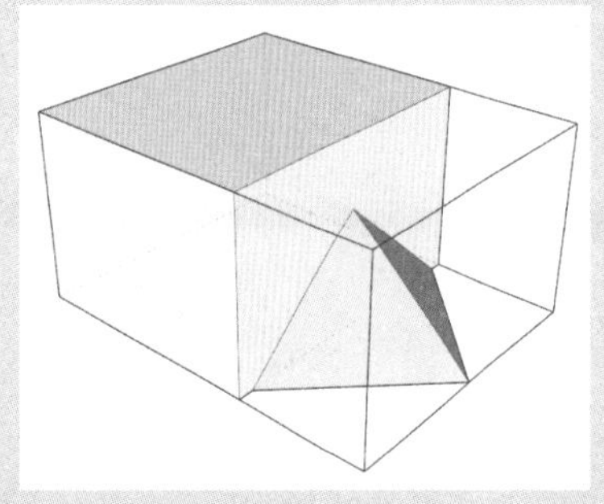

图 4-52 合并结果

4.5.2 相交工具

“相交”工具也就是大家熟悉的布尔运算交集工具，大多数三维图形软件都有这个功能，交集运算可以快速获取实体之间相交的那部分模型。其操作顺序与“外壳”工具相似，如图 4-53 ~ 图 4-55 所示。

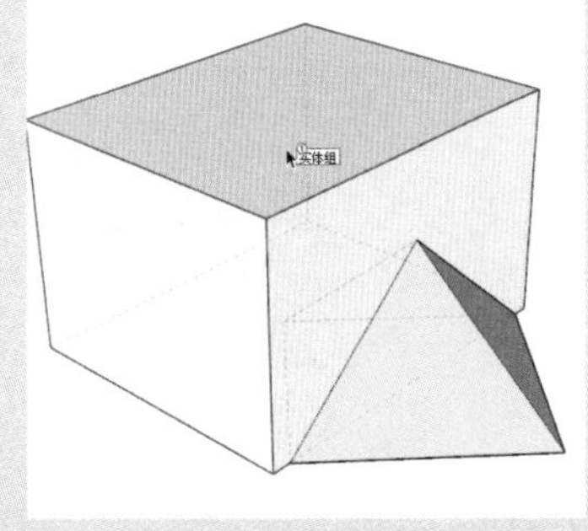

图 4-53 两个实体

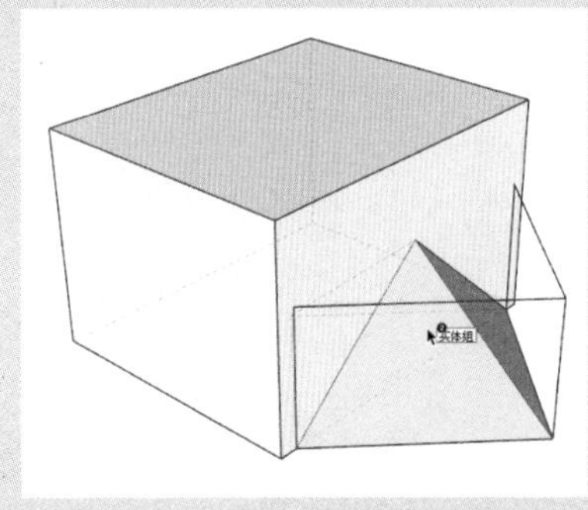

图 4-54 选择实体

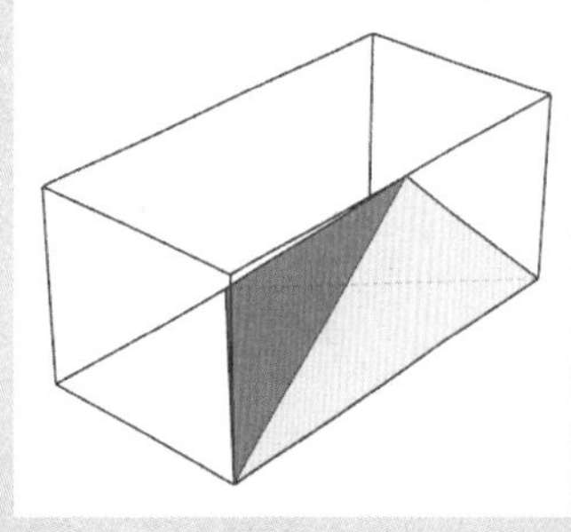

图 4-55 相交结果

4.5.3 联合工具

“联合”工具即布尔运算并集工具，在 SketchUp 中，“联合”工具和之前介绍的“外壳”工具的功能没有明显区别，其使用方法同“相交”工具，这里不再赘述。

绘图技巧

“相交”工具并不局限于两个实体之间，多个实体也可以使用该工具。可以先选择全部相关实体，再单击“相交”工具按钮。

4.5.4 减去工具

“减去”工具即布尔运算差集工具，运用该工具可以将某个实体中与其他实体相交的部分进行切除，其操作顺序如图 4-56 ~ 图 4-58 所示。

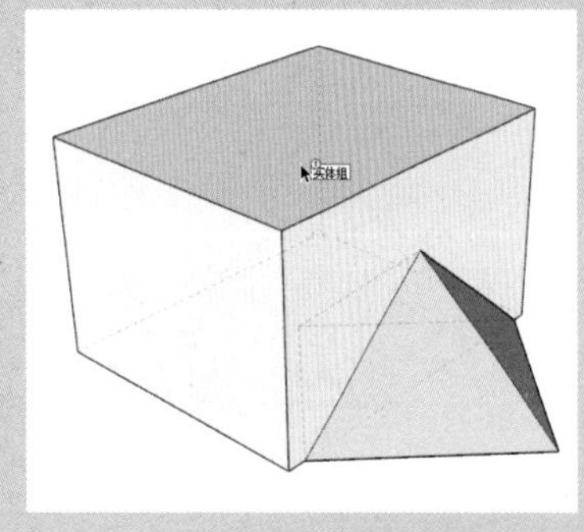

图 4-56　两个实体

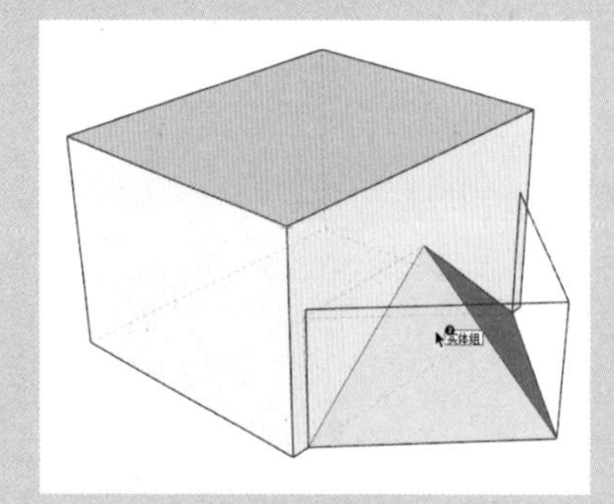

图 4-57　选择实体

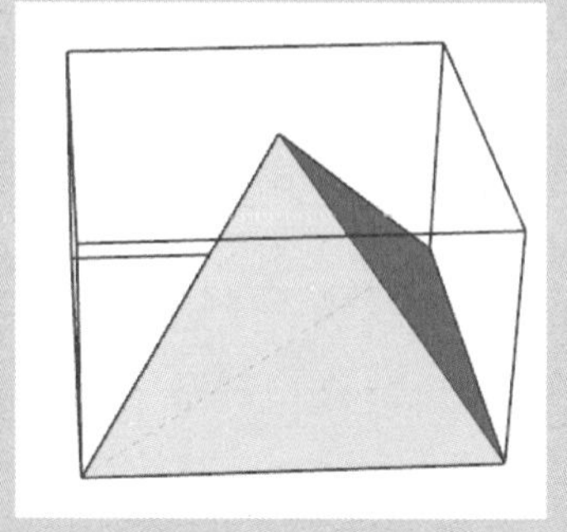

图 4-58　减去结果

4.5.5　剪辑工具

“剪辑”工具类似于“减去”工具，不同的是使用“剪辑”工具运算后只会删除后面选择的实体相交的那部分，其操作顺序如图 4-59 ~ 图 4-61 所示。

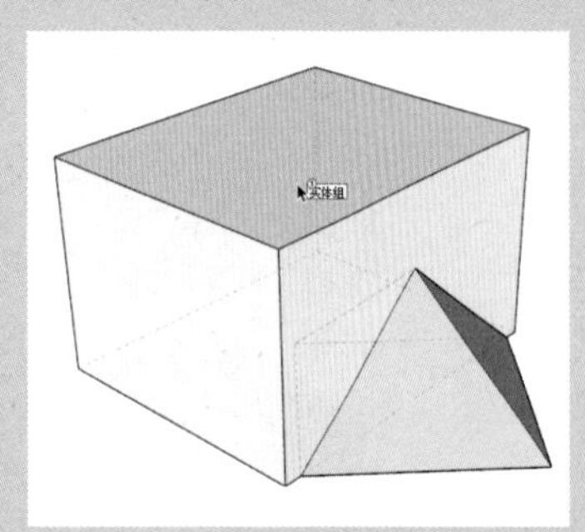

图 4-59　两个实体

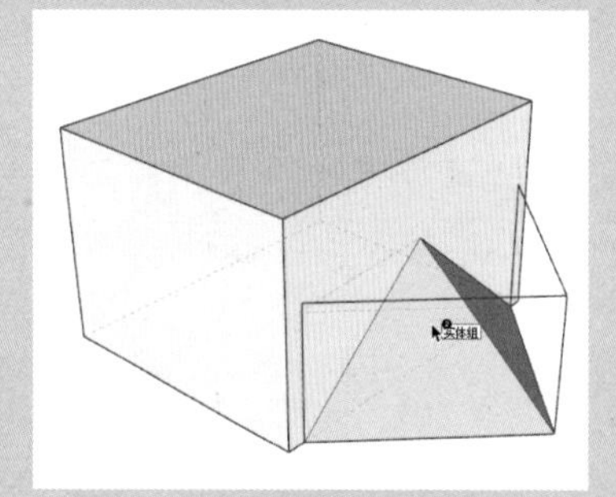

图 4-60　选择实体

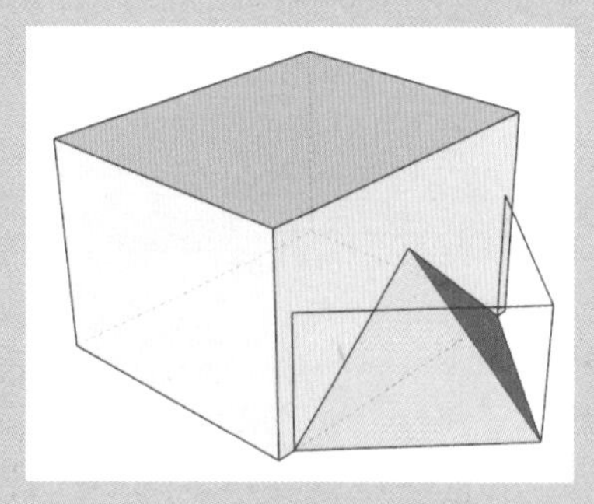

图 4-61　剪辑结果

4.5.6　拆分工具

“拆分”工具类似于“相交”工具，但是其操作结果在获得实体相交的那部分同时仅删除实体之间相交的部分，结果如图 4-62 所示，其使用方法同“相交”“减去”等工具，这里不再赘述。

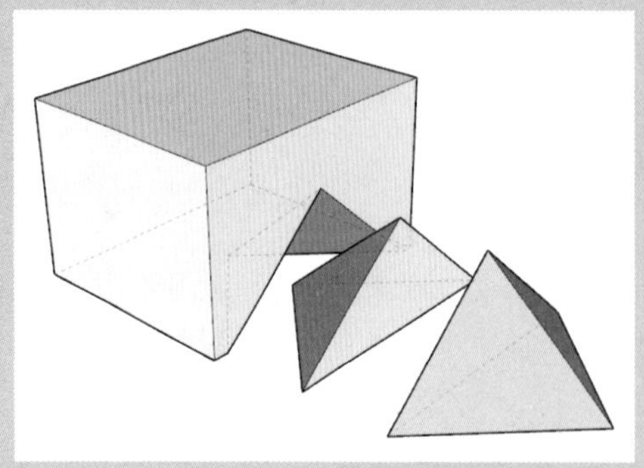

图 4-62　拆分结果

知识拓展

在使用“减去”工具时，实体的选择顺序可以改变最后的运算结果。运算完成后保留的是后选择的实体，删除的是先选择的实体及相交的部分。

知识拓展

与“减去”工具相似，使用“剪辑”工具选择实体的顺序不同，会产生不同的修剪结果。

4.6　“模型交错”功能

在 SketchUp 中，使用“模型交错”命令可在物体交错的地方形成相交线，以创建出复杂的几何平面。用户可以通过菜单命令或者右键快捷菜单执行该命令，如图 3-63、图 3-64 所示。

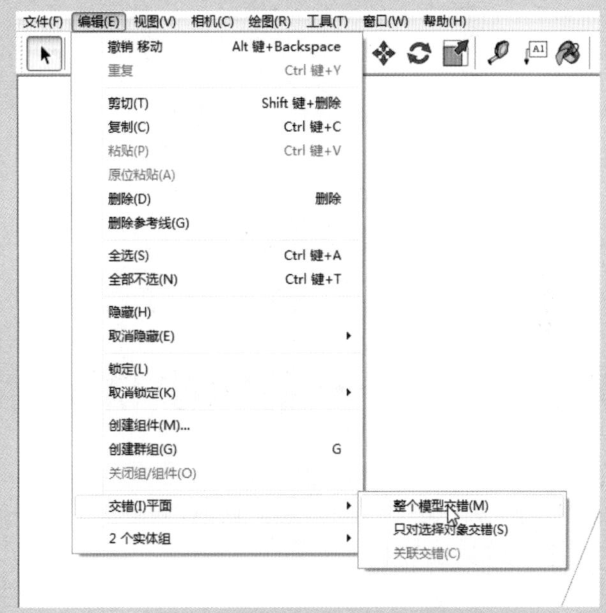

图 3-63　菜单命令

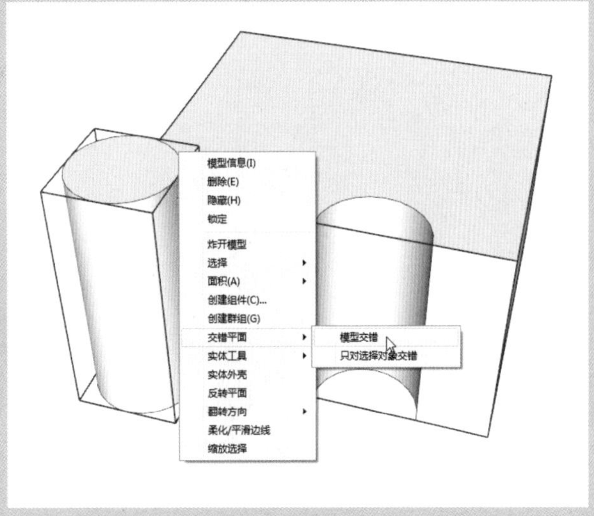

图 3-64　右键菜单

执行“模型交错”命令后，模型相交的地方会自动生成相交的轮廓边线，通过相交边线生成新的分隔线，如图 3-65 所示。

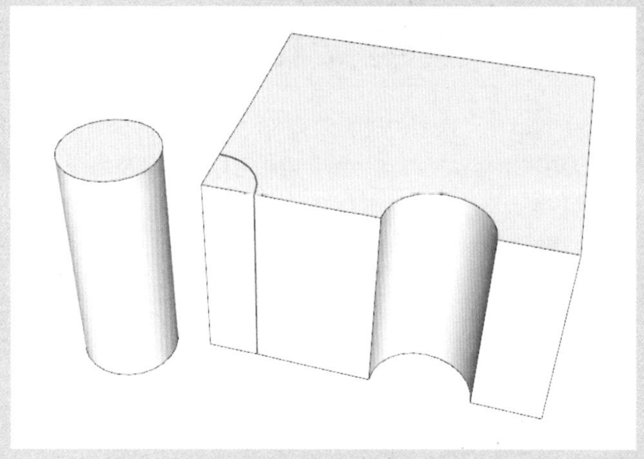

图 3-65　模型交错效果

课堂练习——制作小桥流水场景

本案例将利用所学的知识制作一个小桥流水场景，操作步骤如下。

01 首先制作九曲桥模型。激活“矩形”工具，绘制一个 3000mm×3000mm 的矩形，如图 4-66 所示。

02 激活“推 / 拉”工具，将矩形向上推出 120mm，创建出一个长方体，如图 4-67 所示。

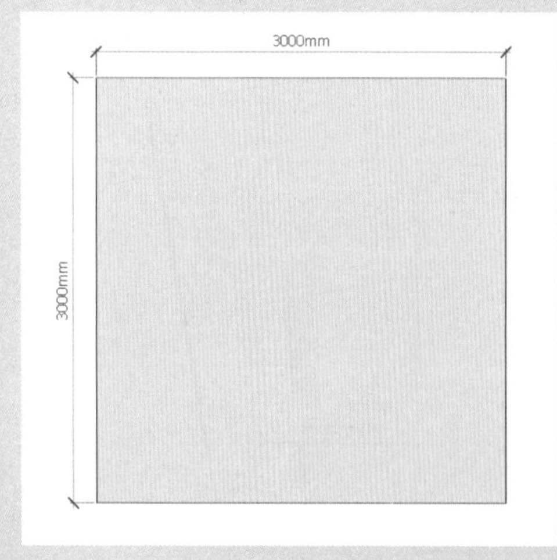

图 4-66　绘制矩形

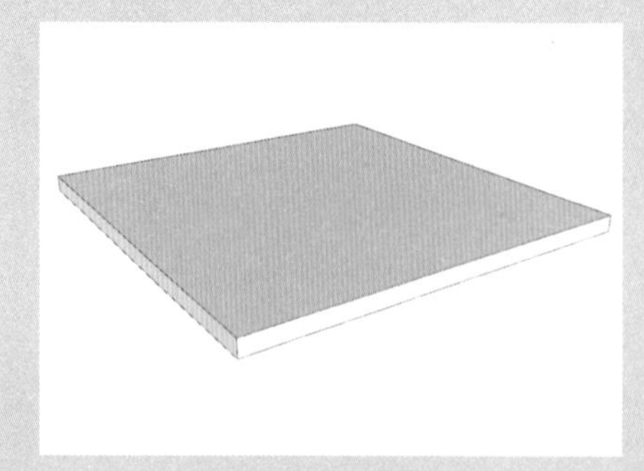

图 4-67　创建长方体

03 激活“直线”工具，捕捉中点绘制直线，如图 4-68 所示。

04 激活“推 / 拉”工具，将侧边的面向外各推出 2000mm 和 3000mm，如图 4-69 所示。

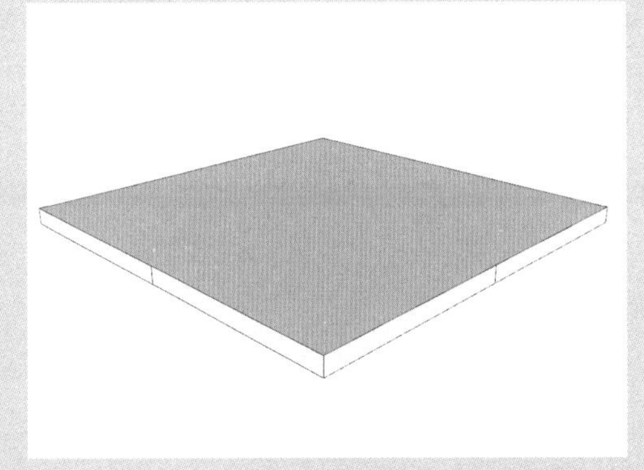

图 4-68　绘制直线

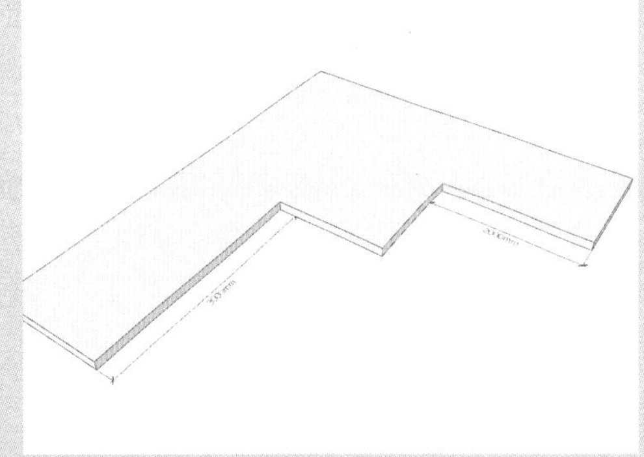

图 4-69　推拉造型

05 选择推出 3000mm 一侧的竖边线，激活“移动”工具，按住 Ctrl 键向一侧进行复制，距离为 1500mm，如图 4-70 所示。

06 激活“推 / 拉”工具，将面向外推出 3000mm，如图 4-71 所示。

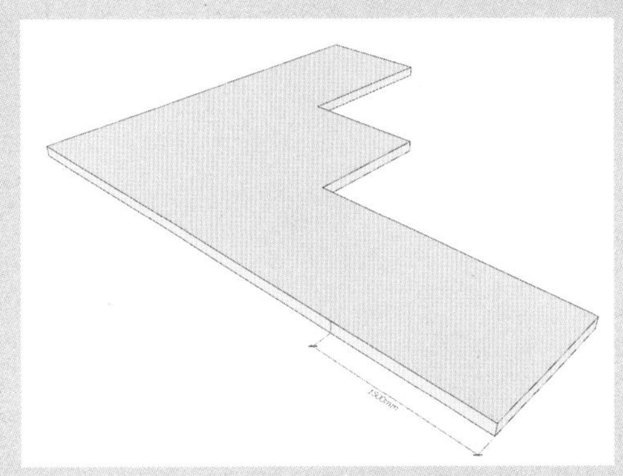

图 4-70　复制边线

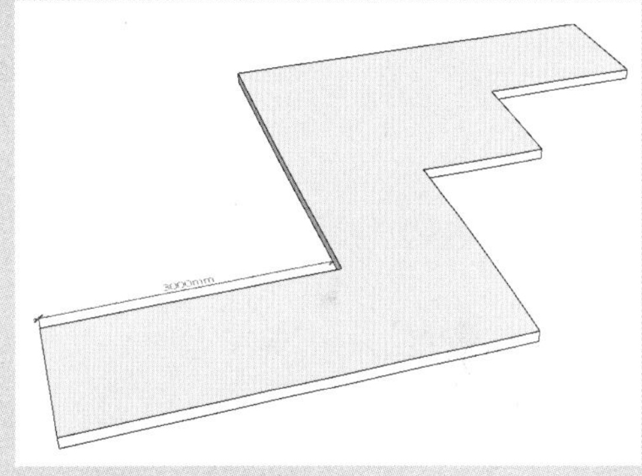

图 4-71　推拉造型

07 按此方法再制作出一个转折，制作出九曲桥平面，如图 4-72 所示。

08 将模型创建成组，激活“矩形”工具，在模型上方绘制尺寸为 118mm×3000mm 的矩形，如图 4-73 所示。

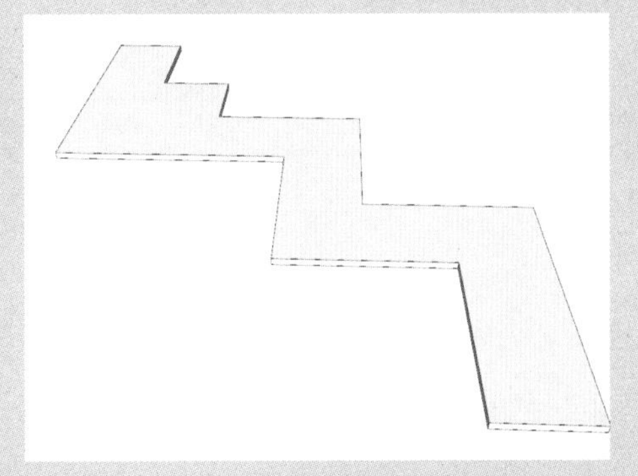

图 4-72　制作转折造型

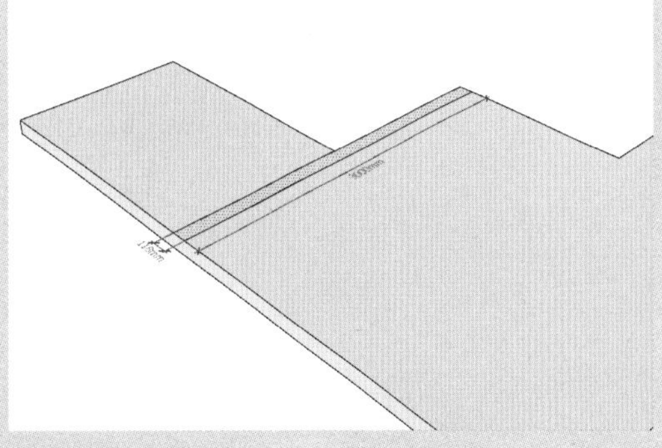

图 4-73　绘制矩形

09 将矩形创建成组，双击进入编辑状态，激活“推 / 拉”工具，将矩形向上推出 20mm，作为木隔板，如图 4-74 所示。

10 将长方体两侧向外推出 10mm，如图 4-75 所示。

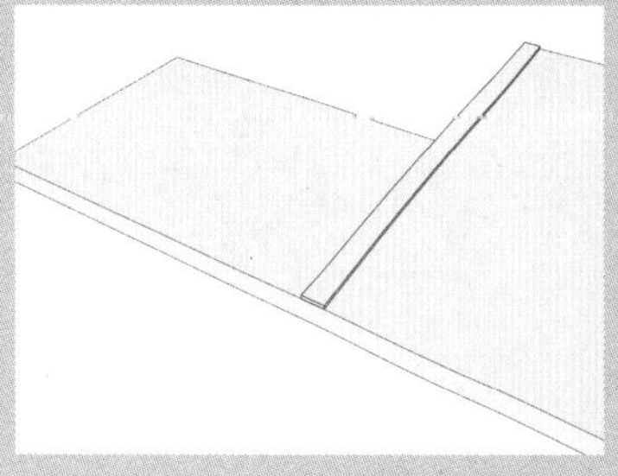

图 4-74 推拉模型

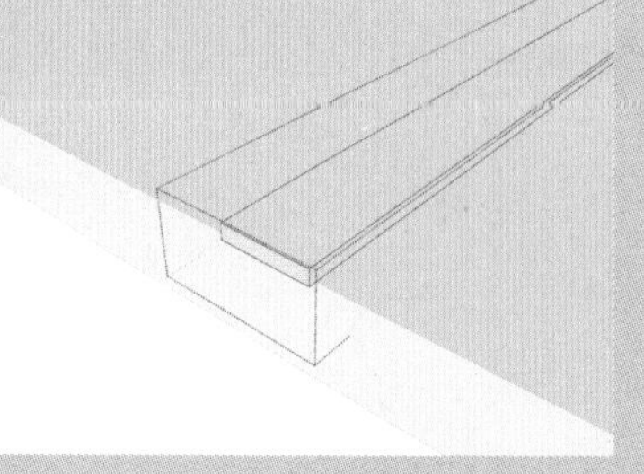

图 4-75 推拉模型

11 复制模型，设置间距为 10mm，如图 4-76 所示。

12 再复制一个长方体，利用“推 / 拉”工具将其缩短 1500mm，如图 4-77 所示。

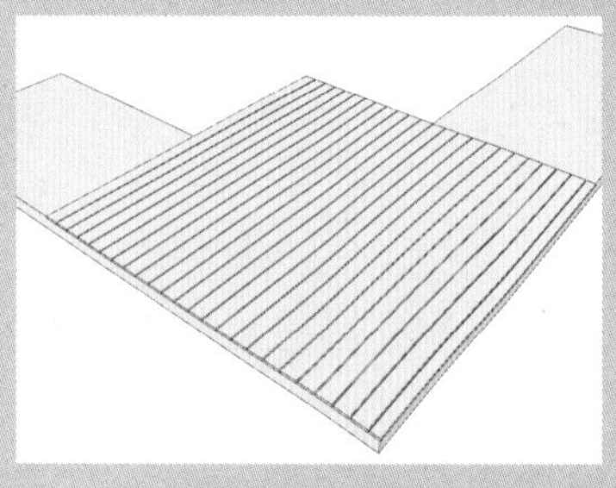

图 4-76 复制模型

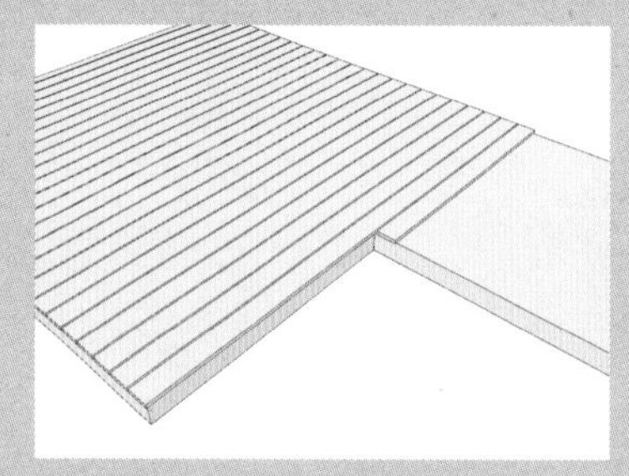

图 4-77 复制并推拉模型

13 复制并旋转长方体，完成九曲桥上木隔板的铺设，如图 4-78 所示。

14 激活“矩形”工具，绘制尺寸为 100mm×100mm 的矩形，放置在距边界 20mm 的位置，如图 4-79 所示。

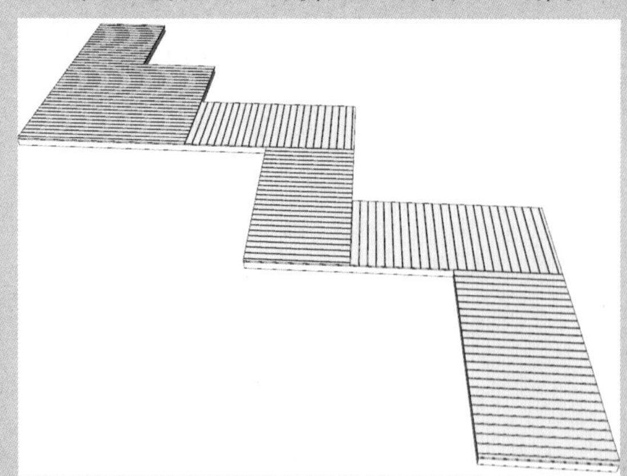

图 4-78 复制并旋转模型

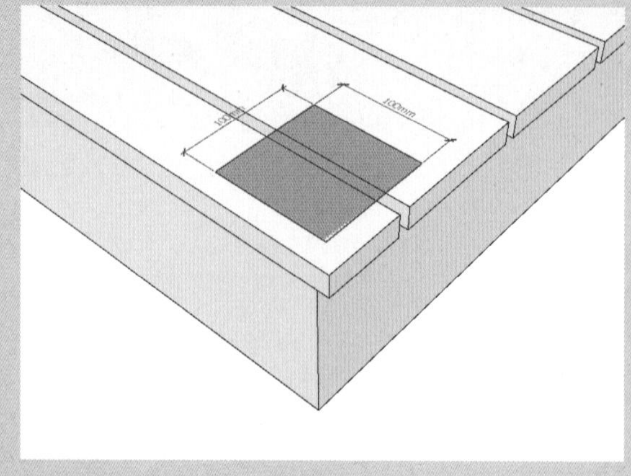

图 4-79 绘制矩形

15 将其创建成组，激活“推 / 拉”工具，将矩形向上推出 800mm，作为栏杆立柱，如图 4-80 所示。

16 复制立柱模型，如图 4-81 所示。

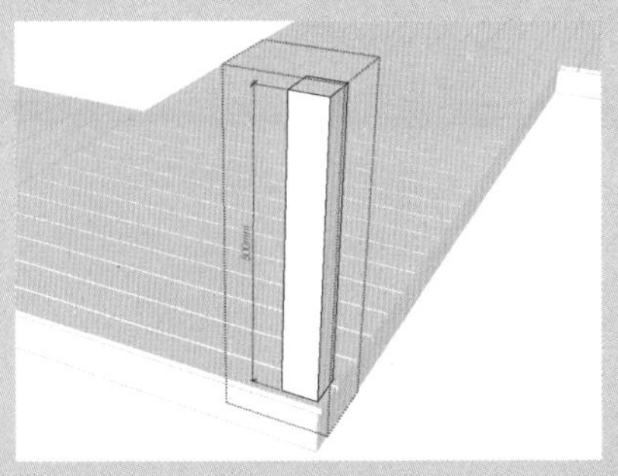

图 4-80 推拉模型

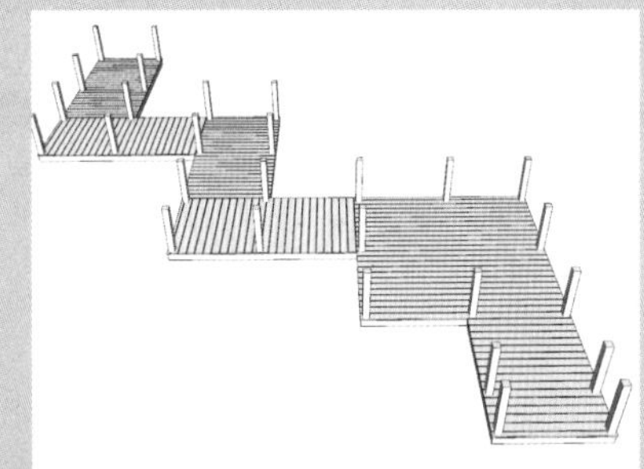

图 4-81 复制立柱模型

17 激活“直线”工具，捕捉柱子中心，绘制连接直线，如图 4-82 所示。

18 选择直线，激活“偏移”工具，将直线向两侧各偏移 30mm，如图 4-83 所示。

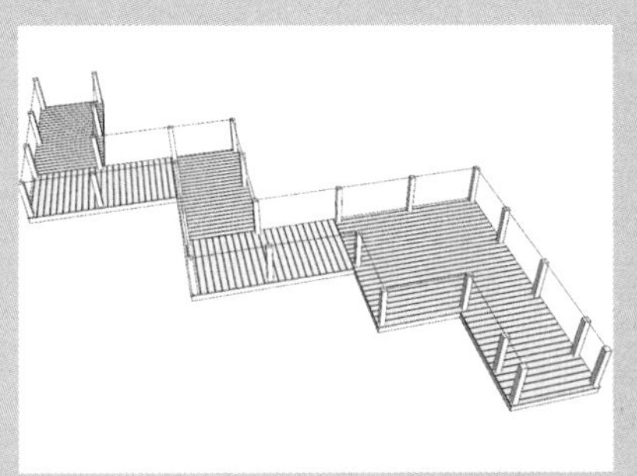

图 4-82 捕捉绘制连接线

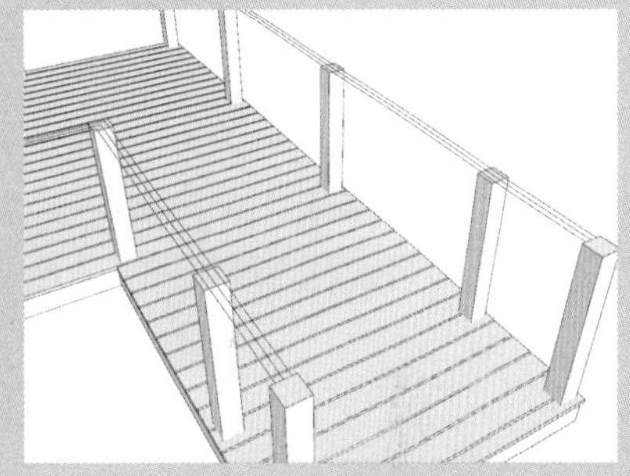

图 4-83 偏移图形

19 删除中间的线条，再绘制直线封闭图形，如图 4-84 所示。

20 将图形创建成组，激活“推 / 拉”工具，将面向下推出 60mm，制作出扶手模型，再将其向下移动 100mm，完成九曲桥的制作，如图 4-85 所示。

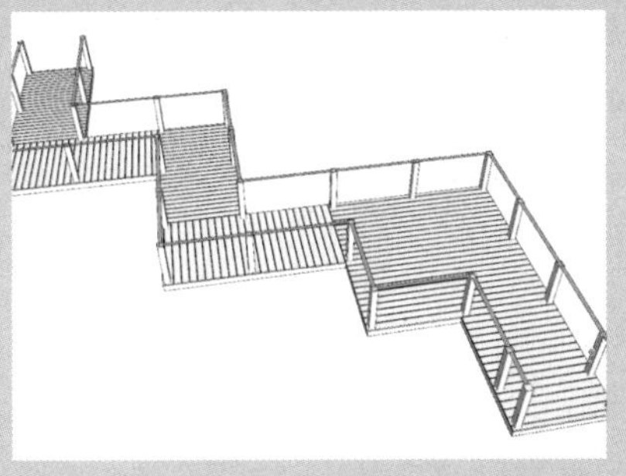

图 4-84 封闭图形

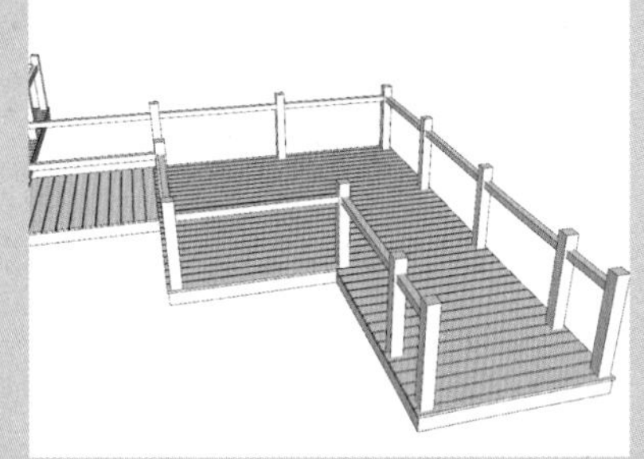

图 4-85 推拉扶手模型

21 切换到俯视图，激活“根据网格创建”工具，创建网格平面，如图 4-86 所示。

22 激活“曲面起伏”工具，制作出坡地和凹陷造型，如图 4-87 所示。

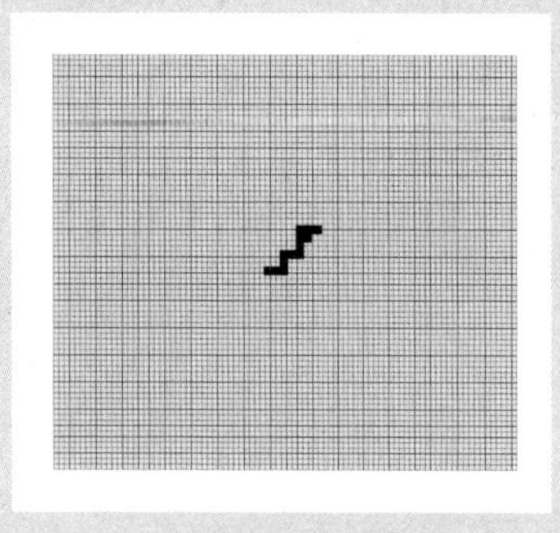

图 4-86 创建网格平面

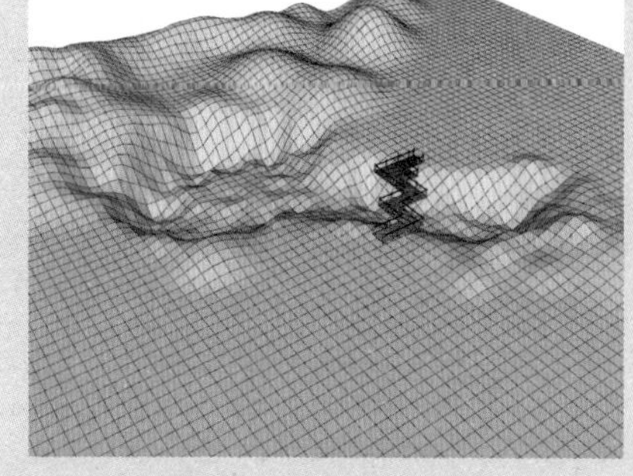

图 4-87 制作起伏造型

23 激活“矩形”工具，绘制一个矩形，如图 4-88 所示。

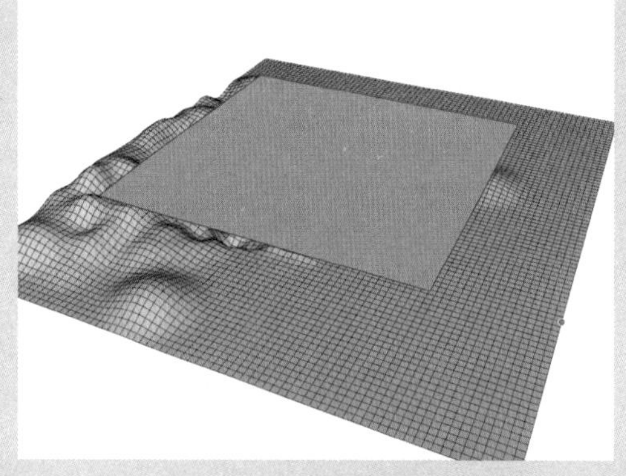

图 4-88 创建矩形

24 调整矩形位置，作为水面，如图 4-89 所示。

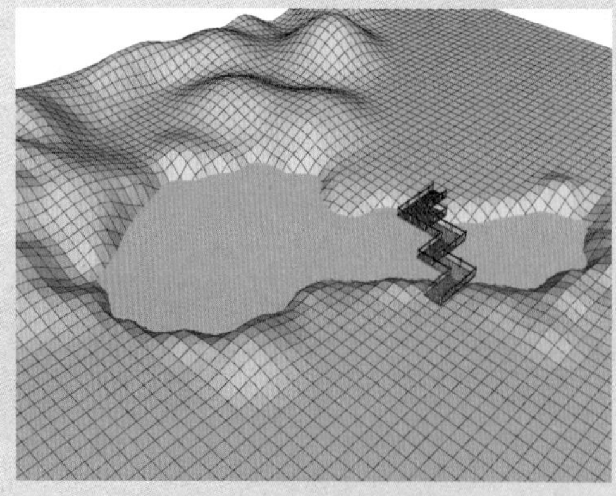

图 4-89 调整矩形位置

25 利用“圆”“推 / 拉”工具制作多个圆柱体，如图 4-90 所示。

26 将圆柱体创建成组，向下移动，露出水面 200mm，如图 4-91 所示。

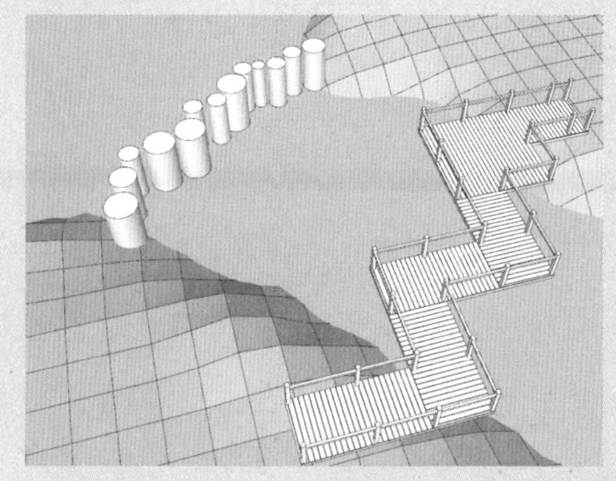

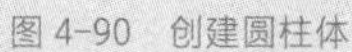
图 4-90　创建圆柱体

图 4-91　移动模型

27 为场景添加石块、植物等模型并进行复制，如图 4-92 所示。

28 右键单击网格，对网格进行柔化操作，如图 4-93 所示。

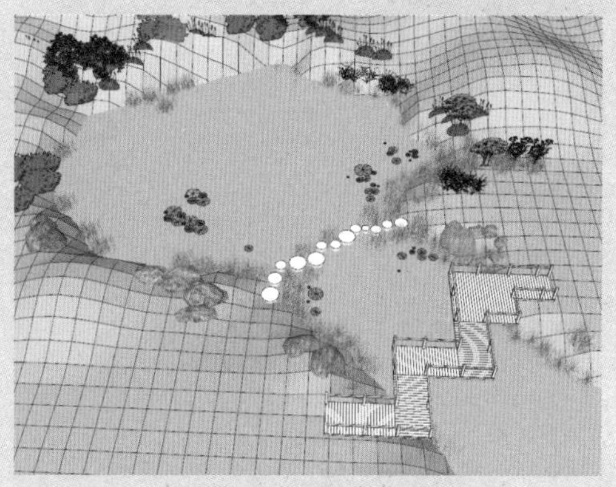

图 4-92　添加模型

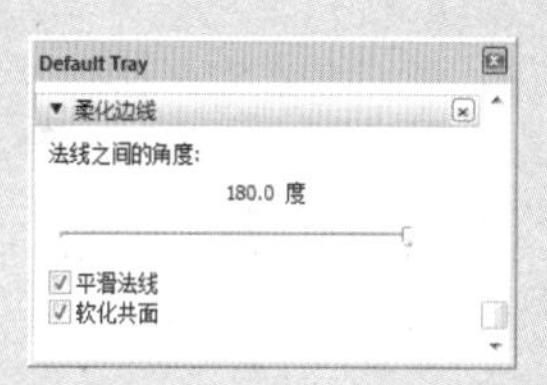

图 4-93　柔化网格

29 柔化效果如图 4-94 所示。

30 完善后的场景效果如图 4-95 所示。

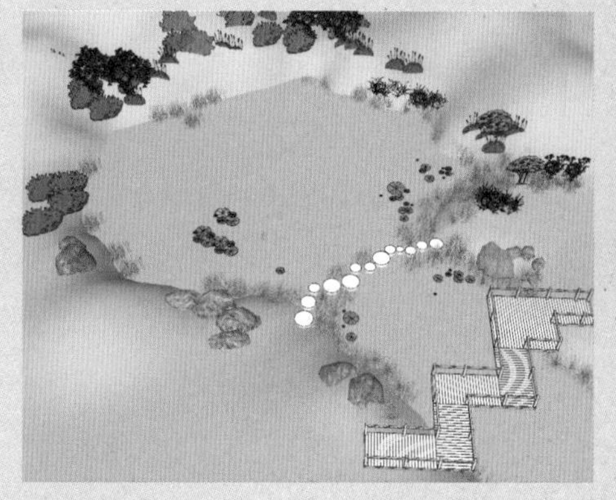

图 4-94　柔化效果

图 4-95　完成制作

强化训练

为了更好地掌握本章所学知识，在此列举几个针对本章的拓展案例，以供练习！

1. 制作植物组件

利用组件功能制作如图 4-96 所示的植物模型。

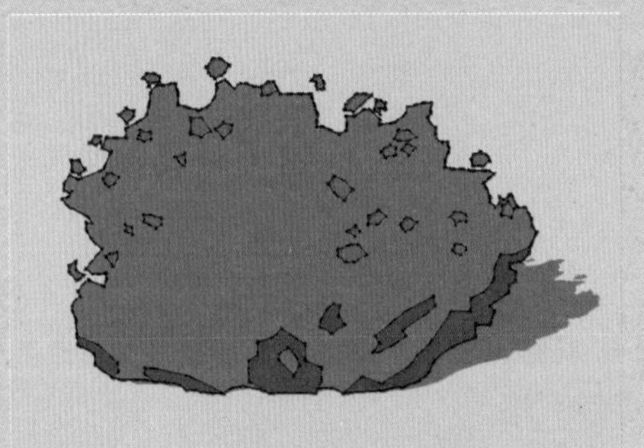

图 4-96 植物模型

操作提示：

01 选择模型并单击鼠标右键，在弹出的快捷菜单中选择“创建组件”命令，打开“创建组件”对话框。

02 勾选相关参数，设置组件轴位置，完成组件的创建。

2. 制作漫游动画

利用“漫游”工具在如图 4-97 所示的场景中推进并制作动画场景。

图 4-97 漫游动画

操作提示：

01 利用“漫游”工具向前推进视角并保存多个动画场景。

02 播放动画，观察视角推进路线及效果。

CHAPTER 05

光影与材质的应用

内容导读 Guided reading

在学习完模型的绘制与编辑知识后，接下来，本章将对各种场景效果的处理方法进行讲解。通过对本章内容的学习，可以掌握物体显示效果的设置，熟悉光影效果的制作等操作技巧，学会材质与贴图的使用与编辑。

学习目标

- √ 掌握材质库的使用
- √ 掌握纹理贴图的使用
- √ 掌握阴影设置的方法
- √ 掌握雾化设置的方法

作品展示

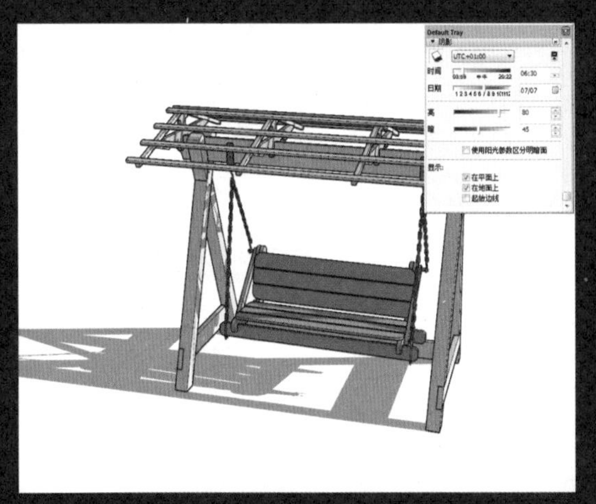

◎阴影效果

◎学校入口效果

5.1 SketchUp 材质

SketchUp 中提供了不同的工具来使用材质，可以应用、填充和替换材质，也可以从某一实体上提取材质。材质浏览器用于从材质库中选择材质，也可以组织和管理材质；材质编辑器用于调整和推敲材质的不同属性，并调用外部默认图片编辑软件直接对 SketchUp 场景中的贴图进行编辑，而后再反馈到 SketchUp 中。

5.1.1 默认材质

在 SketchUp 中创建的物体，一开始就被自动赋予了系统默认材质。默认材质使用的是双面材质，一个正反两面的默认材质的显示颜色是不一样的，如图 5-1 所示。默认材质的两面性可以更容易分清楚表面的正反面朝向，方便将模型导入到其他建模软件时调整表面的法线方向。

正反两面的颜色可以通过执行“窗口”|“默认面板”|“风格”命令，在打开的“风格”面板中选择“编辑”选项卡中的“平面”设置相关颜色参数，如图 5-2 所示。

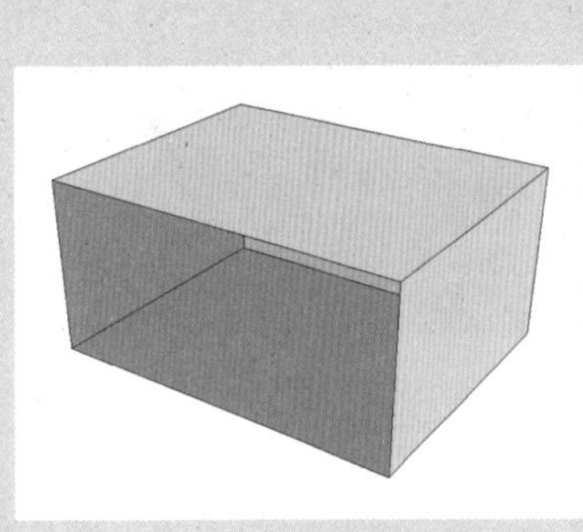

图 5-1 正反面

图 5-2 “平面设置”参数

5.1.2 材质编辑器

在 SketchUp 中，一般使用材质浏览器与材质编辑器工具调整或赋予材质。打开材质浏览器的操作方法有两种：一种是单击工具栏中的“材质”工具图标，另一种就是执行“窗口”|“材质”命令，如图 5-3 所示。单击按钮，可以切换到其他类别的材质列表，如图 5-4 所示，材质浏览器的主要功能就是提供用户需要的材质。

知识拓展

在材质浏览器中单击“样本颜料”按钮，再在附着有材质的物体上单击，即可获取该材质，进行材质的编辑和使用。

单击“编辑”标签，即可切换到材质编辑器，如图 5-5 所示。打开编辑材质选项卡后，可以看到很多选项，其中包括材质名称、材质预览、拾色器、纹理、不透明度等功能，具体介绍如下。

图 5-3　材质浏览器

图 5-4　打开材质列表

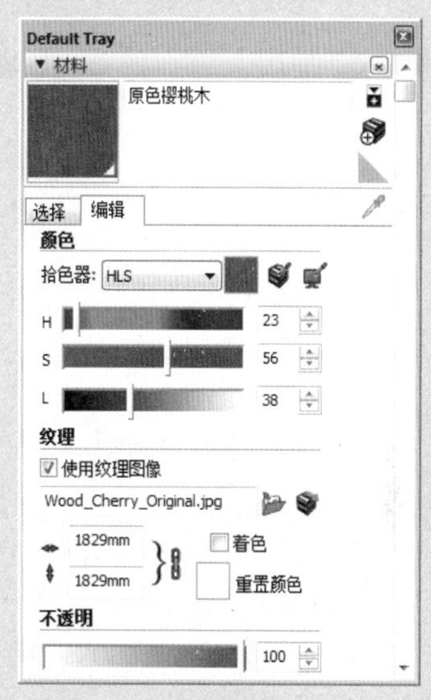

图 5-5　编辑材质选项

（1）材质名称

对材质的指代，使用中文、英文或阿拉伯数字都可以，方便认识即可。要注意的是，如果需要将模型导出到 3ds max 或 Artlantis 等软件，则尽量不要使用中文名称，以避免不必要的麻烦。

（2）材质预览

用于显示调整的材质效果。这是一个动态窗口，随着每一步的调整进行相应的改变。

（3）拾色器

用于调整材质贴图的颜色。在该功能区中，用户可进行以下四种操作：

- 还原颜色更改：还原颜色到默认状态。
- 匹配模型中对象的颜色：在保持贴图纹理不变的情况下，用模型中其他材质的颜色与当前材质混合。
- 匹配屏幕上的颜色：在保持贴图纹理不变的情况下，将屏幕中的颜色与当前材质混合。
- 着色：勾选后可以去除颜色与材质混合时产生的杂色。

在 SketchUp 中，可以选择四种颜色系统：色轮、HLS、HSB、RGB。用户可以从选择颜色对话框最上面的菜单中选择任意一种系统。

- 色轮：使用色轮从中选择任意一种颜色。同时，可以沿色轮拖曳鼠标，快速浏览许多不同的颜色。

- HLS：HLS 吸取器从灰度级颜色中取色。使用灰度级颜色吸取器取色，调节出不同的黑色。
- HSB：同色轮一样，HSB 颜色吸取器可以从 HSB 中取色。HSB 将会提供一个更加直观的颜色模型。
- RGB：RGB 颜色吸取器可以从 RGB 中取色。RGB 颜色是电脑显示的最传统的颜色，代表着人类眼睛所能看到的最接近的颜色。RGB 有一个很宽的颜色范围，是 SketchUp 最有效的颜色吸取器。

（4）纹理

如果材质使用了外部贴图，可以调整贴图的大小，即横向及纵向的尺寸。在该功能区中，用户可进行以下几种操作。

- 调整大小：在贴图卷展栏下方，通过调整长款数据来调整贴图在纵横方向上的大小。
- 重设大小：点击纵横方向的图标即可使贴图大小还原到默认的状态。
- 单独调整大小：点击锁链图表，使其断开，即可单独调整纵横方向的大小。
- 浏览：单击浏览按钮，可以从外部选择图片替换掉当前模型中材质的纹理贴图。
- 在外部编辑器中编辑纹理图像：可以打开默认的图片编辑软件对当前模型中的贴图纹理进行编辑。

（5）不透明度

用于制作透明材质，最常见的就是玻璃。当不透明度数值为 100 时，材质没有透明效果；当透明度为 0 时，材质完全透明。

5.1.3 颜色的填充

利用 Ctrl 键、Shift 键、Alt 键，可以快速地给多个表面同时分配材质。这些按键可以加快设计方案的材质推敲过程。

1. 单个填充

填充工具可给单个边线或表面赋予材质。如果选中多个物体，就可同时给所有选中的物体上色。

2. 邻接填充

填充一个表面时按住 Ctrl 键，则会同时填充与所选表面相邻并且使用相同材质的所有表面。

如图 5-6 所示为多个群组模型，双击其中一个进入编辑模式，按住 Ctrl 键时鼠标指针的油漆桶图标会增加三个横向排列的红色点，对

> 绘图技巧
>
> 任何 SketchUp 的材质都可以通过材质编辑器设置透明度。

一个面进行填充，则该模型的所有面都会被填充，如图 5-7 所示。

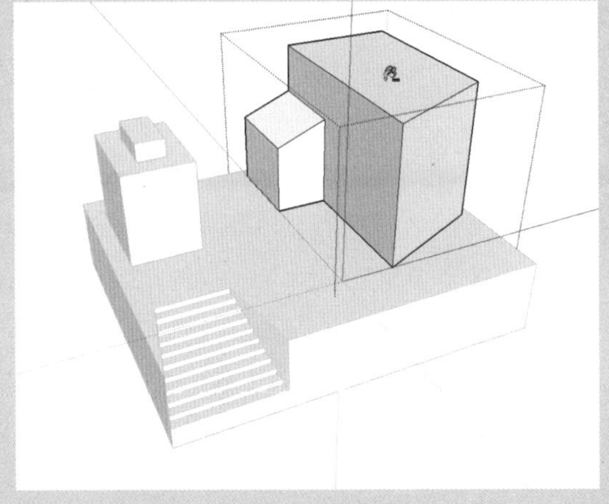

图 5-6　按住 ctrl 时油漆桶图标

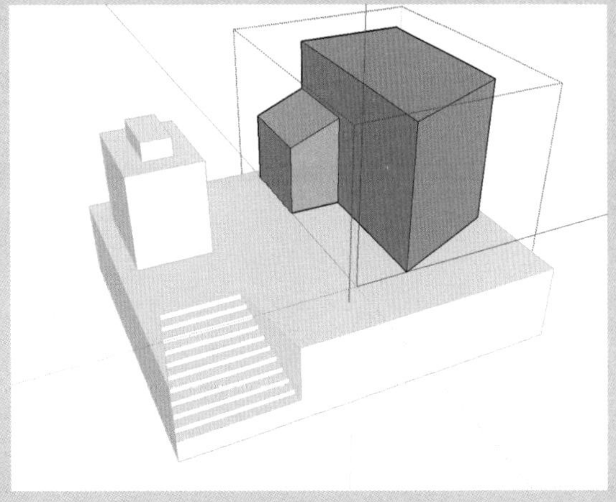

图 5-7　填充面

如果选中多个物体，那么邻接填充操作就会被限制在选集内。

3. 替换材质

填充一个表面时按住 Shift 键，会用当前材质替换所选表面的材质，则模型中所有使用该材质的物体都会同时改变材质。

如图 5-8 所示为两个模型使用相同材质，另选一种材质，按住 Shift 键时鼠标指针的油漆桶图标会增加三个直角排列的红色点，单击填充其中一个，则另一个模型的材质也会发生改变，如图 5-9 所示。

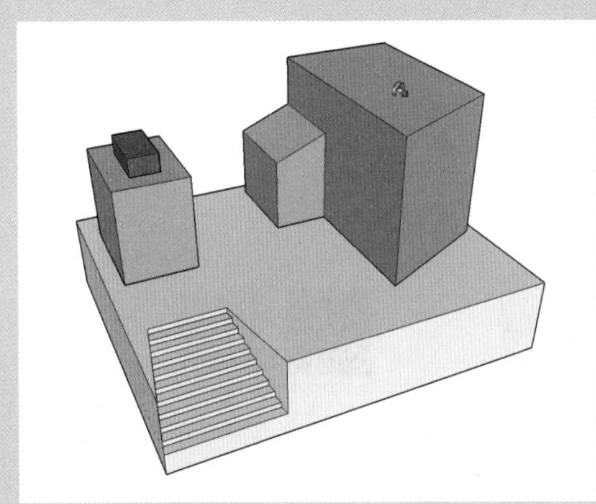

图 5-8　添加材质

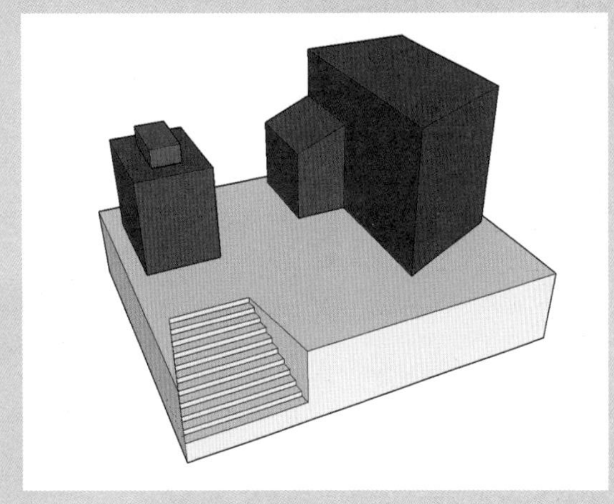

图 5-9　改变材质

4. 邻接替换

填充一个表面的同时按住 Ctrl 键和 Shift 键，就会实现上述两种的组合效果。填充工具会替换所选表面的材质，但替换的对象限制于所选表面有物理连接的几何体中。

如果先用选择工具选中多个物体，那么邻接替换操作会被限制在选集内。

5. 提取材质

激活材质工具时，按住 Alt 键，再单击模型中的实体，就可以提取该实体的材质。所提取的材质会被设置为当前材质，之后就可以使用这个材质进行填充了。

6. 给组或者组件上色

当给组或者组件上色时，是将材质赋予整个组或者组件，而不是内部的元素。组或组件中所有分配了默认材质的元素都会继承赋予组件的材质。而那些分配了特定材质的元素则会保留原来的材质。

5.2 纹理贴图的应用

在材质编辑器中可以使用 SketchUp 自带的材质库。但材质库中只有一些基本贴图，在实际工作中，还需要手动添加材质，以满足实际需要。

5.2.1 贴图的使用与编辑

如果用户需要从外部获得纹理贴图，可以在材质编辑器的“编辑”选项卡中勾选“使用纹理图像”复选框（或者单击“浏览”按钮），如图 5-10 所示，此时会弹出“选择图像”对话框，从中选择贴图并导入，如图 5-11 所示。从外部获得的贴图应尽量控制大小，如有必要，可以使用压缩的图像格式来减小文件量，如 JPEG 或 PNG 格式。

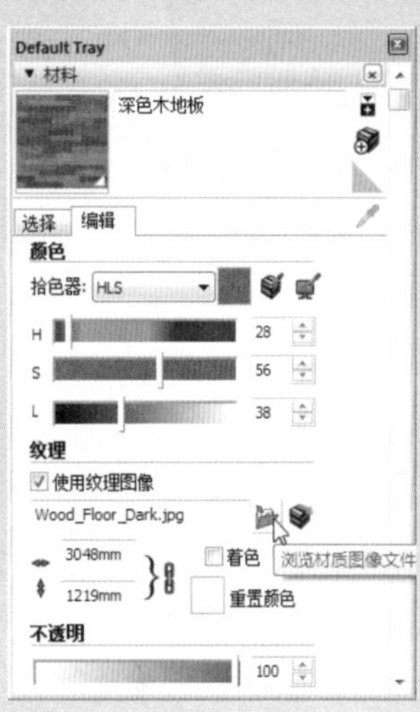

图 5-10　添加材质

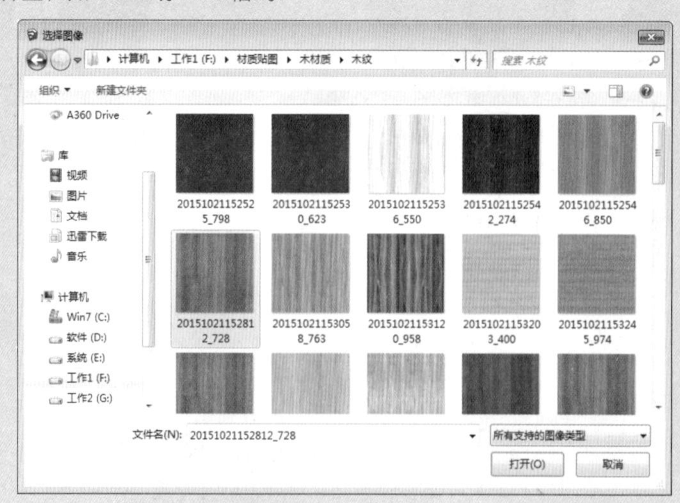

图 5-11　选择并导入贴图

5.2.2 贴图坐标的设置

SketchUp 的贴图是作为平铺对象应用的，不管表面是垂直的、水平的还是倾斜的，贴图都附着在表面，不受表面位置的影响。SketchUp 的贴图坐标有两种模式，分别为“固定图钉”模式和“自由图钉”模式。

1.“固定图钉”模式

在物体的贴图上单击鼠标右键，在弹出的快捷菜单中选择“纹理”|“位置”命令，此时物体的贴图将会以透明方式显示，且在贴图上会出现 4 个彩色图钉，如图 5-12、图 5-13 所示。

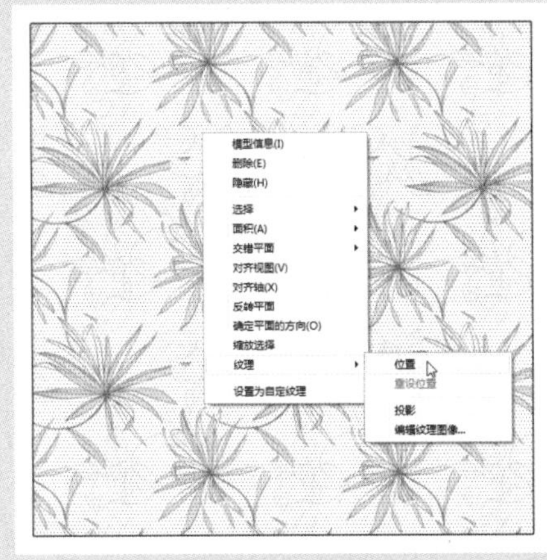

图 5-12 右键菜单

图 5-13 固定图钉

- 蓝色图钉：拖动该图钉可以调整纹理比例或修剪纹理，点按可抬起图钉，如图 5-14、图 5-15 所示为变形效果。

图 5-14 拖动蓝色图钉

图 5-15 贴图变形效果

- 红色图钉：拖动该图钉可以移动纹理，点按可抬起图钉，如图 5-16、图 5-17 所示为移动效果。
- 黄色图钉：拖动该图钉可以扭曲纹理，点按可抬起图钉，如图 5-18、图 5-19 所示为扭曲效果。

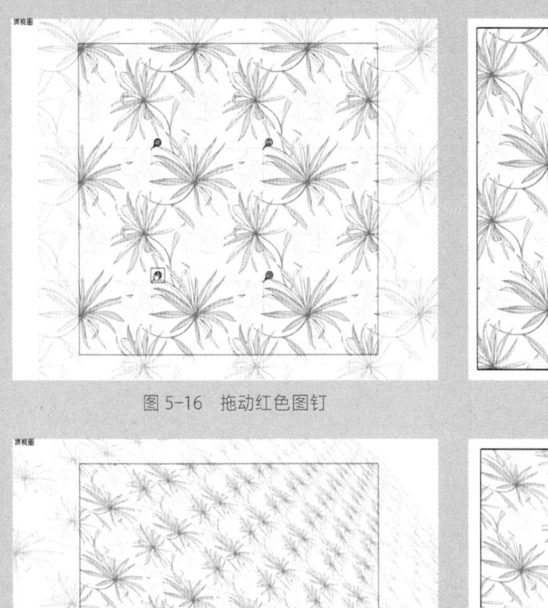

图 5-16 拖动红色图钉

图 5-17 贴图移动效果

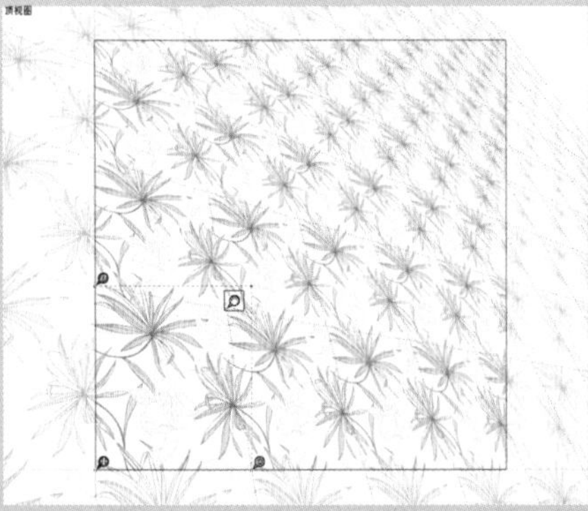

图 5-18 拖动黄色图钉

图 5-19 贴图扭曲效果

- 绿色图钉：拖动该图钉可以调整纹理比例或旋转纹理，点按可抬起图钉，如图 5-20、图 5-21 所示为缩放旋转效果。

图 5-20 拖动绿色图钉

图 5-21 贴图旋转缩放效果

2.“自由图钉”模式

“自由图钉”模式适用于设置和消除照片的扭曲，在该模式下，图钉相互之间不受限制，这样就可以将图钉拖动到任何位置。只需在贴图的右键菜单中取消勾选“固定图钉”选项，即可更改为“自由图钉”模式，此时 4 个彩色的图钉都会变成同样的银色图钉，如图 5-22、图 5-23 所示。

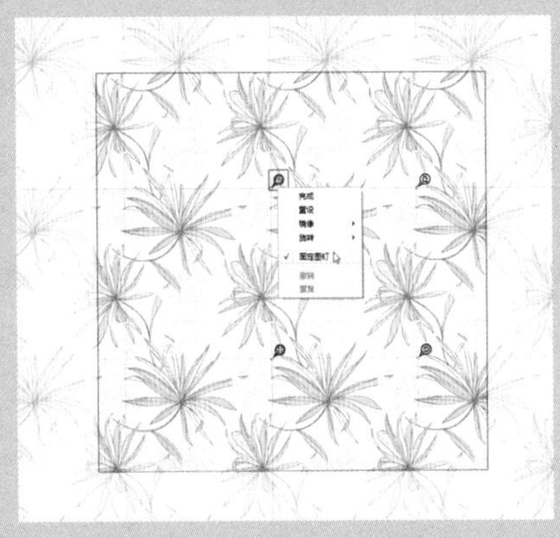

图 5-22　取消勾选“固定图钉”选项

图 5-23　自由图钉

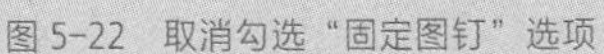

5.2.3　贴图技巧

本小节主要针对 SketchUp 中进行贴图赋予的技巧及方法进行详细介绍，主要包括转角贴图、圆柱体的无缝贴图、投影贴图、球面贴图以及 PNG 镂空贴图等。

1. 转角贴图

转角贴图可以包裹模型转角位置，下面以一个简单的案例介绍操作方法。

01 随意创建一个长方体，如图 5-24 所示。

02 将素材中的材质贴图添加到材质编辑器中，设置贴图参数，接着将材质指定给长方体，如图 5-25 示。

图 5-24　创建长方体

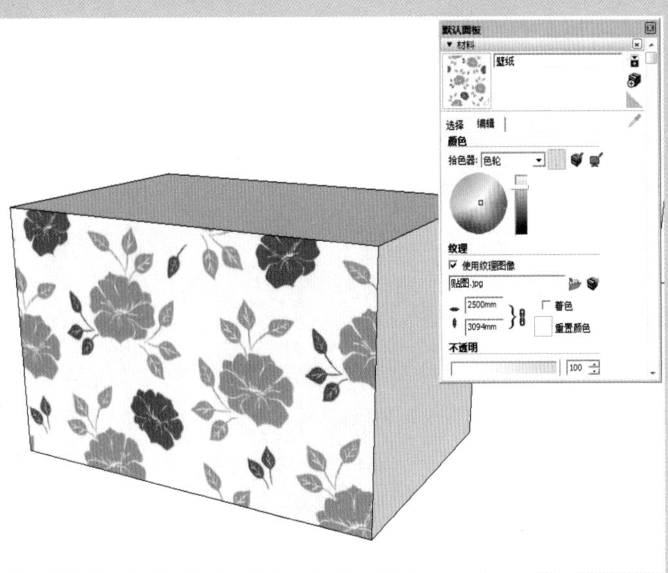

图 5-25　赋予材质

03 在贴图表面单击鼠标右键，在弹出的快捷菜单中选择“纹理”|“位置”选项，如图 5-26 所示。

04 进入贴图坐标的操作状态，此时不要做任何操作，直接单击鼠标右键，在弹出的快捷菜单中选择“完成”选项，如图 5-27 所示。

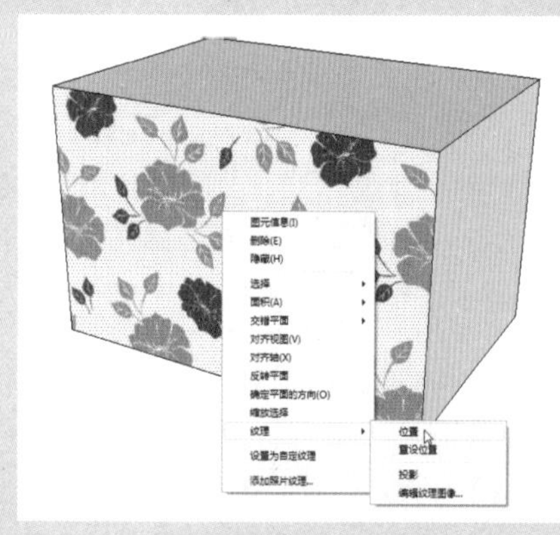

图 5-26　进入贴图坐标

图 5-27　完成操作

05 在材质编辑器的“选择”选项卡中单击“样本颜料”按钮，再到模型中获取材质，如图 5-28 所示。

06 此时光标会变成材质图标，再赋予材质到相邻的面，可以看到材质贴图会自动无错误相接，如图 5-29 所示。

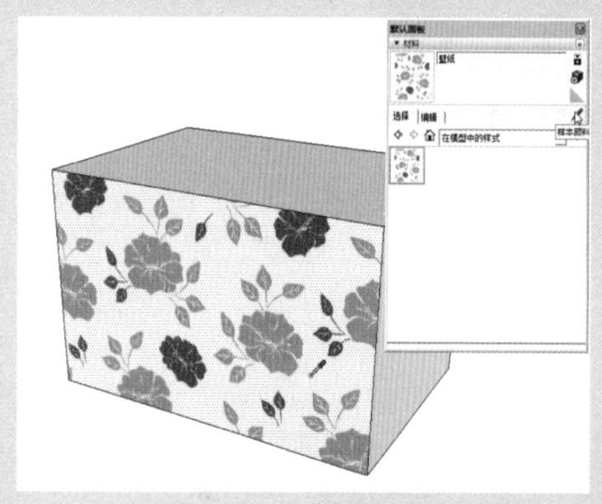

图 5-28　获取材质

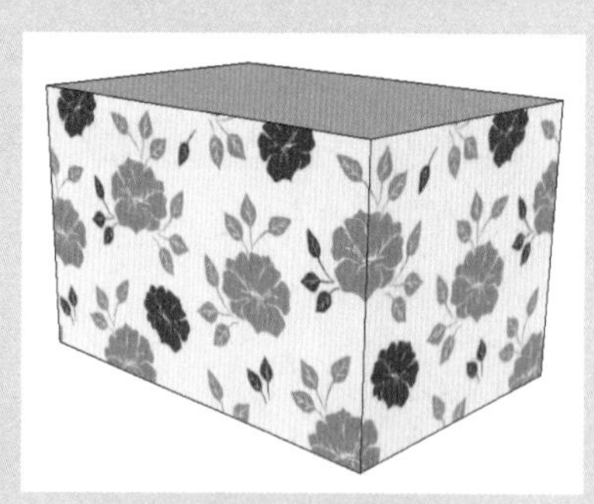

图 5-29　赋予相邻的面

2. 投影贴图

投影贴图就像将一个幻灯片用投影机投影一样。任何曲面不论是否被柔化，都可以使用投影贴图实现无缝拼接。

小试身手——制作山地贴图

下面以一个简单的案例介绍投影贴图的使用方法。

01 打开素材模型，如图 5-30 所示。

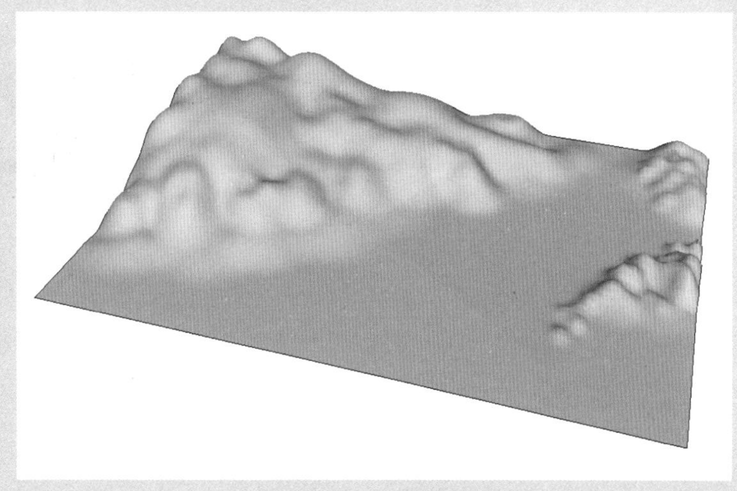

图 5-30 打开素材模型

02 执行“文件”|“导入”命令，打开“导入”对话框，选择素材图片，单击“导入”按钮，如图 5-31 所示。

图 5-31 “导入”对话框

03 在绘图区指定插入点，拖动鼠标调整贴图大小，使之与山地模型相同，如图 5-32 示。

04 将贴图调整到山地模型正上方，如图 5-33 所示。

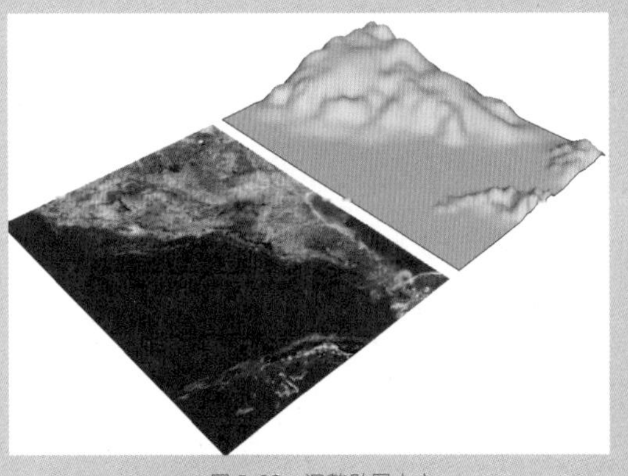
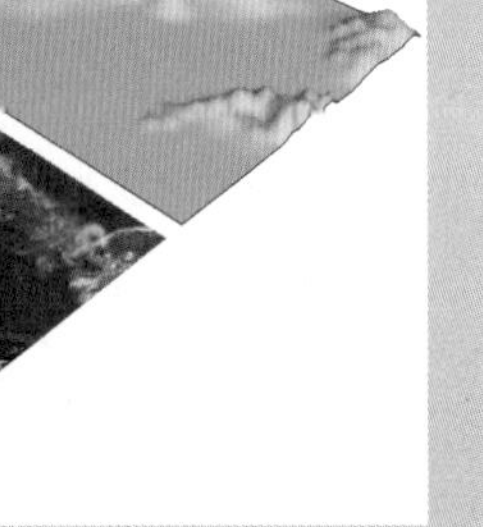

图 5-32　调整贴图大小

图 5-33　调整贴图位置

05 右键单击图片，在弹出的快捷菜单中选择“分解”选项，如图 5-34 所示。

06 在材质编辑器的“选择”选项卡中单击“样板颜料”按钮，在贴图上对材质进行取样，如图 5-35 所示。

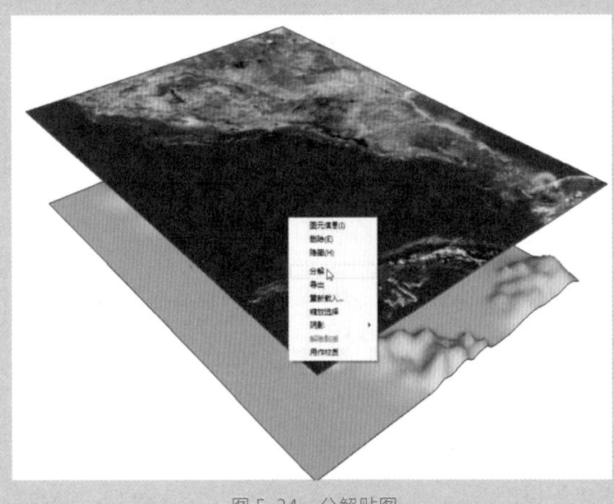

图 5-34　分解贴图

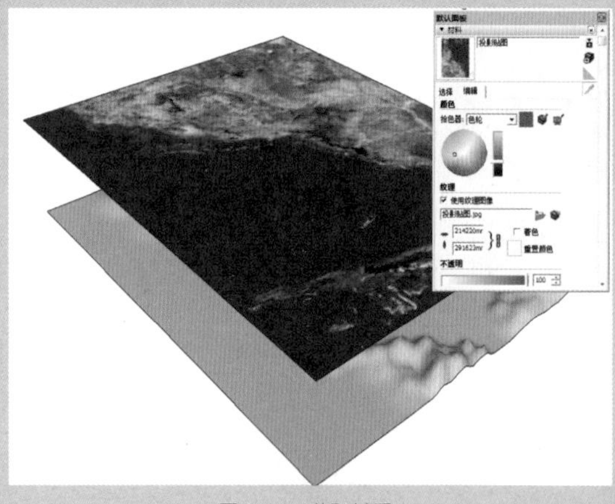

图 5-35　获取材质

07 将提取的材质指定给山地模型，再删除贴图图像，如图 5-36 所示。

图 5-36　赋予材质

5.3　光影设置

物体在光线的照射下都会产生光影效果，通过阴影效果和明暗对比可以打造出物体的立体感。

5.3.1　地理参照设置

南北半球的建筑物接受日照的时长，角度都不一样，因此，设置准确的地理位置，是产生准确光影效果的前提。

执行“窗口”|“模型信息”命令，打开“模型信息”对话框，选择“地理位置”选项，可以看到相关设置参数，如图 5-37 所示。单击“添加位置”按钮即可打开 Google Earth，对当前位置进行定位，也可以自己选择位置并添加，如图 5-38 所示。

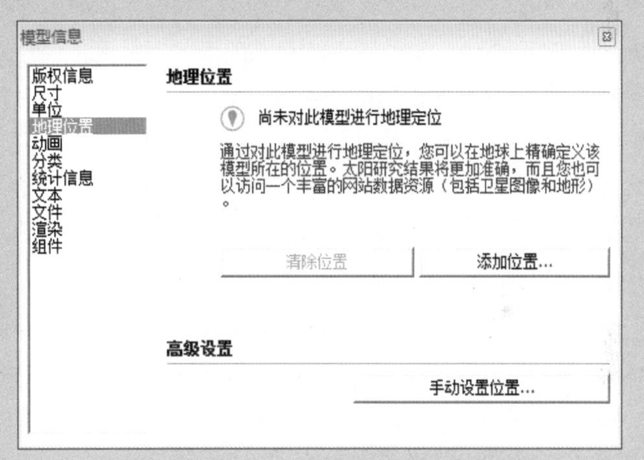

图 5-37　“地理位置”选项卡

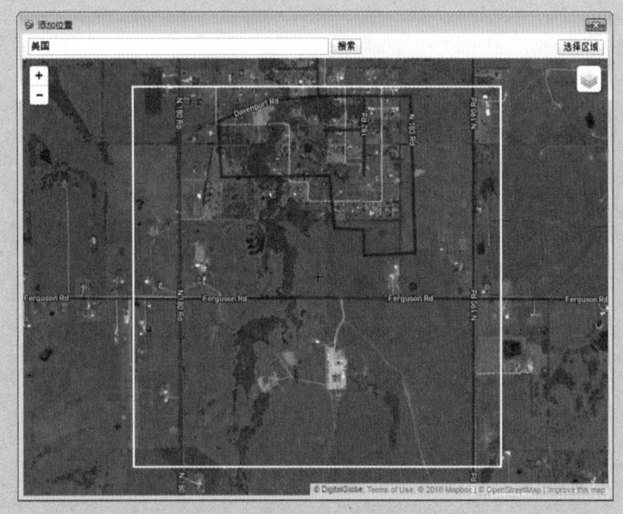

图 5-38　Google　Earth

如果当前网络不畅，也可以手动添加地理位置。单击“手动设置位置”按钮，打开“手动设置地理位置”对话框，输入地理位置，如图 5-39 所示。

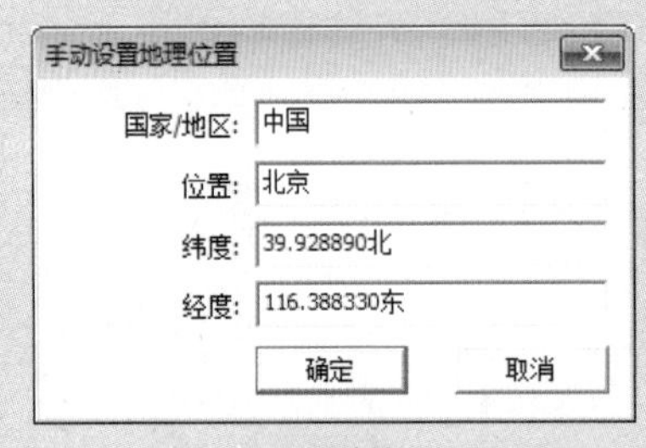

图 5-39　手动输入位置

绘图技巧

很多用户不注意地理位置的设置。由于纬度的不同，不同地区的太阳高度、太阳照射的强度与时间都不一样，如果地理位置设置不正确，阴影与光线的模拟就会失真，从而影响整体效果。

5.3.2　阴影设置

通过“阴影”工具栏可以对市区、日期、时间等参数进行十分细致的调整，从而模拟出准确的光影效果。在“工具栏”面板中勾选“阴影”选项，即可打开“阴影”工具栏，如图 5-40 所示。

图 5-40　“阴影”工具栏

执行“窗口”|“默认面板”|“阴影”命令，打开“阴影”面板。“阴影”面板中第一个参数设置是 UTC 调整，UTC 是协调世界时间的英文缩写。在中国统一使用北京时间（东八区）为本地时间，因此以 UTC 为参考标准，北京时间就是 UTC+8:00，如图 5-41、图 5-42 所示。

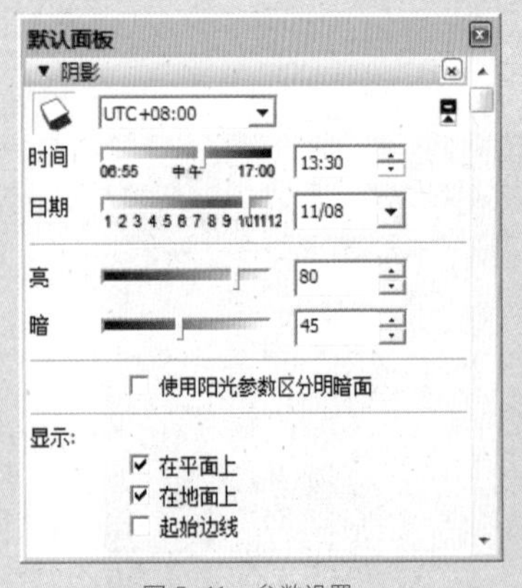

图 5-41　参数设置　　图 5-42　参数设置

设置好 UTC 时间后，拖动面板中“时间”后面的滑块进行调整，相同的日期不同的时间将会产生不同的阴影效果，如图 5-43 ~ 图 5-46 所示为一天中 4 个时辰的阴影效果。

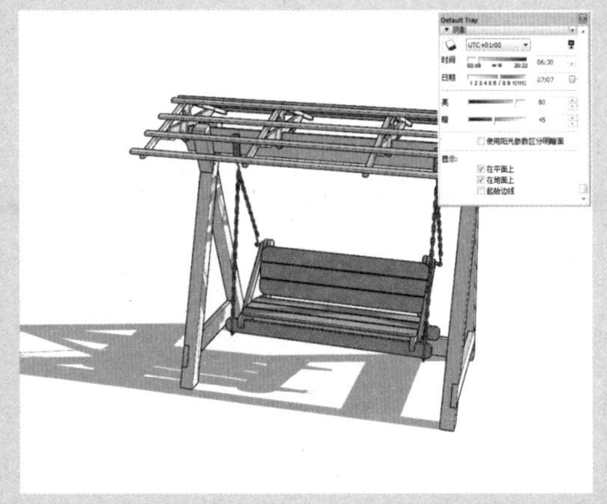

图 5-43　6:30 阳光投影效果

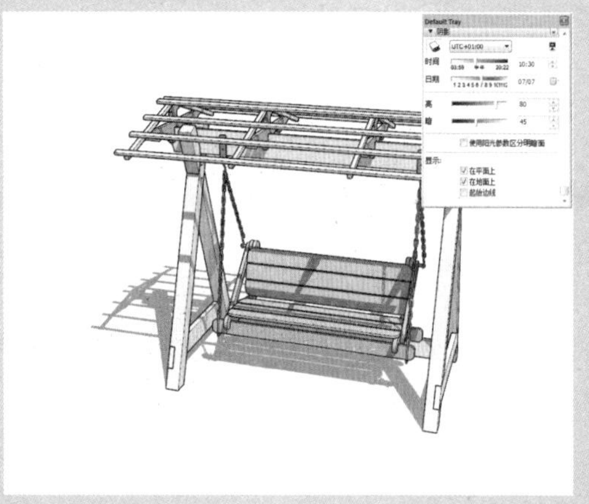

图 5-44　10:30 阳光投影效果

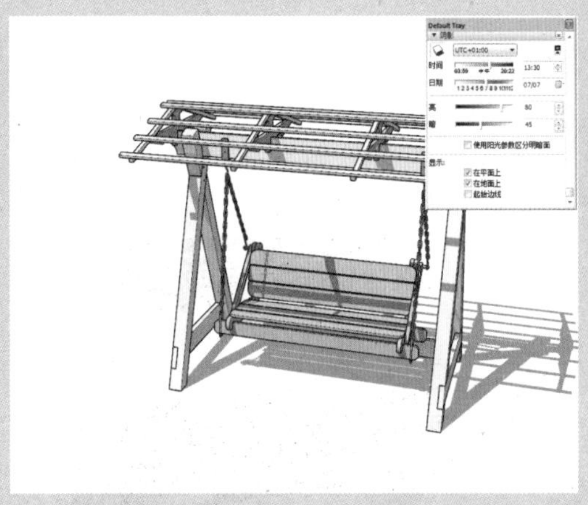

图 5-45　13:30 阳光投影效果

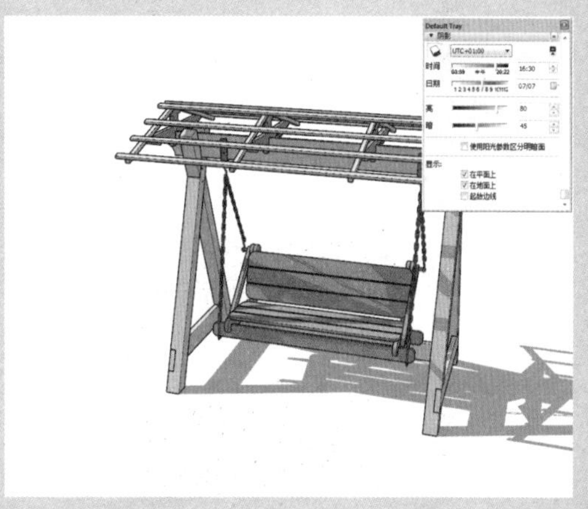

图 5-46　16:30 阳光投影效果

而在同一时间下，不同日期也会产生不同的阴影效果，如图 5-47 ～图 5-50 所示为一年中 4 个月份的阴影效果。

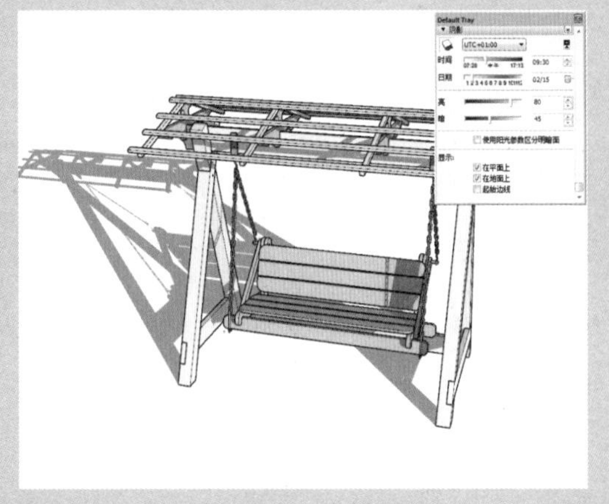

图 5-47　2 月 15 日阳光投影效果

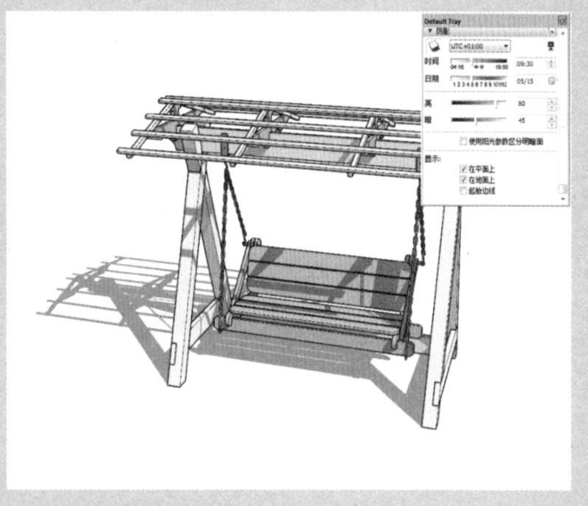

图 5-48　5 月 15 日阳光投影效果

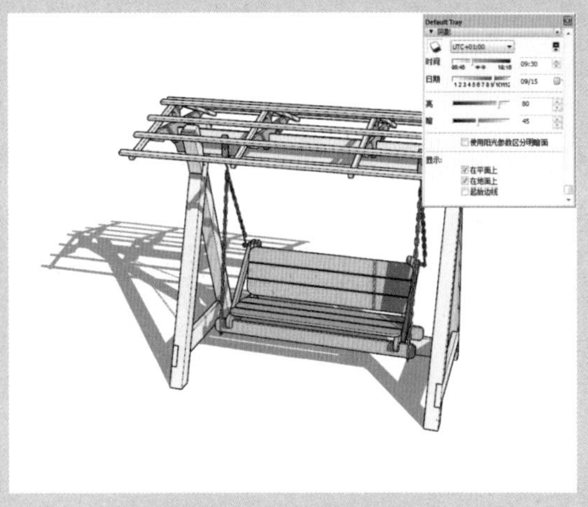

图 5-49　9 月 15 日阳光投影效果

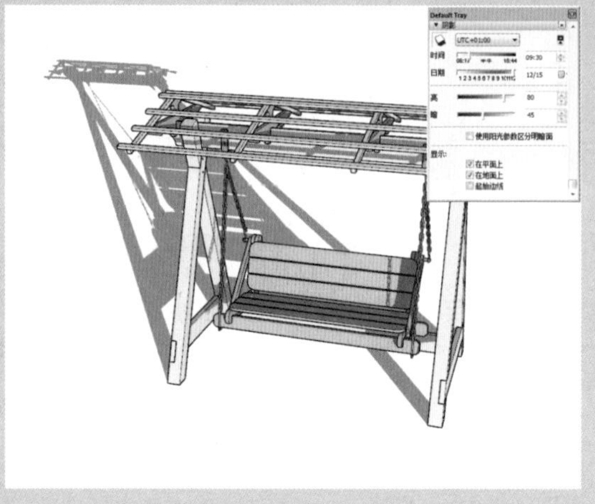

图 5-50　12 月 15 日阳光投影效果

在其他参数不变的情况下，调整亮暗参数的滑块，也可以改变场景中阴影的明暗对比，如图 5-51、图 5-52 所示。

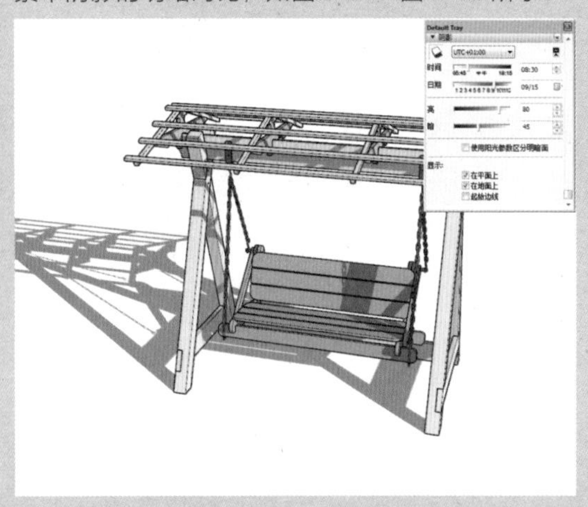

图 5-51　初始参数

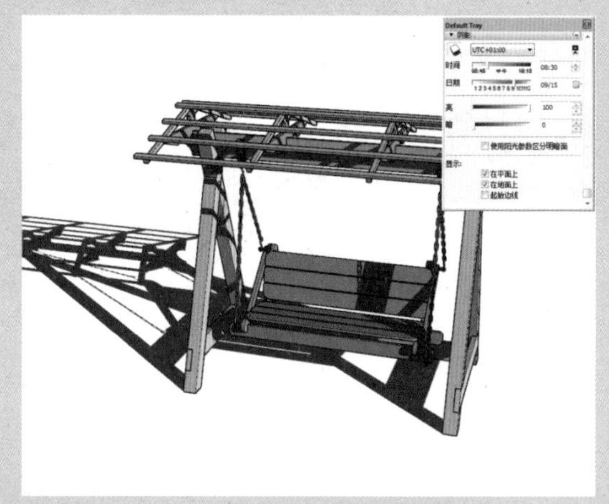

图 5-52　调整到最亮

5.3.3　雾化设置

在 SketchUp 中还有一种特殊的“雾化”效果，可以烘托环境的氛围，增加一种雾气朦胧的效果，主要用于模拟场景的雾气环境效果，如图 5-53、图 5-54 所示为开启雾化前后效果对比。

执行“窗口”|“默认面板”|“雾化”命令，即可打开“雾化”面板，如图 5-55 所示。在该面板中可以控制雾化的显示与关闭，以及雾效在场景中开始出现的位置和完全不透明的位置。

图 5-53　雾化前效果

图 5-54　雾化后效果

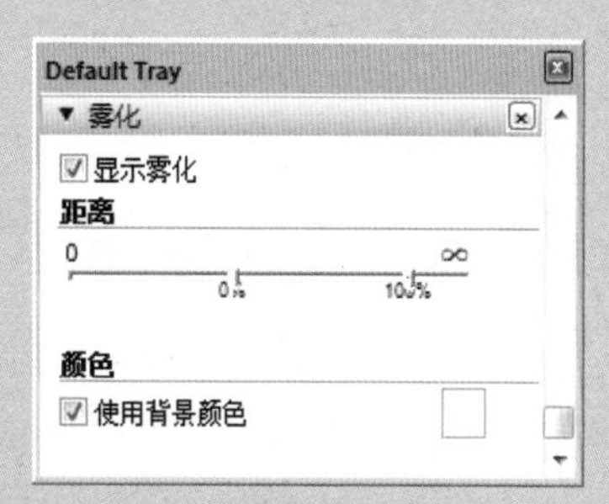

图 5-55　“雾化”面板

课堂练习——制作学校入口效果

在使用 SketchUp 时，如果需要一般的效果，可以直接使用软件本身的材质；如果需要较为逼真的效果，就需要转出到 3ds max 中赋予材质并进行真实的渲染计算。

本案例中将结合前面章节所学知识以及本章介绍的材质贴图的知识，介绍花盆的制作。操作步骤如下。

01 打开素材模型，如图 5-56 所示。

图 5-56　打开素材

02 打开材质库，从中选择“旧柏油路”材质，如图 5-57 所示。

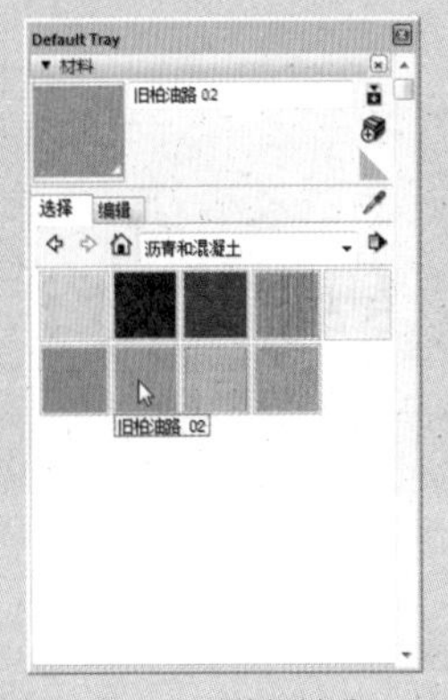

图 5-57　选择材质

03 将材质指定给道路以及路牙石模型，如图 5-58 所示。

图 5-58　指定材质

04 从材质库中选择“英寸碎石地被层”材质，如图 5-59 所示。

05 将材质指定给路边人行道，如图 5-60 所示。

图 5-59 选择材质

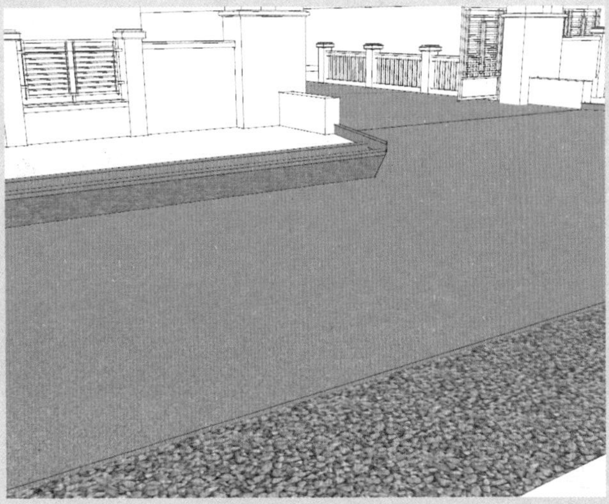

图 5-60 指定材质

06 选择“人造草被”材质，指定给绿化区域地面，如图 5-61 所示。

07 在材质库中单击“创建材质”按钮，创建“外墙石材”材质，为其添加纹理贴图并设置贴图尺寸，如图 5-62 所示。

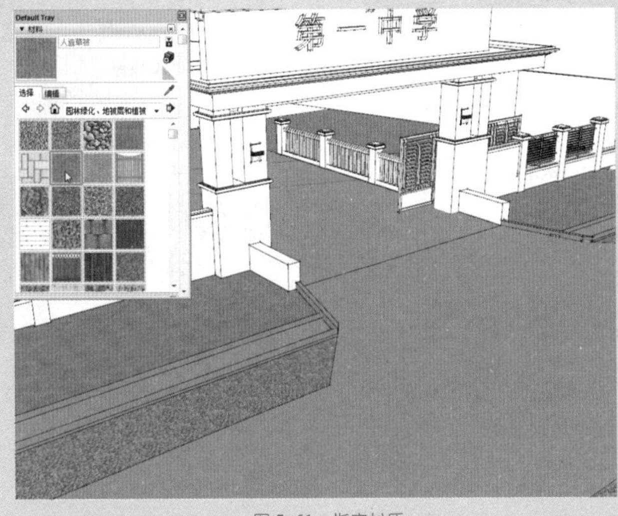

图 5-61 指定材质

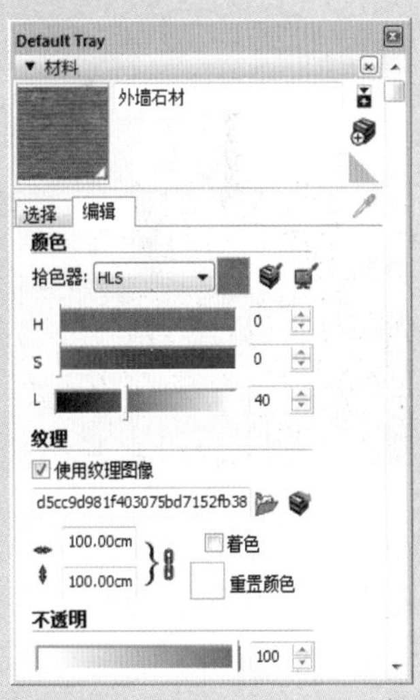

图 5-62 创建并设置材质

08 将材质指定给入口墙体，如图 5-63 所示。

09 选择“灰色”材质，将材质指定给栅栏模型及门卫室屋顶，如图 5-64 所示。

图 5-63　指定材质

图 5-64　指定材质

10 选择“灰色半透明玻璃”材质，指定给门卫室玻璃模型，如图 5-65 所示。

11 选择“深红色”材质，指定给门头字模型，如图 5-66 所示。

图 5-65　指定材质

图 5-66　指定材质

12 为场景添加树木、灌木、石头、电线杆等模型，并放置到合适的位置，如图 5-67 所示。

13 打开“阴影”面板，开启阴影显示，设置时间、日期等参数，如图 5-68 所示。

14 打开“风格”面板，勾选“天空”复选框，设置天空颜色，如图 5-69 所示。

15 设置完毕的效果如图 5-70 所示。

图 5-67　添加模型

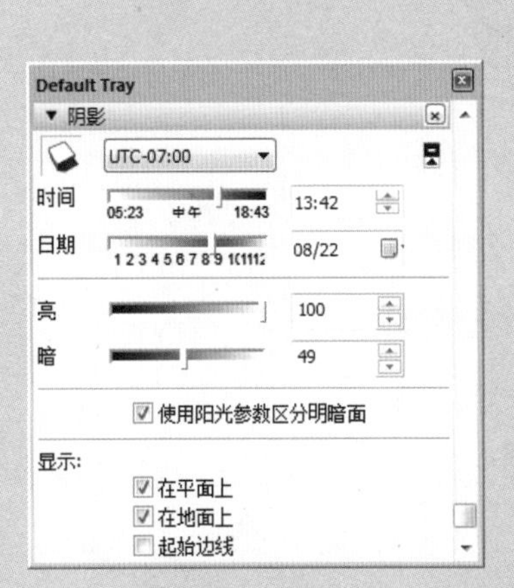

图 5-68　设置阴影

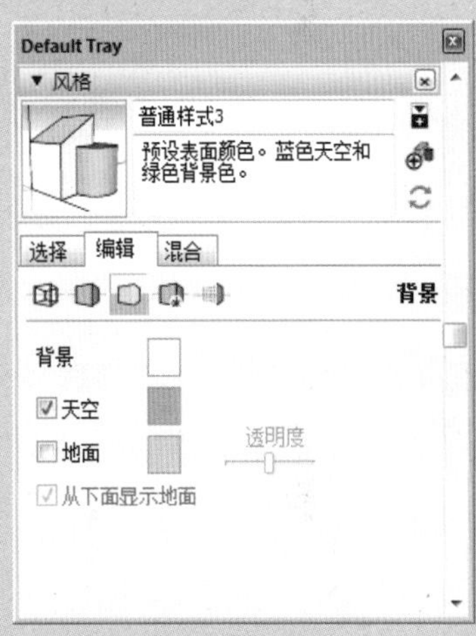

图 5-69　设置颜色

图 5-70　效果图

强化训练

为了更好地掌握本章所学知识，在此列举几个针对本章的拓展案例，以供练习！

1. 为木桶创建材质

为木桶模型制作木纹理材质以及金属材质，如图 5-71 所示。

图 5-71 木桶材质

操作提示：

01 自定义多种木纹理材质赋予木桶模型。

02 使用自带颜色材质赋予到桶箍。

2. 为建筑创建材质

为如图 5-72 所示的建筑创建木板、玻璃、塑钢等材质。

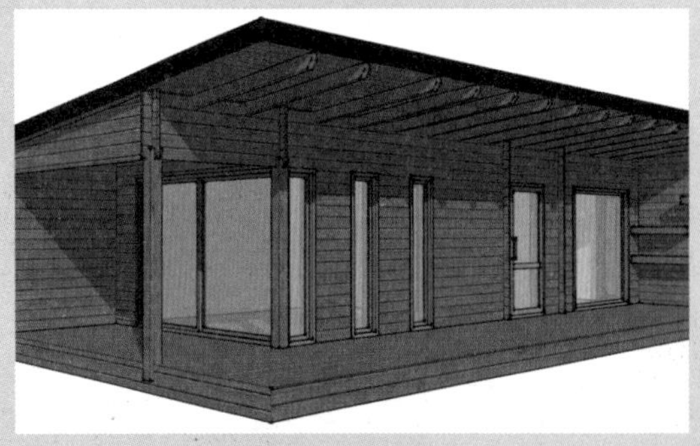

图 5-72 吊床模型

操作提示：

01 从材质库选择玻璃材质指定给窗户模型，适当调整不透明度，再选择灰色材质指定给窗框模型。

02 创建木纹材质指定给建筑主体。

CHAPTER 06

文件的导入与导出

内容导读 Guided reading

SketchUp 虽然是一款面向方案设计的软件，但是其与AutoCAD、3ds max、Photoshop 及 Piranesi 几个常用图形图像软件之间是可以相互协作的。本章就来介绍一下 SketchUp 的导入与导出功能。

学习目标

√ 掌握 SketchUp 的导入功能

√ 掌握 SketchUp 的导出功能

作品展示

◎导入 3dS 文件

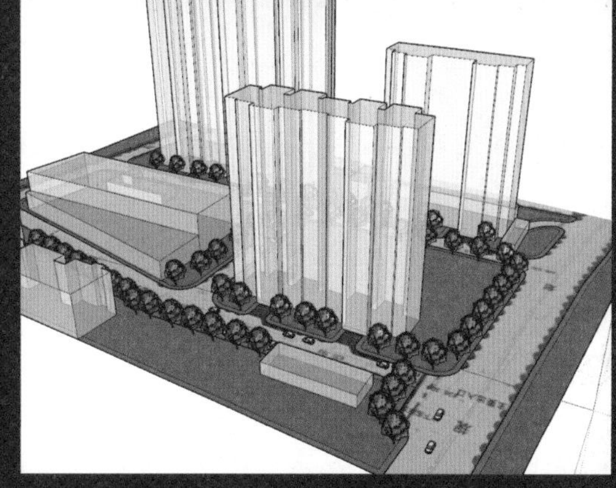

◎区域规划模型

6.1 SketchUp 的导入功能

SketchUp 中带有 AutoCAD 的 DWG 文件输入接口，设计师可以直接利用 AutoCAD 的平面线形作为设计底图参照。虽然 SketchUp 中画线的功能与 AutoCAD 相差无几，但如果能直接利用现有的 DWG 文件作为底图，则可以节省一定的作图时间。

SketchUp 支持方案设计的全过程，除了其本身的三维模型制作功能，还可以通过导入图形制作出高精度、高细节的三维模型。

6.1.1 导入 AutoCAD 文件

在设计的过程中，有些设计师会把 AutoCAD 所建立的二维图形导入到 SketchUp 中，用作建立三维设计模型的底图。

在导入文件的时候尽量简化文件，只导入需要的几何体。这是因为导入一个大的 CAD 文件时，系统会对每个图形实体都进行分析，这就需要很长时间；而且一旦导入，由于 SketchUp 中智能化的线和面需要比 AutoCAD 更多的系统资源，复杂的文件会拖慢 SketchUp 的系统性能。

SketchUp 目前支持的 AutoCAD 图形元素包括线、圆形、圆弧、多段线、面、有厚度的实体、三维面、嵌套图块等，另外还可以支持图层。但是实心体、区域、Splines、锥形宽度的多段线、XREFS、填充图案、尺寸标注、文字和 ADT/ARX 等物体，在导入时将会被忽略。

另外，SketchUp 只能识别并导入面积超过 0.0001 平方单位的图形。

知识拓展

如果在导入文件前，SketchUp 中已经有了别的实体，那么所导入的图形将会自动合并为一个组，以免与已有图形混在一起。

小试身手——制作居室轴测墙体模型

本案例中将利用 SketchUp 的导入功能将 AutoCAD 图形导入到 SketchUp 中，再利用前面所学习的知识制作出一个居室轴测模型。操作步骤如下。

01 启动 SketchUp 应用程序，执行“文件”|“导入”命令，打开“导入”对话框，设置文件类型为 .dwg、dxf，选择要导入的 CAD 文件，单击“选项”按钮，如图 6-1 所示。

02 打开“导入 AutoCAD DWG/DXF 选项”对话框，设置比例单位为“毫米”，并勾选相关选项，单击“确定”按钮，如图 6-2 所示。

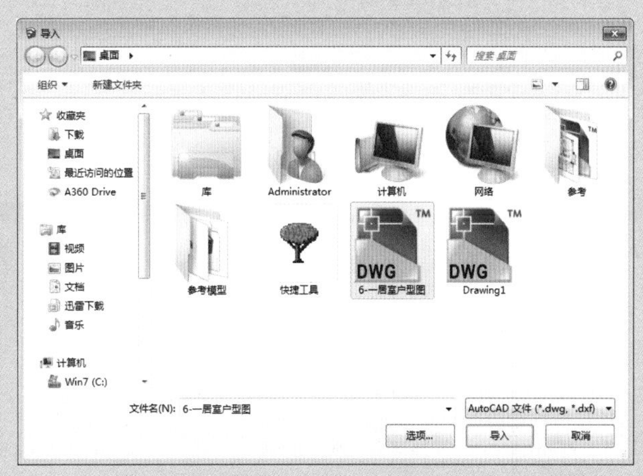

图 6-1　“导入”对话框

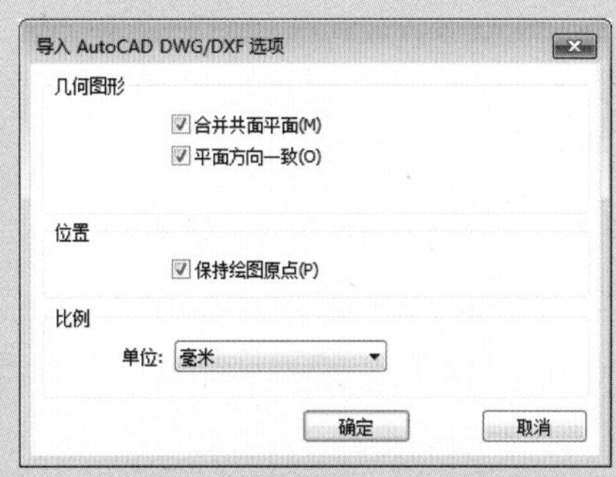

图 6-2　设置导入参数

03 此时系统会弹出一个进度框，提示进度，如图 6-3 所示。

04 导入完毕后会弹出如图 6-4 所示的提示框。

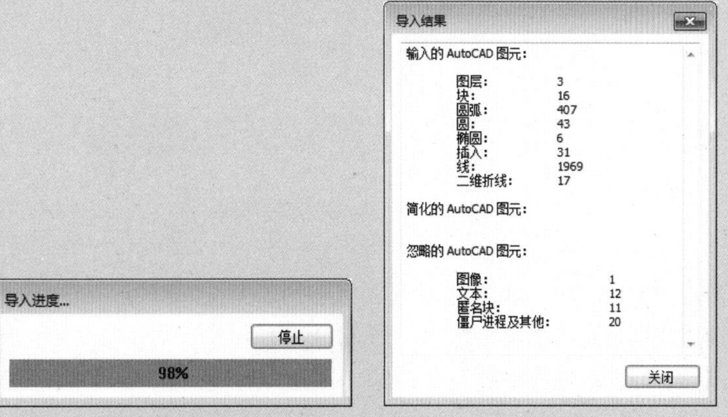

图 6-3　导入进度　　图 6-4　导入结果

05 导入后的图形如图 6-5 所示。

06 清除平面图中多余的图形，如家具、电器等，如图 6-6 所示。

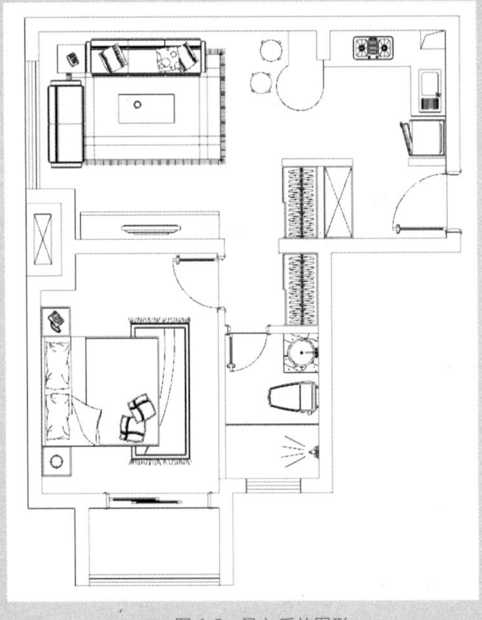

图 6-5　导入后的图形

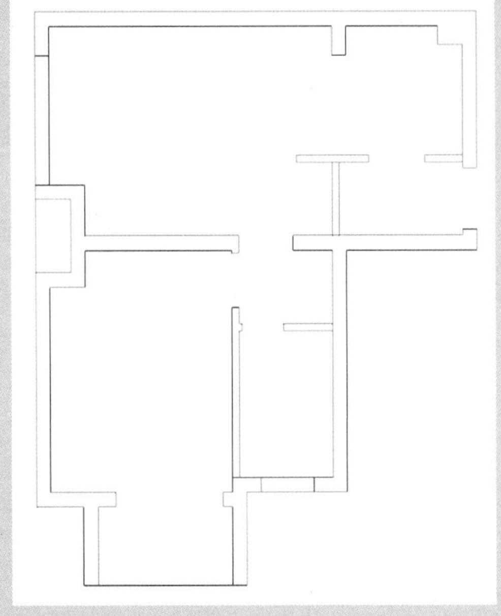

图 6-6　清除图形

07 激活“直线”工具，捕捉绘制墙体轮廓，如图 6-7 所示。

08 激活“推 / 拉”工具，推出 2750mm 的墙体，如图 6-8 所示。

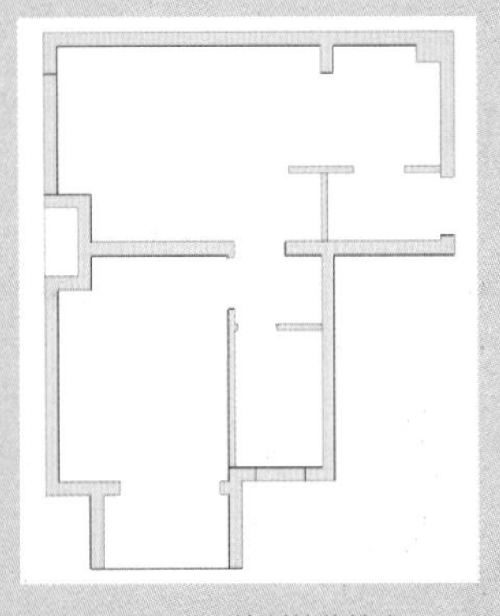

图 6-7　绘制墙体轮廓

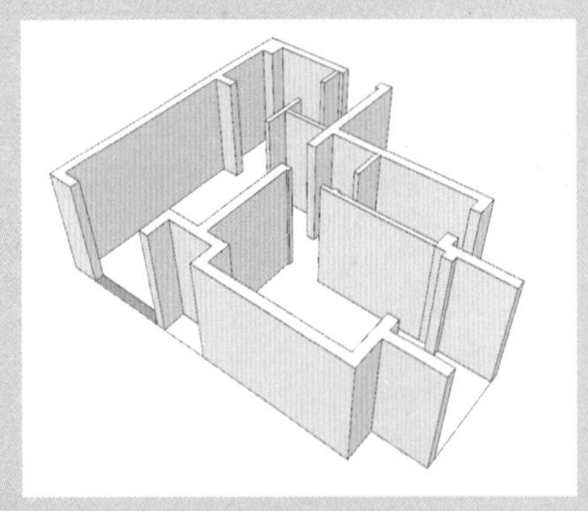

图 6-8　推出墙体

09 推拉出 900mm 的阳台高度，利用“直线”“推 / 拉”工具制作 300mm 高的阳台地台，如图 6-9 所示。

10 选择窗户位置的一条边线，激活“移动”工具，按住 Ctrl 键向下移动复制 300mm，如图 6-10 所示。

11 激活“推 / 拉”工具，推拉出窗洞造型，如图 6-11 所示。

12 照此方法制作其他位置的门洞及窗洞，如图 6-12 所示。

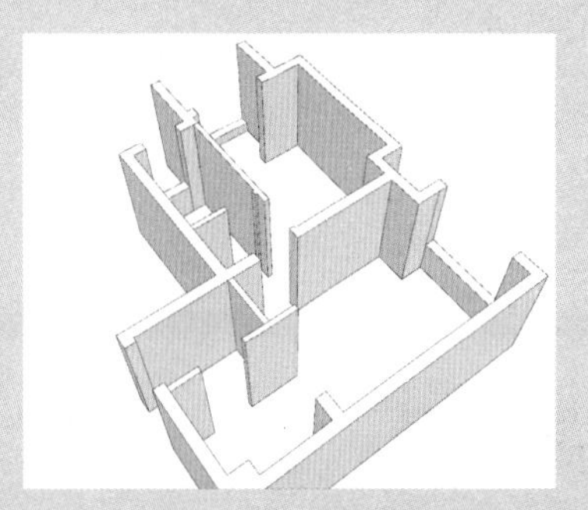

图 6-9 推出阳台

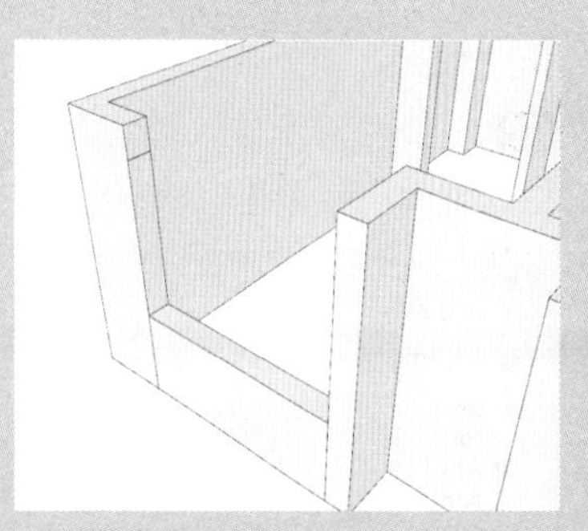

图 6-10 复制边线

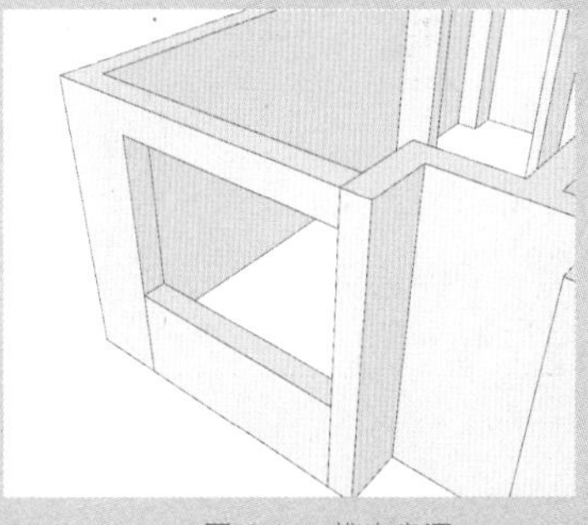

图 6-11 推出窗洞

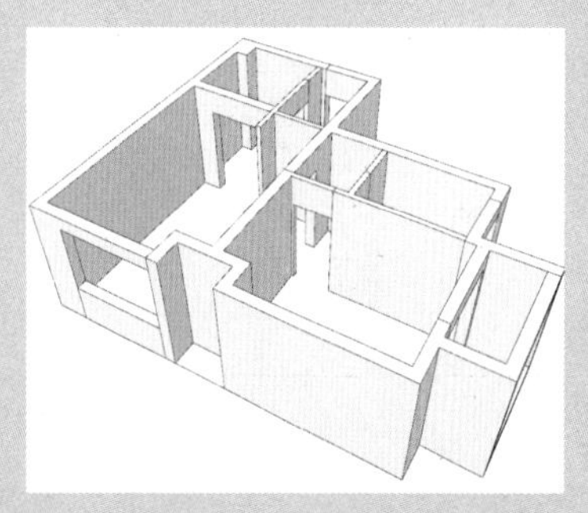

图 6-12 制作其他门窗洞

13 清理模型中多余的线条，如图 6-13 所示。

14 最后利用“直线”“推 / 拉”工具制作空调外机平台，完成居室轴测模型的制作，如图 6-14 所示。

知识拓展

导入 CAD 文件的方法非常简单，但是如果操作不当，很容易出现单位错误。单位错误的图形导入到 SketchUp 中是没有任何意义的。

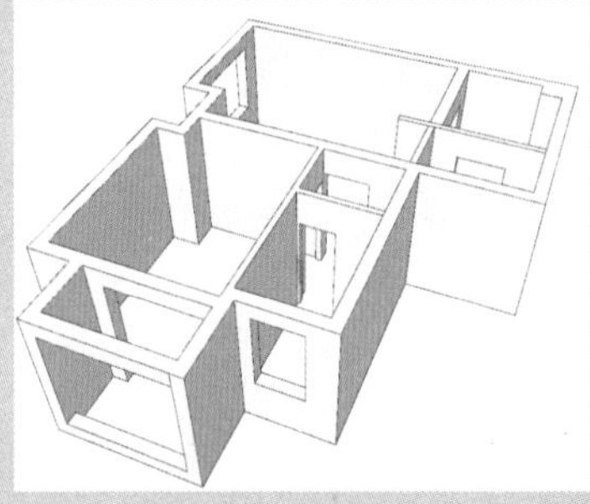

图 6-13 清理线条

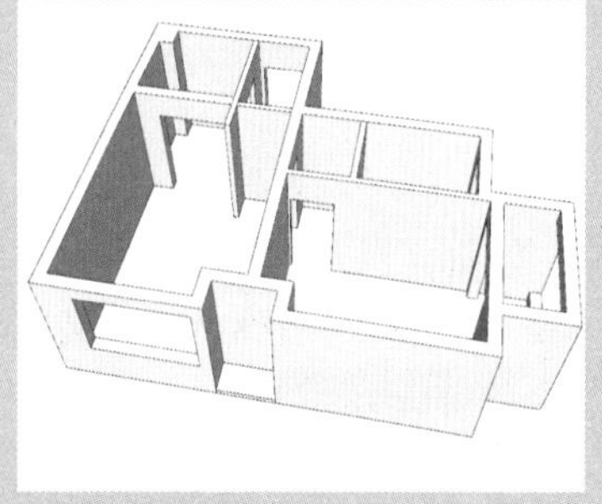

图 6-14 推出空调平台

6.1.2 导入 3DS 文件

SketchUp 为 3DS 格式的文件提供了良好的链接，但是导入之后，仍然需要调整一些细节。

1.3ds 文件导入方法

操作步骤如下。

01 执行“文件”|“导入”命令，打开“导入”对话框，设置文件

类型为 .3ds，选择要导入的 3DS 文件，单击“选项”按钮，如图 6-15 所示。

02 打开“3DS 导入选项”对话框，勾选“合并共面平面”复选框，并设置单位，单击“确定”按钮，如图 6-16 所示。

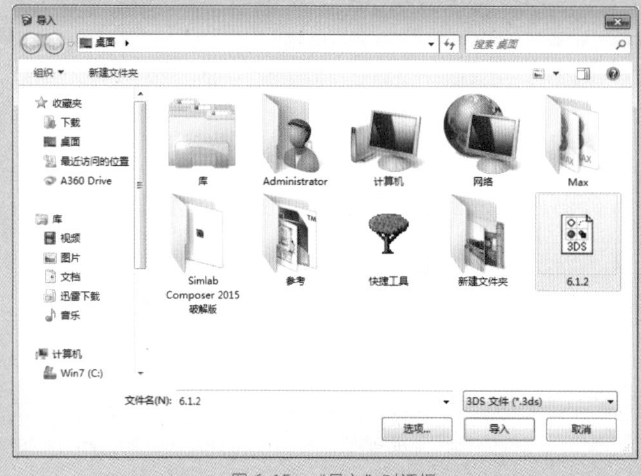

图 6-15 “导入”对话框

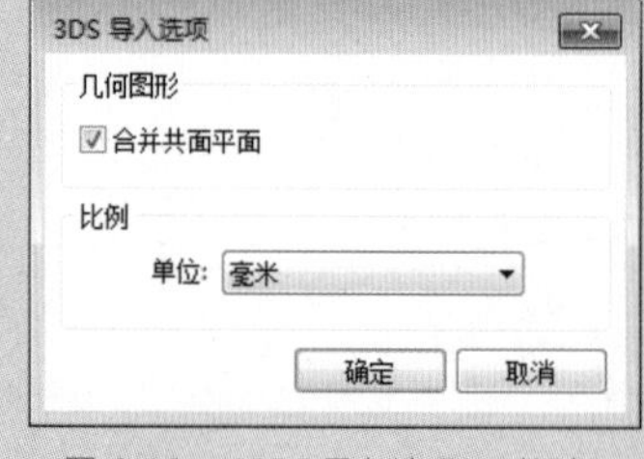

图 6-16 “3DS 导入选项”对话框

03 系统弹出“导入进度”提示框，如图 6-17 所示。

04 文件导入完成后会弹出一个对话框，如图 6-18 所示。

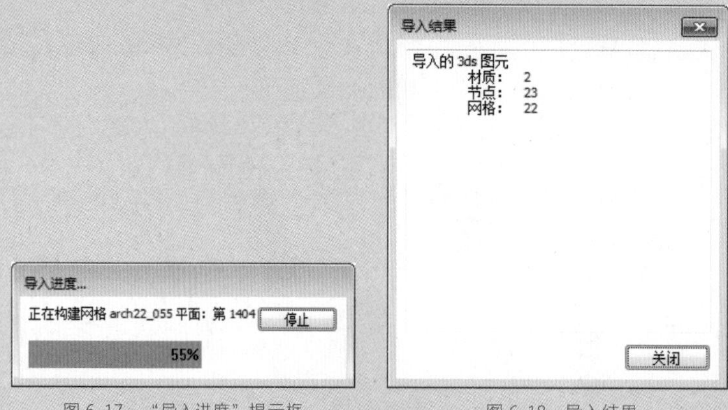

图 6-17 “导入进度”提示框

图 6-18 导入结果

05 关闭提示框，即可看到文件成功导入后的效果，如图 6-19 所示。

图 6-19 查看导入效果

2.3ds 文件导入技巧

在 SketchUp 中导入 3ds 文件很容易出现模型移位的问题，如图 6-20 所示。想要解决该问题，可以在 3ds max 中将模型转换为可编辑多边形，然后将模型中的其他部分附加为一个整体，如图 6-21 所示。

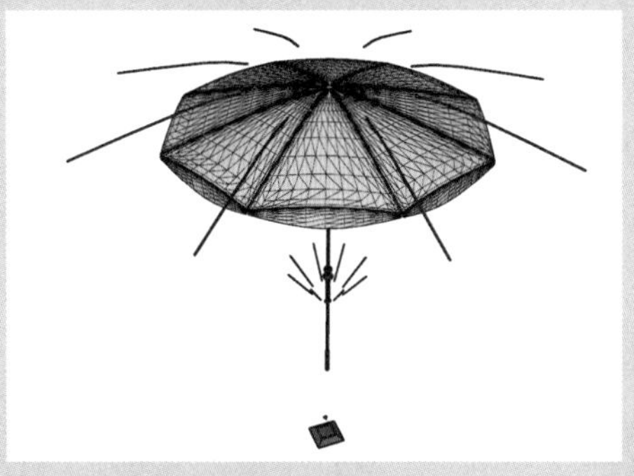

图 6-20　模型移位

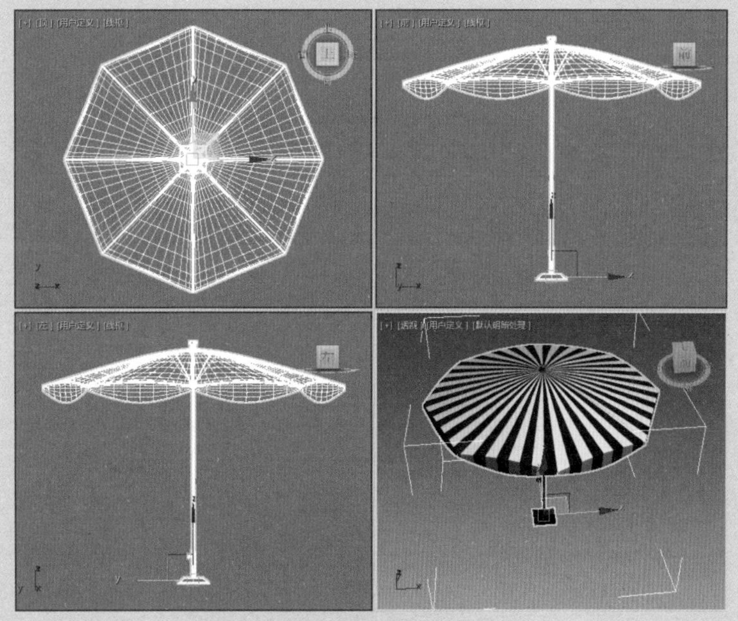

图 6-21　附加模型

6.1.3　导入二维图像文件

SketchUP 支持 JPG、PNG、TIF、TGA 等常用二维图像文件的导入，但最好是 PNG 和 JPG 格式。图像对象本质上是一个以图像文件作为表面的矩形面，能够移动、旋转与缩放，并能水平与垂直放置，但不能做成非矩形。图像可以来用来制作广告牌、招牌、地面纹理与背景。

图像的分辨率是有意义的，分辨率越高越清晰，但只要够用就可以。分辨率的大小是受限制的，这取决于 OpenLG 的处理能力，最好的系统是 1024 × 1024 像素，如果需要更大的图像，可以用几张图片拼接。

1. 插入图像

有两种方法可以将扫描图像导入 SketchUp。执行“文件”|“导入”命令或者从 Windows 资源管理器里直接将图像拖放到 SketchUp 中。操作步骤如下。

01 执行“文件”|“导入”命令，打开“导入”对话框，设置文件类型为“所有支持的图像类型”，选择要导入的图像文件，单击“导入”按钮，如图 6-22 所示。

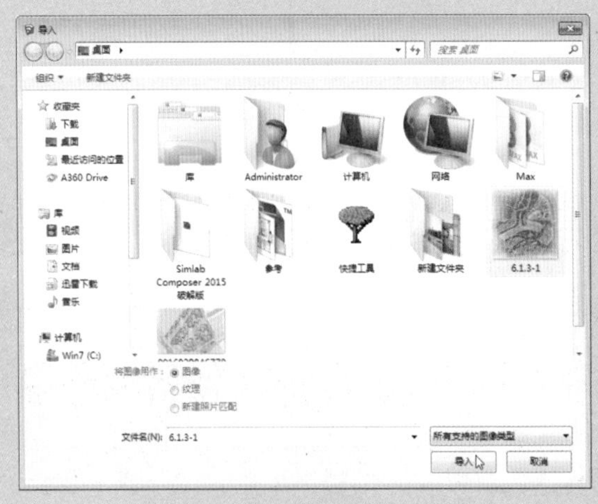

图 6-22　选择图像

02 在绘图区中指定图片左下角位置，再移动鼠标确定图片大小，导入二维图像文件后效果如图 6-23 所示。

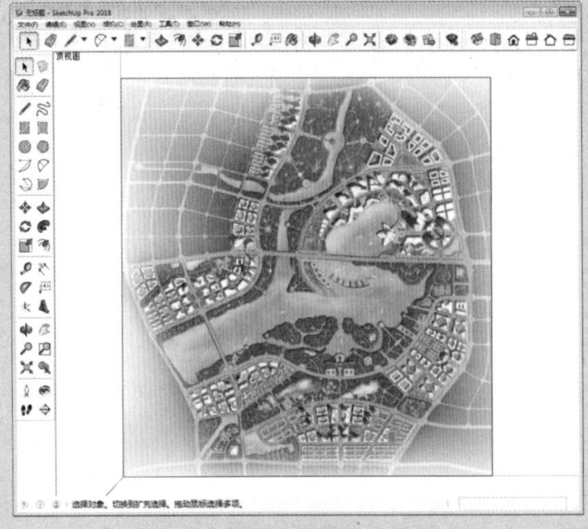

图 6-23　导入效果

在“导入”对话框中单击“纹理”选项，如图 6-24 所示，将图片导入到 SketchUp 中后，将光标移动到模型的一点上作为贴图的起始点，如图 6-25 所示。移动光标确定贴图大小，再单击鼠标即可完成贴图纹理的创建，如图 6-26 所示。

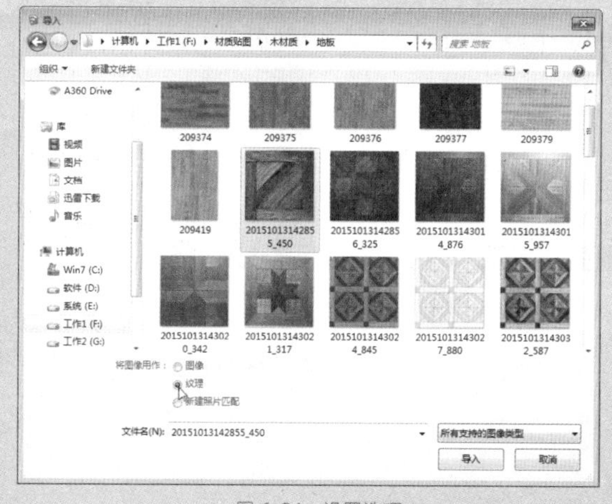

图 6-24 设置选项

图 6-25 确定端点

激活“材质”工具，打开材质库，可以看到新创建的材质，如图 6-27 所示。

图 6-26 完成贴图的创建

图 6-27 新的材质

在“导入”对话框中单击“新建照片匹配”选项，如图 6-28 所示，则图像导入后，SketchUp 会出现如图 6-29 所示的界面，可以对其进行匹配调整。

图 6-28　单击“新建照片匹配”选项

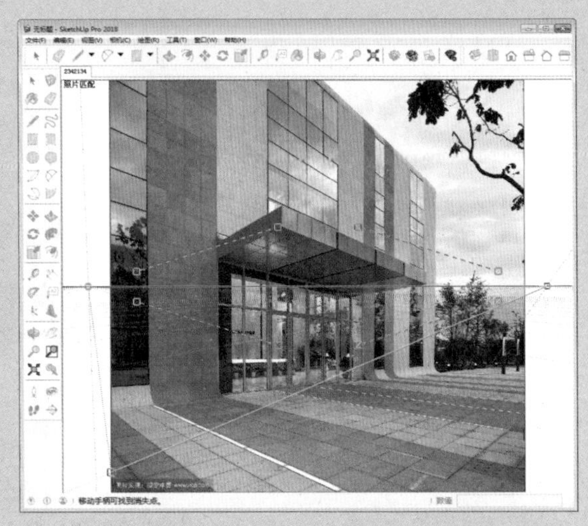

图 6-29　导入图像

2. 图像对象的关联命令

对图像对象的操作可以通过右击图像打开快捷菜单进行。快捷命令包括：模型信息、删除、隐藏、炸开模型、导出、重新载入、缩放选择、阴影、分离、用作材质，如图 6-30 所示。例如，电线杆上的标语在地上和以图像做成的背景上都可以产生投影，但背景图像可以设置为不接受投影。只需在快捷菜单中取消（阴影 | 接受投影）即可。

- 模型信息：选择该命令将打开“图元信息”面板，在其中可以查看和修改图像的属性，如图 6-31 所示。

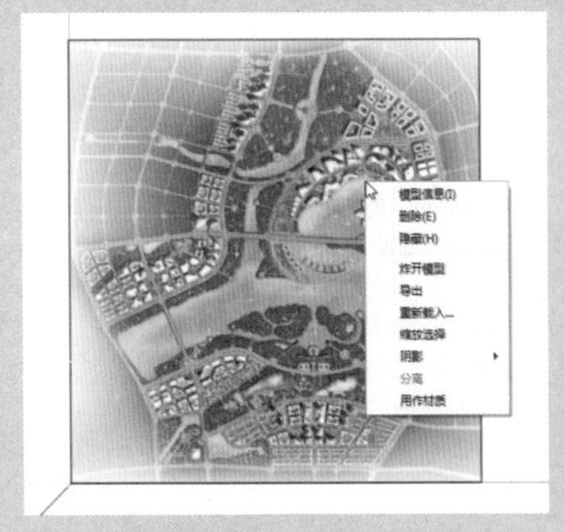

图 6-30　右键快捷菜单

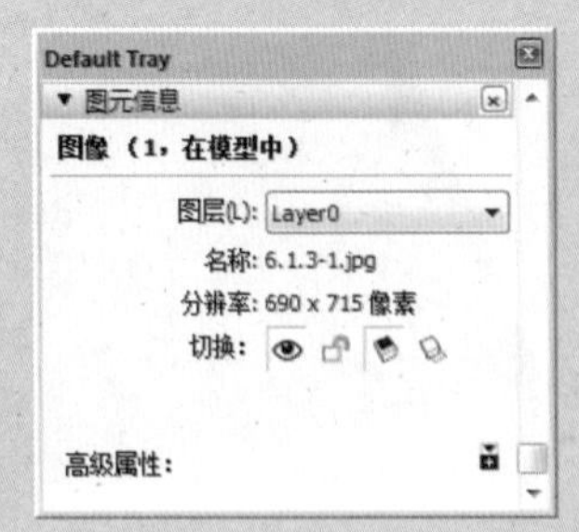

图 6-31　图元信息

- 删除：该命令用于将图像从模型中删除。
- 隐藏：该命令用于隐藏所选物体。
- 炸开模型：该命令用于分解模型。
- 导出 / 重新载入：如果对于导入的图像不满意，可以利用“导出”命令将其导出，再使用其他软件进行编辑修改，再利用“重新载入”命令将其重新载入。

- 缩放选择：该命令用于缩放视野使整个实体可见，并处于绘图窗口的正中。
- 阴影：该命令可以使图像产生阴影。
- 分离：该命令可以使图像脱离吸附的表面。
- 用作材质：该命令可以将导入的图像作为材质贴图使用。

6.2 SketchUp 的导出功能

SketchUp 可以将场景内的三维模型（包括单面对象）导出，以便在 Auto CAD 或 3ds max 中重新打开。

6.2.1 导出三维模型文件

SketchUp 可以将场景模型导出为 3DS、dwg 以及 dxf 的标准工业格式，并进行渲染处理。

在导出文件之前，先认识一下 SketchUp 中记录模型文件的特性：

（1）SketchUp 对模型管理的重要特征是群组和组件，利用这一特性可以方便地对某一组特定的选择集进行移动、旋转、缩放以及编辑等操作。

（2）SketchUp 中对于对象的基本描述是以线和面来定义的，而 3ds 对对象的基本操作单位是可编辑的网格物体（Editable Mesh），虽然也可以对网格物体的点、线、面进行深层编辑，但相对于 SketchUp 来说，直观性和易操作性显然比较难于掌握，并且深层的编辑会导致贴图坐标的变形。所以为提高效率模型应当在 SketchUp 中尽量完善，避免在 3dsmax 中进行深层操作。

SketchUp 和 3dsmax 中对应的操作对象：

当输出 3DS 文件时，整个场景中排除群组和组件，所有的线、面会组合成一个可编辑网格体，每一个群组和组件都会各自转化为一个网格物体，而群组和组件中的群组和组件将会被炸开，被合并到最表面一层的群组或组件会成为一个网格物体。所以如果将整个场景成组的话，那么输出的 3ds 文件将只有一个网格物体。

小试身手——导出 3DS 文件

SketchUp 可以导出 DWG、3DS、OBJ、WRL、XSL 等一些常用的三维格式的文件。由于设计者普遍使用 3ds max 进行后期的渲染处理，这里就以导出 3DS 文件为例，操作步骤如下。

01 打开模型文件，如图 6-32 所示。

02 执行“文件”|“导出”|“三维模型”命令，打开“输出模型”对话框，设置输出类型为 3DS 文件并设置输出路径，单击“选项”按钮如图 6-33 所示。

图 6-32　打开模型

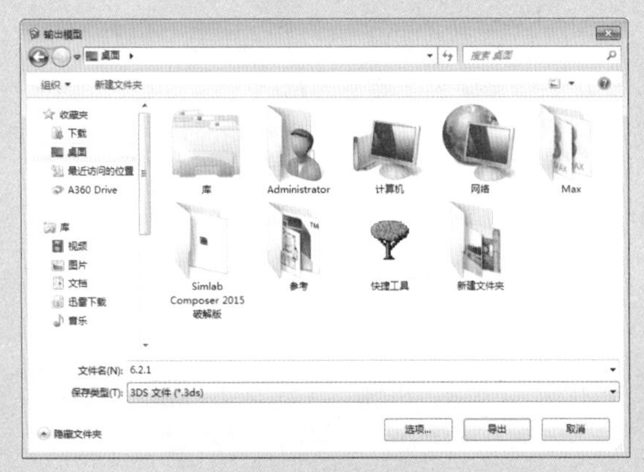

图 6-33　设置输出参数

03 打开“3DS 导出选项”对话框，勾选相关参数，单击“确定”按钮如图 6-34 所示。

04 此时出现“导出进度”提示框，如图 6-35 所示。

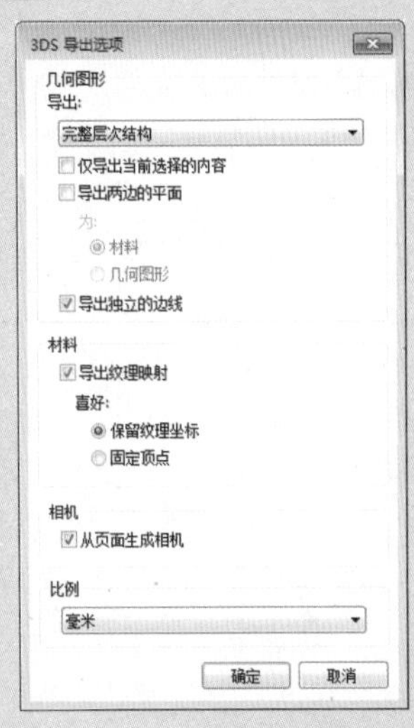

图 6-34　设置导出参数

图 6-35　正在导出

05 导出完毕后会弹出“3DS 导出结果”提示框，可以看到本次操作将模型、相机、材质等全部导出，如图 6-36 所示。

06 启动 3ds max 应用程序，将导出的 3DS 文件拖曳到 3ds max 界面中，将其打开，效果如图 6-37 所示。

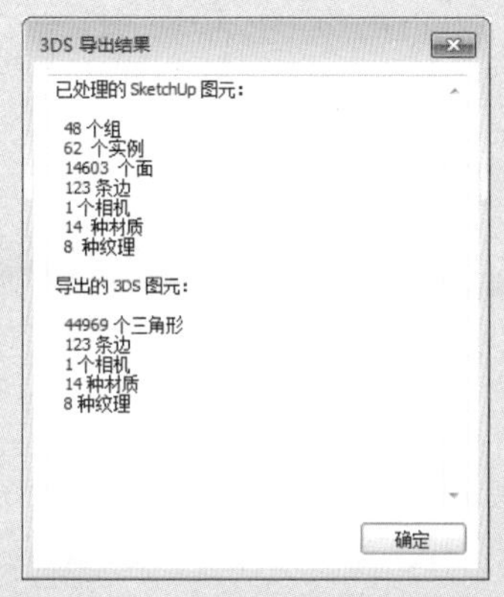

图 6-36　“3DS 导出结果”提示框

图 6-37　用 3ds max 打开模型

6.2.2　导出二维图像文件

SketchUp 可以导出的二维图像文件格式有很多，如 JPEG、BMP、TGA、TIF、PNG 等。

1. 导出 JPEG 格式的图像

JPEG 图片以 24 位颜色存储单个图像，是与平台无关的格式，支持最高级别的压缩，不过这种压缩是有损耗的。

调整模型视图后，执行“文件”|“导出”|“三维模型”命令，打开“输出二维图形”对话框，从中设置文件名、文件格式以及存储路径，

单击“选项”按钮，打开“导出 JPG 选项”对话框，如图 6-38 所示。设置导出图像的参数，即可将图像导出。

2. 导出 PDF/EPS 格式的图像

PDF 是一种电子文件格式，与操作系统平台无关，由 Adobe 公司开发而成。PDF 文件是以 PostScript 语言图像模型为基础，无论在哪种打印机上都可保证精确的颜色和打印效果，即 PDF 会真实地再现原稿的每一个细节。

EPS 是图像处理工作中最重要的格式，其广泛应用于 Mac 和 PC 环境下的图形和版面设计中，并在 PostScript 输出设备上打印。

这两种格式的输出设置类似，比 JPEG 格式的输出设置更加精确，如图 6-39 所示。

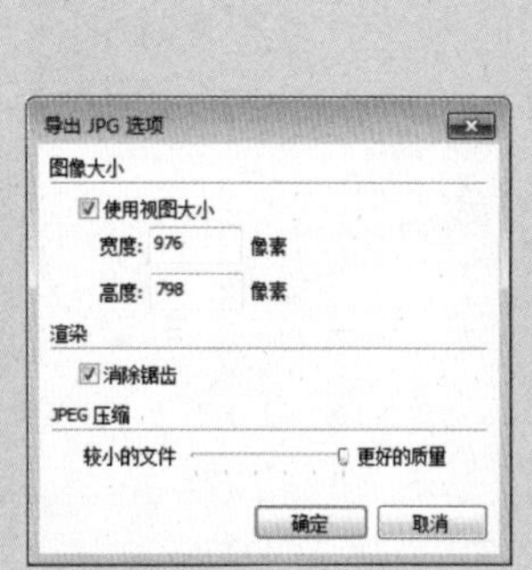

图 6-38　导出 JPG 格式的参数

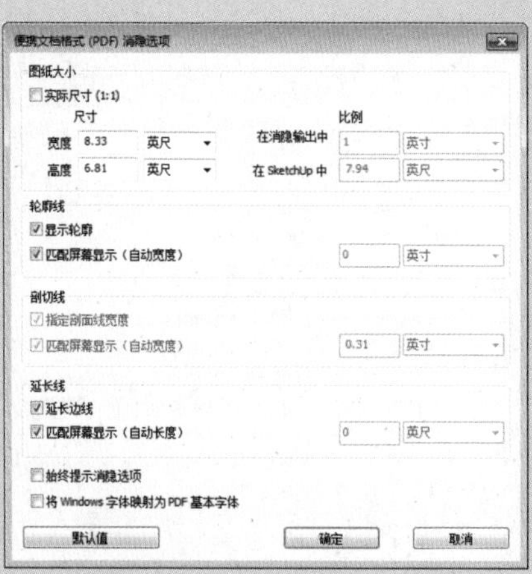

图 6-39　导出 EPS 格式的参数

课堂练习——制作区域规划模型

本章学习了 SketchUp 的导入与导出功能，这里就利用本章以及前面章节所学习到的知识做一个简单的模型练习。

01 执行“文件”|“导入”命令，导入规划平面图，如图 6-40 所示。

02 激活“旋转”工具，旋转平面图，使横向建筑轮廓与红色轴对齐，如图 6-41 所示。

03 激活“直线”工具，捕捉绘制建筑轮廓，并创建成组，如图 6-42 所示。

04 双击进入编辑模式，激活“推 / 拉”工具，推出建筑高度，如图 6-43 所示。

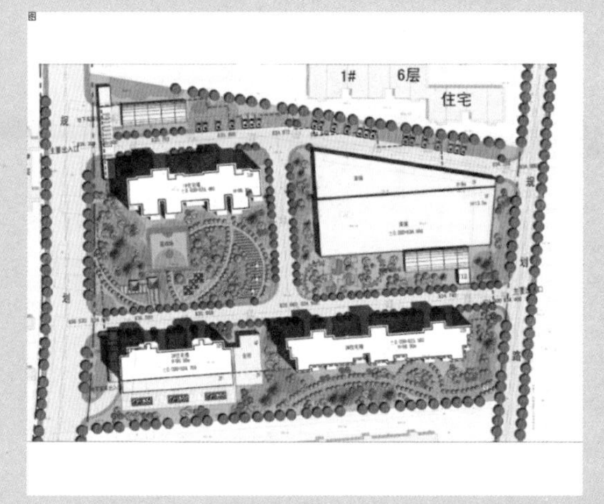

图 6-40　导入规划图

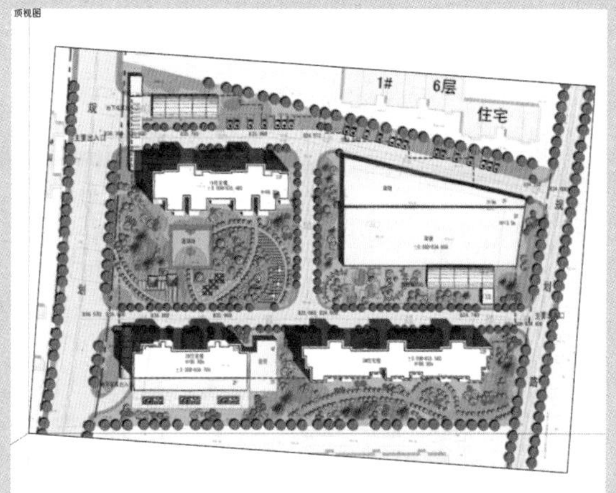

图 6-41　旋转图形

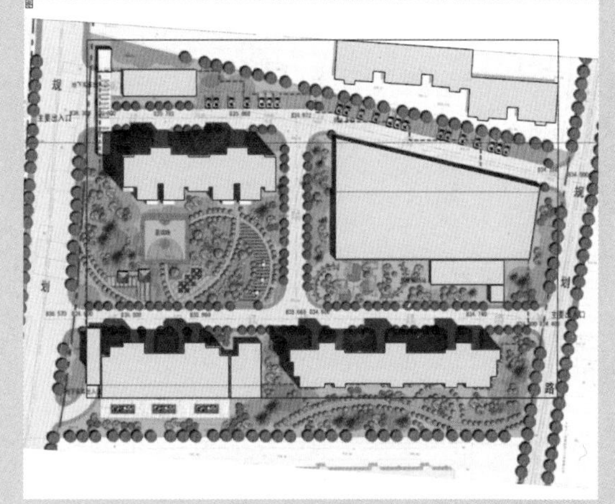

图 6-42　绘制建筑轮廓

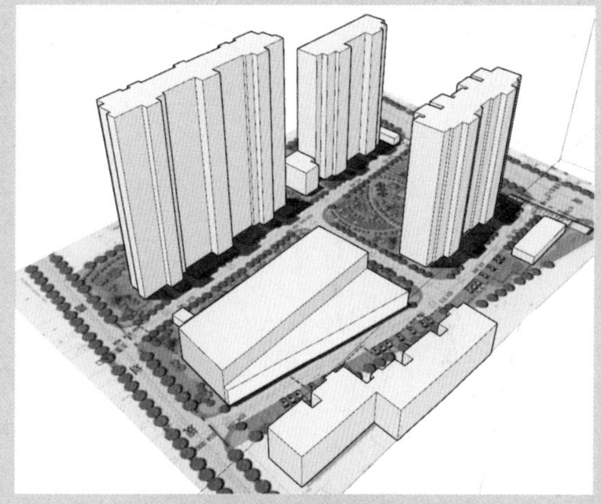

图 6-43　推拉模型

05 隐藏建筑模型，再利用“直线”“圆弧”工具，捕捉绘制绿化带轮廓，如图 6-44 所示。

06 利用“偏移”“移动”工具，偏移出 2000mm 的宽度，如图 6-45 所示。

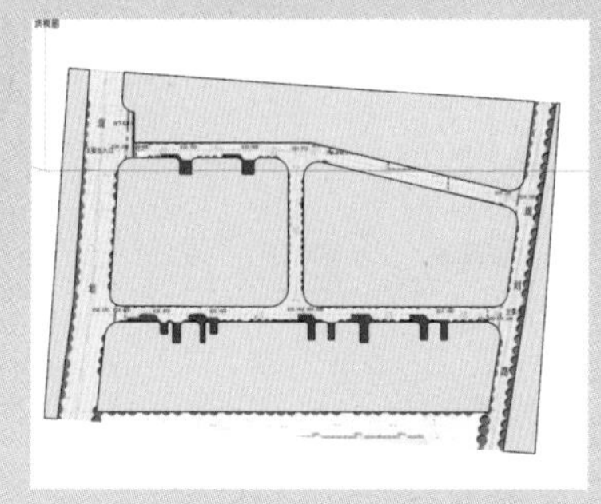

图 6-44　绘制绿化带

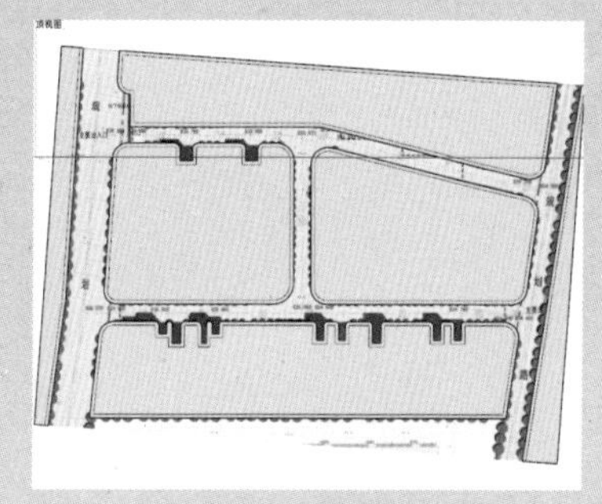

图 6-45　偏移图形

07 利用“移动”“直线”等工具绘制停车场轮廓，如图 6-46 所示。

08 利用“圆弧”“直线”等工具绘制地下停车场入口轮廓，如图 6-47 所示。

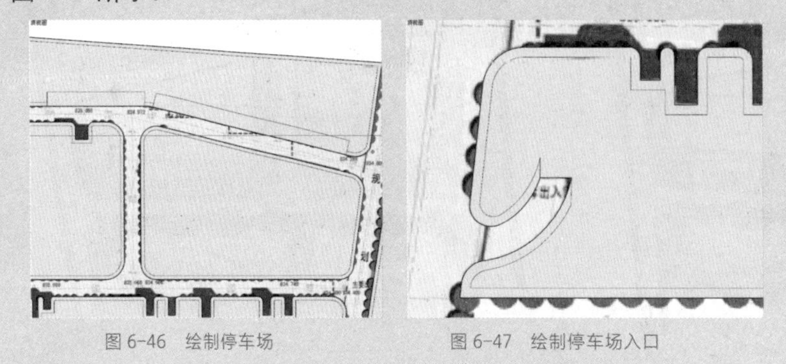

图 6-46　绘制停车场　　　图 6-47　绘制停车场入口

09 取消隐藏建筑模型，如图 6-48 所示。

10 选择“灰色半透明玻璃”材质，调整玻璃颜色及不透明度，如图 6-49 所示。

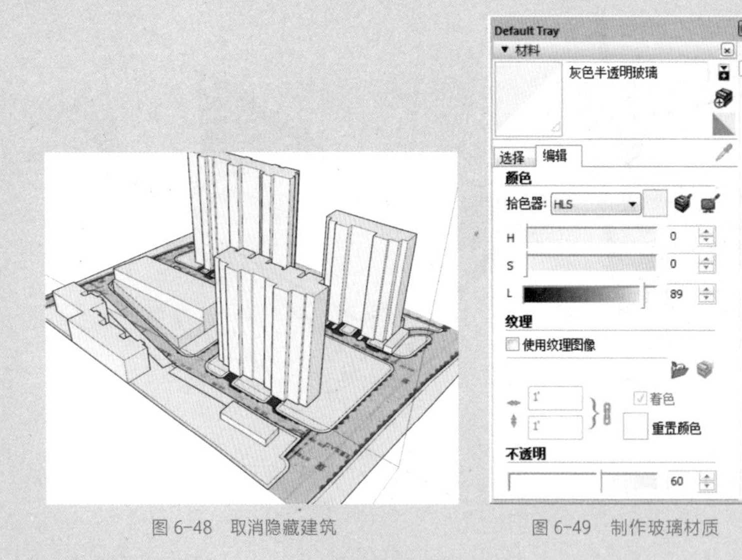

图 6-48　取消隐藏建筑　　　图 6-49　制作玻璃材质

11 将材质指定给建筑模型，如图 6-50 所示。

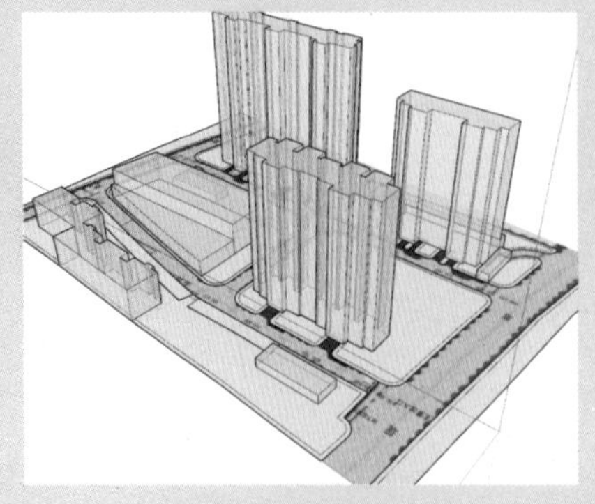

图 6-50　赋予玻璃材质

12 选择“人造草被”材质，并指定给绿化带模型，如图 6-51 所示。

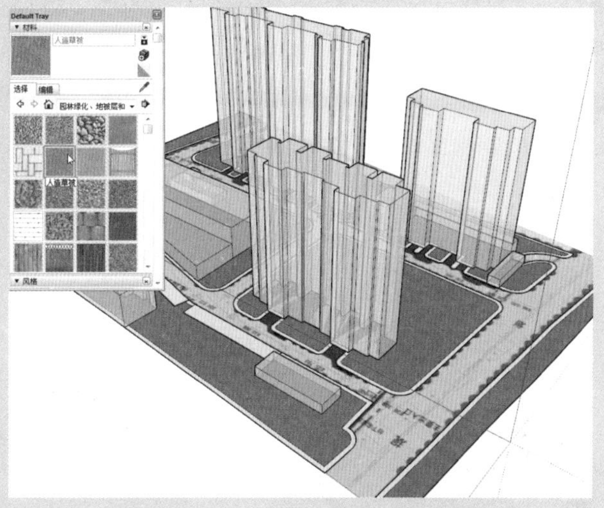

图 6-51 赋予草皮材质

13 选择“旧柏油路”材质，将其指定给人行道及停车场区域，如图 6-52 所示。

14 为场景添加植物、汽车等模型并放置到合适位置，如图 6-53 所示。

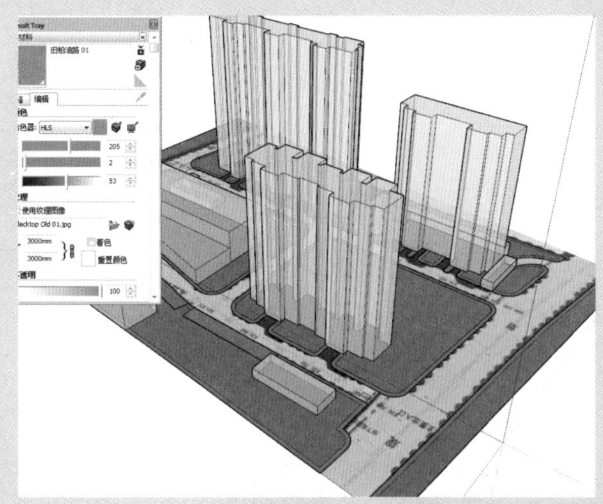

图 6-52 赋予路面材质

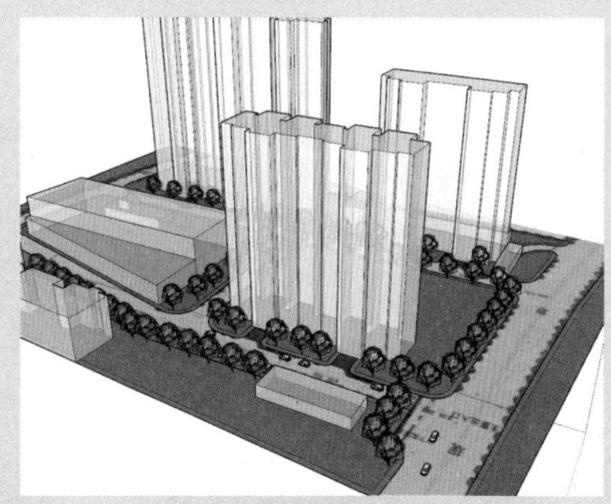

图 6-53 添加模型

强化训练

为了更好地掌握本章所学的知识，在此列举几个针对本章的拓展案例，以供练习！

1. 导出 3DS 文件

将汽车模型导出为 3DS 格式的文件，如图 6-54 所示。

操作提示：

01 执行“文件”|“导出”|“三维模型”命令，打开“输出模型”对话框，设置文件名及保存类型，再设置存储路径。

02 将导出的 3DS 模型用 3ds max 应用程序打开，如图 6-55 所示。

图 6-54 SketchUp 模型

图 6-55 3DS 模型

2. 导出二维图片

将如图 6-56 所示的海边建筑场景导出为图片格式。

操作提示：

01 执行“文件”|“导出”|“二维图形”命令，打开“输出二维图形”对话框，设置文件名及保存类型，再设置存储路径。

02 打开存储好的图片，效果如图 6-57 所示。

图 6-56 建筑场景模型

图 6-57 二维图片效果

CHAPTER 07

基础模型的创建

内容导读 Guided reading

在系统地学习了 SketchUp 的基础知识后，本章介绍几个常见模型的创建方法，如花箱模型、风车楼模型等，使读者能够更加熟练地掌握绘图方法及技巧。

■ 学习目标

√ 掌握花箱模型的绘制方法

√ 掌握风车楼模型的绘制方法

■ 作品展示

◎花箱模型

◎风车楼模型

7.1 创建花箱模型

花箱作为一种新生的公共场所设施不仅能保护花草树木，还能美化环境。本小节将介绍花箱模型的创建方法，操作步骤如下。

01 激活“矩形”工具，绘制尺寸为 100mm×100mm 的矩形，如图 7-1 所示。

02 激活“推/拉”工具，将矩形向上推出 750mm，如图 7-2 所示。

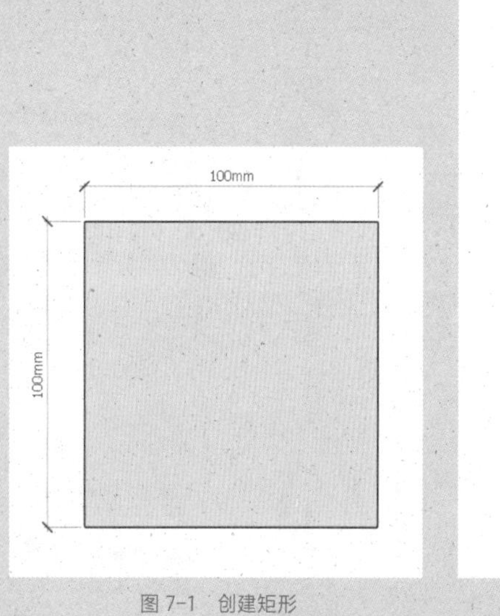

图 7-1 创建矩形

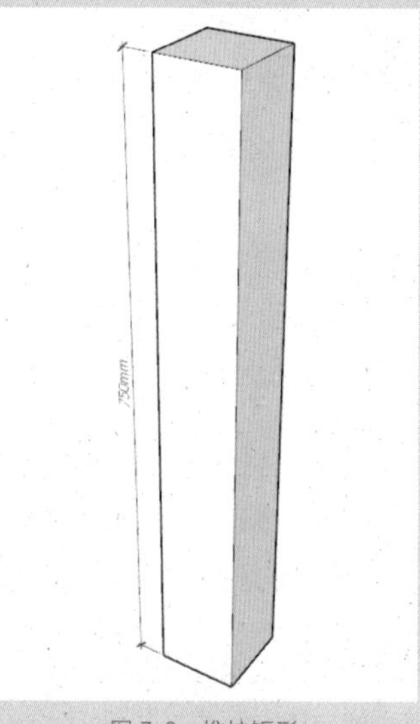

图 7-2 推拉矩形

03 激活“直线”工具，在一角绘制长度为 5mm 的倒角，如图 7-3 所示。

04 激活“路径跟随”工具，在三角形的面上单击并按住鼠标，沿顶部边线绕一圈，制作出倒角边造型，如图 7-4 所示。

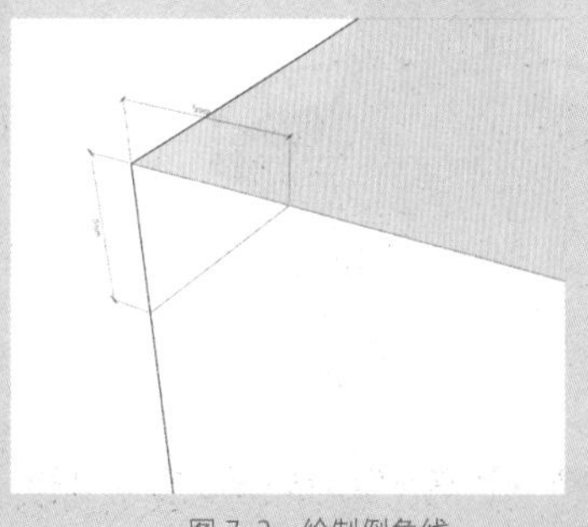

图 7-3 绘制倒角线

图 7-4 路径跟随

05 按照同样的操作方法制作底部的倒角边造型，如图 7-5 所示。

06 沿轴线复制模型，设置间距为 600mm，如图 7-6 所示。

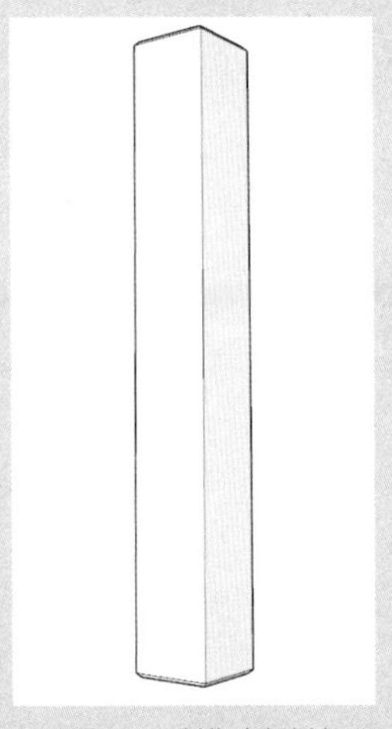
图 7-5 制作底部倒角

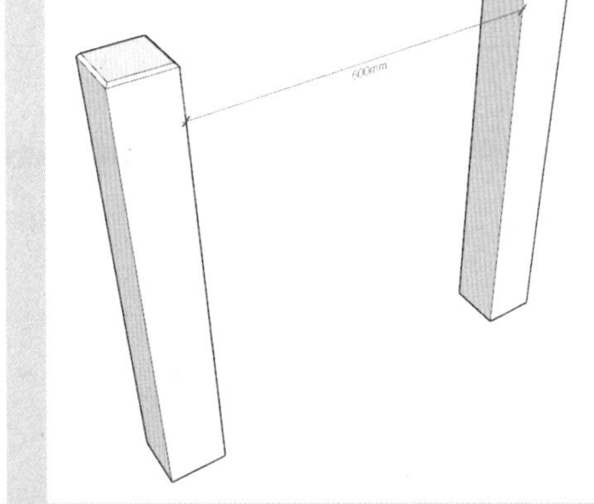
图 7-6 复制模型

07 继续复制模型，设置间距为 600mm，并分别创建成组，作为花箱模型的四角支柱，如图 7-7 所示。

08 利用“矩形”“推 / 拉”工具制作尺寸为 25mm×600mm×100mm 的长方体，如图 7-8 所示。

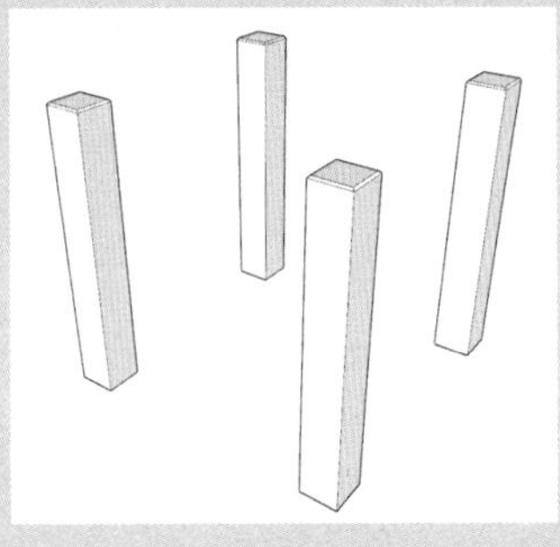
图 7-7 复制模型并成组

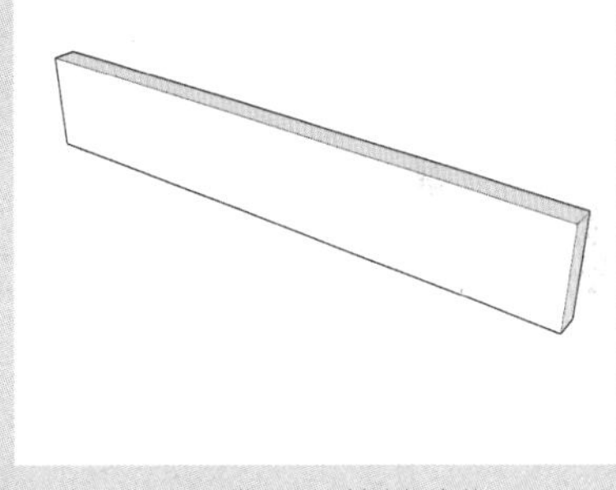
图 7-8 创建长方体

09 激活“直线”工具，在长方体一侧绘制长度为 5mm 的倒角，如图 7-9 所示。

10 激活“推 / 拉”工具，推拉出倒角边造型，如图 7-10 所示。

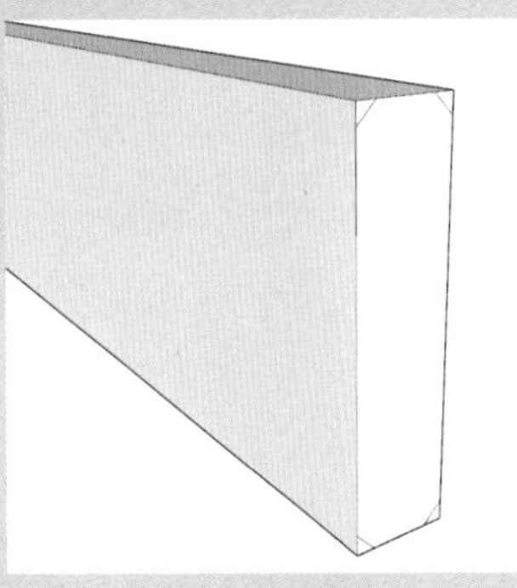
图 7-9 绘制倒角线

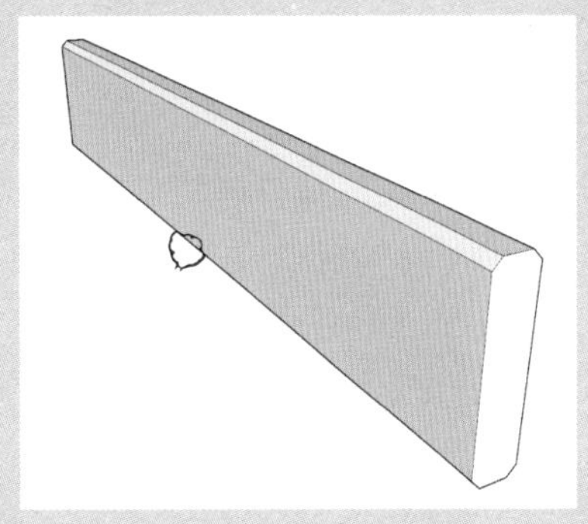
图 7-10 推拉倒角造型

11 向下复制模型，设置间距为 525mm，如图 7-11 所示。

12 创建尺寸为 600mm×525mm×15mm 的长方体，如图 7-12 所示。

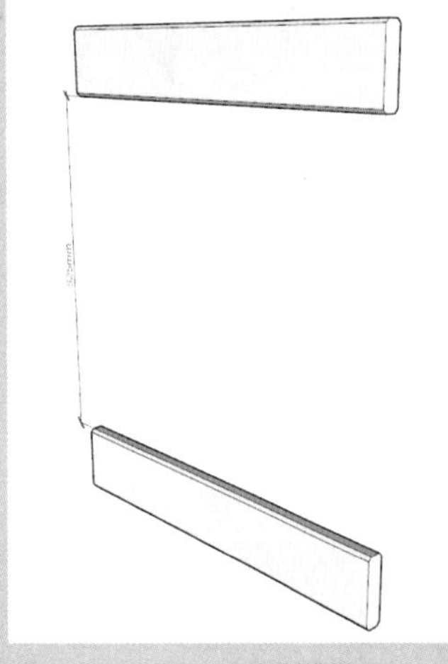

图 7-11　复制模型

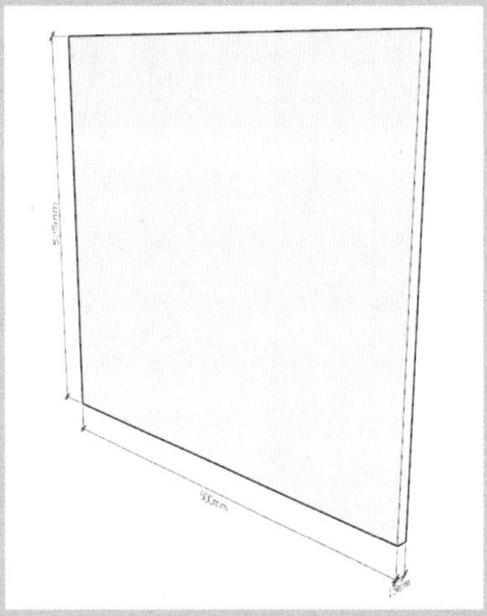

图 7-12　创建长方体

13 激活“直线”工具，在长方体上绘制平行斜线，如图 7-13 所示。

14 激活“移动”工具，将边线向两侧各复制 3mm，并补充短的线条，清除多余的线条，如图 7-14 所示。

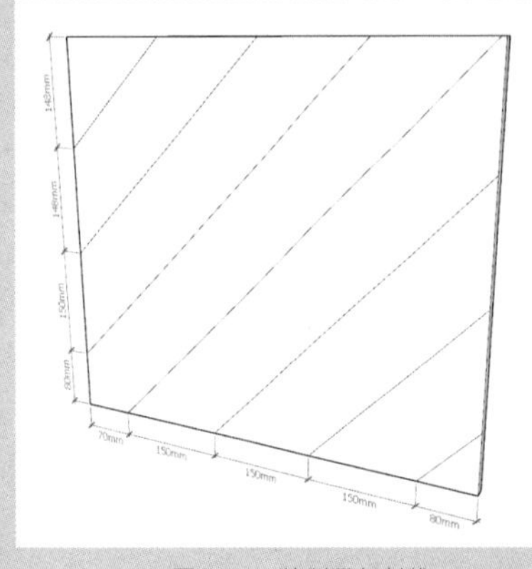

图 7-13　绘制平行斜线

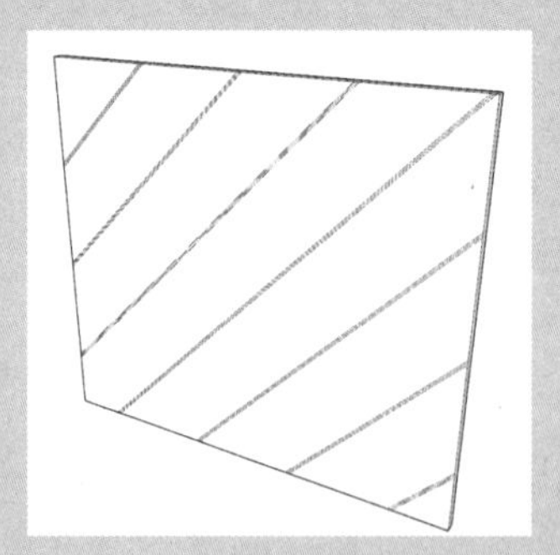

图 7-14　复制线

15 选择中间的线，向内移动 2mm，如图 7-15 所示。

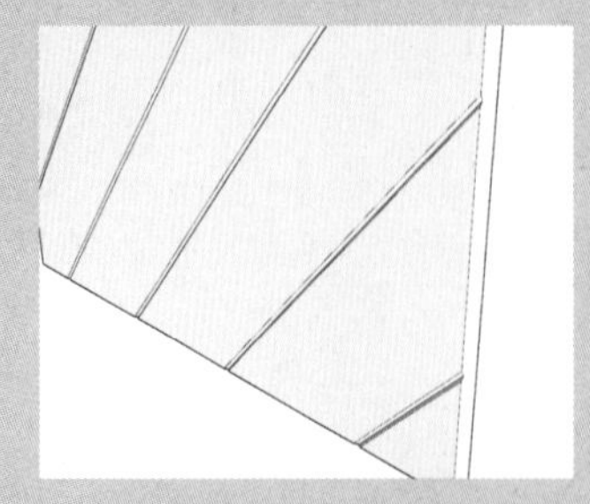

图 7-15　移动中线

16 将创建好的模型对齐，并创建成组，如图 7-16 所示。

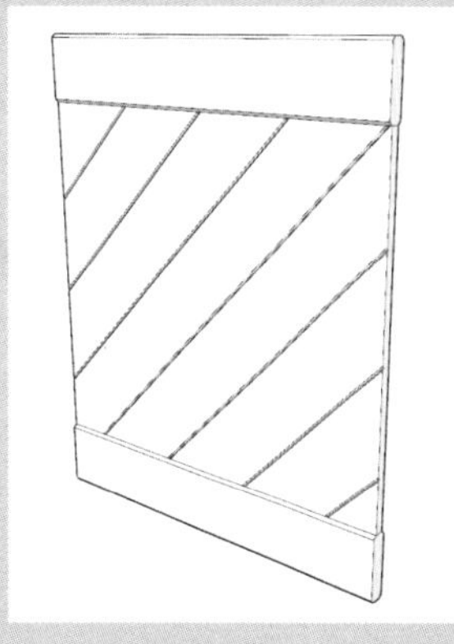

图 7-16　对齐并成组

17 复制并对齐模型，作为隔板，完成花箱箱体的制作，如图 7-17 所示。

18 激活“根据网格创建”工具，设置网格宽度为 40mm，绘制尺寸为 760mm×760mm 的网格，如图 7-18 所示。

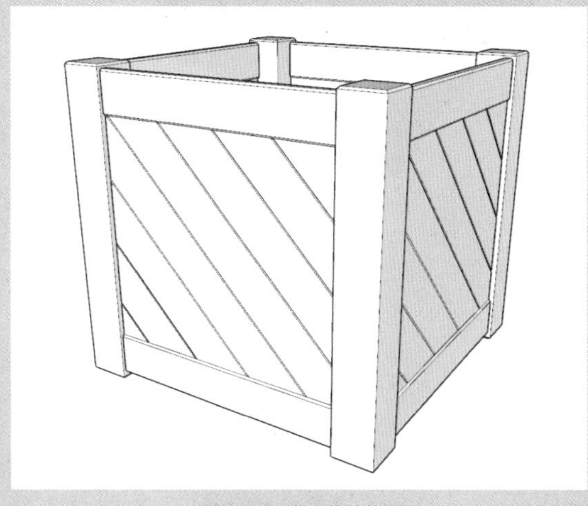

图 7-17　完成花箱的制作

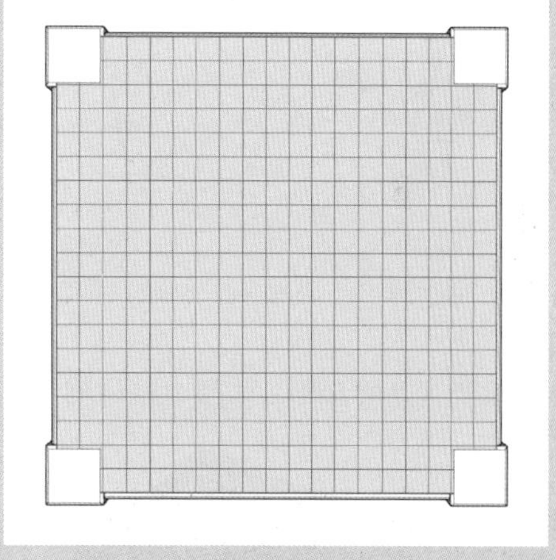

图 7-18　创建网格

19 双击网格进入编辑状态，激活“曲面起伏”工具，设置半径尺寸，制作曲面起伏造型，如图 7-19 所示。

20 将曲面移动到合适位置，再右击曲面，从快捷菜单中打开“柔化边线”面板，设置柔化参数，如图 7-20 所示。

21 柔化效果如图 7-21 所示。

22 从材质库中选择“饰面木板”材质，将其指定给花箱箱体，如图 7-22 所示。

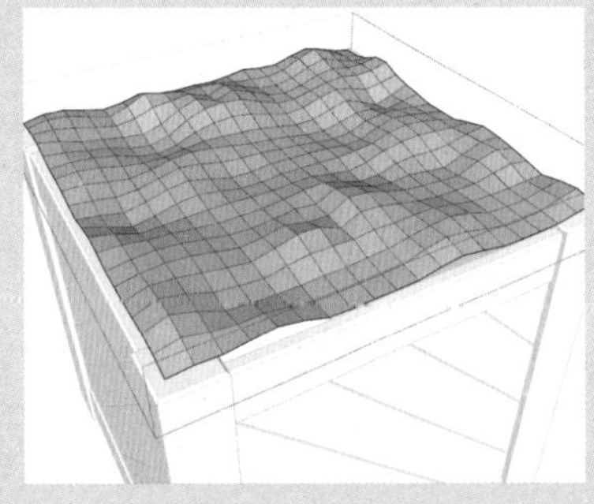

图 7-19　制作起伏造型

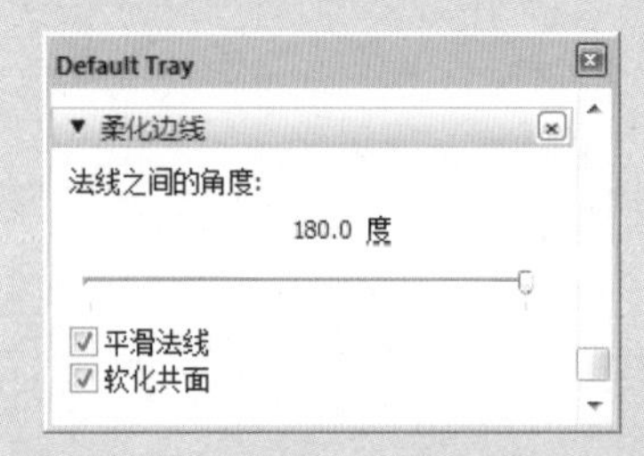

图 7-20　柔化边线

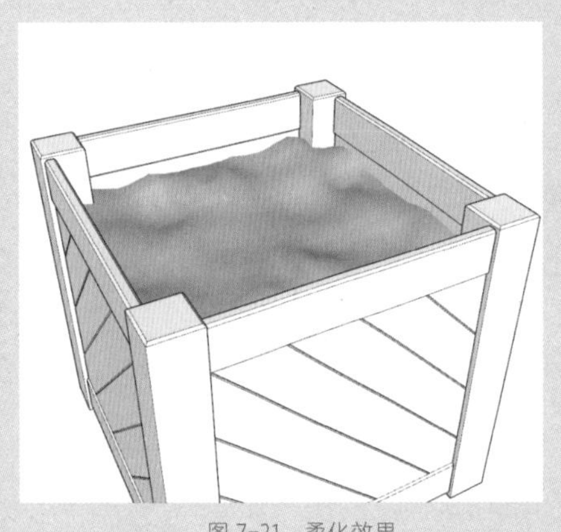

图 7-21　柔化效果

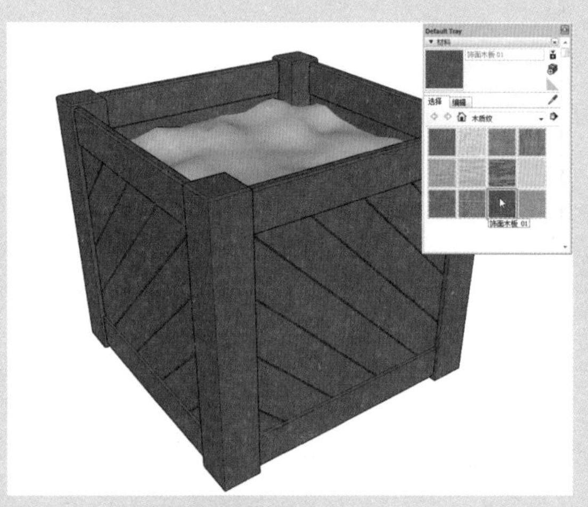

图 7-22　指定木板材质

23 再选择“人造草被”材质，将其指定给曲面模型，如图 7-23 所示。

24 添加花草模型，完成花箱模型的创建，如图 7-24 所示。

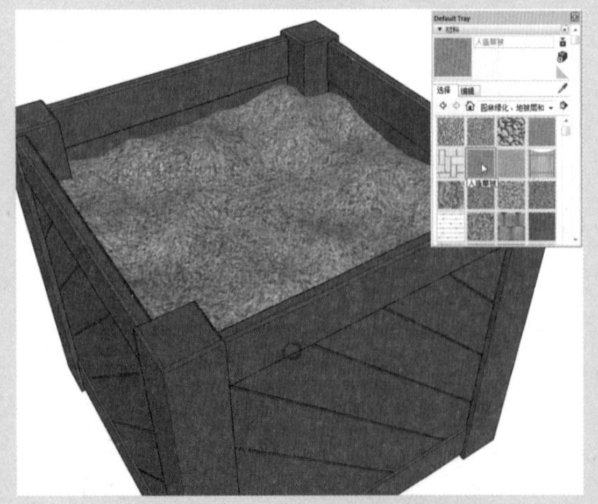

图 7-23　指定草被材质

图 7-24　添加花草模型

7.2　创建风车楼模型

风车楼最早出现在西方国家，其功能是利用风力带动风叶进行发电，是荷兰的标志性建筑。

7.2.1　创建一层基础建筑

该风车楼分为两层三个部分，分别为一层基础建筑、二层塔状建筑以及风车屋顶。本小节介绍一层基础建筑模型的制作。操作步骤如下:

01 激活“矩形”工具，绘制尺寸为 6650mm×6650mm 的矩形，如图 7-25 所示。

图 7-25　绘制矩形

02 激活“偏移”工具，将边线向内偏移 240mm，如图 7-26 所示。

图 7-26　偏移边线

03 激活“推/拉”工具，向上推出 2400mm 高度的墙体，如图 7-27 所示。

04 激活“矩形”工具，绘制尺寸为1200mm×2200mm的矩形，居中放置在墙体位置，如图7-28所示。

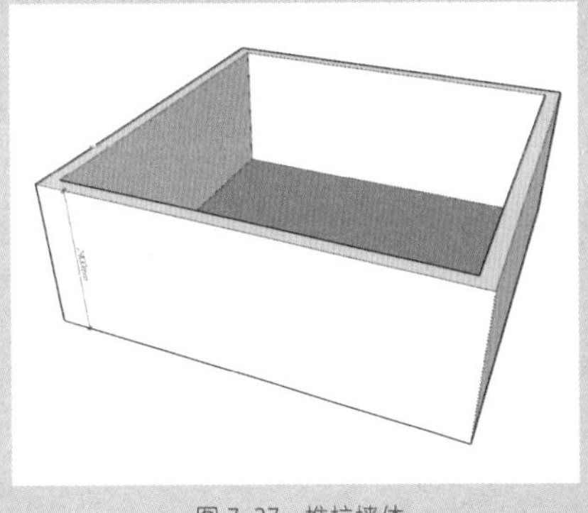

图7-27　推拉墙体

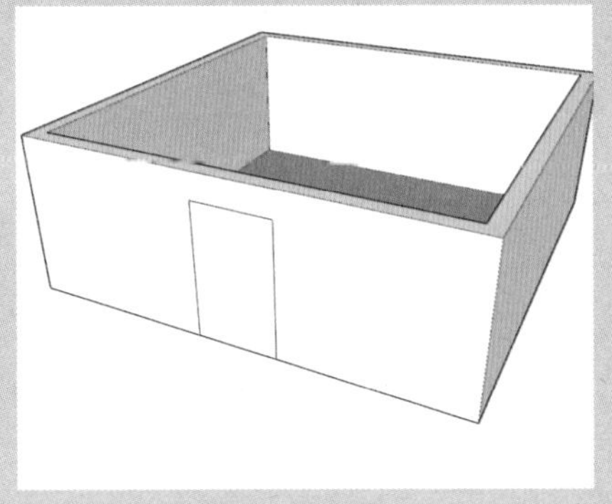

图7-28　绘制矩形

05 激活“圆弧”工具，捕捉矩形顶部并绘制高度为200mm的弧线，再删除矩形上边线，如图7-29所示。

06 激活“推/拉”工具，推出门洞造型，如图7-30所示。

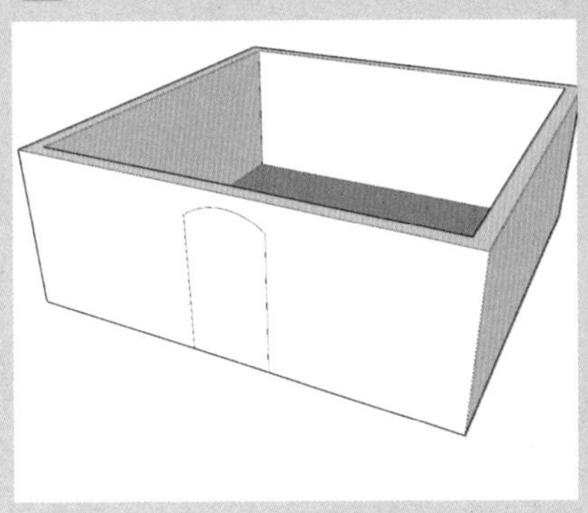

图7-29　绘制弧线

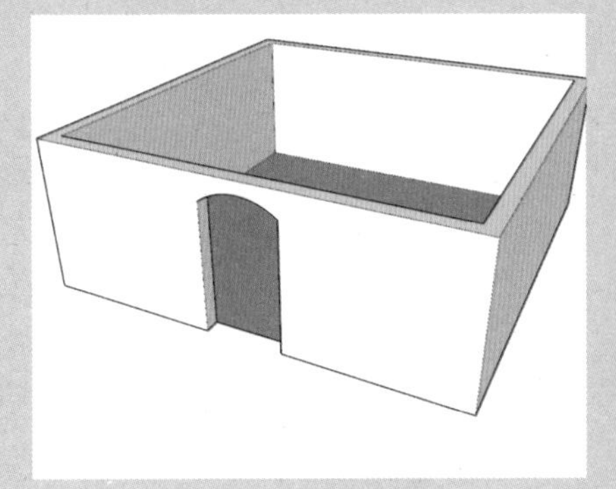

图7-30　推拉制作门洞

07 激活“矩形”工具，绘制尺寸为1200mm×800mm的矩形，放置到合适位置，如图7-31所示。

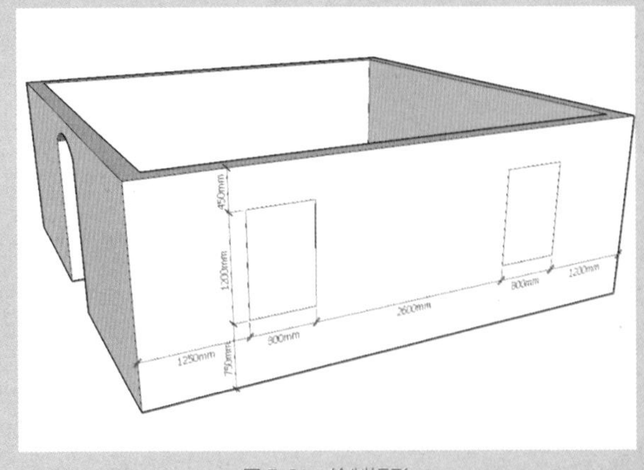

图7-31　绘制矩形

08 激活“推 / 拉”工具，推出窗洞造型，如图 7-32 所示。

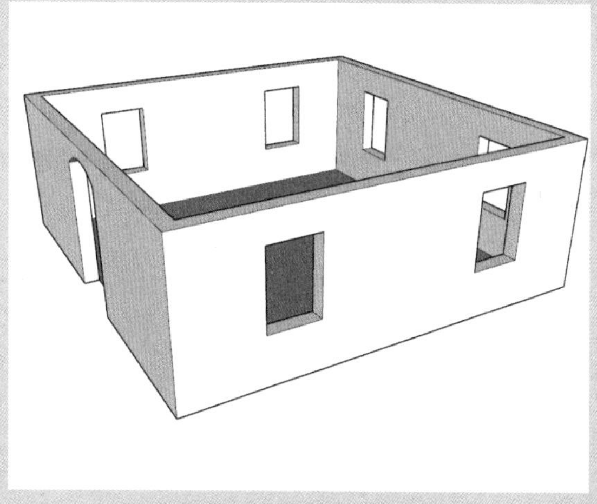

图 7-32　推拉制作窗洞

09 选择顶部外墙边线，激活“偏移”工具，将边线向内偏移 120mm，如图 7-33 所示。

10 激活“推 / 拉”工具，将内部的面向上推出 240mm，如图 7-34 所示。

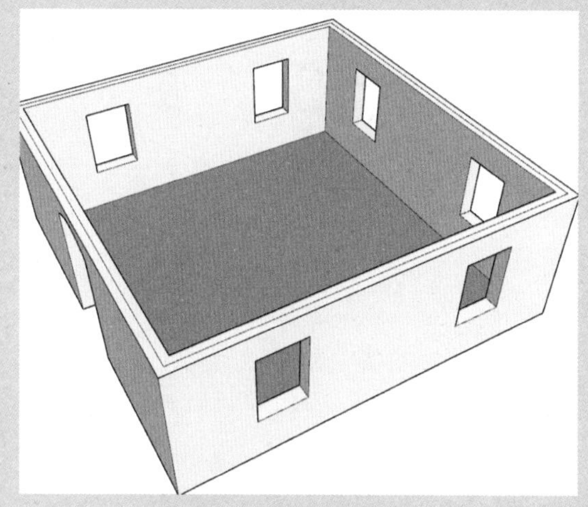

图 7-33　偏移墙体边线

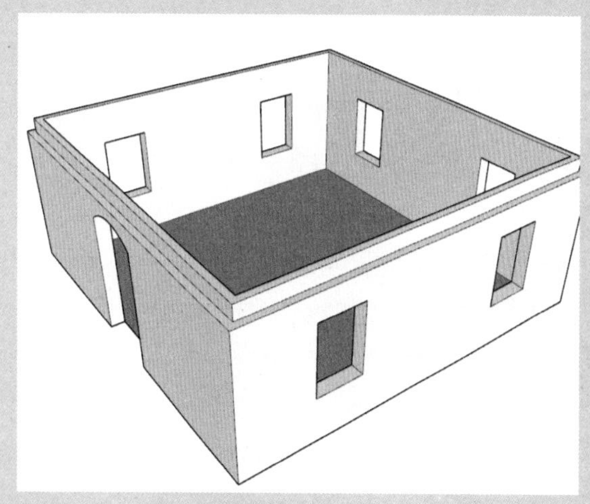

图 7-34　推拉墙体

11 激活“直线”工具，在顶部捕捉绘制直线封闭顶部的面，再捕捉终点绘制一条直线，如图 7-35 所示。

12 激活“多边形”工具，捕捉直线终点绘制两个正八边形，如图 7-36 所示。

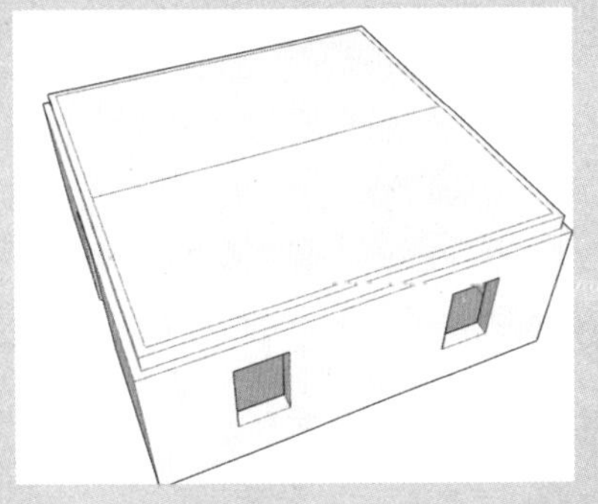

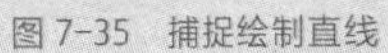

图 7-35 捕捉绘制直线

图 7-36 绘制正八边形

13 激活“推/拉”工具，向上推出2280mm高度的墙体，如图7-37所示。

14 激活“直线”工具，捕捉绘制斜线，制作出斜角墙体，如图7-38所示。

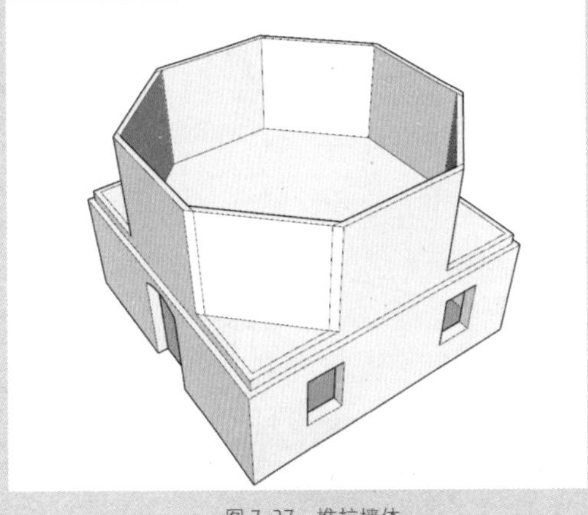

图 7-37 推拉墙体

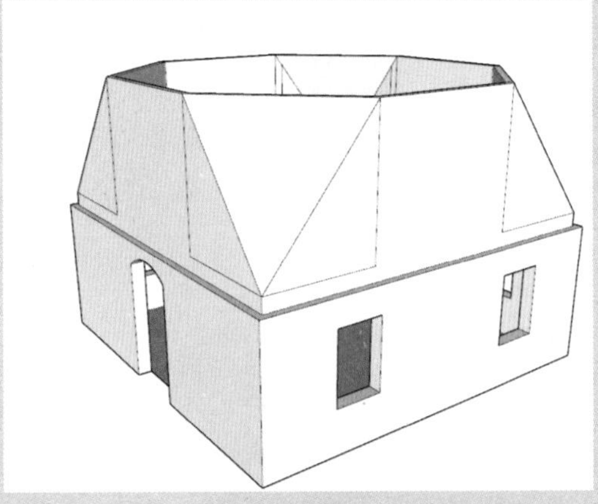

图 7-38 制作斜角墙体

15 删除多余的线条及面，再将模型创建成组，如图7-39所示。

16 激活“直线”工具，捕捉顶部边线绘制一个面，如图7-40所示。

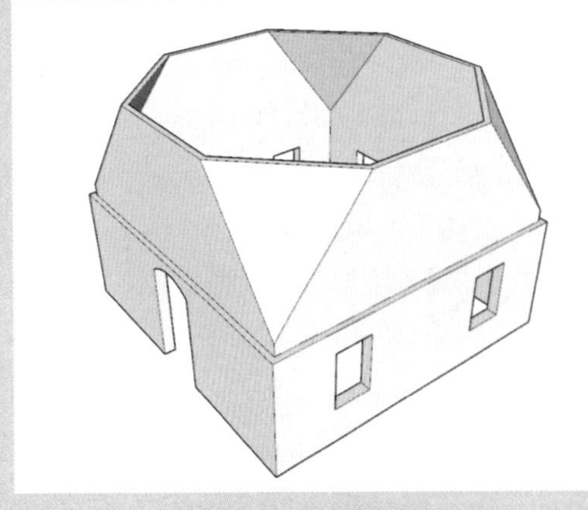

图 7-39 删除多余图形

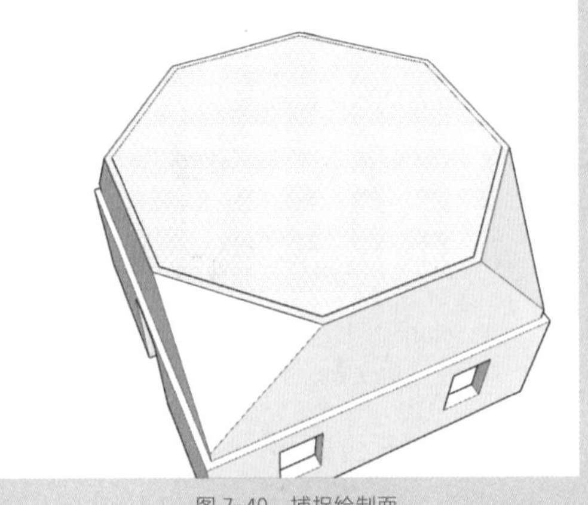

图 7-40 捕捉绘制面

17 激活“偏移”命令，将边线向外偏移 120mm，如图 7-41 所示。

18 删除内部边线，再激活“推 / 拉”工具，将面向上推出 120mm，如图 7-42 所示。

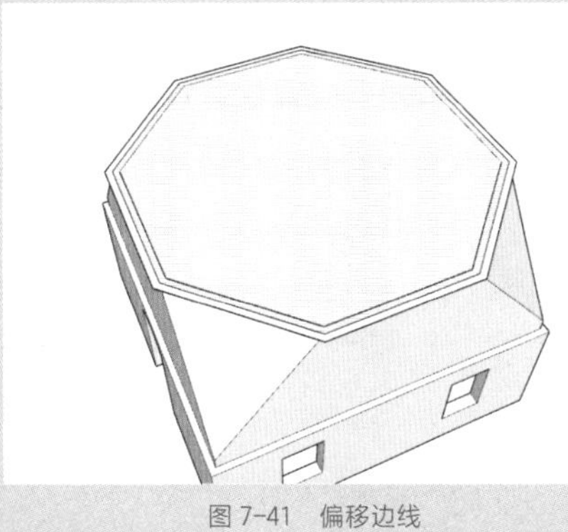

图 7-41 偏移边线

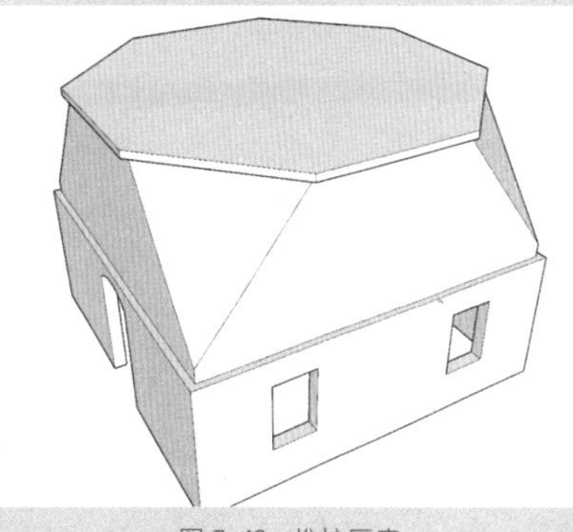

图 7-42 推拉厚度

19 利用“矩形”工具，绘制尺寸为 900mm×1200mm 的矩形，再激活“圆弧”工具，绘制高度为 150mm 的弧线，如图 7-43 所示。

20 激活“推 / 拉”工具，向内推出 120mm，制作出窗洞，如图 7-44 所示。

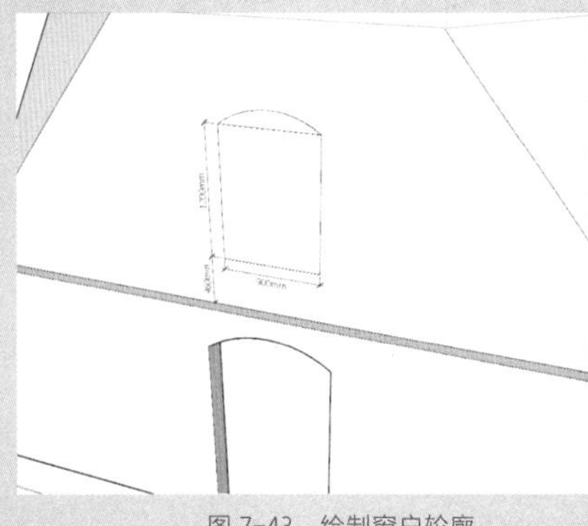

图 7-43 绘制窗户轮廓

图 7-44 推拉制作窗洞

21 激活“矩形”工具，捕捉窗洞绘制矩形，如图 7-45 所示。

22 激活“偏移”工具，将边线向内偏移 55mm，如图 7-46 所示。

图 7-45 绘制矩形

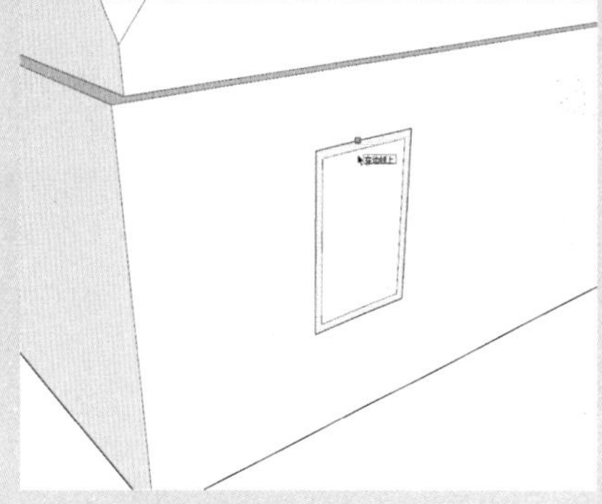

图 7-46 偏移边线

23 删除中间的面，再激活“推 / 拉”工具，将边框推出 50mm 的厚度，再按住 Ctrl 键继续推出 50mm，如图 7-47 所示。

24 激活“直线”工具，绘制一个面作为玻璃，将模型创建成组并向外移动 15mm，如图 7-48 所示。

图 7-47　推拉窗框厚度　　图 7-48　绘制面

25 复制窗户模型，再制作弧形窗户，完成一层基础模型的制作，如图 7-49 所示。

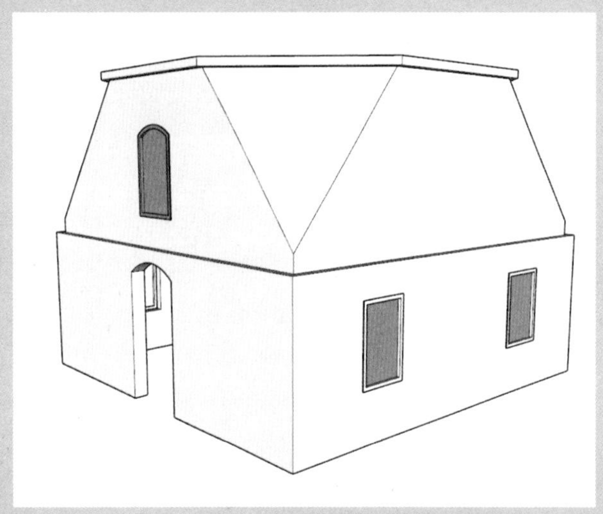

图 7-49　完成基础模型

7.2.2　创建二层塔状建筑

接下来制作二层建筑，这一层全部由木结构制作，操作步骤如下。

01 激活“矩形”“偏移”命令，绘制尺寸为 6410mm×6410mm 的矩形并向外偏移 160mm，删除中间的面，仅留下一个边框，如图 7-50 所示。

02 激活“推 / 拉”工具，将面向上推出 65mm，将模型创建成组并移动到一层建筑上，如图 7-51 所示。

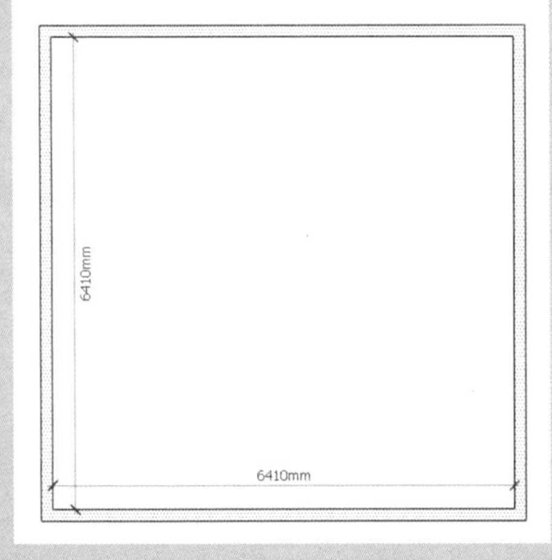

图 7-50　绘制矩形并偏移

图 7-51　绘制矩形并偏移

03 激活“直线”工具，捕捉顶部绘制八边形，再激活“偏移”工具，将边线向外偏移 1800mm，如图 7-52 所示。

04 删除中间的面，激活“推 / 拉”工具，将面向上推出 200mm，制作出栈道模型，如图 7-53 所示。

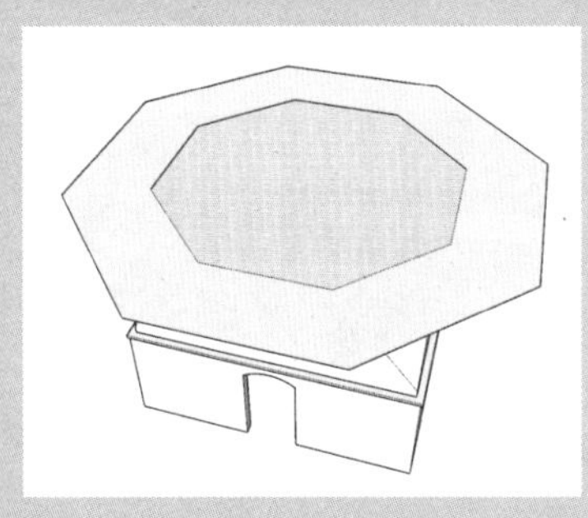

图 7-52　绘制矩形并偏移

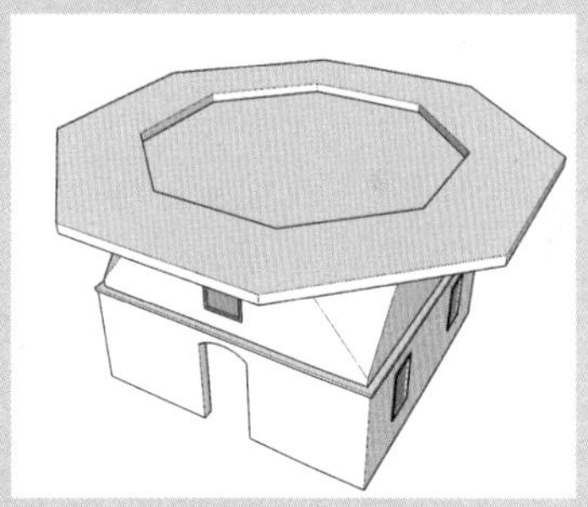

图 7-53　推拉制作栈道

05 选择顶部的边和面，激活“移动”工具，按住 Ctrl 键向上移动复制 1000mm，向下移动复制 40mm，如图 7-54 所示。

06 激活“偏移”工具，将边线向内偏移 200mm，删除内部的面和线条，如图 7-55 所示。

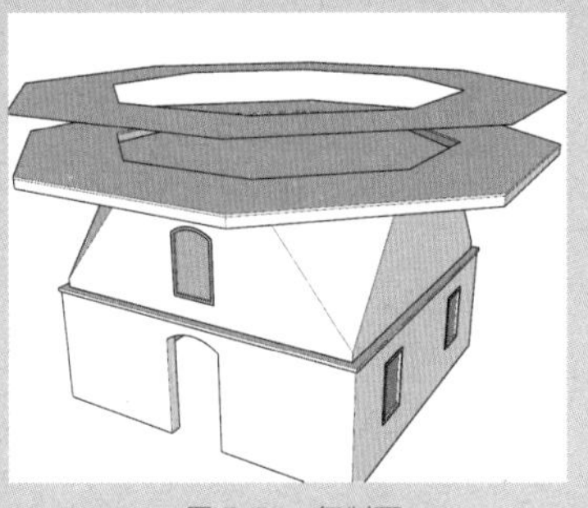

图 7-54　复制面

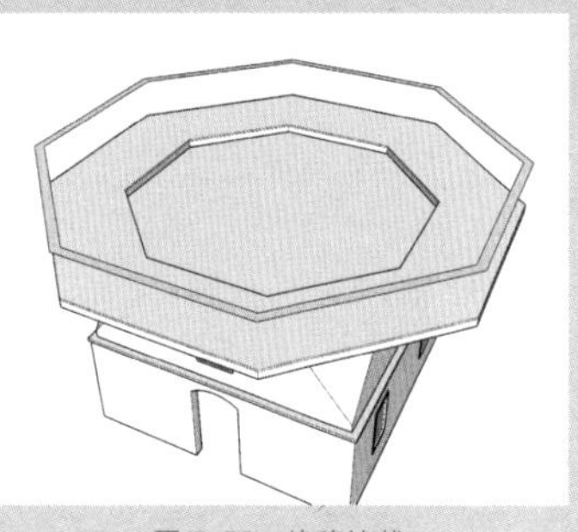

图 7-55　偏移边线

07 激活“推/拉”工具，将面向上推出 55mm 的厚度，制作出扶手模型，如图 7-56 所示。

08 创建尺寸为 65mm×160mm×1000mm 的长方体作为栏杆立柱，并进行旋转复制操作，如图 7-57 所示。

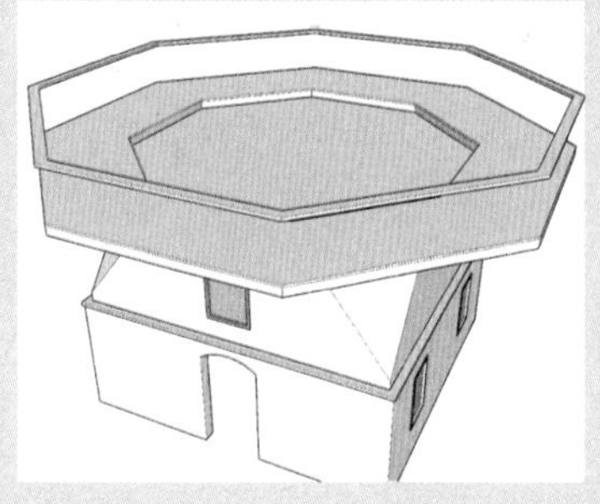

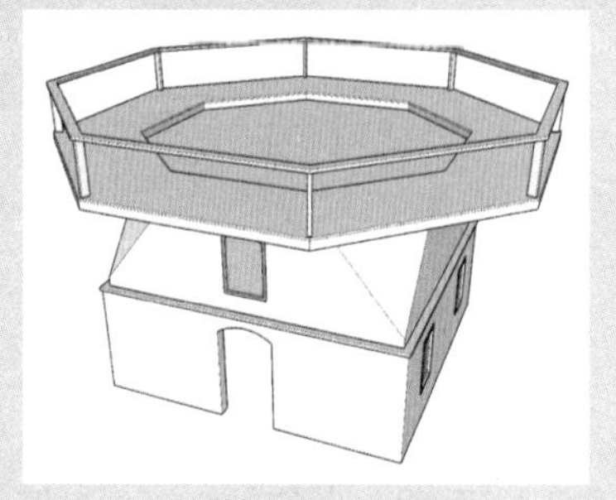

图 7-56　推拉厚度

图 7-57　推拉厚度

09 激活“直线”工具，捕捉顶部绘制一个八边形，再激活“推/拉”工具，将面向上推出 50mm，如图 7-58 所示。

10 选择顶部的边和面，激活“缩放”工具，按住 Ctrl 键向外拖曳鼠标缩放 1.01 倍，如图 7-59 所示。

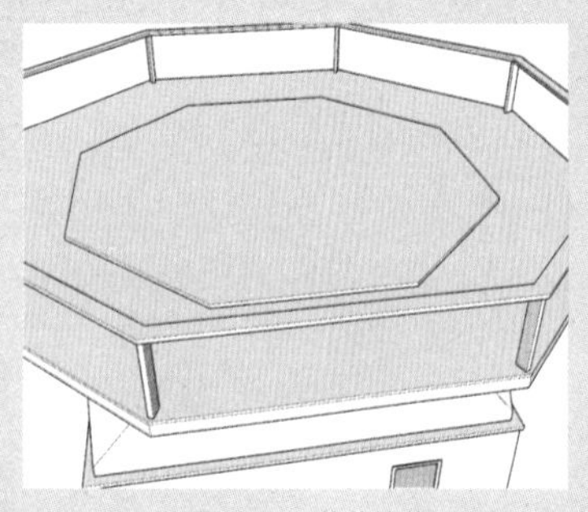

图 7-58　偏移边线

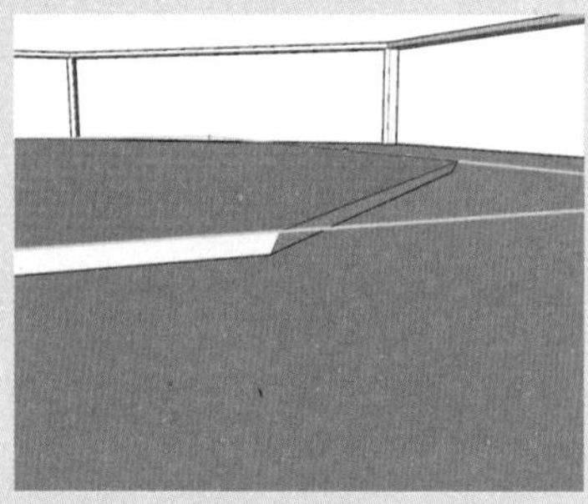

图 7-59　缩放对象

11 激活“偏移”工具，将边线向内偏移 200mm，如图 7-60 所示。

12 激活“直线”工具，绘制边角线，如图 7-61 所示。

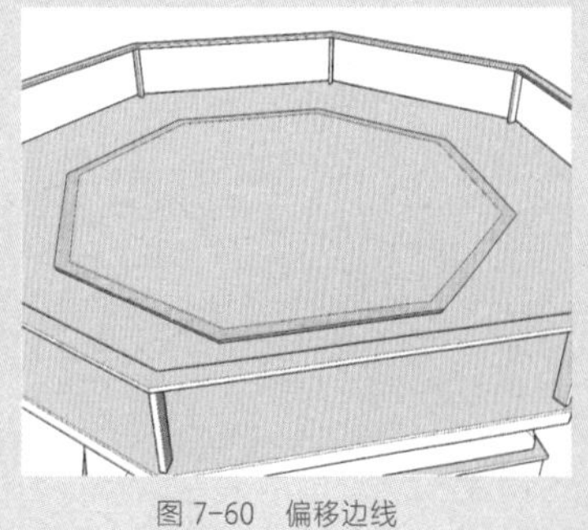

图 7-60　偏移边线

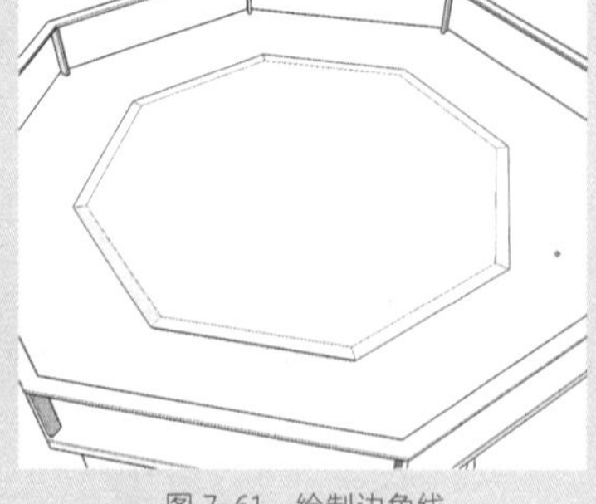

图 7-61　绘制边角线

13 再选中顶部中间的边和面，向上移动 120mm，如图 7-62 所示。

14 激活“推 / 拉”工具，继续将面向上推出 50mm，如图 7-63 所示。

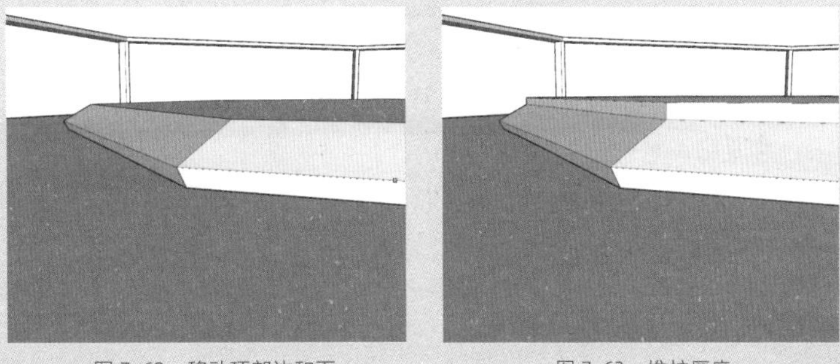

图 7-62　移动顶部边和面　　　　图 7-63　推拉厚度

15 继续缩放顶部的面，如图 7-64 所示。

16 按照上述操作步骤继续创建造型，如图 7-65 所示。

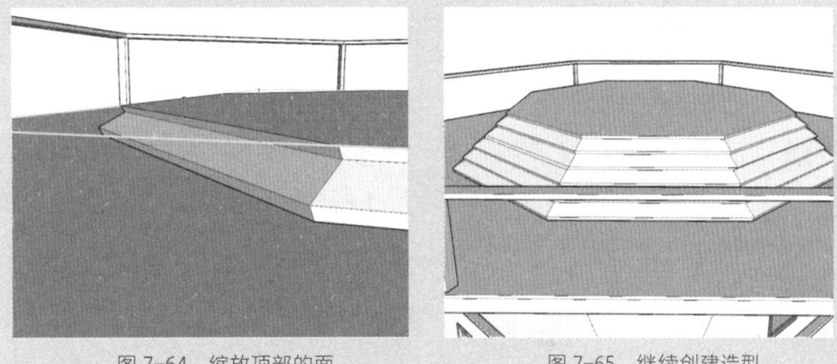

图 7-64　缩放顶部的面　　　　图 7-65　继续创建造型

17 激活“偏移”工具，将边向内偏移 160mm，再绘制角线，如图 7-66 所示。

18 选择顶部的边和面向上移动 250mm，如图 7-67 所示。

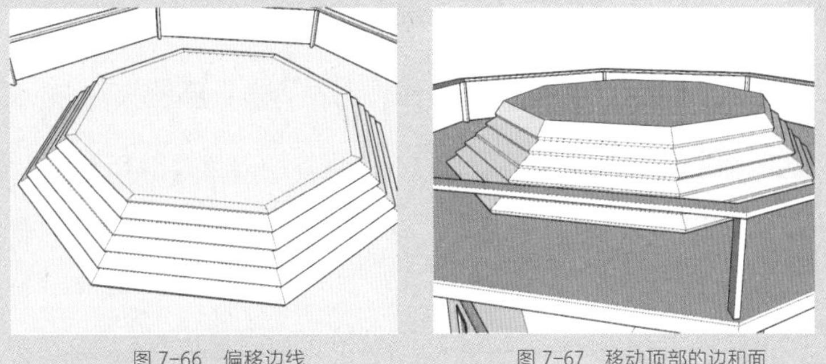

图 7-66　偏移边线　　　　图 7-67　移动顶部的边和面

19 将顶部的面向上推出 50mm，再利用缩放工具向外缩放 1.03 倍，如图 7-68 所示。

20 按照上述操作步骤继续向上创建模型，如图 7-69 所示。

图 7-68　推拉并缩放

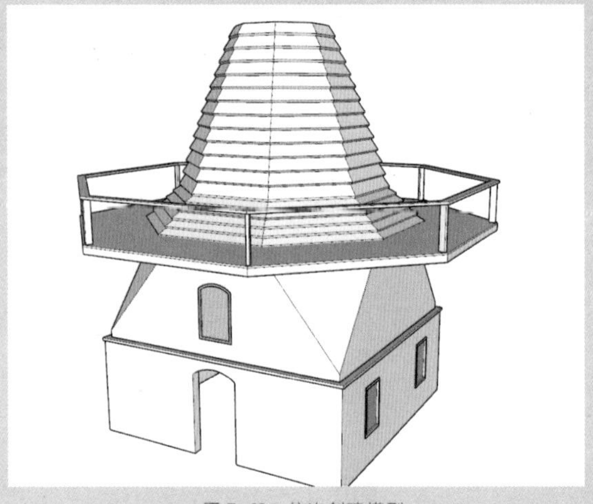

图 7-69　依次创建模型

7.2.3　创建风车屋顶

本小节制作风车结合部模型，操作步骤如下。

01 利用“矩形”工具绘制尺寸为 2800mm×3200mm 的矩形，再激活“推 / 拉”工具，将矩形向上推出 200mm，按住 Ctrl 键继续向上推出 800mm，如图 7-70 所示。

02 选择顶面，激活“缩放”工具，对面进行缩放操作，如图 7-71 所示。

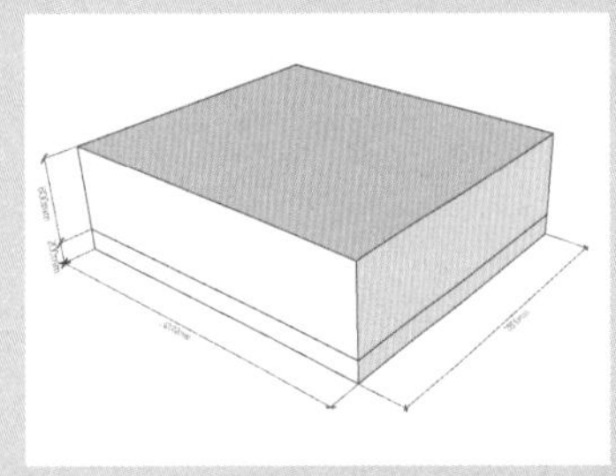

图 7-70　制作长方体

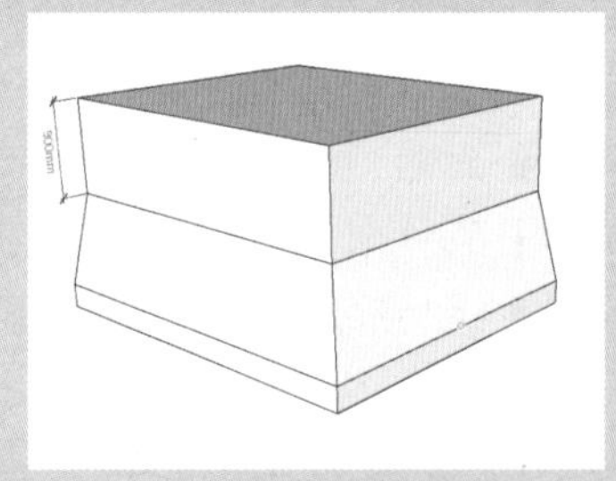

图 7-71　缩放顶部的面

03 激活“推 / 拉”工具，按住 Ctrl 键继续向上推出 800mm，如图 7-72 所示。

04 继续缩放图形，如图 7-73 所示。

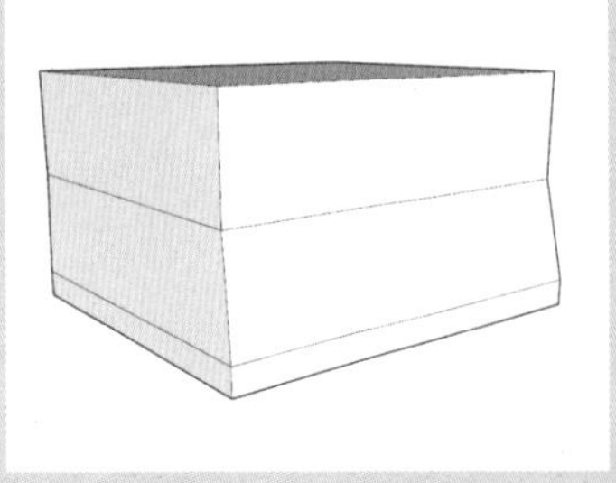

图 7-72　推拉顶部面

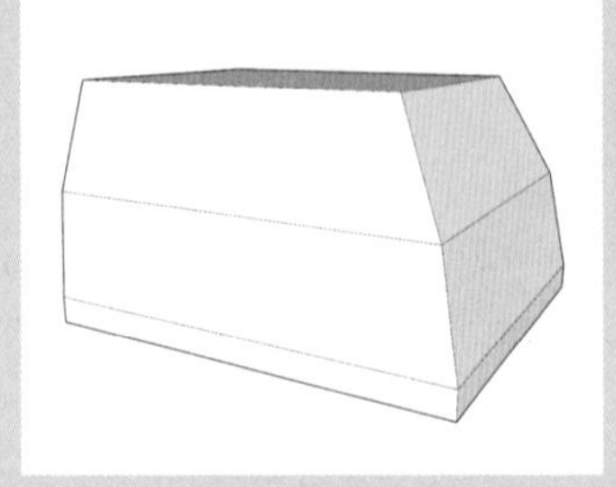

图 7-73　缩放顶部面

05 继续推拉并缩放调整图形，如图 7-74 所示。

06 将模型柔化边线，挖成屋顶，如图 7-75 所示。

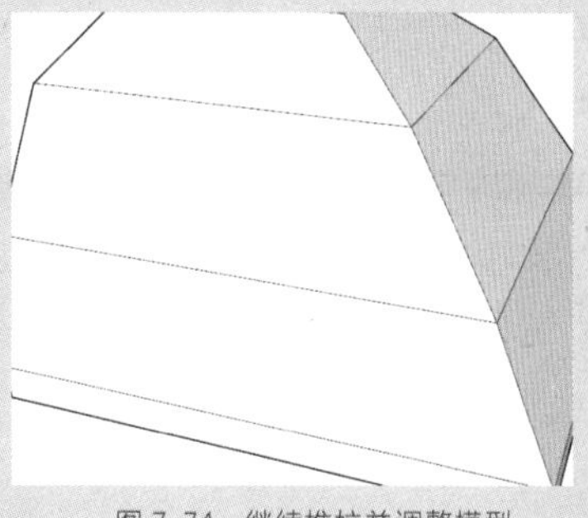

图 7-74 继续推拉并调整模型

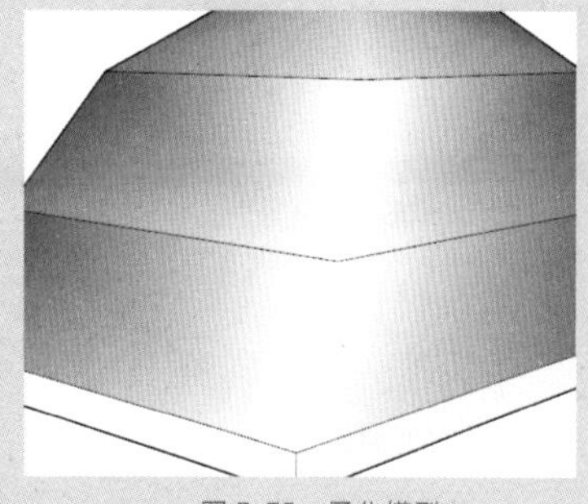

图 7-75 柔化模型

07 利用“矩形”“推 / 拉”工具制作尺寸为 9000mm×260mm×360mm 的长方体，如图 7-76 所示。

08 再创建尺寸为 3000mm×80mm×120mm 的长方体并进行复制，如图 7-77 所示。

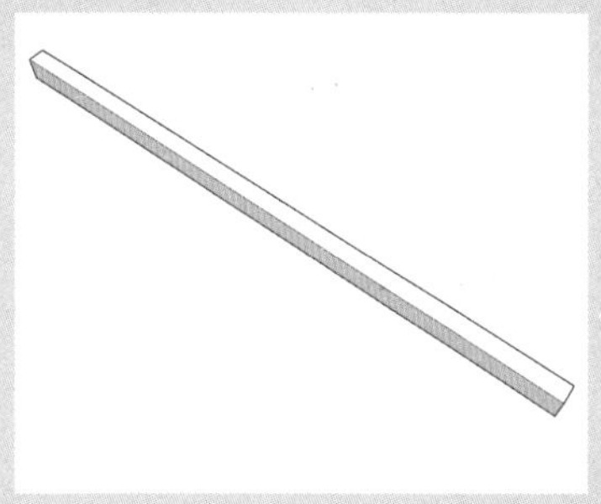

图 7-76 创建长方体

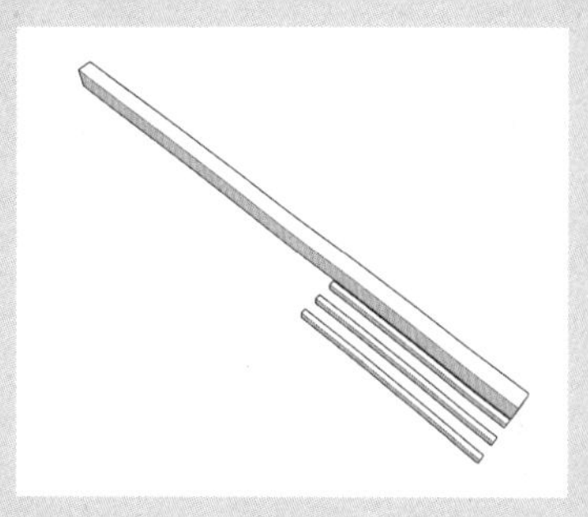

图 7-77 创建并复制长方体

09 利用“圆”“推 / 拉”工具创建半径为 40mm 的圆柱体，再进行复制操作，如图 7-78 所示。

10 复制模型并进行旋转、镜像等操作，如图 7-79 所示。

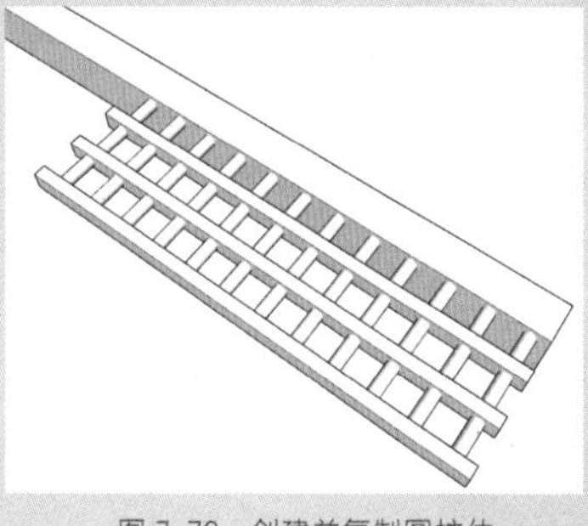

图 7-78 创建并复制圆柱体

图 7-79 旋转、镜像对象

11 创建半径为 90mm 的圆柱体，放置到风车交叉位置，如图 7-80 所示。

12 旋转模型调整到合适角度，对齐到屋顶模型，如图 7-81 所示。

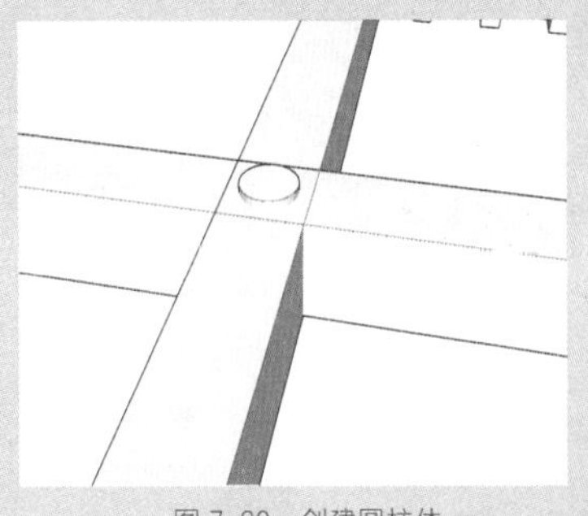

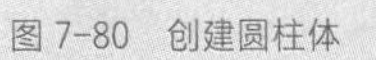

图 7-80　创建圆柱体

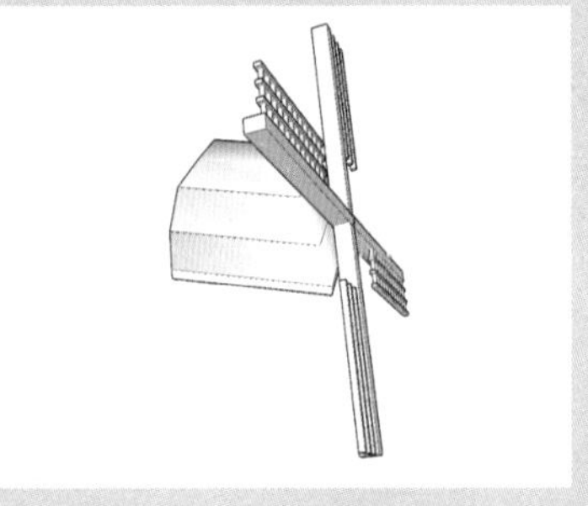

图 7-81　调整风车模型位置

13 将所有模型对齐，完成整体模型的创建，如图 7-82 所示。

图 7-82　对齐所有模型

14 打开材质库，选择“复古砖”材质，指定给一层建筑墙体，如图 7-83 所示。

图 7-83　指定建筑墙体材质

15 选择“灰色半透明玻璃”材质，指定给窗户玻璃，如图 7-84 所示。

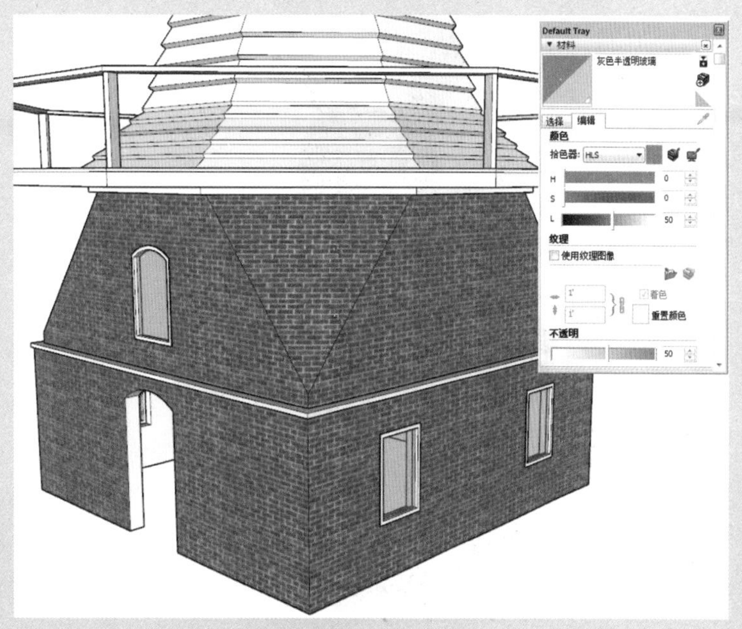

图 7-84　指定玻璃材质

16 选择“木地板”材质，指定给二层塔状建筑模型，如图 7-85 所示。

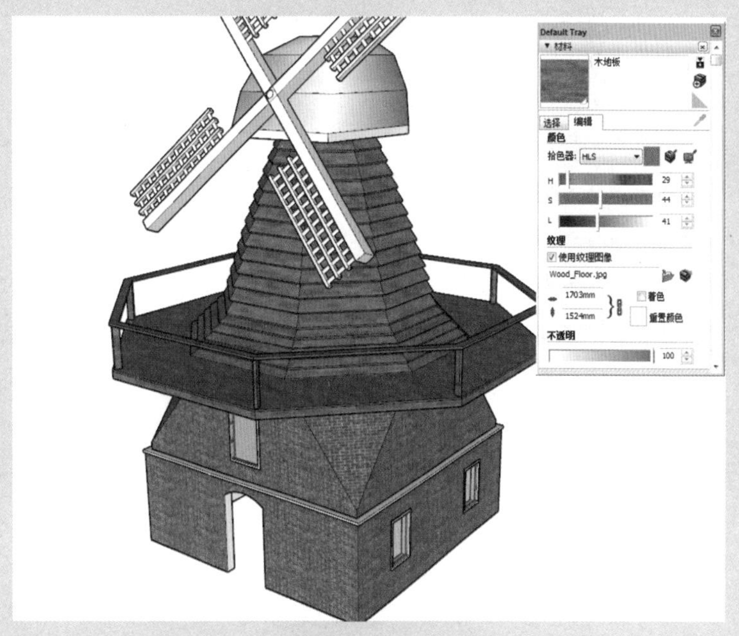

图 7-85　指定木地板材质

⑰ 最后选择“巧克力色”材质，指定给风车以及屋顶模型，完成本次操作，如图 7-86 所示。

图 7-86　指定巧克力颜色

CHAPTER 08

海边救生站场景的制作

内容导读 Guided reading

救生站是游泳场所配备的救生观察台，方便救生员瞭望大海，及时发现突发状况。本案例中制作的就是一片海滩场景，场景主体是救生站，另外有遮阳棚、躺椅、人物、树木等。通过本案例的创建，使读者进一步掌握材质、阴影以及水印的使用方法。

■ 学习目标

- √ 掌握建筑模型及山地模型的创建方法
- √ 掌握材质的设置方法
- √ 掌握阴影的设置方法
- √ 掌握水印的使用方法

■ 作品展示

◎海边救生站

8.1 创建建筑模型

海边救生站是本案例中重要的建筑物，其模型分为主体房屋建筑、室外平台栈道以及地基等，创建过程涉及前面章节中所介绍的基本工具。

8.1.1 创建救生站房屋模型

本小节主要介绍墙体、门窗、屋顶等模型的创建。主要利用了“推/拉”“缩放”“偏移”“移动”等工具以及各工具的扩展功能。操作步骤如下。

01 创建墙体模型。激活“矩形”工具，绘制尺寸为 750mm×720mm 的矩形，如图 8-1 所示。

02 激活“偏移”工具，将面向一侧推出 192mm，如图 8-2 所示。

图 8-1 绘制矩形

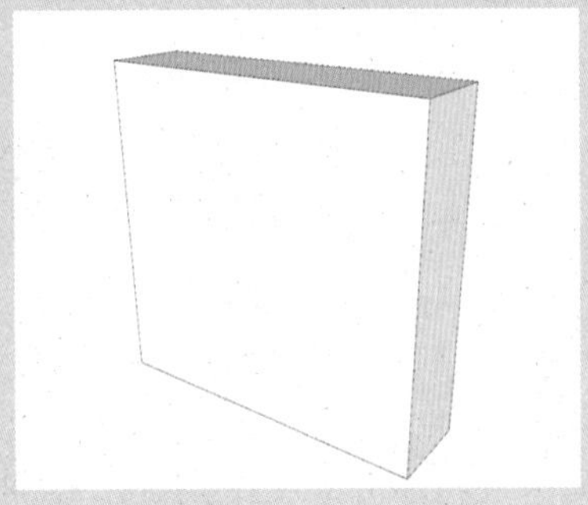

图 8-2 推/拉模型

03 按住 Ctrl 键，将两侧的面各向外推出 24mm，如图 8-3 所示。

04 激活“偏移”工具，将边线向内偏移 24mm，如图 8-4 所示。

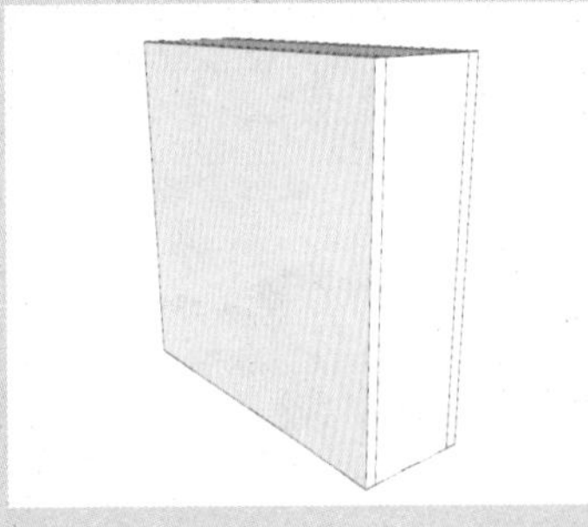

图 8-3 推/拉模型

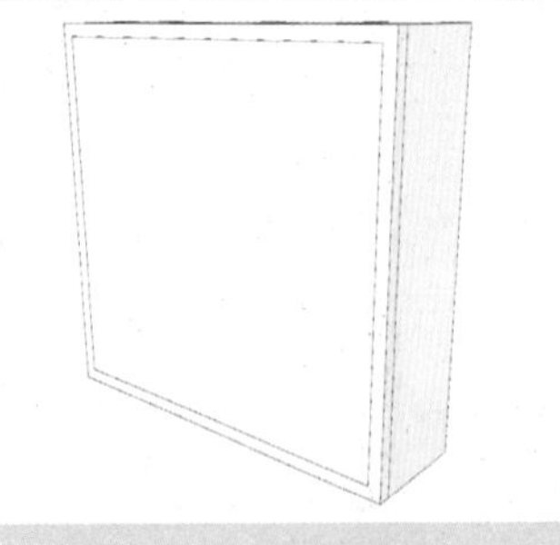

图 8-4 偏移边线

> **绘图技巧**
>
> 在激活“缩放”工具后，结合 Ctrl 键可以复制出一个新的面并进行推拉操作，此功能可参见第 3 章 3.2.2 小节。

05 激活“直线”工具，捕捉绘制角线，再删除多余线条，制作出倒角边造型，如图 8-5 所示。

06 向上复制模型，如图 8-6 所示。

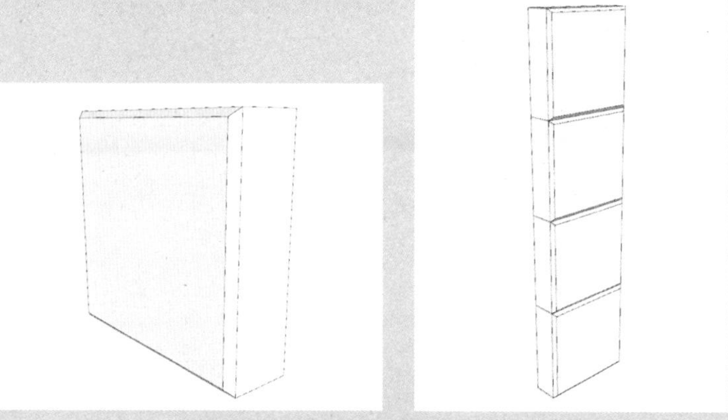

图 8-5 制作倒角边造型　　图 8-6 向上复制模型

07 将模型创建成组，并向一侧进行复制，设置间距为 450mm，如图 8-7 所示。

08 双击最右侧的模型进入编辑模式，调整长度为 120mm，如图 8-8 所示。

图 8-7 向一侧复制模型

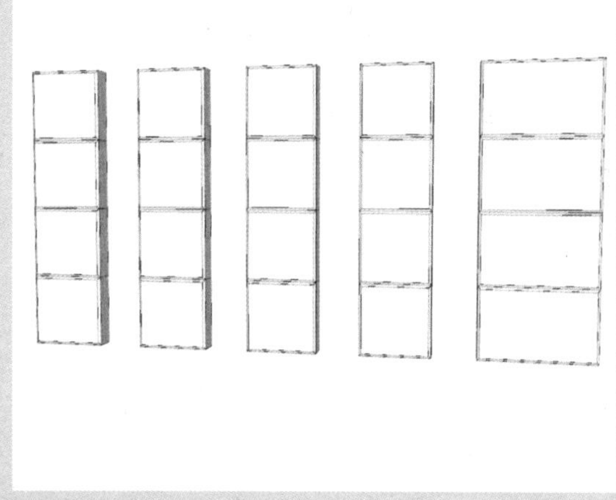

图 8-8 调整模型长度

09 继续复制模型，设置间距为 860mm，再调整长度为 3250mm，如图 8-9 所示。

10 激活“矩形”工具，捕捉绘制矩形，如图 8-10 所示。

11 将矩形创建成组，双击进入编辑模式，激活“偏移”工具，将边线向内偏移 50mm，如图 8-11 所示。

12 删除内部的面，激活“推 / 拉”工具，将面推出 25mm，再按住 Ctrl 键，继续推出 25mm，如图 8-12 所示。

图 8-9　复制模型并调整长度

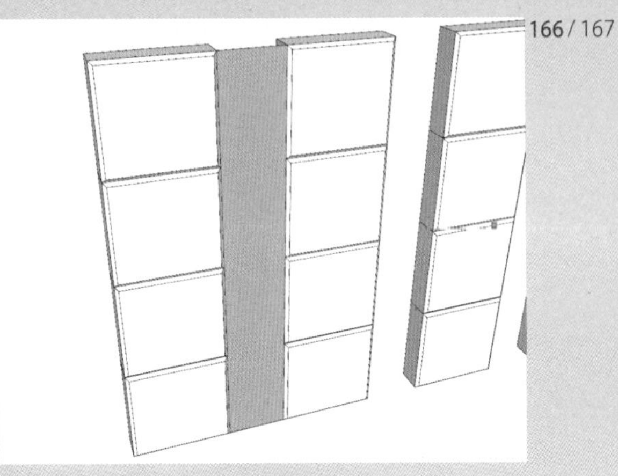

图 8-10　绘制矩形

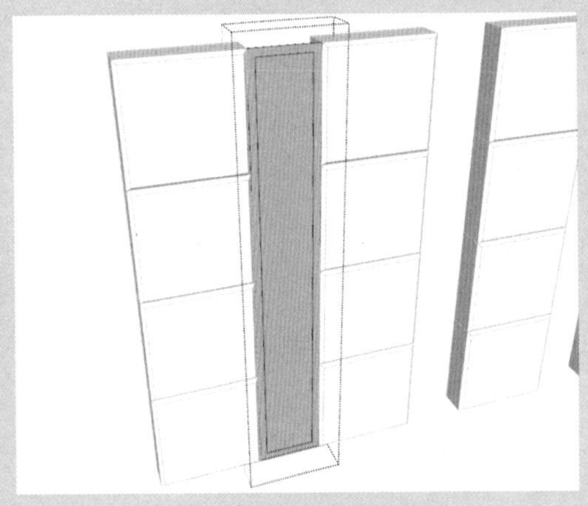

图 8-11　偏移边线

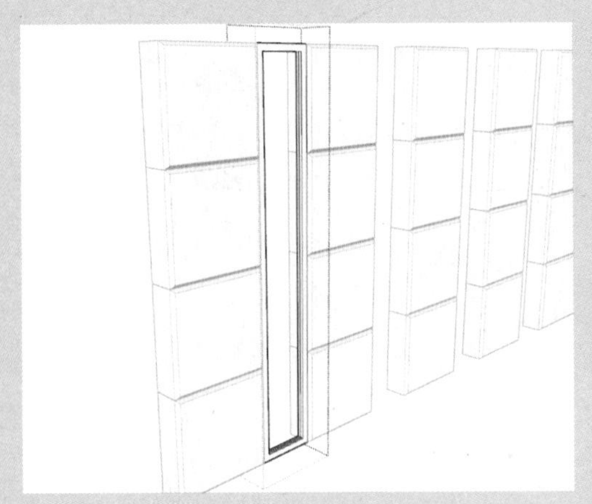

图 8-12　推 / 拉模型

13 激活“直线”工具，绘制中心的面作为玻璃，退出编辑模式，并将面向内移动，如图 8-13 所示。

14 复制模型并调整长度，如图 8-14 所示。

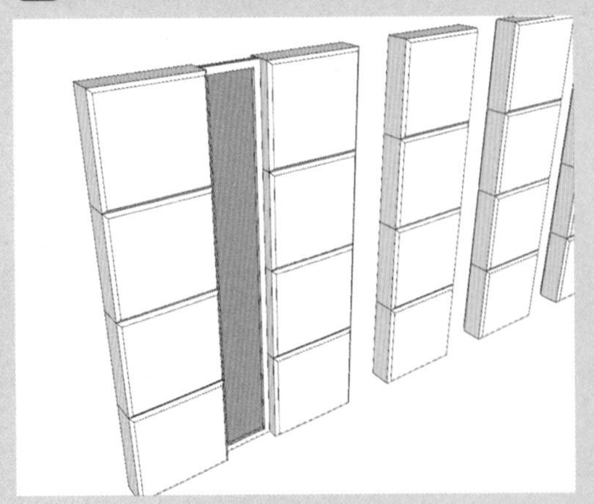

图 8-13　绘制玻璃面

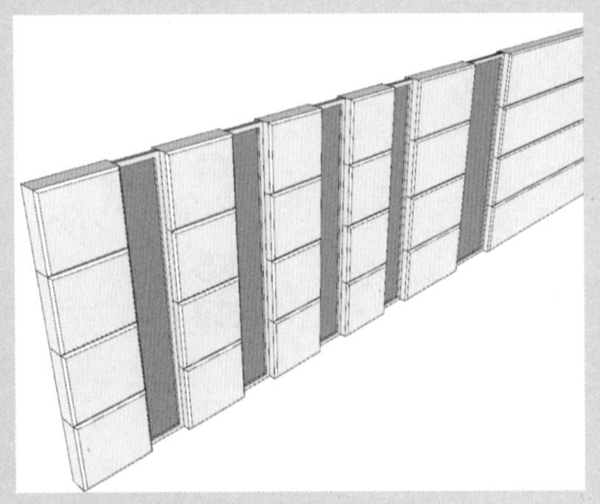

图 8-14　复制模型并调整长度

15 按照类似的方法制作厚度为 25mm、深度为 120mm 的窗户外框模型，如图 8-15 所示。

16 再次复制模型，完成一侧墙体造型的绘制，如图 8-16 所示。

图 8-15 制作窗户外框模型　　图 8-16 复制模型

17 利用“缩放”工具，对模型进行镜像，并设置间距为 4800mm，如图 8-17 所示。

18 创建尺寸为 10110mm×240mm×48mm 的长方体并放置到墙体上方，如图 8-18 所示。

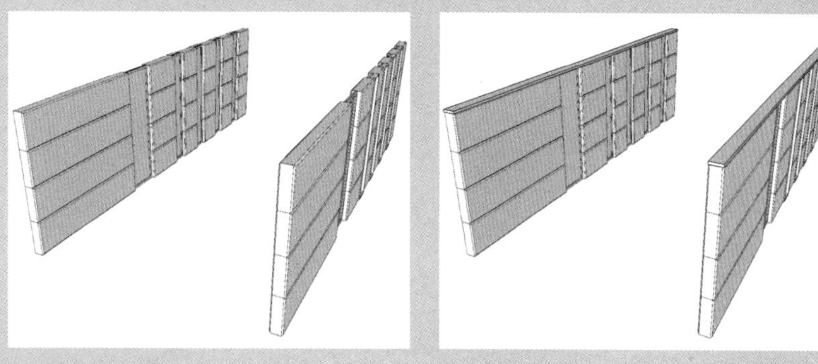

图 8-17 复制并镜像模型　　图 8-18 创建长方体

19 激活“直线”工具，绘制两侧高度分别为 3500mm 和 5800mm 的面，如图 8-19 所示。

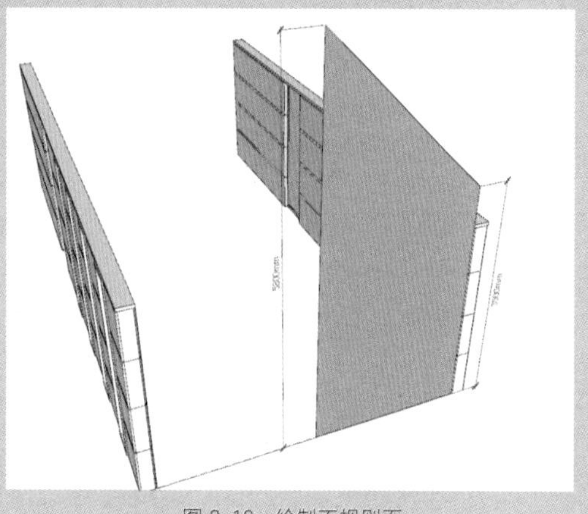

图 8-19 绘制不规则面

20 激活“偏移”工具，将边线向内偏移 50mm，再激活“移动”工具，对边线进行移动并复制，如图 8-20 所示。

21 删除多余的线条和面，如图 8-21 所示。

22 激活“推 / 拉”工具，将面向一侧推出 100mm，如图 8-22 所示。

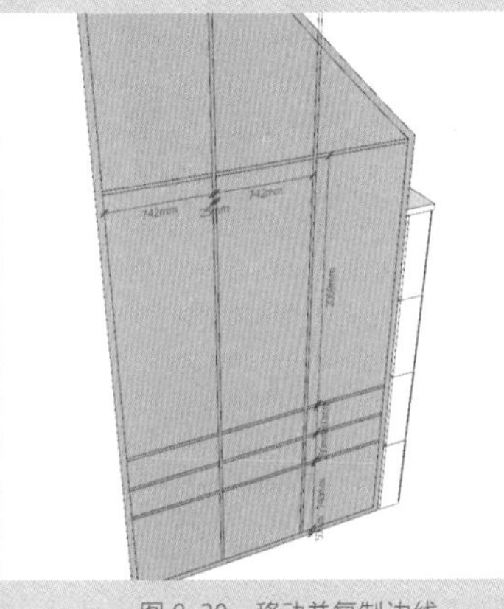

图 8-20　移动并复制边线

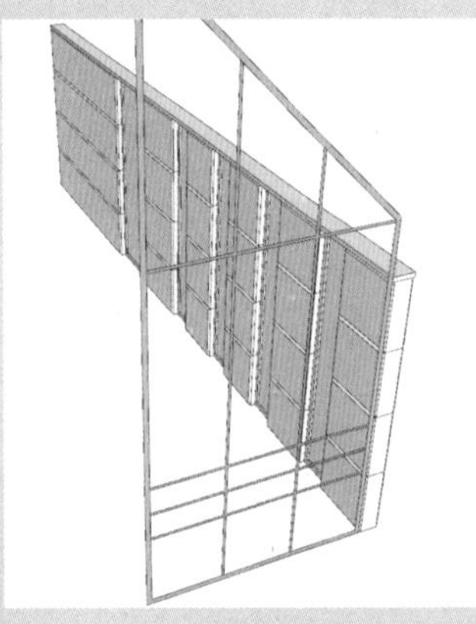

图 8-21　删除多余图形

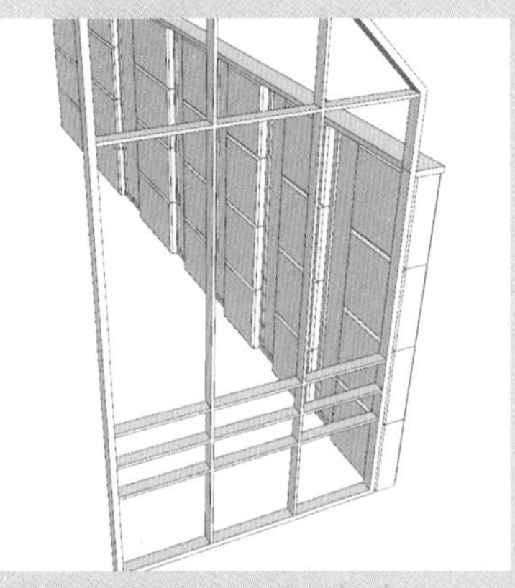

图 8-22　推 / 拉模型

23 将模型创建成组，再移动到合适位置，如图 8-23 所示。

24 激活“直线”工具，捕捉内侧绘制一个面作为玻璃，如图 8-24 所示。

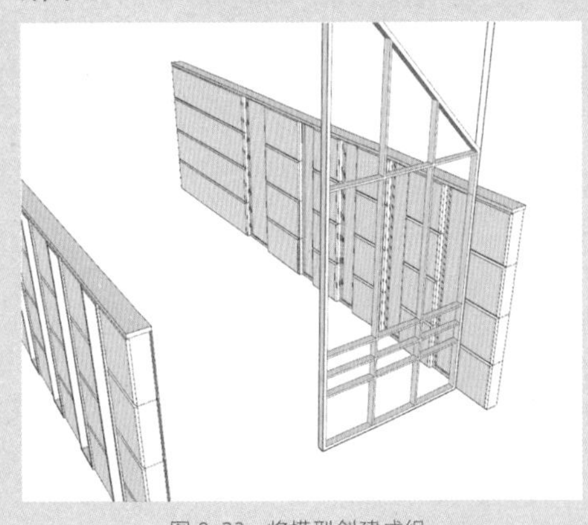

图 8-23　将模型创建成组

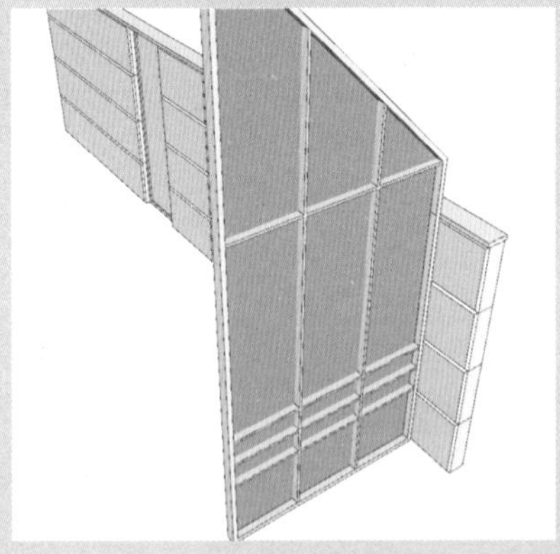

图 8-24　绘制玻璃

25 复制窗户模型并激活“缩放”工具，进行镜像操作，再对齐模型，如图 8-25 所示。

26 继续镜像窗户模型，并调整模型位置，距离墙边 1200mm，如图 8-26 所示。

绘图技巧

在激活“缩放”工具后，选择控制点，在数值控制框中输入数值 -1，即可对图形进行镜像操作，此功能可参见第 3 章 3.2.5 小节。

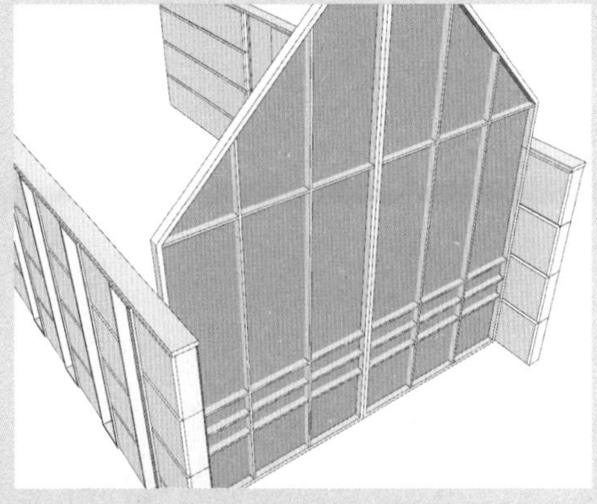
图 8-25　复制并镜像模型

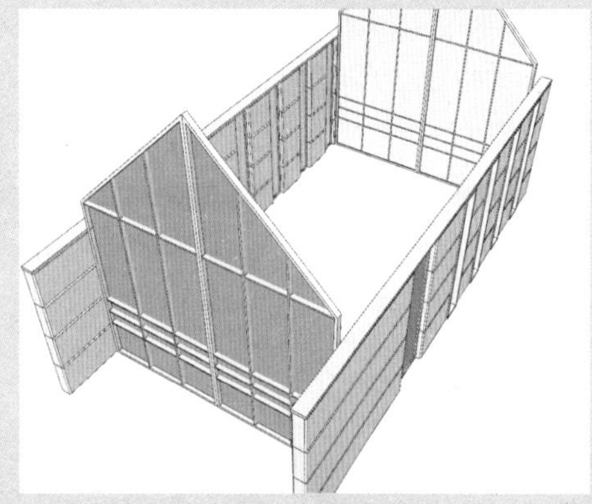
图 8-26　调整模型位置

27 制作百叶窗。利用“直线”“偏移”“推 / 拉”等工具制作边宽为 12mm 深度为 70mm 的百叶窗框，如图 8-27 所示。

28 创建宽度为 70mm、厚度为 10mm 的长方体，如图 8-28 所示。

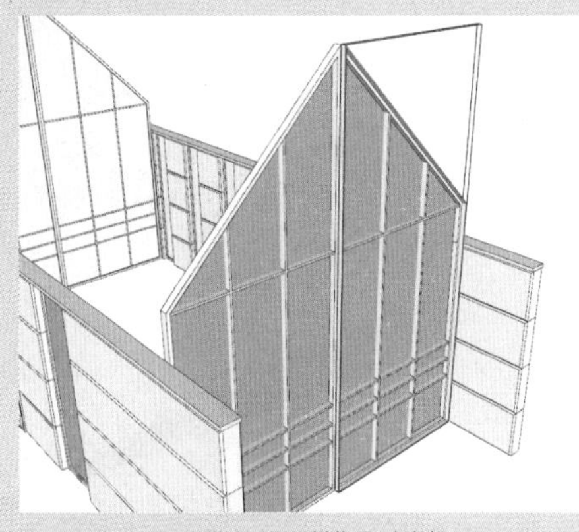
图 8-27　制作百叶窗框

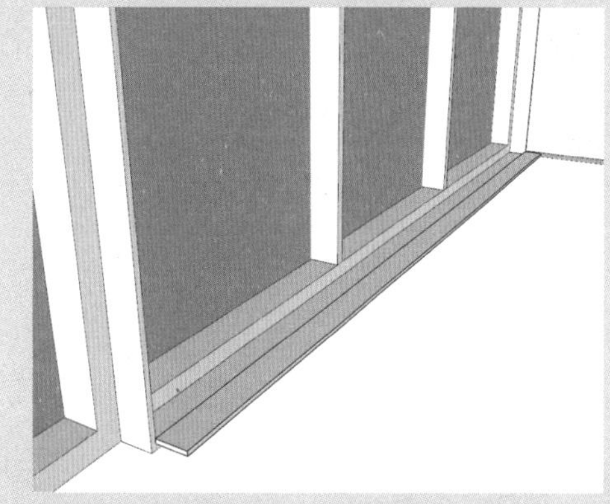
图 8-28　创建长方体

29 旋转模型并调整位置，再向上进行复制操作，设置间距为 60mm，如图 8-29 所示。

30 继续向上复制，并利用“推 / 拉”工具，依次缩短模型长度，如图 8-30 所示。

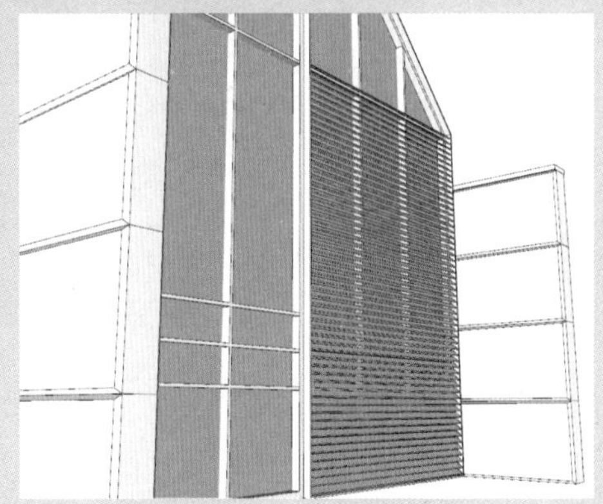
图 8-29　旋转并复制模型

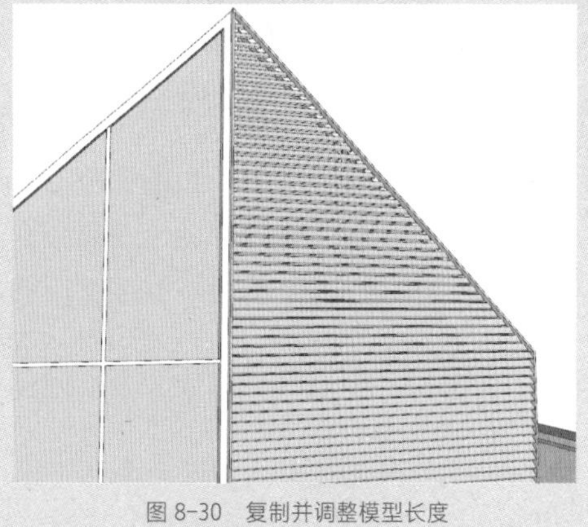
图 8-30　复制并调整模型长度

31 利用“直线”“推 / 拉”工具，绘制高度为 180mm 宽度为 50mm 的长方体，将其创建成组，如图 8-31 所示。

32 复制模型，如图 8-32 所示。

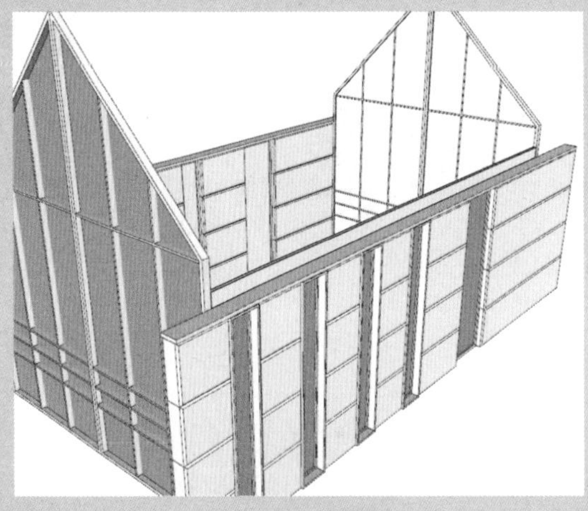

图 8-31　创建长方体

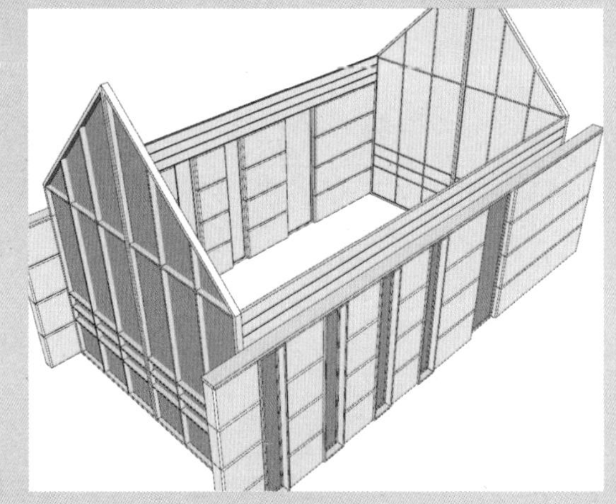

图 8-32　复制模型

33 制作屋顶。激活“直线”工具，捕捉窗户斜面，绘制尺寸为 12000mm×50mm 的矩形，如图 8-33 所示。

34 激活“推 / 拉”工具，将面推出 25mm，再将长方体创建成组，如图 8-34 所示。

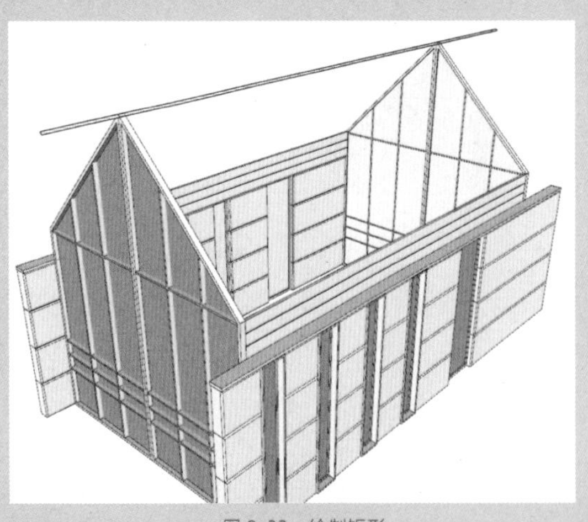

图 8-33　绘制矩形

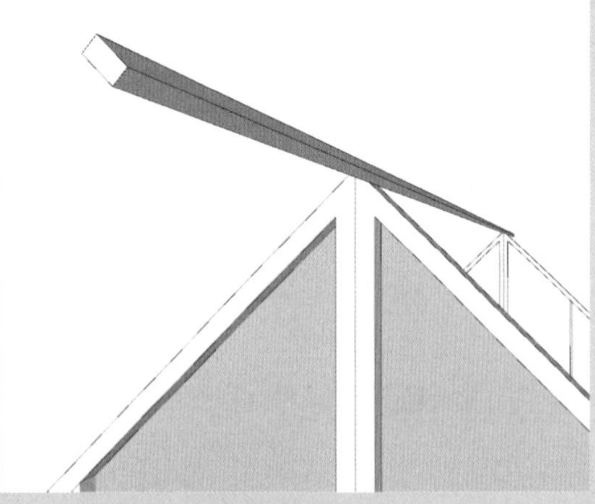

图 8-34　推 / 拉模型

35 将长方体旋转 90°，如图 8-35 所示。

36 调整模型位置，并进行移动复制操作，设置间距为 800mm，如图 8-36 所示。

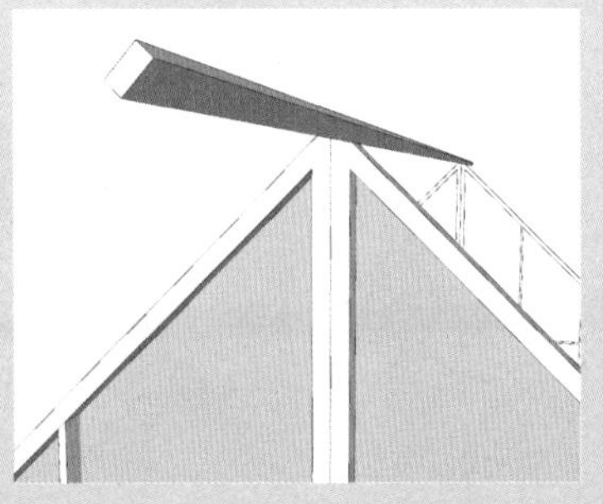
图 8-35　旋转模型 90°

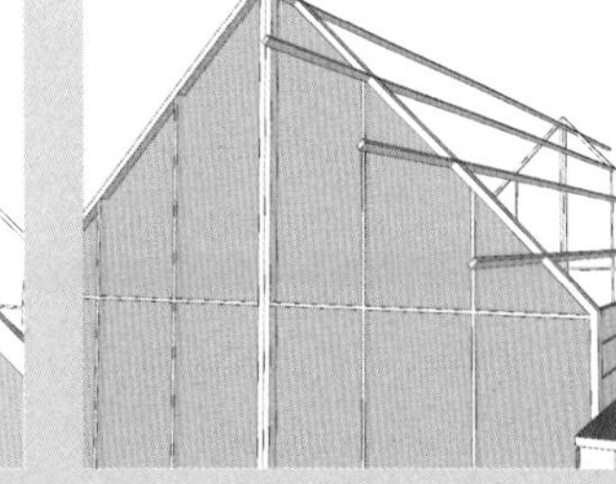
图 8-36　复制模型

37 激活“直线”工具，捕捉屋顶斜边，绘制一个尺寸为4200mm×25mm 的矩形，如图 8-37 所示。

38 继续绘制延长线，绘制出屋顶的尖角造型，如图 8-38 所示。

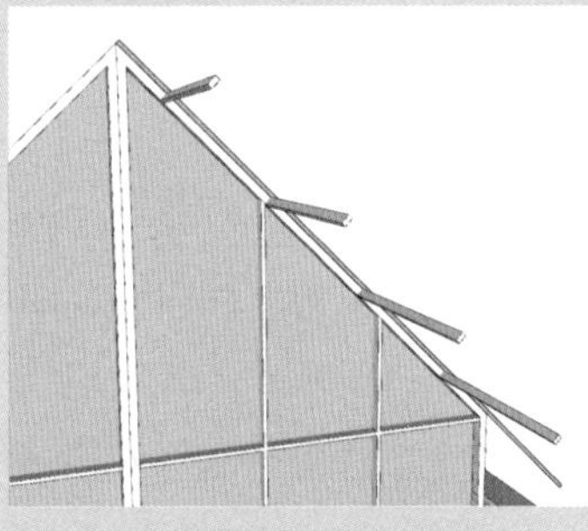
图 8-37　绘制矩形

图 8-38　绘制延长线

39 删除多余的线条，激活“推 / 拉”工具，将面推出12000mm，制作出屋檐斜坡，将模型创建成组，并调整到合适位置，如图 8-39 所示。

40 激活“直线”工具，捕捉屋檐绘制 z 轴高度为 25mm 的平行四边形面，作为排水，如图 8-40 所示。

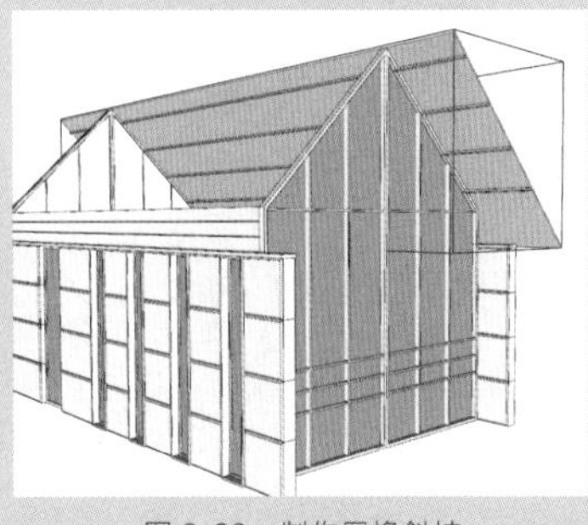
图 8-39　制作屋檐斜坡

图 8-40　绘制排水

41 复制排水，设置间隔为 300mm，制作出一侧屋顶造型，如图 8-41 所示。

42 利用“缩放”工具镜像复制屋顶模型，如图 8-42 所示。

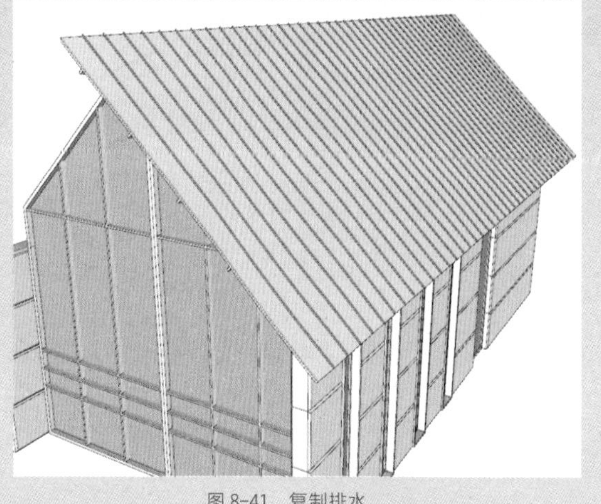
图 8-41　复制排水

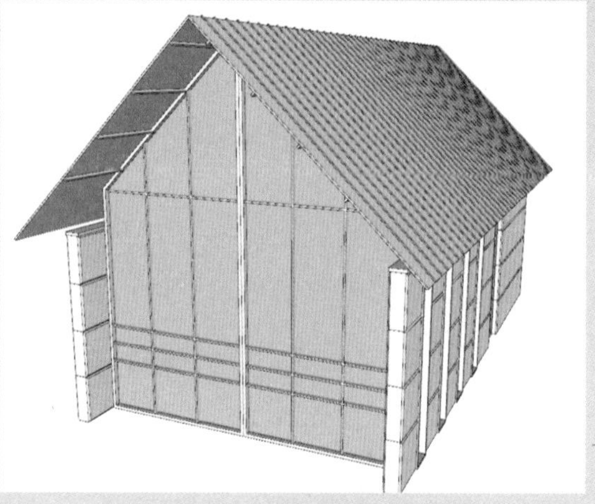
图 8-42　镜像屋顶模型

8.1.2　创建平台及地基

接下来制作平台及地基模型。由于室外步道与平台不在同一平面，在绘制栏杆扶手时需要利用“直线”工具仔细捕捉，操作步骤如下。

01 制作室内外平台模型。激活“矩形”工具，绘制尺寸为14000mm×7400mm的矩形，如图8-43所示。

02 激活“推/拉”工具，将面向上推出25mm，再按住Ctrl键，继续向上依次推出100mm、25mm，如图8-44所示。

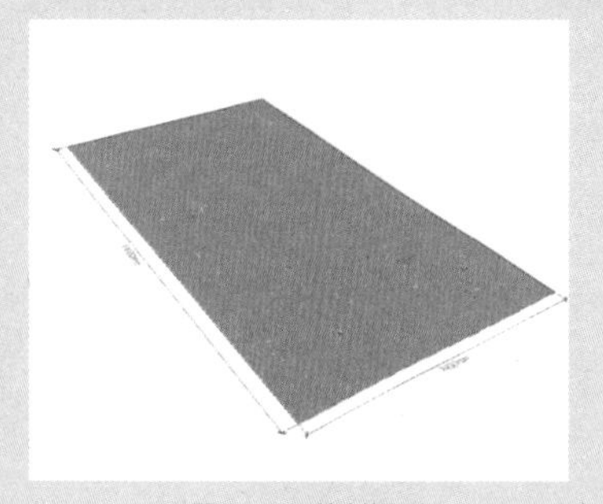
图 8-43　绘制矩形

图 8-44　推/拉模型

03 将中间的面向内推进50mm，再删除多余的线条，如图8-45所示。

04 将模型创建成组，再利用“矩形”“推/拉”工具，创建尺寸为150mm×7400mm×25mm的长方体，如图8-46所示。

图 8-45 推 / 拉造型

图 8-46 创建长方体

05 将长方体创建成组，并进行复制操作，设置间距为 15mm，如图 8-47 所示。

06 制作栏杆扶手。激活“矩形”工具，绘制尺寸为 14000mm×7400mm 的矩形，并移动到平台上方 1000mm 的位置，如图 8-48 所示。

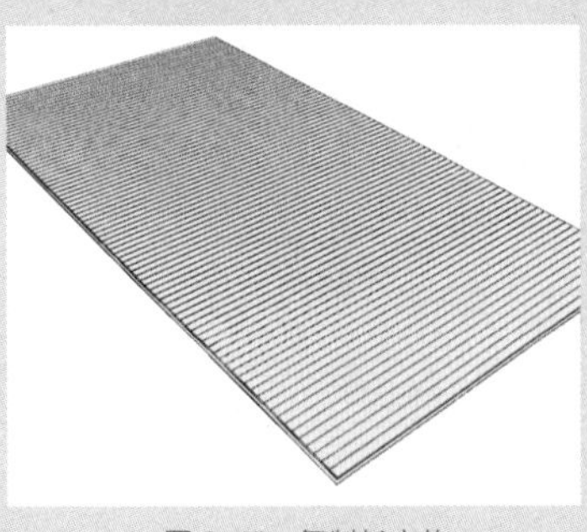

图 8-47 复制长方体

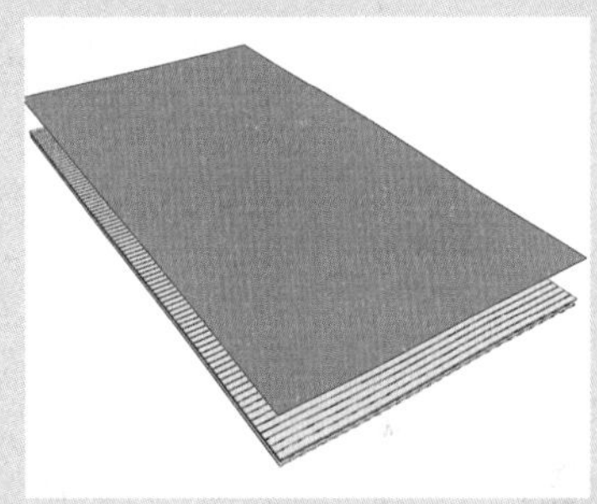

图 8-48 绘制矩形并移动

07 激活“偏移”工具，将边线向内偏移 100mm，再删除中间的面，如图 8-49 所示。

08 激活“推 / 拉”工具，将面向上推出 25mm，并将其创建成组，如图 8-50 所示。

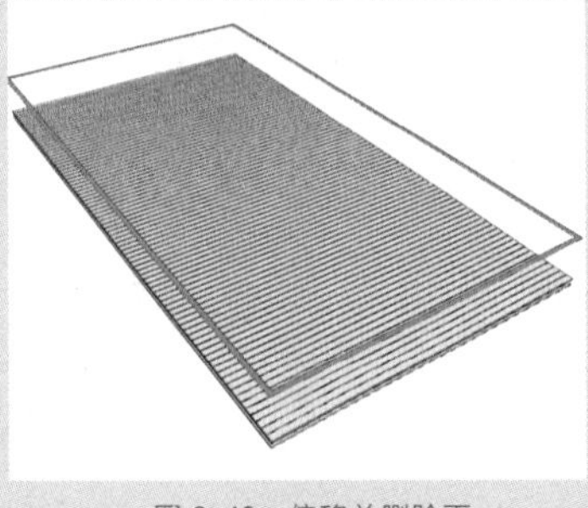

图 8-49 偏移并删除面

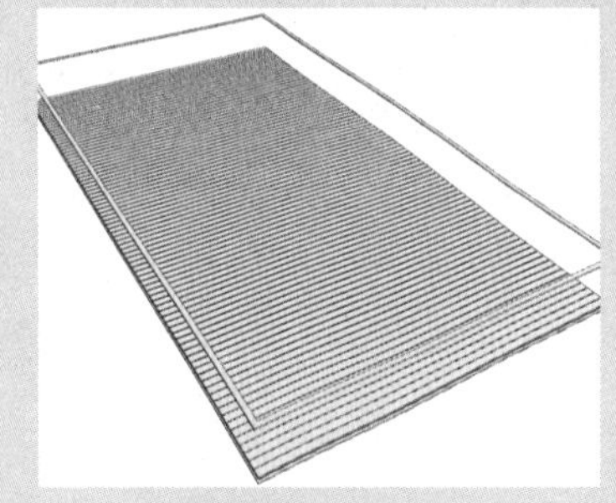

图 8-50 推 / 拉模型

09 将模型对齐放置，如图 8-51 所示。

10 调整栏杆扶手，并删除被墙体覆盖的一段，如图 8-52 所示。

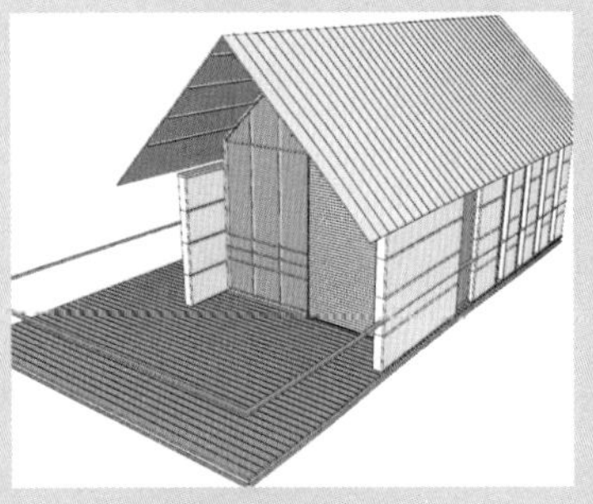

图 8-51　对齐模型

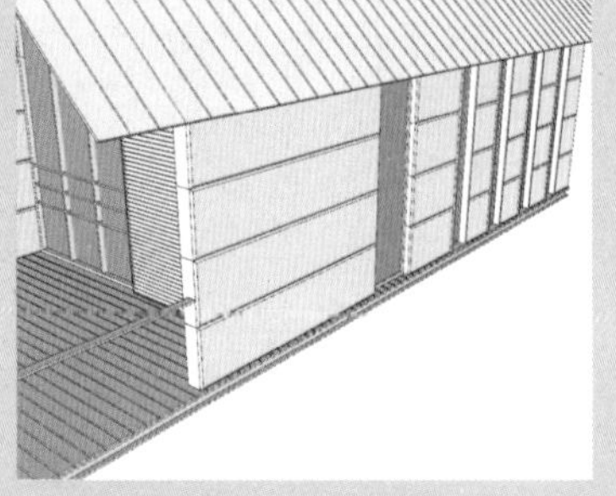

图 8-52　调整扶手模型

11 再在扶手上制作出一处 1500mm 宽的缺口，如图 8-53 所示。

12 创建尺寸为 50mm×50mm×1000mm 的长方体作为栏杆立柱，如图 8-54 所示。

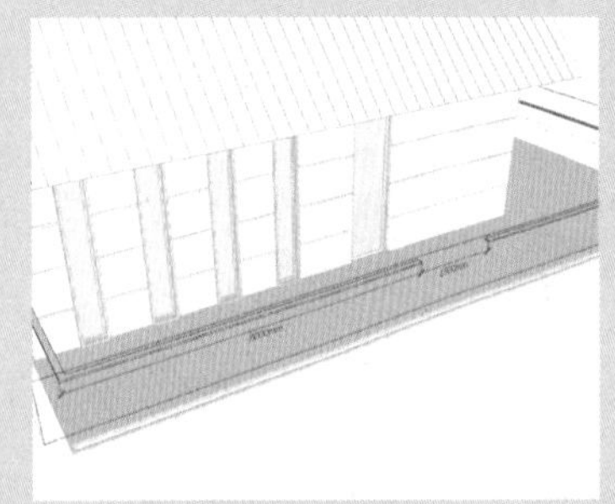

图 8-53　制作缺口

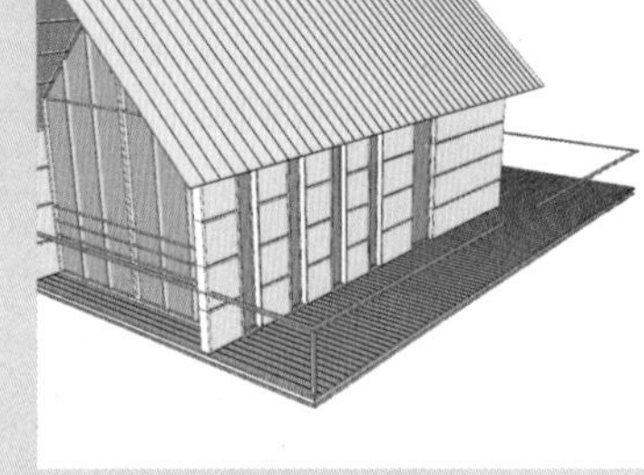

图 8-54　创建长方体

13 复制栏杆立柱模型，如图 8-55 所示。

14 向下复制栏杆扶手作为栏杆隔断，距离为 200mm，如图 8-56 所示。

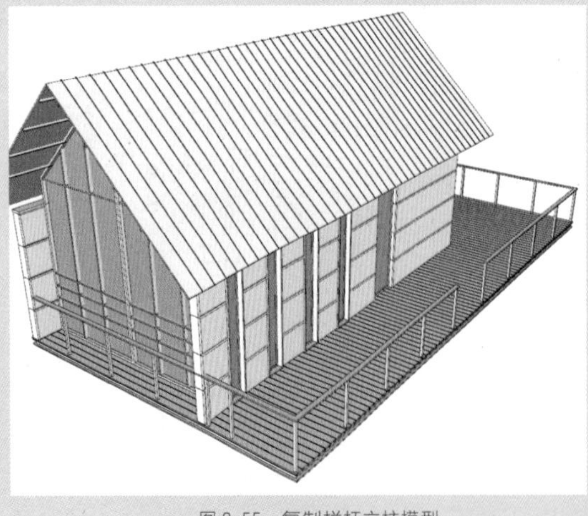

图 8-55　复制栏杆立柱模型

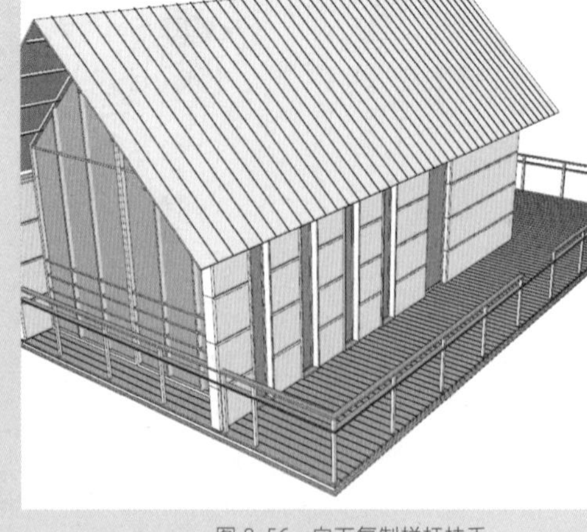

图 8-56　向下复制栏杆扶手

15 利用“推 / 拉”工具调整隔断模型尺寸，如图 8-57 所示。

16 向下复制隔断模型，间距为 150mm，如图 8-58 所示。

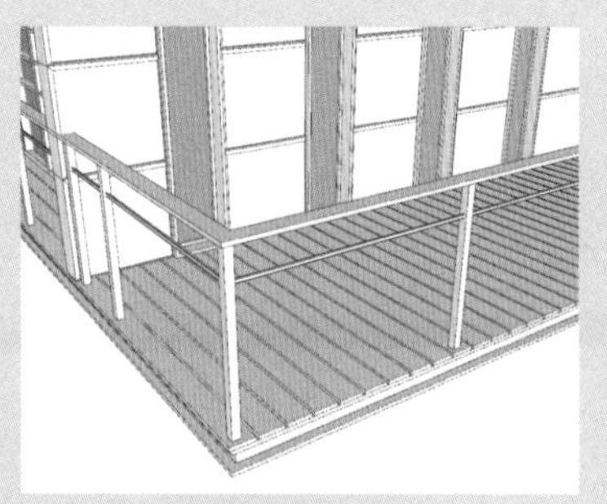

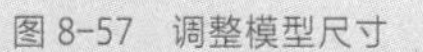

图 8-57 调整模型尺寸

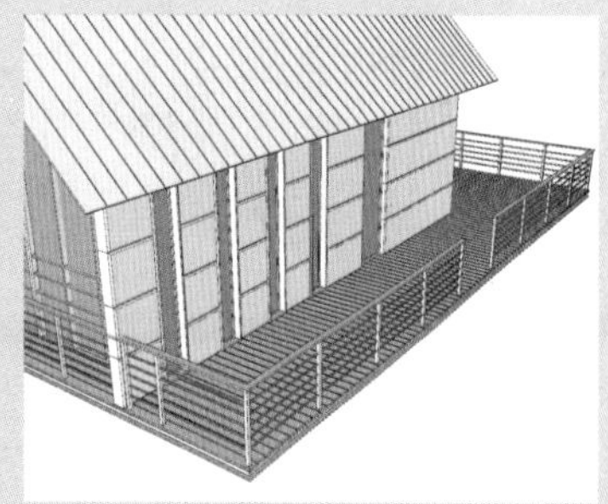

图 8-58 向下复制隔断模型

17 制作室外栈道。激活“矩形”工具，绘制尺寸为 1650mm×1500mm 的矩形，并对齐到栏杆缺口处，如图 8-59 所示。

18 激活“推 / 拉”工具，将矩形向上推出 25mm，再按住 Ctrl 键，继续向上推出 100mm、25mm，如图 8-60 所示。

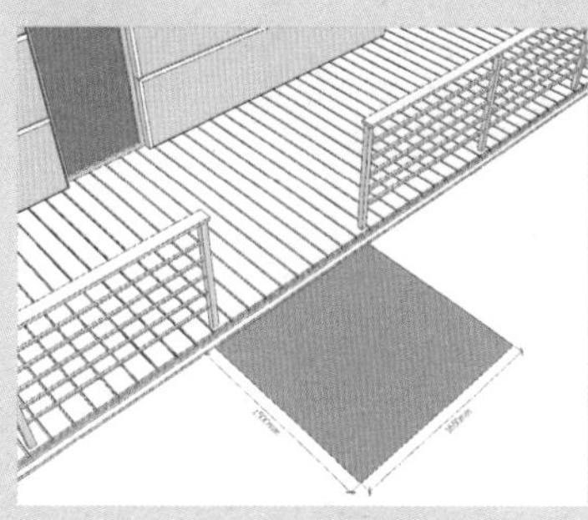

图 8-59 绘制矩形

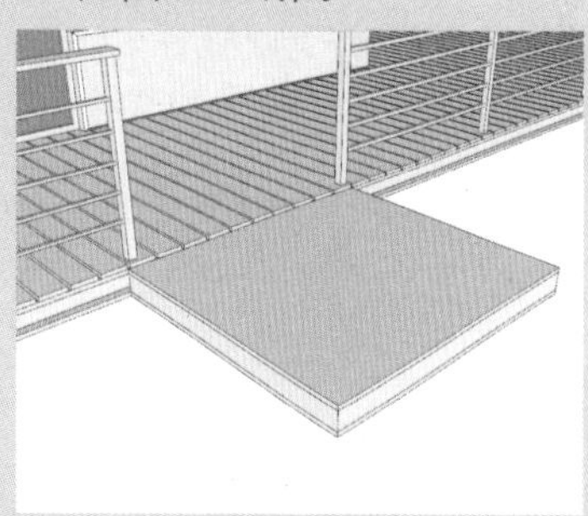

图 8-60 推 / 拉模型

19 继续将中间的面推拉出造型，制作出栈道平台，如图 8-61 所示。

20 复制栈道平台到另一处，并调整长度为 3000mm，如图 8-62 所示。

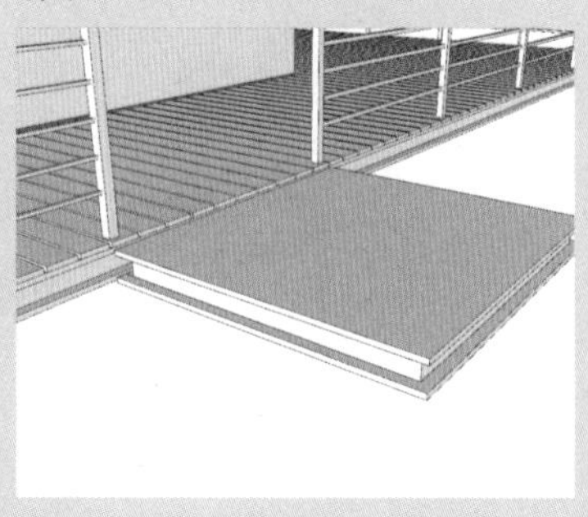

图 8-61 推 / 拉造型

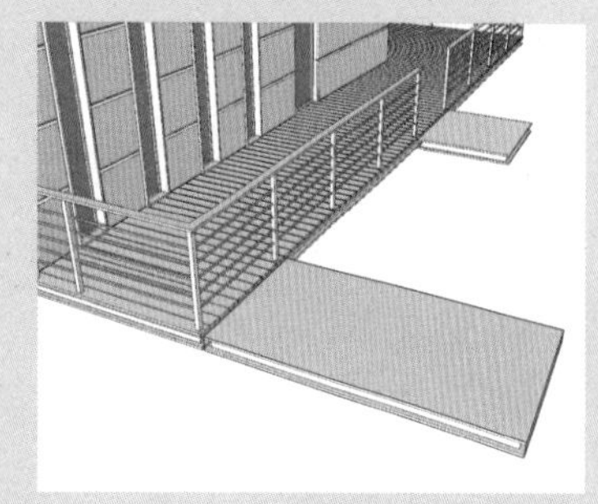

图 8-62 调整模型长度

21 将平台向下移动 785mm，如图 8-63 所示。

22 激活“直线”工具，捕捉绘制宽度为 25mm 的矩形，连接两个室外平台，如图 8-64 所示。

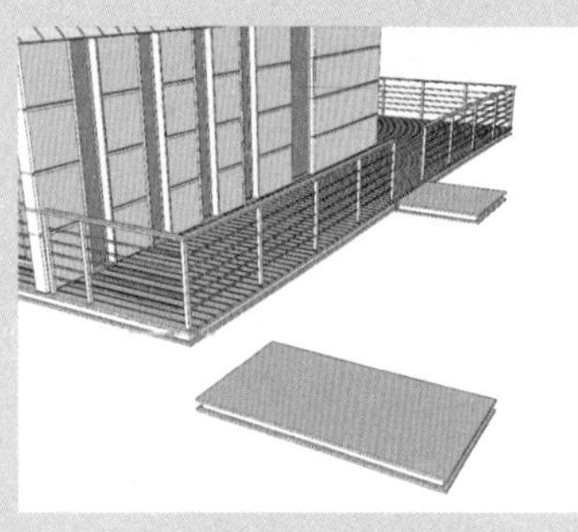

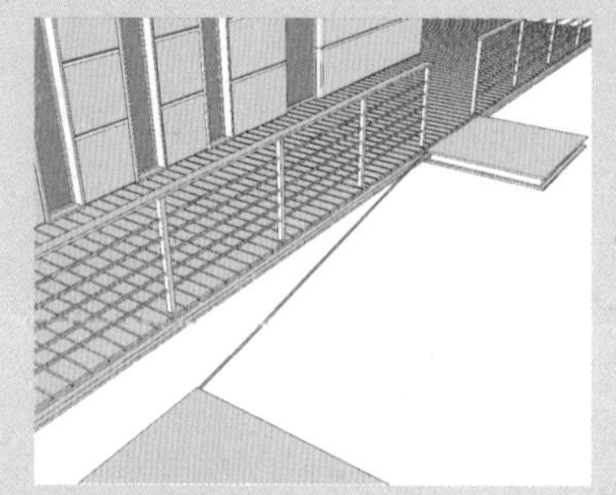

图 8-63　向下移动平台　　图 8-64　绘制矩形

23 激活“推 / 拉”工具，将矩形向下推出 125mm，如图 8-65 所示。

24 调整模型位置，再复制到另一侧，作为平台支架，如图 8-66 所示。

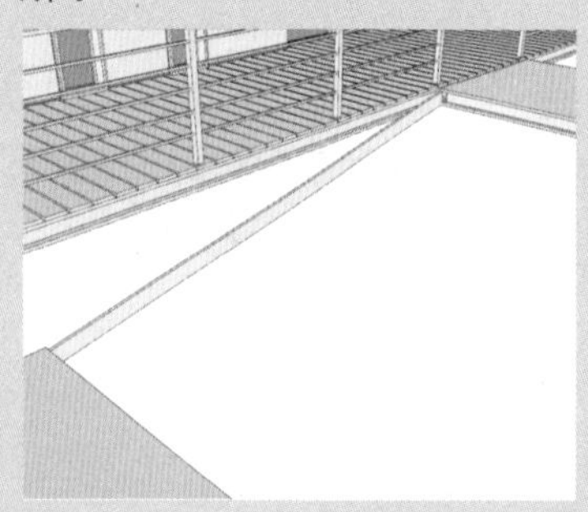

图 8-65　推 / 拉模型

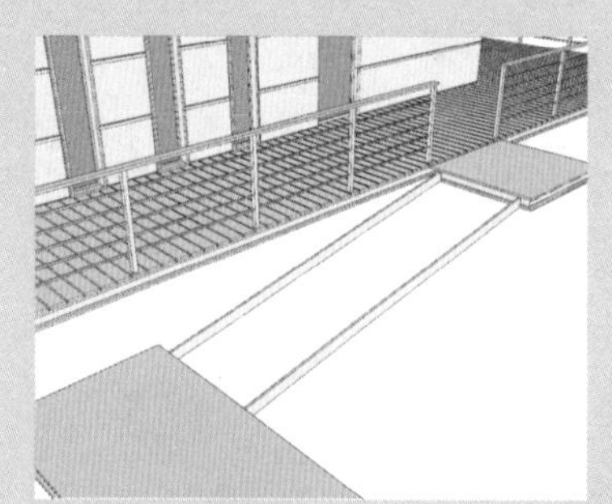

图 8-66　复制模型

25 再利用“直线”“推 / 拉”工具制作一个长方体作为连接平台，如图 8-67 所示。

26 继续复制室外平台，如图 8-68 所示。

图 8-67　制作连接平台

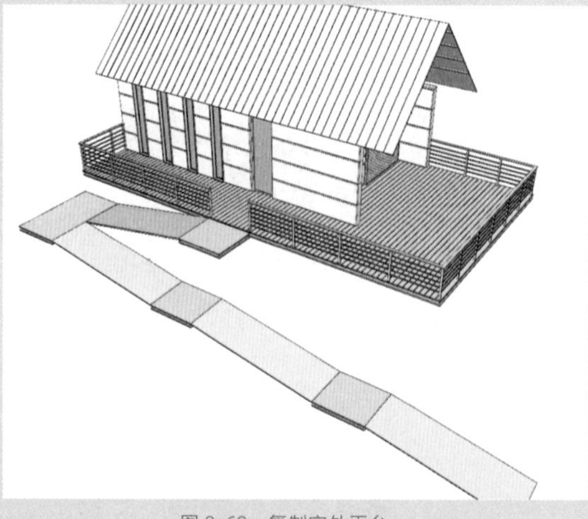

图 8-68　复制室外平台

27 再复制栏杆支柱，如图 8-69 所示。

28 隐藏建筑模型，激活“直线”工具，捕捉绘制室外平台栏杆扶手轮廓，如图 8-70 所示。

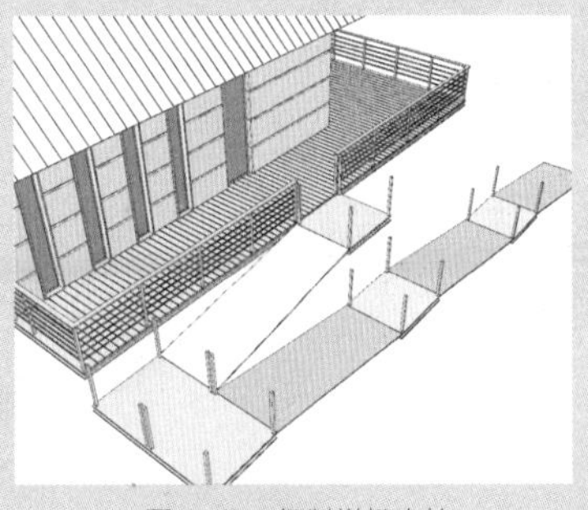

图 8-69　复制栏杆支柱

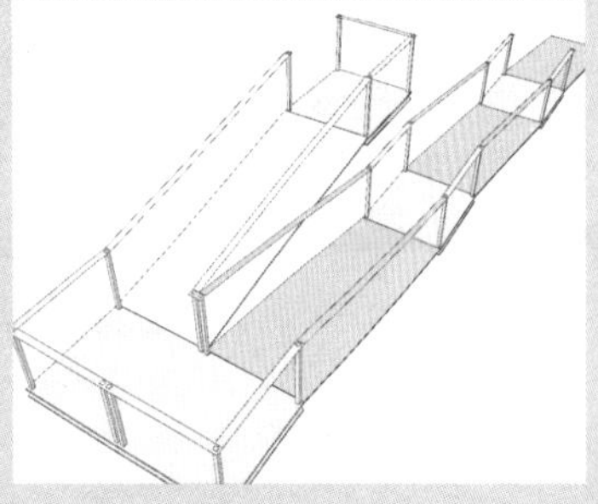

图 8-70　绘制室外平台栏杆扶手轮廓

29 激活“推 / 拉”工具，推拉出 25mm 厚的扶手，如图 8-71 所示。

30 取消隐藏所有模型，向下复制扶手模型，按照前面步骤中介绍的方法制作出栏杆隔断，如图 8-72 所示。

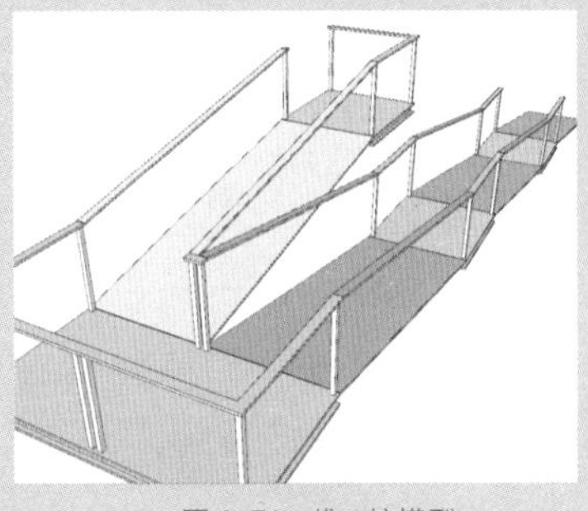

图 8-71　推 / 拉模型

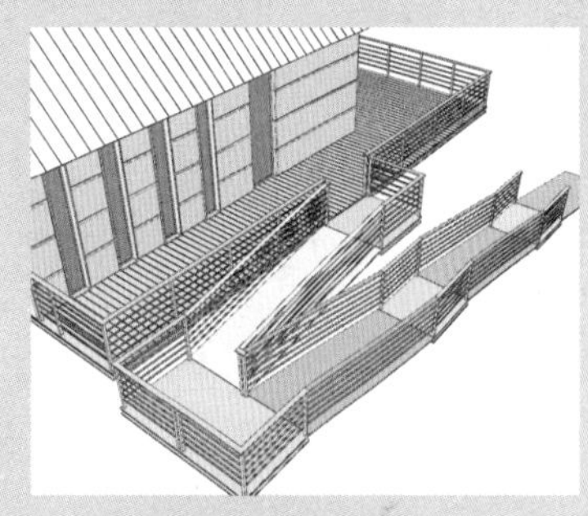

图 8-72　制作栏杆隔断

31 制作室外平台地基。创建尺寸为 150mm×150mm×3000mm 的长方体放置到平台下方，如图 8-73 所示。

32 再制作尺寸为 450mm×450mm×900mm 的长方体，如图 8-74 所示。

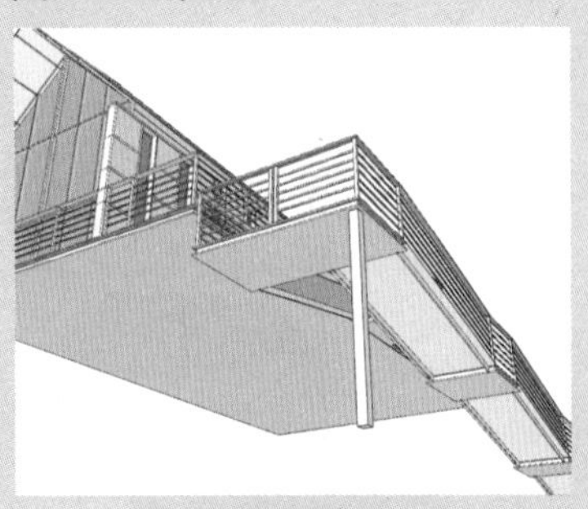

图 8-73　创建长方体（1）

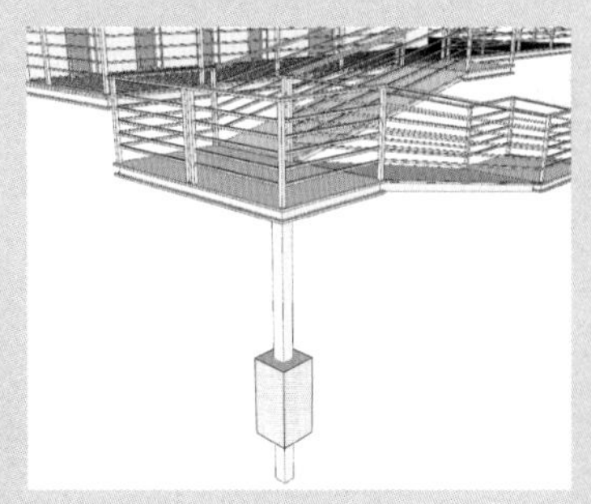

图 8-74　创建长方体（2）

33 选择顶部的边面，激活“缩放”工具，按住 Ctrl 键缩放 0.55 倍，如图 8-75 所示。

34 复制室外平台地基模型，如图 8-76 所示。

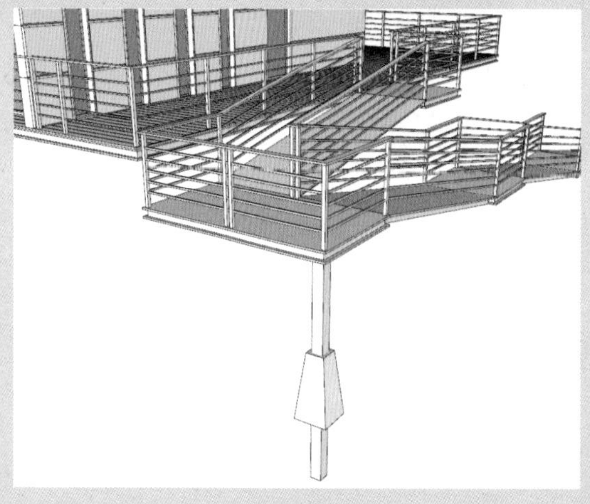

图 8-75 缩放模型

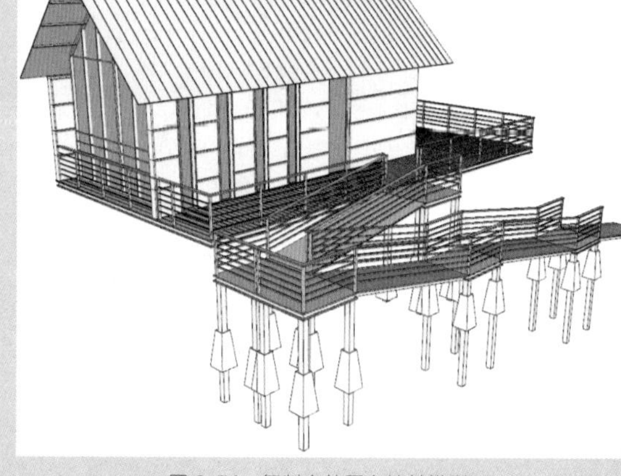

图 8-76 复制室外平台地基模型

35 制作建筑地基。创建尺寸为 9000mm×12000mm×4500mm 的长方体，如图 8-77 所示。

36 选择顶部边面，激活“缩放”工具，按住 Ctrl 键向内缩放 0.7 倍，如图 8-78 所示。

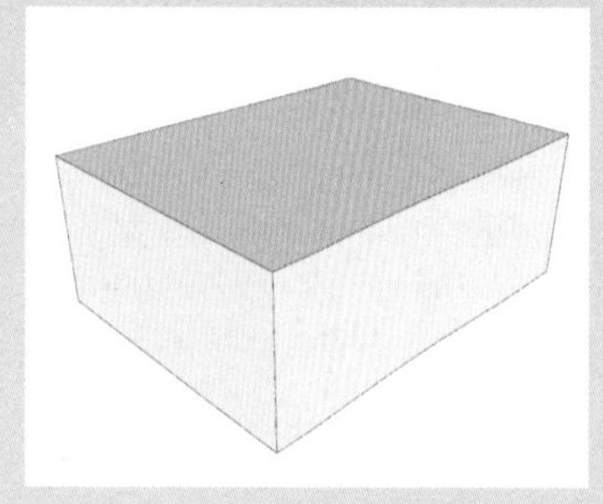

图 8-77 创建长方体

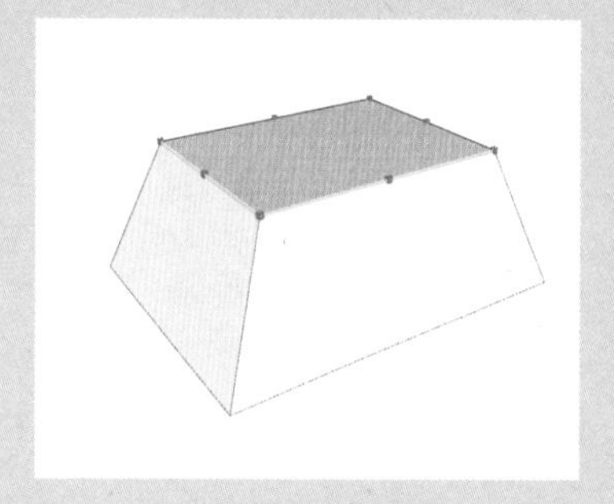

图 8-78 缩放面

37 创建尺寸为 150mm×150mm×600mm 的长方体，并进行复制操作，均匀放置于地基上，如图 8-79 所示。

38 将地基移动到建筑下方，如图 8-80 所示。

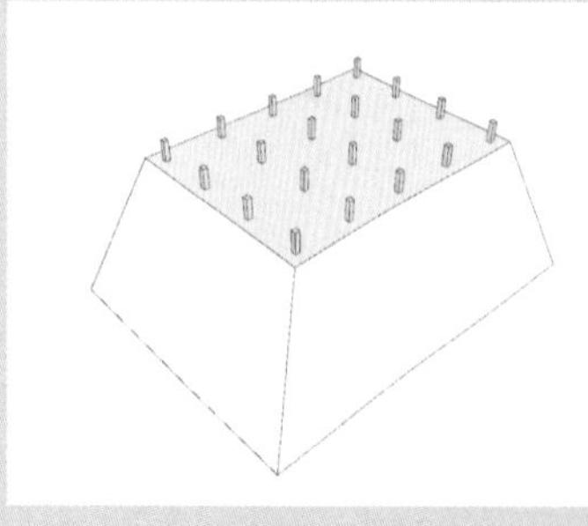

图 8-79 创建长方体并复制

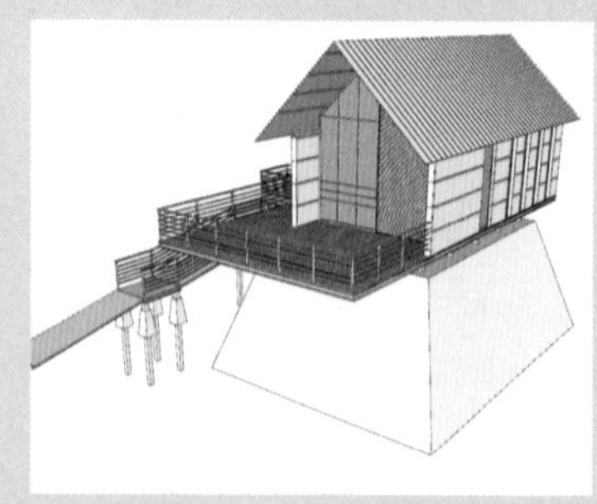

图 8-80 移动地基模型

8.1.3　创建简易躺椅模型

沙滩上最常见的就是各式各样的躺椅，这里创建一个造型简单的躺椅模型，操作步骤如下。

01 激活“矩形”工具，绘制尺寸为 1000mm×1500mm 的矩形，再移动复制边线，如图 8-81 所示。

02 删除多余的线条，如图 8-82 所示。

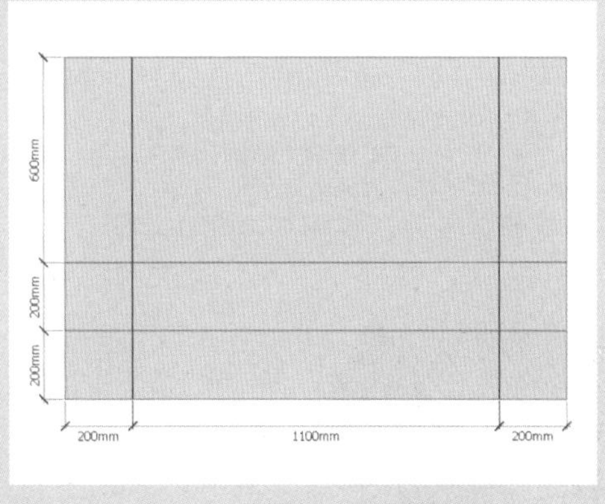

图 8-81　绘制矩形并移动复制边线

图 8-82　删除多余线条

03 激活“移动”工具，调整图形轮廓，如图 8-83 所示。

04 激活“推 / 拉”工具，将面推出 40mm 的厚度，如图 8-84 所示。

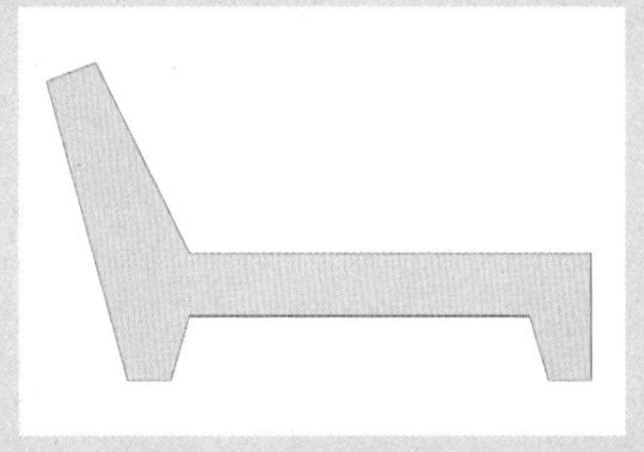

图 8-83　调整图形轮廓

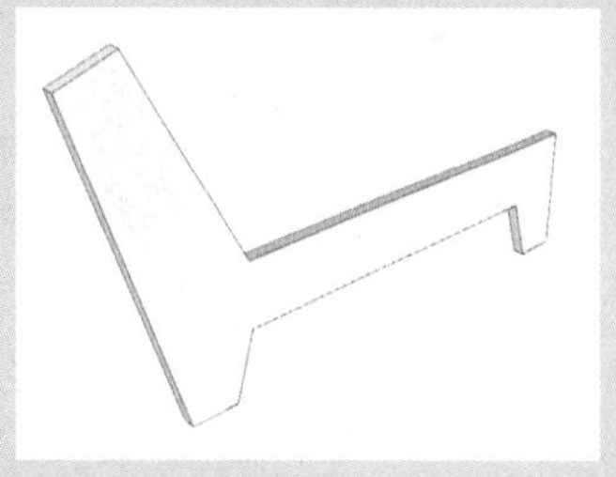

图 8-84　推 / 拉模型

05 复制模型，设置间距为 700mm，如图 8-85 所示。

06 再创建尺寸为 800mm×80mm×20mm 的长方体，放置到模型上，如图 8-86 所示。

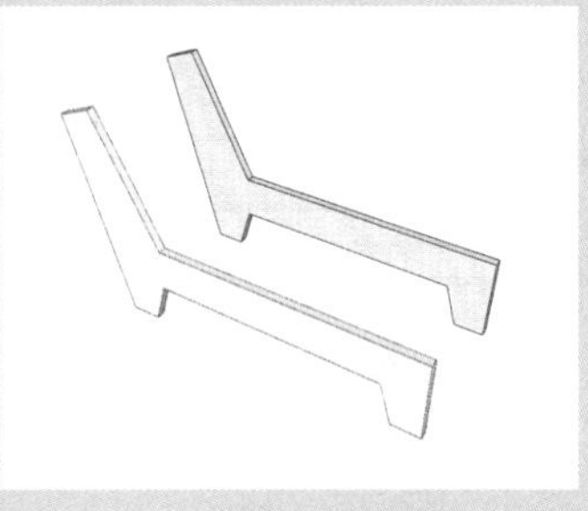

图 8-85　复制模型

图 8-86　创建长方体

07 复制长方体，设置间距为 30mm，如图 8-87 所示。

08 旋转模型并继续复制，制作出躺椅模型，如图 8-88 所示。

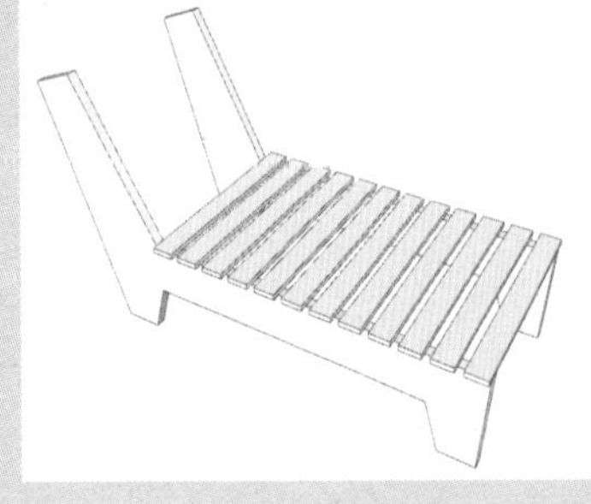

图 8-87　复制长方体

图 8-88　旋转并复制长方体

09 将躺椅模型创建成组，放置到室外平台上，并进行复制操作，完成救生站建筑模型的制作，如图 8-89 所示。

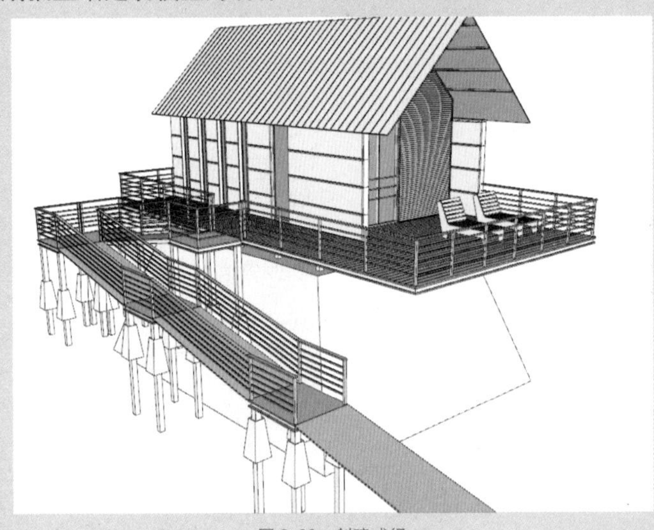

图 8-89　创建成组

8.1.4　创建沙滩与海水模型

本小节主要介绍沙滩模型的创建，利用沙箱工具表现沙滩的起伏造型。操作步骤如下。

01 激活“根据网格创建”工具，绘制一片狭长形状的网格，用于模拟沙滩场地，如图 8-90 所示。

02 调整网格高度，如图 8-91 所示。

03 双击网格进入编辑模式，调整边线使其呈坡状，如图 8-92 所示。

04 激活“路径跟随”工具，在三角形的面上单击并按住鼠标，沿顶部边线绕一圈，制作出倒角边造型，如图 8-93 所示。

图 8-90　创建网格

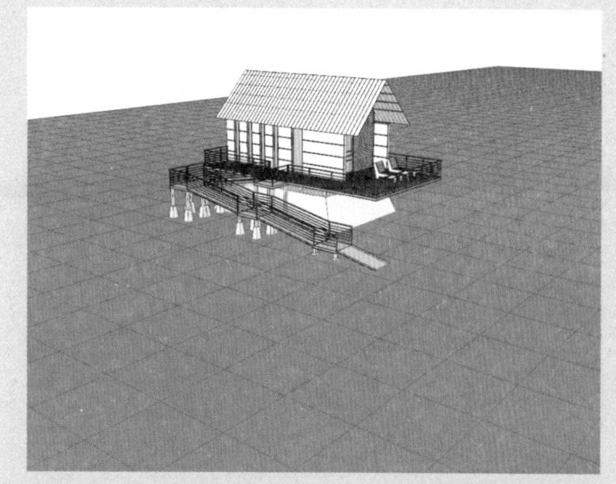
图 8-91　调整网格高度

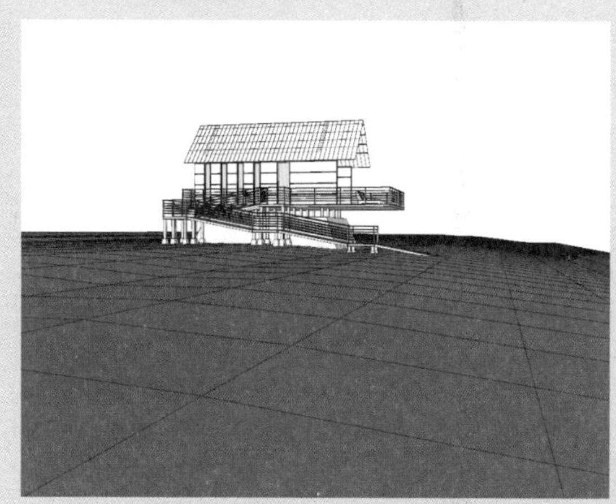
图 8-92　调整网格形状

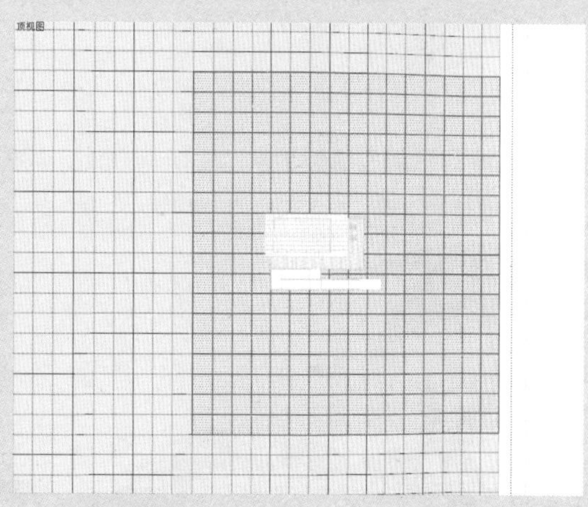
图 8-93　制作倒角边造型

05 激活“添加细部”工具，使网格细化，如图 8-94 所示。

06 激活“曲面起伏”工具，调整网格表面的起伏效果，如图 8-95 所示。

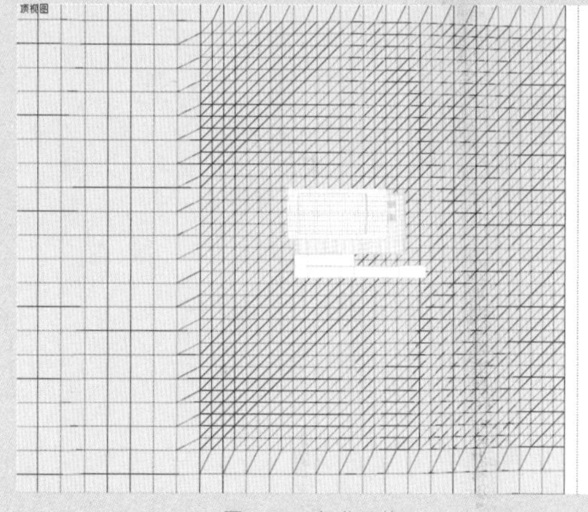
图 8-94　细化网格

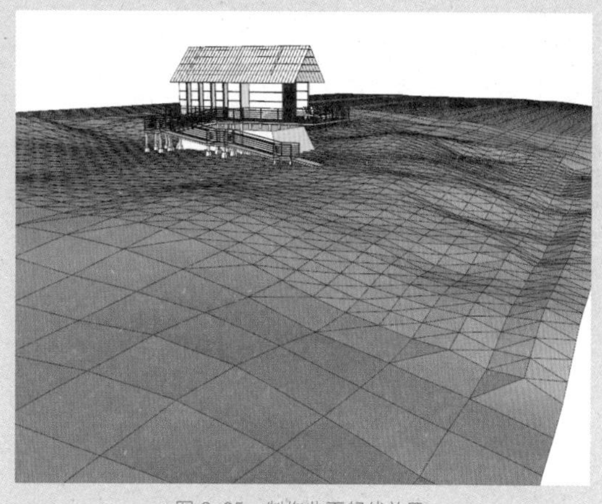
图 8-95　制作曲面起伏效果

07 激活“矩形”“推 / 拉”工具，制作一个长方体，调整到合适位置，用于模拟海水模型，如图 8-96 所示。

08 再次对房屋周围的网格进行细化操作，如图 8-97 所示。

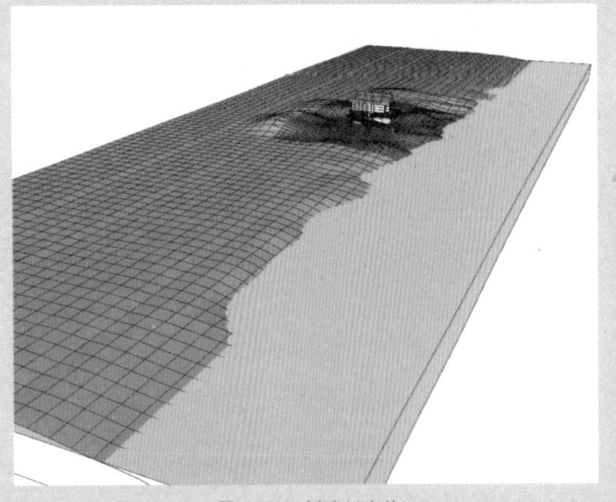

图 8-96 创建长方体

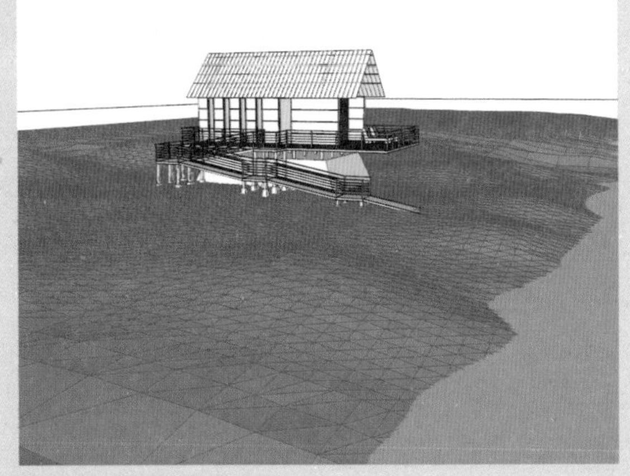

图 8-97 继续细化网格

09 为场景添加人物、树木、躺椅等模型，并放置到合适位置，完成场景模型的制作，如图 8-98 所示。

图 8-98 添加场景模型

8.2 完善场景

场景制作完毕后，就需要对材质、光源、天空等进行设置，以完善场景效果。

8.2.1 添加场景材质

本场景中的主要材质包括沙滩、海水、木栈道、玻璃、石材等。接下来就介绍各种材质的设置与应用。操作步骤如下：

10 创建“石材”材质，添加纹理贴图并设置贴图尺寸，如图 8-99 所示。

02 将材质赋予建筑墙体及平台地基，效果如图 8-100 所示。

图 8-99 创建“石材”材质

图 8-100 赋予材质

03 从材质库中选择“饰面木板 02”材质，调整纹理贴图尺寸，如图 8-101 所示。

04 将材质赋予百叶窗模型及平台支柱等，效果如图 8-102 所示。

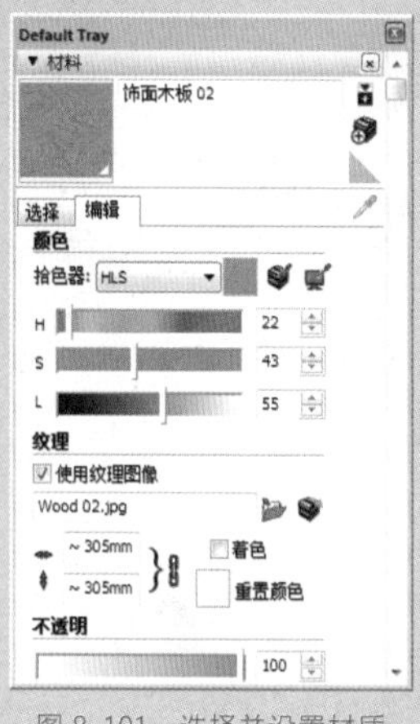

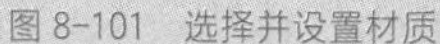

图 8-101 选择并设置材质

图 8-102 赋予材质

05 选择“原色樱桃木”材质，调整纹理贴图，如图 8-103 所示。

06 将材质赋予室外平台及窗户外框，效果如图 8-104 所示。

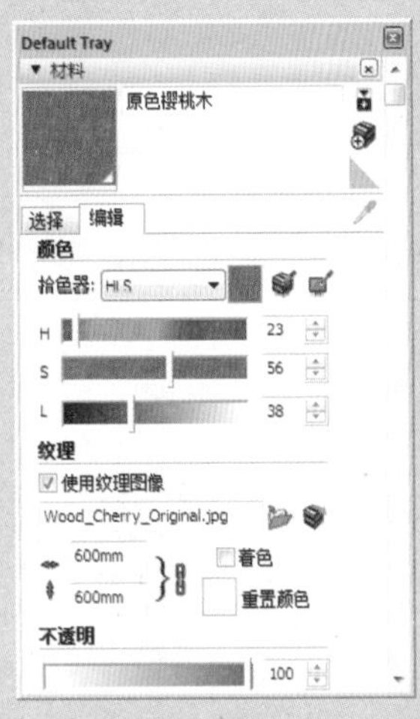

图 8-103 选择并调整材质

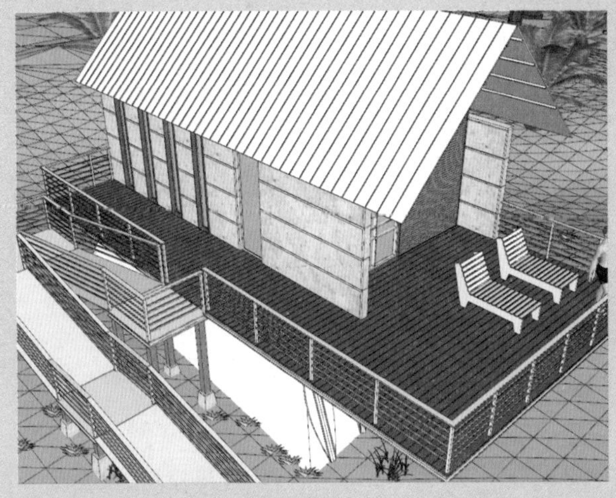

图 8-104 赋予材质

07 选择“带阳极铝的金属”材质，将其赋予窗框、平台及栈道框架、栏杆等模型，效果如图 8-105、图 8-106 所示。

图 8-105 选择材质

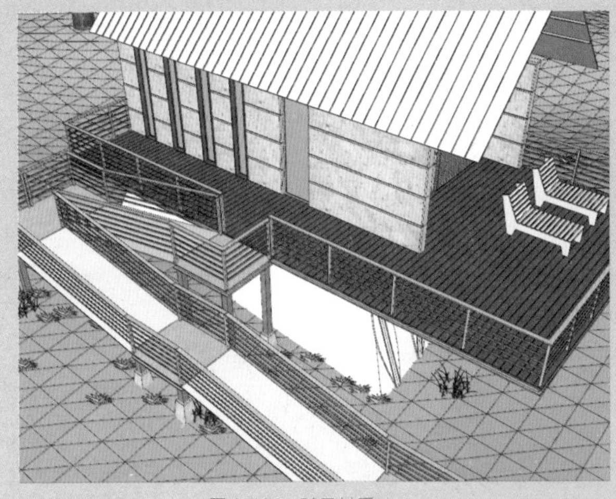

图 8-106 赋予材质

08 创建“石块”材质，添加纹理贴图并设置尺寸，如图 8-107 所示。

09 将材质赋予建筑地基模型，效果如图 8-108 所示。

10 选择“浅灰”材质，将材质赋予建筑屋顶及排水模型，如图 8-109、图 8-110 所示。

11 选择“半透明玻璃”材质，并调整颜色，如图 8-111 所示。

12 将材质赋予建筑中所有的玻璃对象，效果如图 8-112 所示。

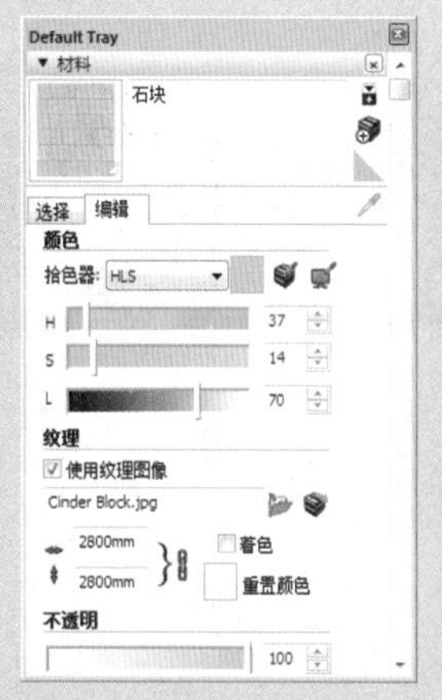

图 8-107　创建“石块”材质

图 8-108　赋予材质

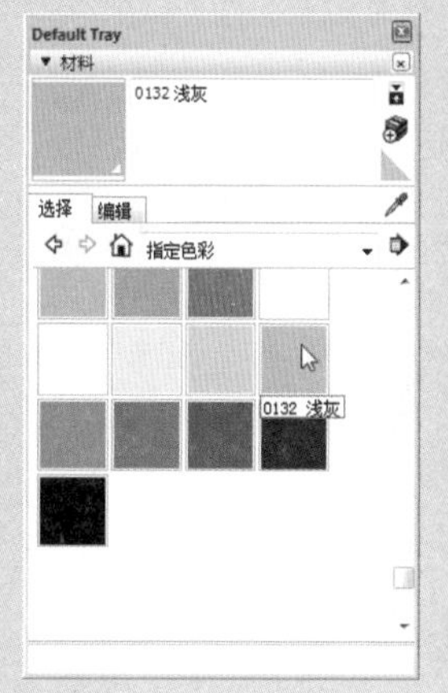

图 8-109　选择材质

图 8-110　赋予材质

图 8-111　选择并调整材质

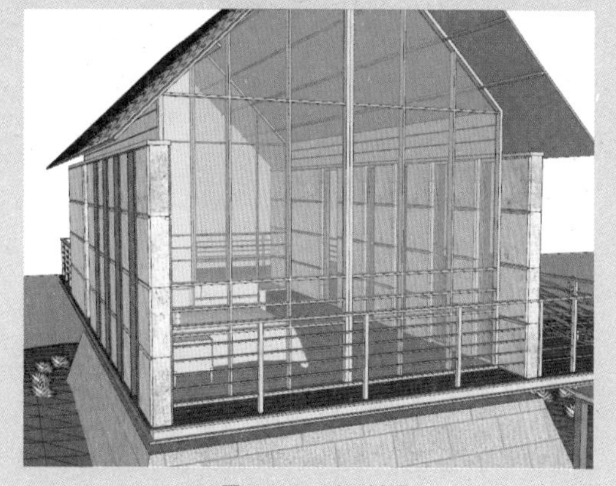
图 8-112　赋予材质

13 创建“木栈道”材质，为其添加纹理并设置尺寸，如图 8-113 所示。

14 将材质赋予栈道模型，效果如图 8-114 所示。

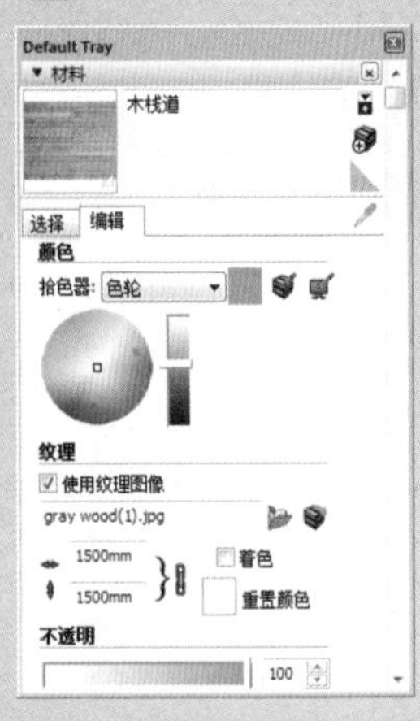

图 8-113 创建“木栈道”材质

图 8-114 赋予材质

15 选择“天蓝”和“浅宝石绿”两种颜色，分别赋予躺椅和冲浪板模型，效果如图 8-115 所示。

16 接下来制作沙滩及海水材质效果。右键单击沙滩模型，在弹出的快捷菜单中选择“柔化 / 平滑边线”命令，打开“柔化边线”面板，勾选“平滑法线”和“软化共面”复选框，再拖曳滑块调整法线之间的角度，如图 8-116 所示。

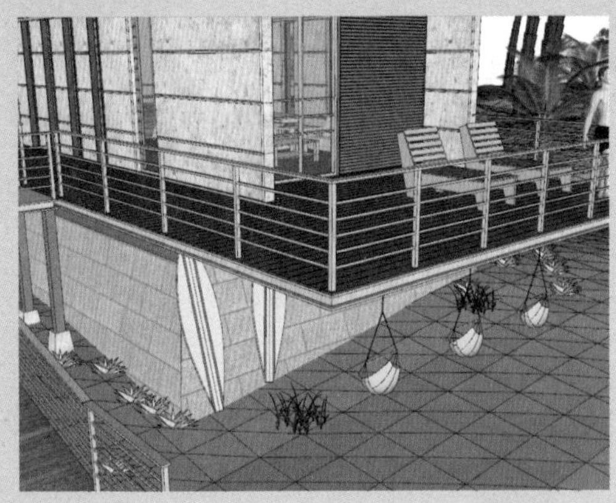

图 8-115 选择并赋予材质

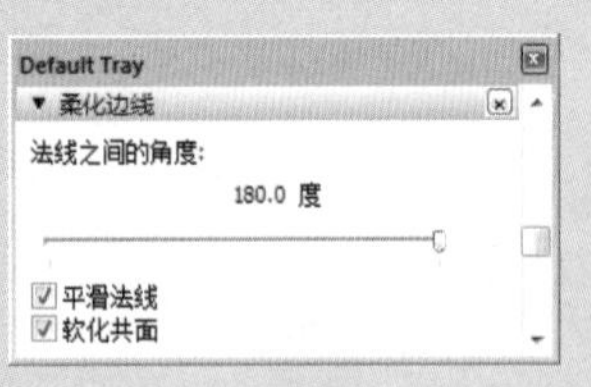

图 8-116 “柔化边线”面板

17 柔化边线后的效果如图 8-117 所示。

18 选择“光滑沙子地被层”材质，并调整尺寸，如图 8-118 所示。

19 将材质赋予沙滩模型，效果如图 8-119 所示。

20 双击海水模型进入编辑模式，选择一条边线，激活“移动”工具，按住 Ctrl 键进行复制，将水面分为三份，如图 8-120 所示。

图 8-117　柔化边线后的效果

图 8-118　选择材质

图 8-119　赋予材质

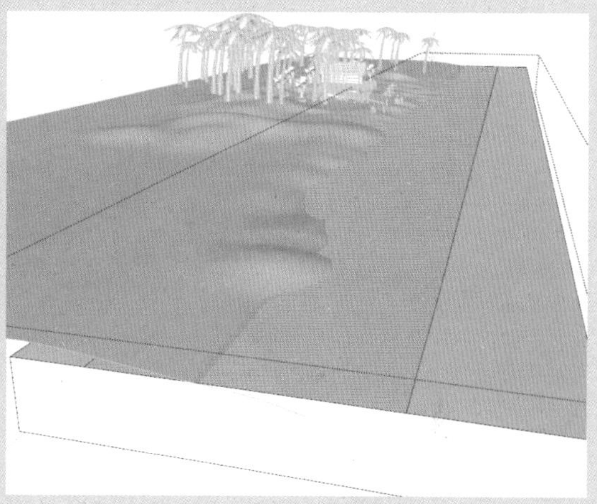

图 8-120　复制边线

21 创建“海滩”材质，为其添加纹理贴图，如图 8-121 所示。

22 将材质赋予海面中间的面，如图 8-122 所示。

图 8-121　创建“海滩”材质

图 8-122　赋予材质

23 在面上单击鼠标右键，在弹出的快捷菜单中选择“纹理”|“位置”命令，进入纹理编辑状态，如图 8-123 所示。

24 拖曳绿色图钉调整贴图方向及比例，如图 8-124 所示。

图 8-123　进入纹理编辑状态

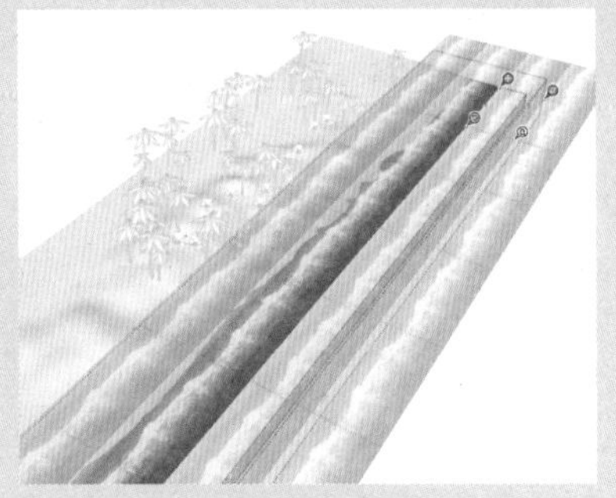

图 8-124　调整贴图方向及比例

25 在空白处单击完成纹理编辑，观察海滩材质效果，如图 8-125 所示。

26 选择“深水”材质，将其赋予海水模型，如图 8-126 所示。

图 8-125　观察海滩材质纹理效果

图 8-126　赋予材质

27 在材质编辑器中调整材质颜色及贴图尺寸，如图 8-127 所示。

28 再次观察效果，如图 8-128 所示。

图 8-127　调整材质

图 8-128　观察效果

29 选择边线并单击鼠标右键，在弹出的快捷菜单选择“隐藏”命令，如图 8-129 所示。

30 隐藏边线后效果如图 8-130 所示。

图 8-129　选择“隐藏边线”命令

图 8-130　隐藏边线后效果

31 调整视图角度，执行“视图”|“动画”|“添加场景”命令，保存当前场景，如图 8-131 所示。

图 8-131　添加场景

8.2.2　光影效果设置

制作好的模型场景较暗，且物体没有投影显示。接下来进行光影效果的设置，操作步骤如下。

01 执行“视图”|“阴影”命令，开启阴影效果，如图 8-132 所示。

图 8-132　开启阴影效果

02 执行“窗口”| Default Tray |“阴影”命令，打开“阴影”面板，可以看到当前时区为东八区北京时间，如图 8-133 所示。

03 调整时区、时间、日期等参数，取消勾选“在地面上”复选框，如图 8-134 所示。

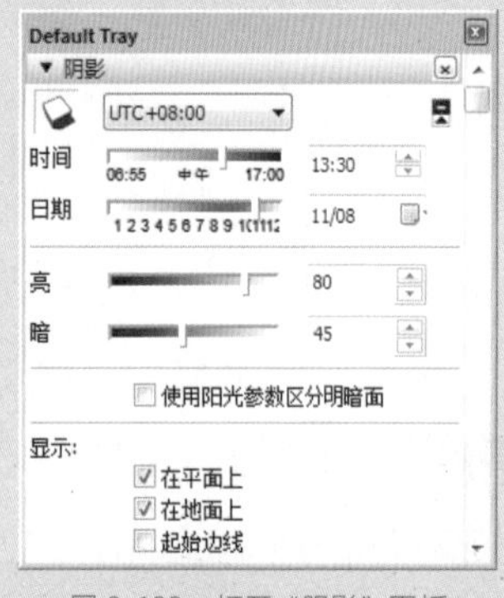

图 8-133　打开“阴影”面板

图 8-134　调整阴影参数

04 调整后的效果如图 8-135 所示。

图 8-135　调整后的效果

8.2.3 背景与天空设置

SketchUp 本身可以设置背景与天空的颜色，但是在本场景中，利用水印功能结合天空图片能够更加表现出海边的别样风情。

01 执行“窗口”| Default Tray |“风格”命令，打开“风格”面板，在“编辑”选项板中选择“水印设置”选项，从中单击“添加水印”按钮，如图 8-136 所示。

02 选择合适的天空贴图作为水印背景，此时会弹出“创建水印”对话框，默认为覆盖效果，如图 8-137 所示。

图 8-136 添加水印

图 8-137 覆盖效果

03 在“创建水印”对话框中选择“背景”选项，如图 8-138 所示。

04 贴图作为背景时的效果如图 8-139 所示。

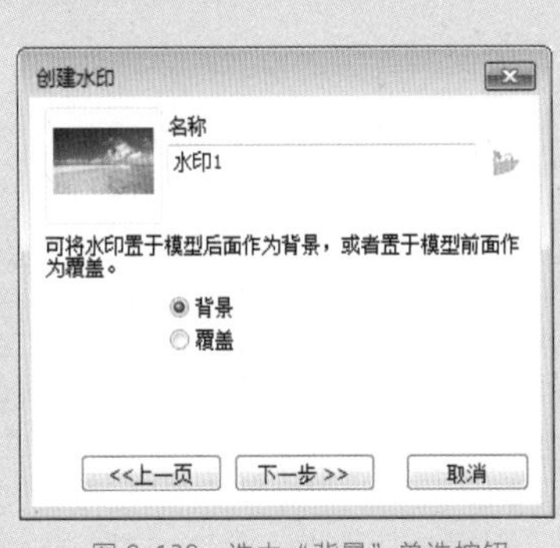

图 8-138 选中“背景”单选按钮

图 8-139 背景效果

05 单击“下一步”按钮，调整背景和图像的混合度，如图 8-140 所示。

06 调整效果如图 8-141 所示。

图 8-140　调整混合度

图 8-141　混合后的效果

07 单击“下一步”按钮，选择“在屏幕中定位”选项，将“比例”调整为最大，单击“完成”按钮，完成水印的添加，如图 8-142 所示。

08 最终效果如图 8-143 所示。

图 8-142　添加水印

图 8-143　最终效果

CHAPTER 09

小区景观规划效果的制作

内容导读 Guided reading

本章将制作一个小区的景观场景，涉及住宅楼建筑、地面造型、露天厨房以及游泳池等模型，需要使用前面所学习的很多操作知识，还可以学习到一些新的操作技巧，以加强对 SketchUp 的掌握。

学习目标

- √ 掌握建筑模型的创建方法
- √ 掌握材质与贴图的应用
- √ 掌握小区规划技巧

作品展示

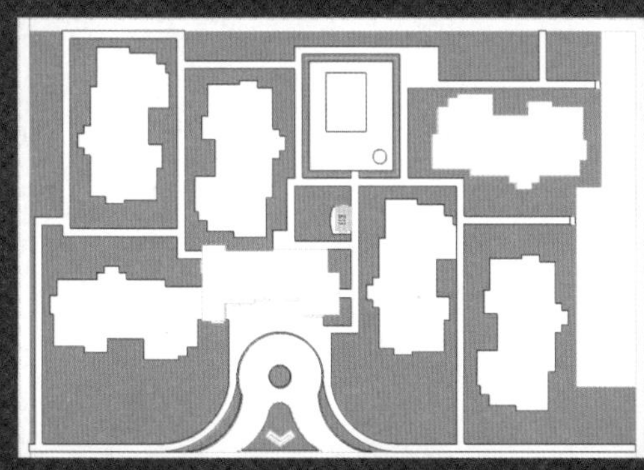

◎小区平面图

◎小区俯视效果

9.1 制作整体景观平面

本小节主要介绍整体景观平面模型的制作过程，包括 AutoCAD 文件的导入、地面场景的制作、小区入口标志的制作、露天水吧模型的制作以及小区建筑模型的制作等。

9.1.1 导入 AutoCAD 文件

在制作模型之前，首先要将平面布置图导入，这可以为后面模型的创建节省很多时间，操作步骤如下。

01 启动 SketchUp 应用程序，执行“文件”|“导入”命令，在“导入”对话框中选择 AutoCAD 文件，如图 9-1 所示。

02 将平面图导入 SketchUp 中，效果如图 9-2 所示。

图 9-1 选择图形文件

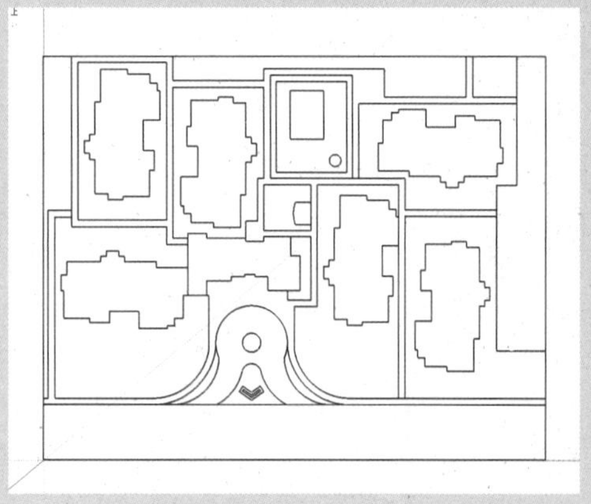

图 9-2 导入平面图

9.1.2 制作地面场景

接下来根据导入的平面图创建地面模型，操作步骤如下。

01 将平面图形创建成组，如图 9-3 所示。

02 激活“矩形”工具，捕捉绘制矩形，如图 9-4 所示。

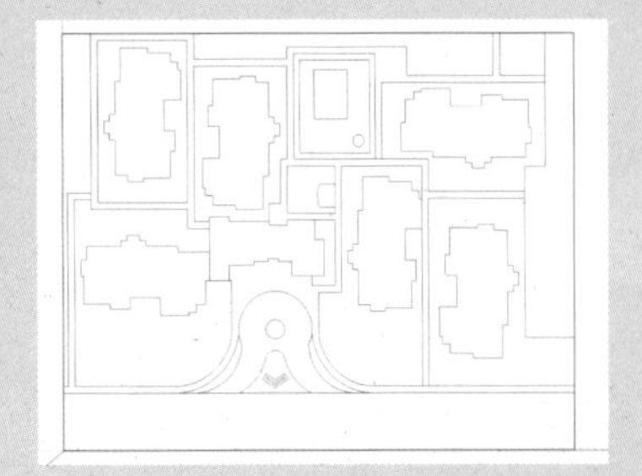

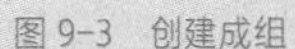

图 9-3 创建成组

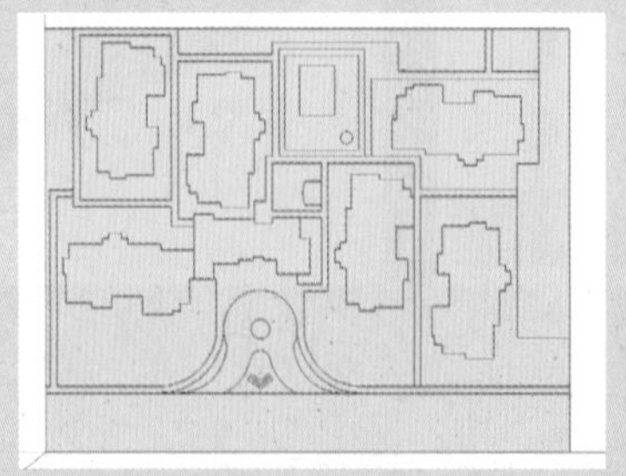

图 9-4 绘制矩形

03 将矩形创建成组，双击进入编辑模式，利用“直线”工具和“弧形” 工具捕捉绘制平面图形，如图 9-5 所示。

04 首先制作小区入口的广场区域造型，选择图形，如图 9-6 所示。

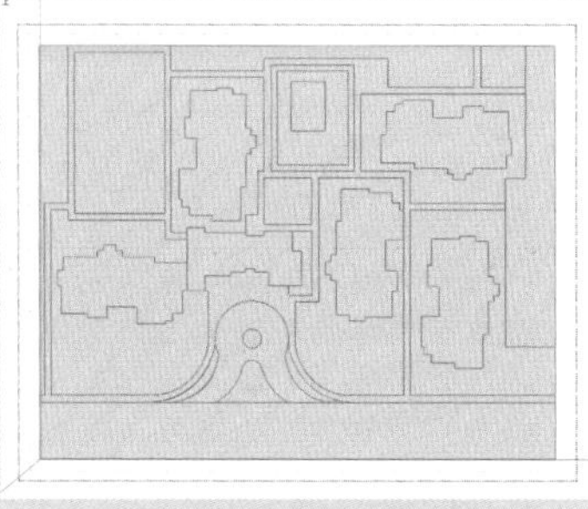

图 9-5　绘制平面图形

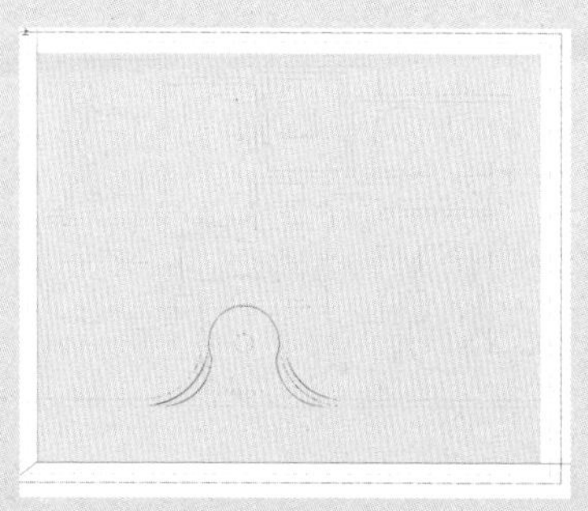

图 9-6　选择图形

05 激活“偏移”工具，将选择的图形向内偏移 450mm，如图 9-7 所示。

06 删除下方多余的线条，如图 9-8 所示。

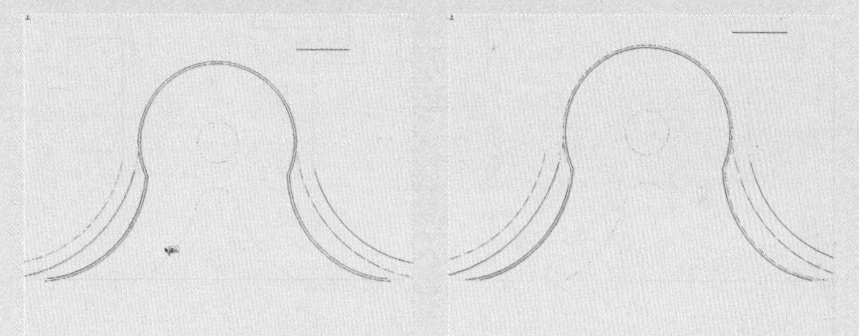

图 9-7　偏移图形　　图 9-8　删除多余的线条

07 激活 “推 / 拉” 工具，将地面道路平面向上推出 50mm，如图 9-9 所示。

08 将广场区域的圆向上推出 300mm，如图 9-10 所示。

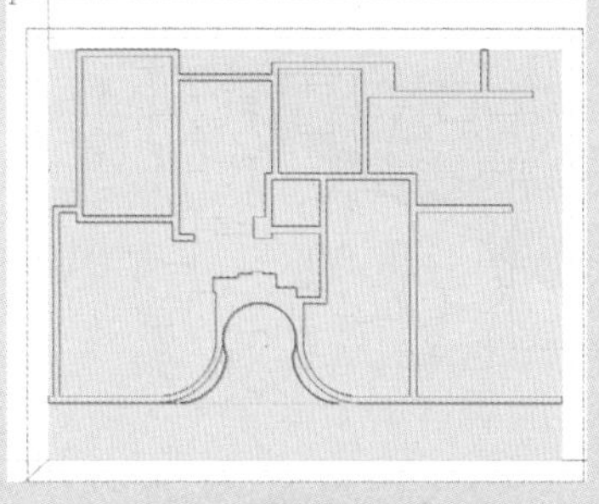

图 9-9　推 / 拉道路平面

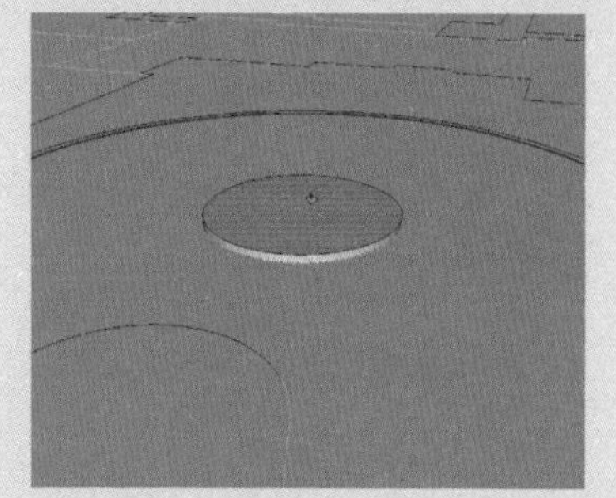

图 9-10　推 / 拉圆形

09 激活“偏移”工具，将圆形边线向内偏移 350mm，如图 9-11 所示。

10 激活“推 / 拉”工具，将中间的面向下推出 50mm，如图 9-12 所示。

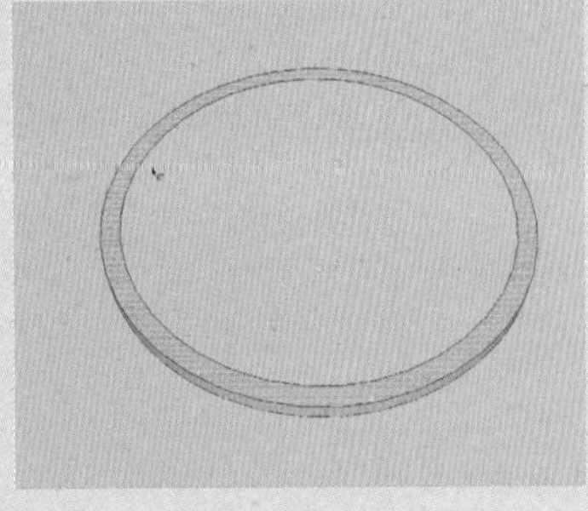

图 9-11　偏移圆形

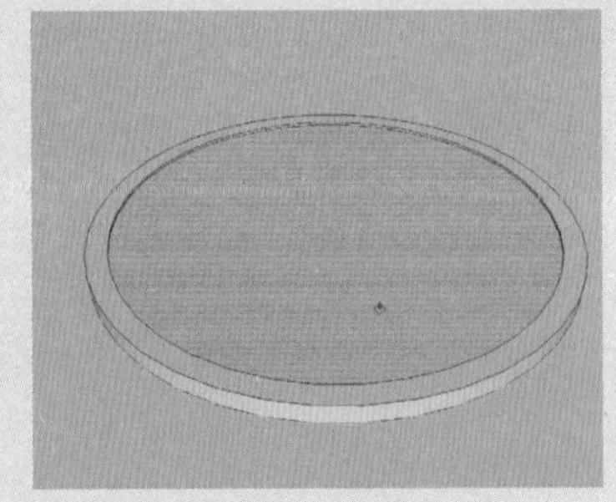

图 9-12　推 / 拉圆形

11 将广场路面以及公路路面向下推出 150mm，如图 9-13 所示。

12 激活“偏移”工具，将图形向内偏移 350mm，如图 9-14 所示。

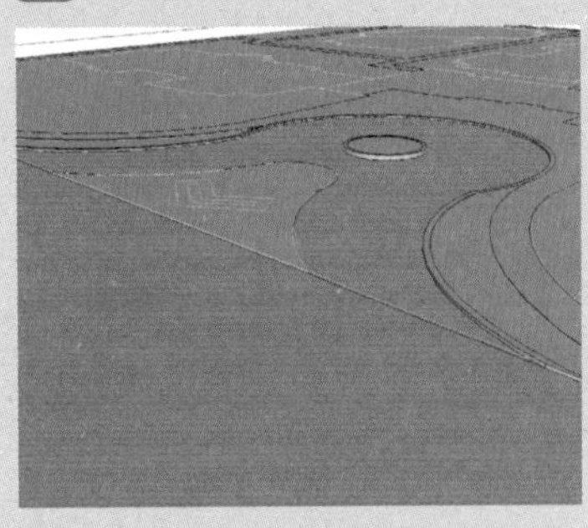

图 9-13　推 / 拉路面造型

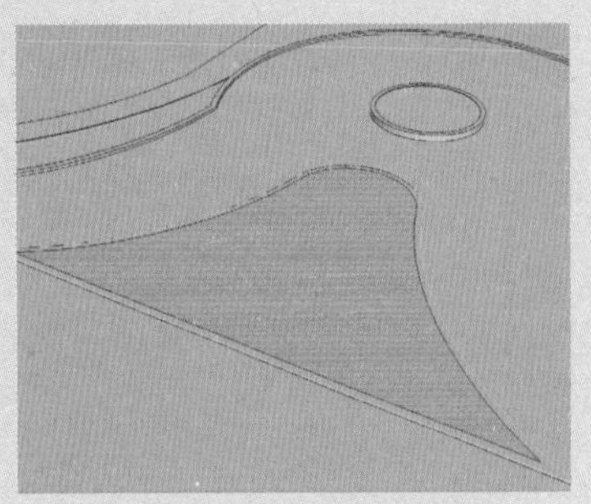

图 9-14　偏移图形

13 激活“推 / 拉”工具，将中间的路面向下推出 50mm，如图 9-15 所示。

14 激活“推 / 拉”工具，将平面图右侧的面向下推出 170mm，如图 9-16 所示。

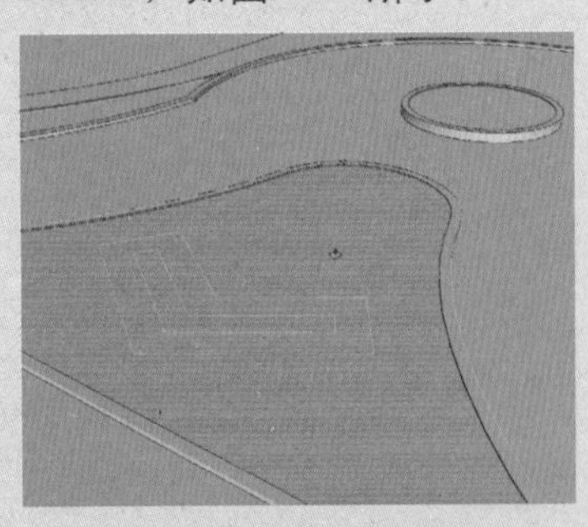

图 9-15　推 / 拉路面图形

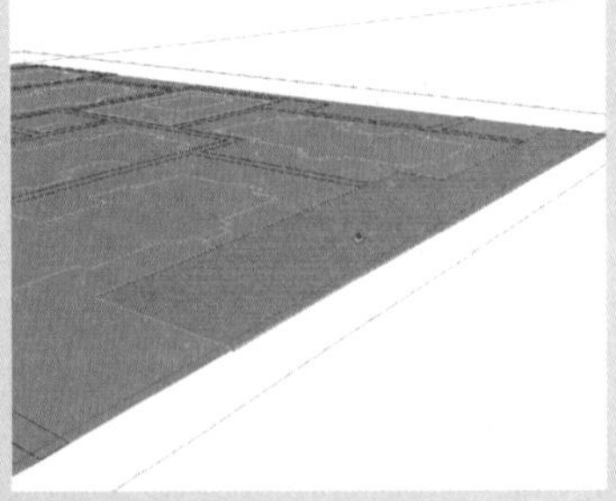

图 9-16　推 / 拉平面

15 将视线移动到该区域与道路连接处，选择一条边线，如图 9-17 所示。

16 激活“移动”工具，按住 Ctrl 键将直线向左侧移动复制，移动距离为 2000mm，如图 9-18 所示。

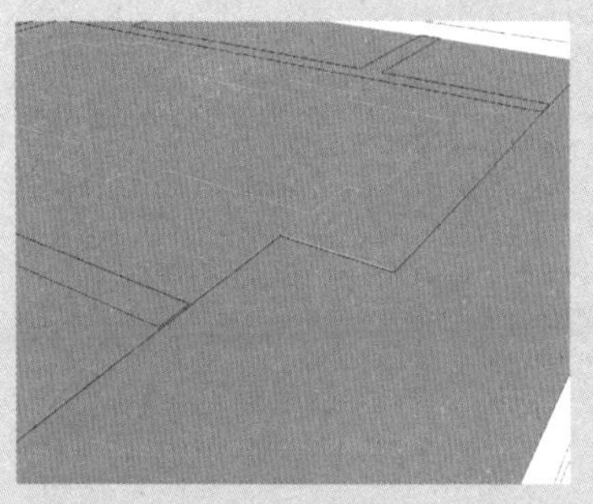
图 9-17　选择边线

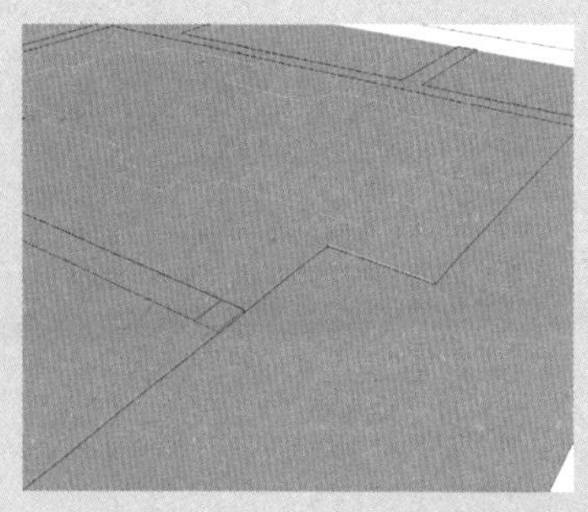
图 9-18　移动并复制直线

17 再次选择该边线，如图 9-19 所示。

18 激活“移动”工具，将边线向下移动到与下方边线重合，如图 9-20 所示。

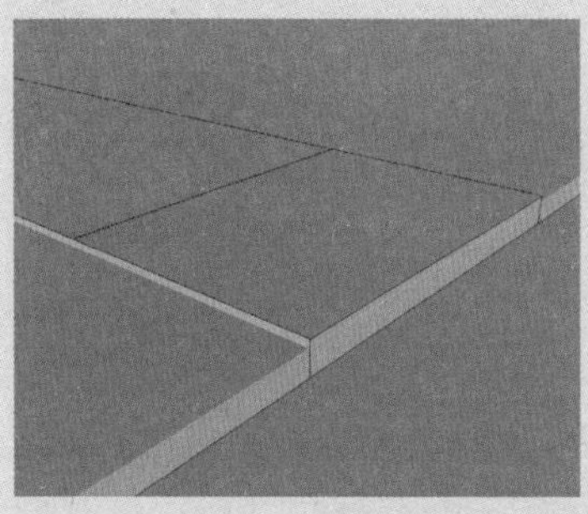
图 9-19　选择边线

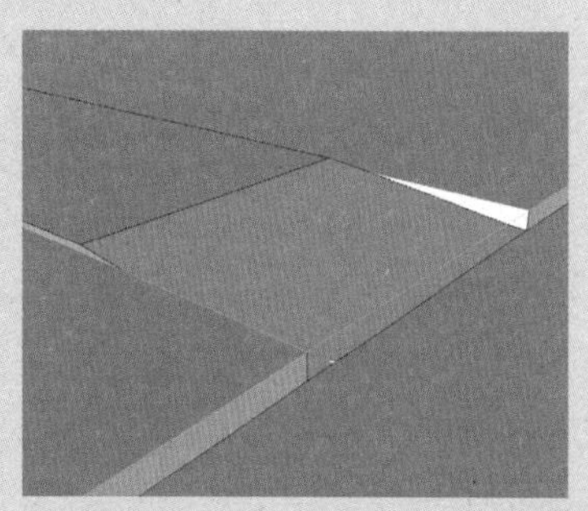
图 9-20　重合边线

19 激活“直线”工具，绘制直线填补道路两侧的空洞位置，制作出道路斜坡造型，照此方法再制作另一处斜坡，如图 9-21 所示。

20 接下来制作游泳池造型，激活“推 / 拉”工具，将平面向上推出 50mm，如图 9-22 所示。

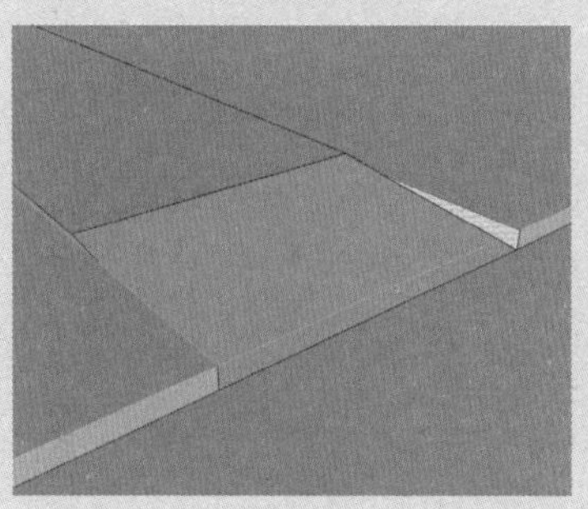
图 9-21　制作斜坡造型

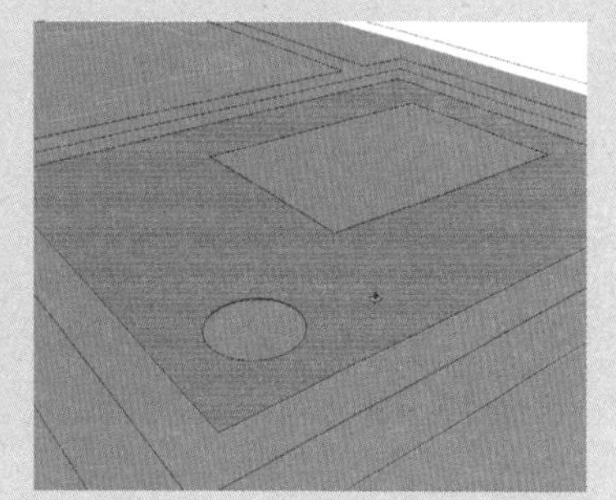
图 9-22　推 / 拉平面

21 将中间的矩形面及圆形面向下推出 1000mm，如图 9-23 所示。

22 激活“直线”工具，从道路绘制直线连接到游泳池区域的地面，如图 9-24 所示。

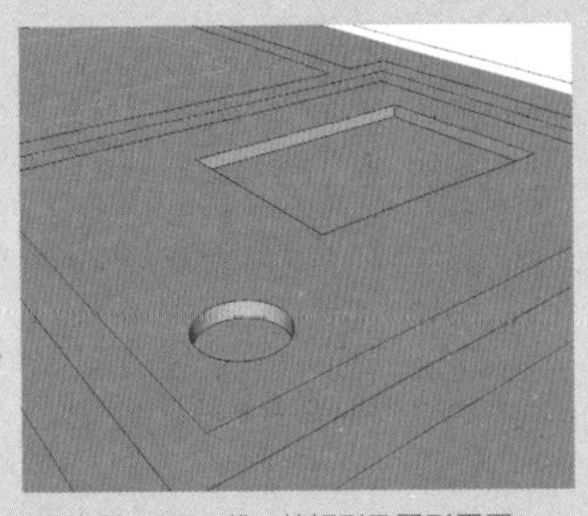

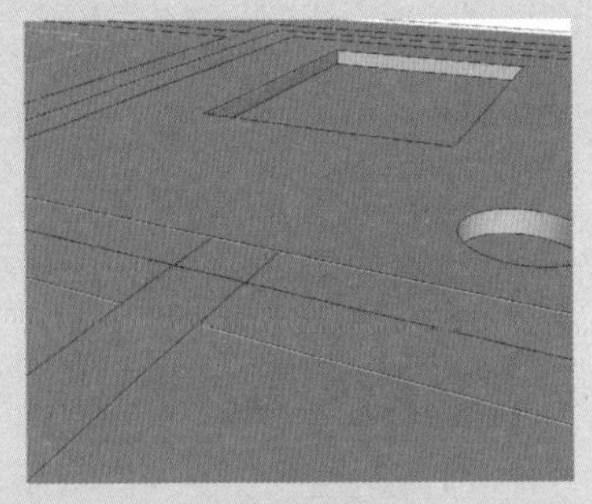

图 9-23　推 / 拉矩形及圆形平面

图 9-24　绘制直线

23 激活“推 / 拉”工具，将面向上推出 50mm，再删除多余线条，如图 9-25 所示。

24 激活“直线”工具和“弧形”工具，绘制游泳池旁边的地面造型，如图 9-26 所示。

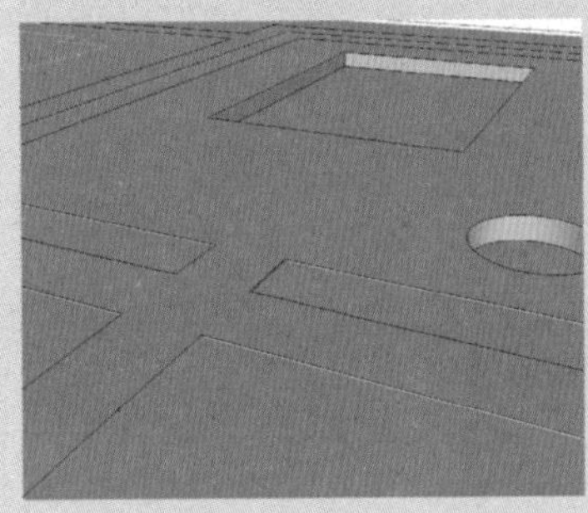

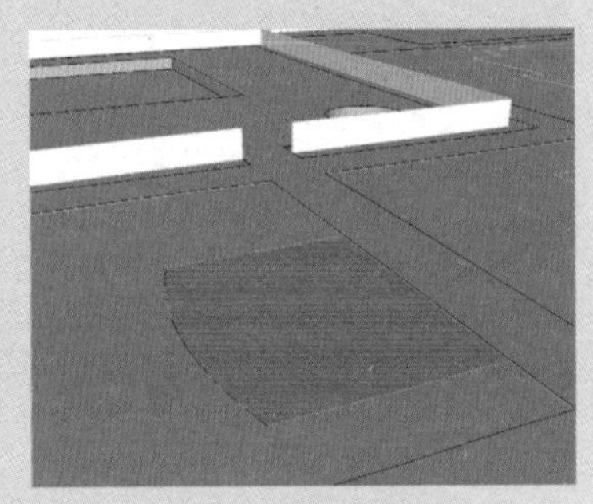

图 9-25　推 / 拉平面

图 9-26　绘制地面造型

25 激活“推 / 拉”工具，将面向上推出 50mm，如图 9-27 所示。

26 将所有住宅楼位置的面向上推出 50mm，完成地面造型的制作，如图 9-28 所示。

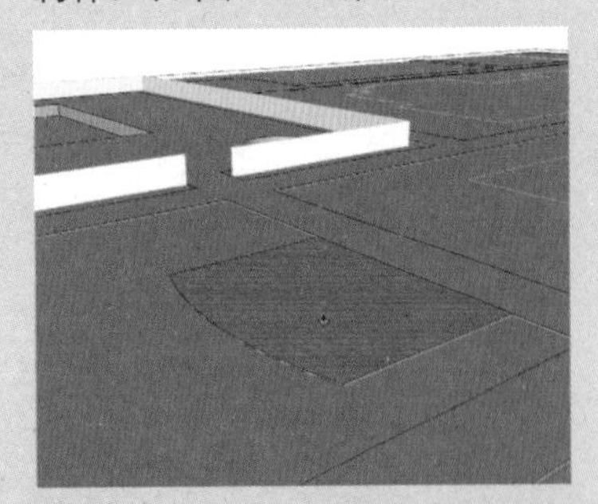

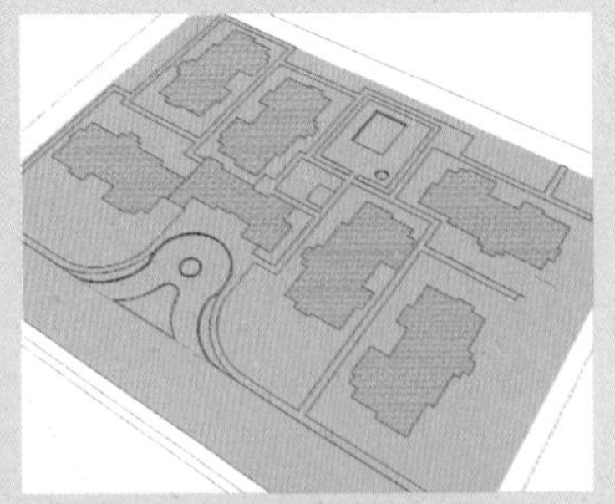

图 9-27　推 / 拉平面

图 9-28　推 / 拉住宅楼平面

27 按 Ctrl+A 组合键，全选图形，单击鼠标右键，在弹出的快捷菜单中选择“反转平面”命令，将所有的平面反转，如图 9-29 所示。

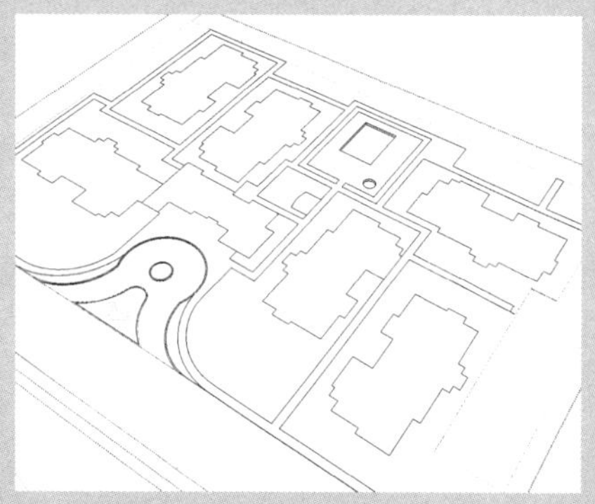

图 9-29　反转平面

9.1.3　制作小区入口标志

地面造型制作完毕后，接下来就要制作室外的一些景观造型，如小区入口处的标志造型、小区内部的开敞式厨房，这是本场景中较为复杂的两个造型，另外还有几个栏杆造型，涉及本书中的许多操作技巧。操作步骤如下：

01 激活“直线”工具，捕捉绘制小区广场位置的图形并创建成组，如图 9-30 所示。

02 双击进入编辑模式，反转平面，如图 9-31 示。

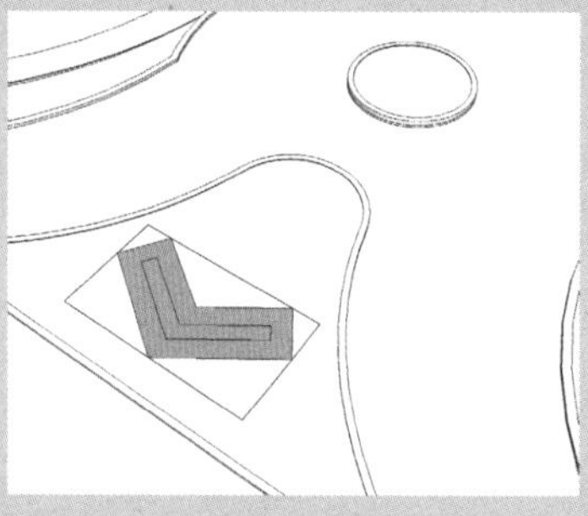

图 9-30　绘制图形

图 9-31　反转平面

03 继续利用“直线”工具绘制内部图形，如图 9-32 所示。

04 激活“推 / 拉”工具，将面向上推出 600mm，如图 9-33 所示。

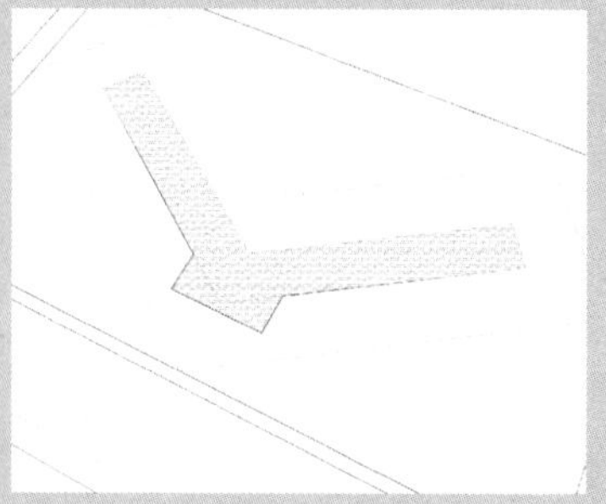

图 9-32　制作内部图形

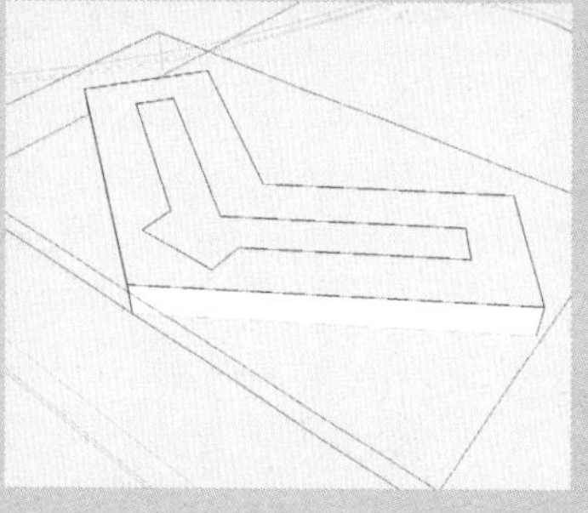

图 9-33　推 / 拉平面

05 继续将中间的面向上推出1500mm，如图9-34所示。

06 选择如图9-35所示的线条。

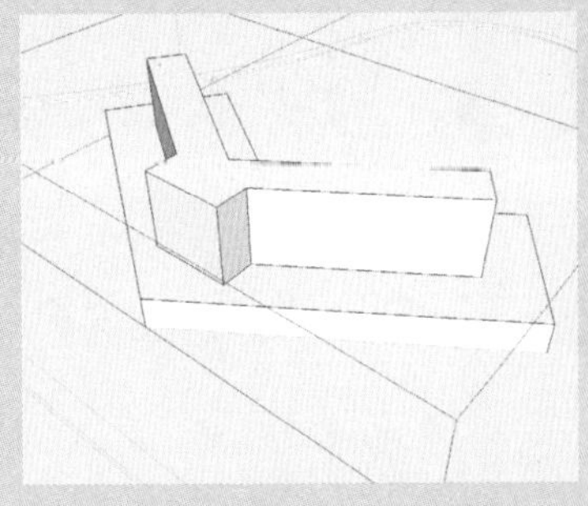

图9-34 推/拉平面造型

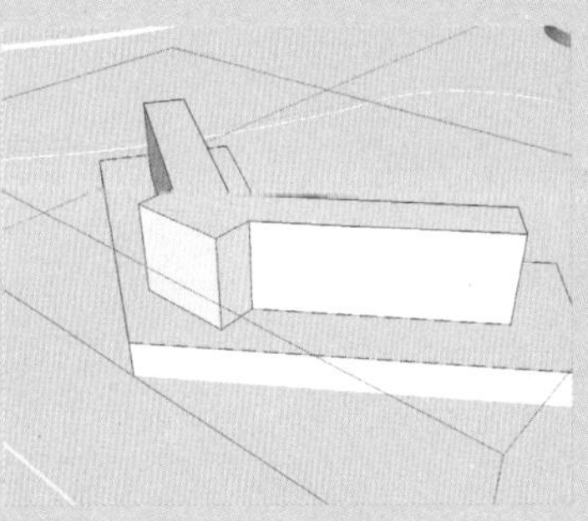

图9-35 选择边线

07 激活“移动”工具，按住Ctrl键将其向下移动复制，设置移动距离为150mm，如图9-36所示。

08 激活“推/拉”工具，将两侧的面向内推出50mm，如图9-37所示。

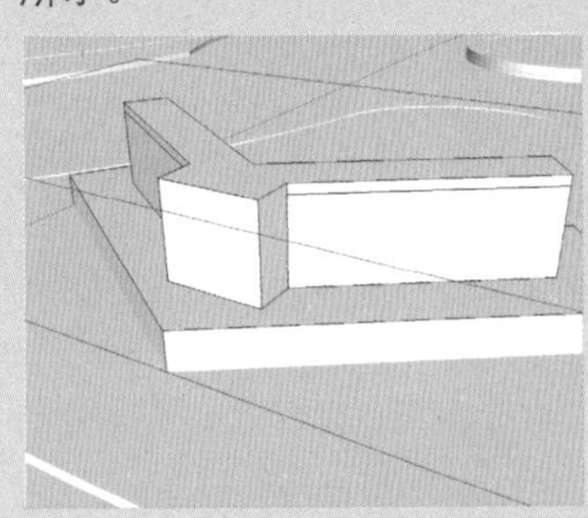

图9-36 移动并复制平面

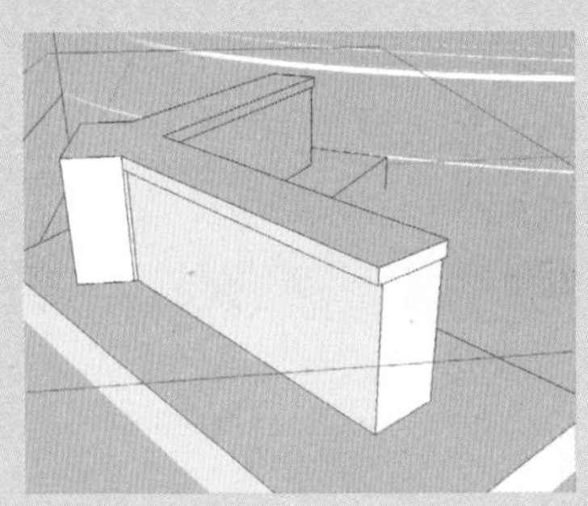

图9-37 推/拉平面

09 再将两头的面向内推出150mm，如图9-38所示。

10 激活“偏移”工具，将下方边线向内偏移100mm，激活“推/拉”工具，将边上的面向上推出50mm，如图9-39所示。

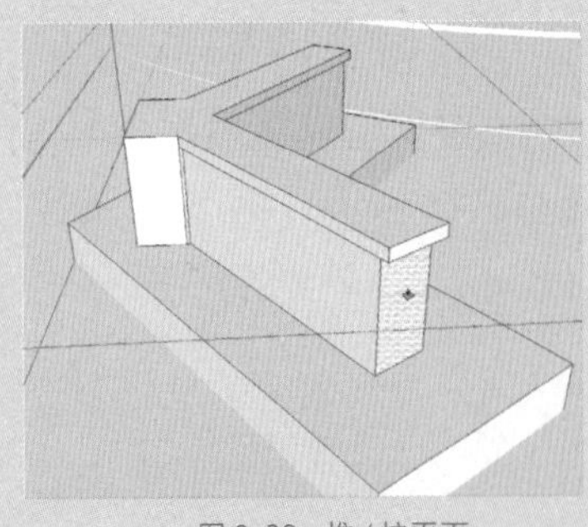

图9-38 推/拉平面

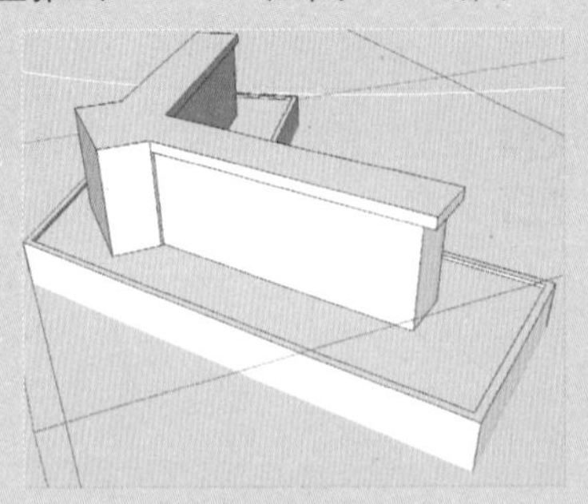

图9-39 偏移并推/拉平面造型

11 退出编辑模式，激活“三维文字”工具，打开“放置三维文字”

对话框，输入文字，并设置文字字体及高度，其余设置默认，单击“放置”按钮，如图 9-40 所示。

12 将创建的三维字体放置到合适位置，如图 9-41 所示。

图 9-40 设置三维文字

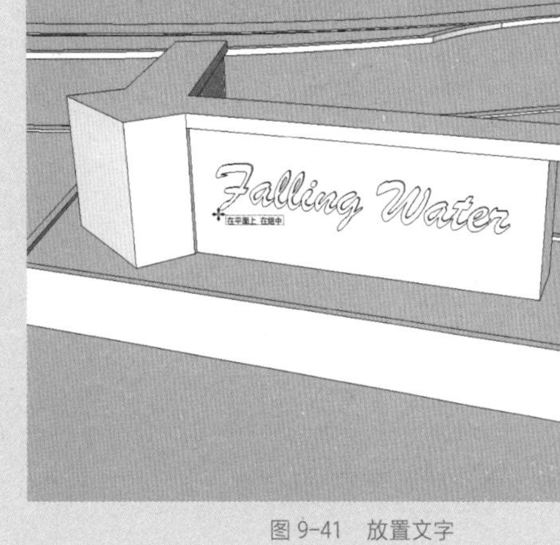

图 9-41 放置文字

13 继续创建三维文字，输入文字内容并设置文字字体及高度，如图 9-42 所示。

14 将文字放置到合适位置，如图 9-43 所示。

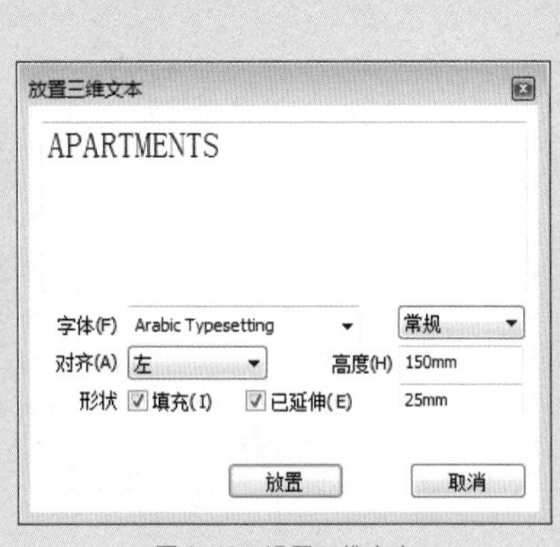

图 9-42 设置三维文字

图 9-43 放置文字

15 再创建另一侧的三维文字，完成小区入口标志景观的创建，如图 9-44 所示。

图 9-44　复制文字

9.1.4　制作露天水吧

接下来制作小区中的一个露天水吧模型，操作步骤如下。

01 将视线转移到游泳池旁边的平台，激活“直线”工具，绘制平面如图 9-45 所示。

02 将平面创建成组，双击进入编辑模式，激活“推 / 拉”工具，将面向上推出 800mm，制作出柜台的造型，如图 9-46 所示。

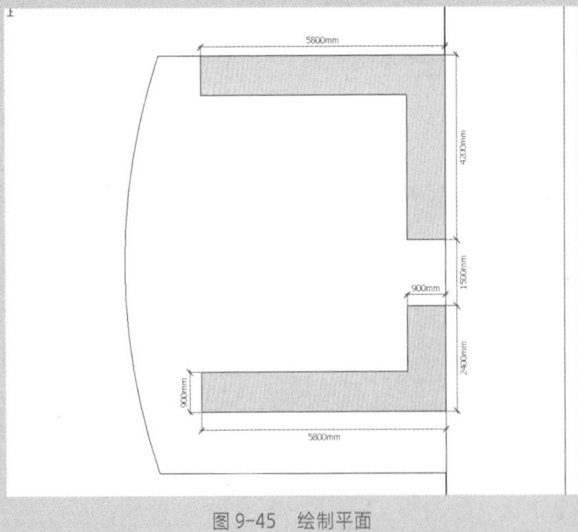

图 9-45　绘制平面

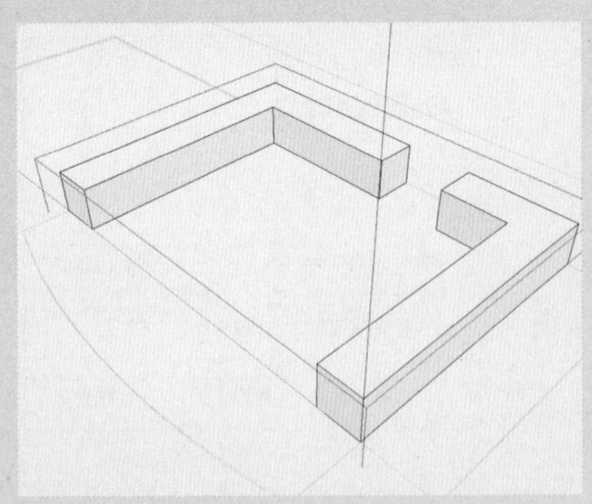

图 9-46　推 / 拉平面

03 将左侧边线向右移动复制 1500mm、2400mm，如图 9-47 所示。

04 激活“直线”工具，在桌面上绘制宽 300mm 的图形，如图 9-48 所示。

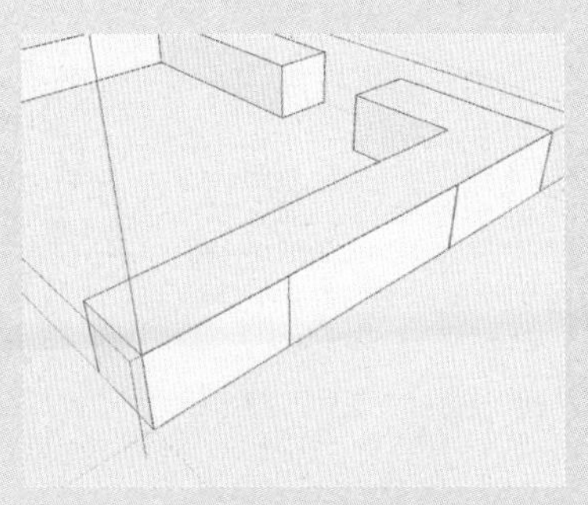

图 9-47　移动并复制边线

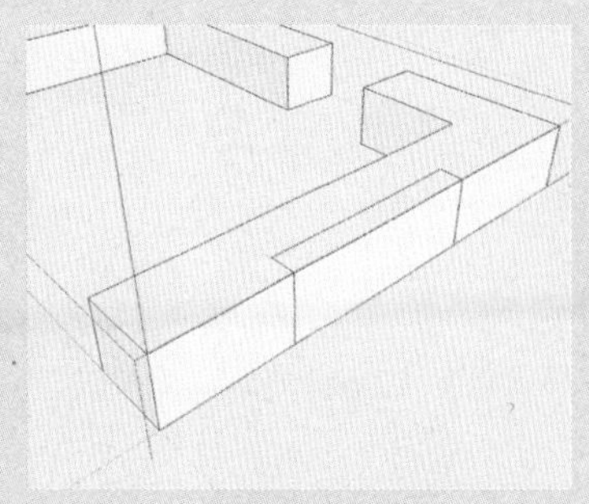

图 9-48　绘制图形

05 激活“推 / 拉”工具，将面向上推出 200mm 的高度，再向外侧推出 250mm，如图 9-49 所示。

06 激活“移动”工具，移动并复制线条，具体尺寸如图 9-50 所示。

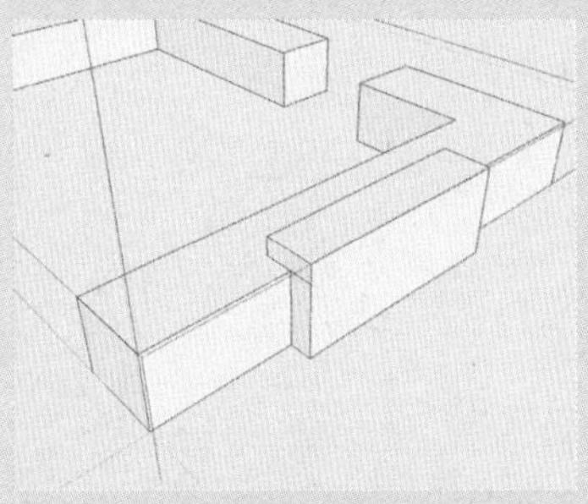

图 9-49　推 / 拉平面

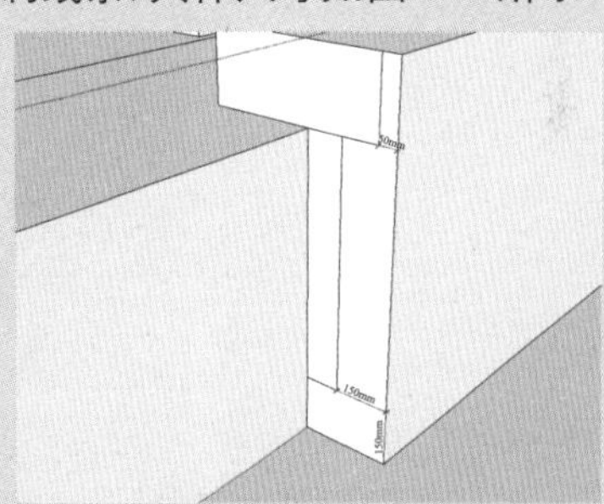

图 9-50　移动并复制线条

07 激活“弧线”工具，捕捉直线两端绘制弧线，高度为 50mm，如图 9-51 所示。

08 删除多余的线条，如图 9-52 所示。

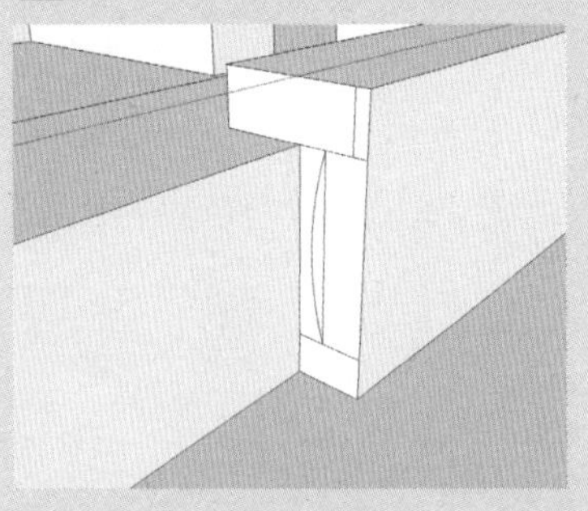

图 9-51　绘制弧线

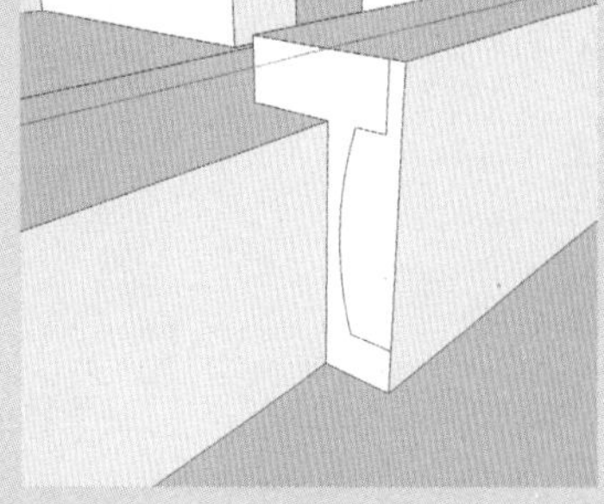

图 9-52　删除多余线条

09 激活“推 / 拉”工具，将面向另一侧推出，制作出吧台一边的造型，如图 9-53 所示。

10 移动到另外一侧柜台，激活“直线”工具，绘制两条直线，皆距离两侧 1500mm，如图 9-54 所示。

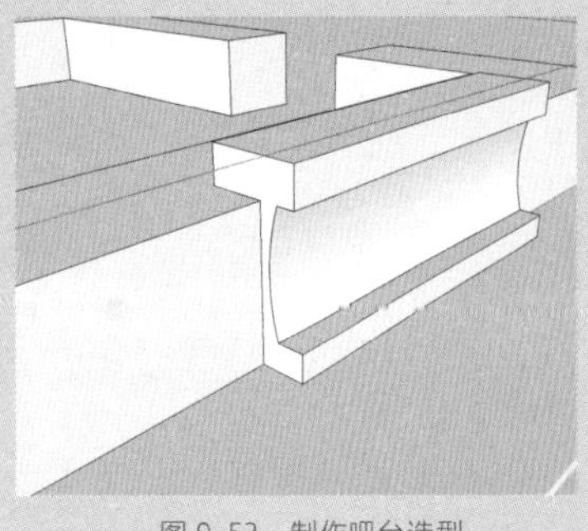

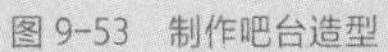

图 9-53　制作吧台造型

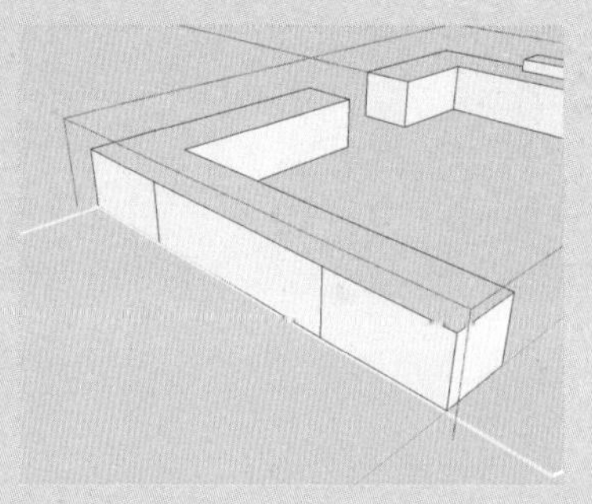

图 9-54　绘制两条直线

⑪ 激活“推 / 拉”工具，将面向外推出 600mm，如图 9-55 所示。

⑫ 激活“直线”工具，绘制两条直线，如图 9-56 所示。

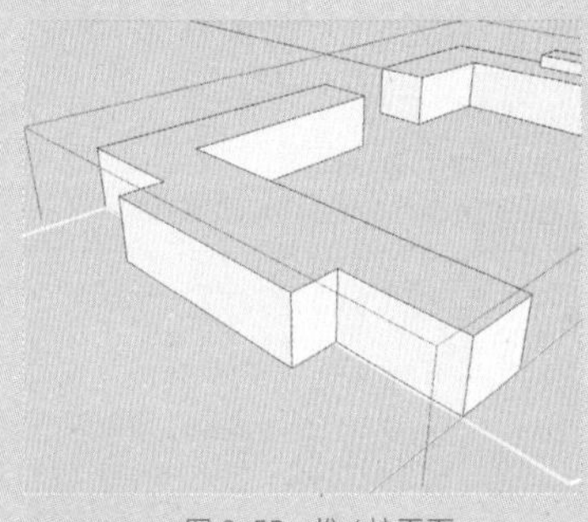

图 9-55　推 / 拉平面

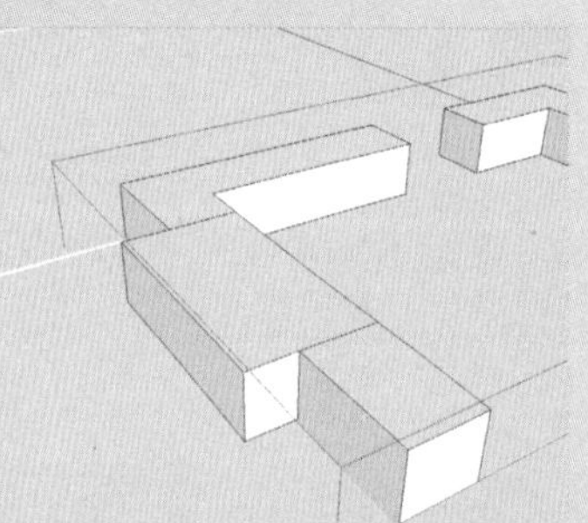

图 9-56　绘制两条直线

⑬ 激活“推 / 拉”工具，将面向上推出 150mm，如图 9-57 所示。

⑭ 删除多余线条，再将边线向内移动并复制 260mm，如图 9-58 所示。

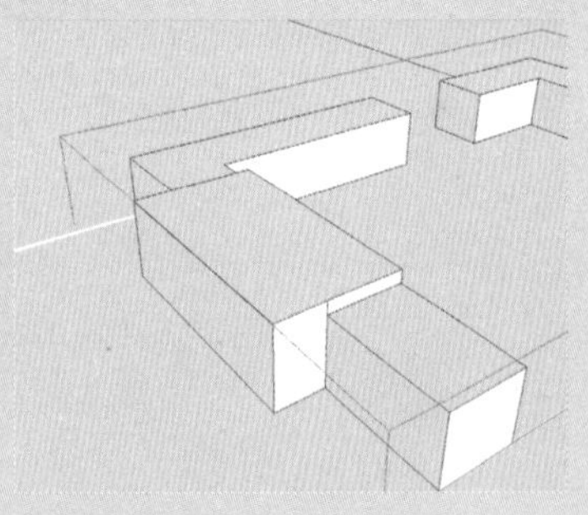

图 9-57　推 / 拉平面

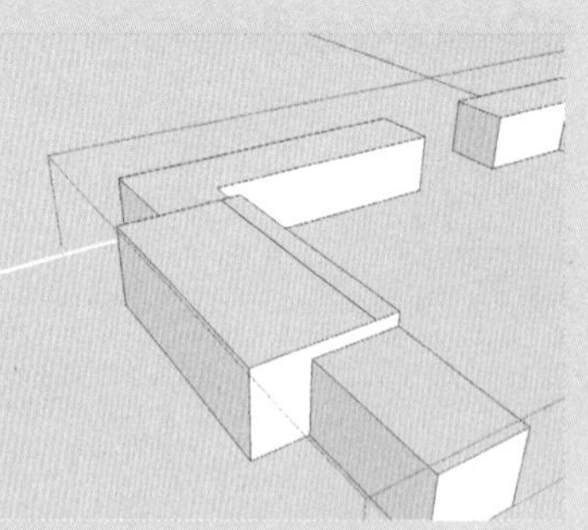

图 9-58　移动并复制边线

⑮ 激活“推 / 拉”工具，将面向上推出 850mm，如图 9-59 所示。

⑯ 选择如图 9-60 所示的线条。

⑰ 激活“偏移”工具，将边线向内偏移 400mm，如图 9-61 所示。

⑱ 激活“推 / 拉”工具，将面向上推出 2000mm，如图 9-62 所示。

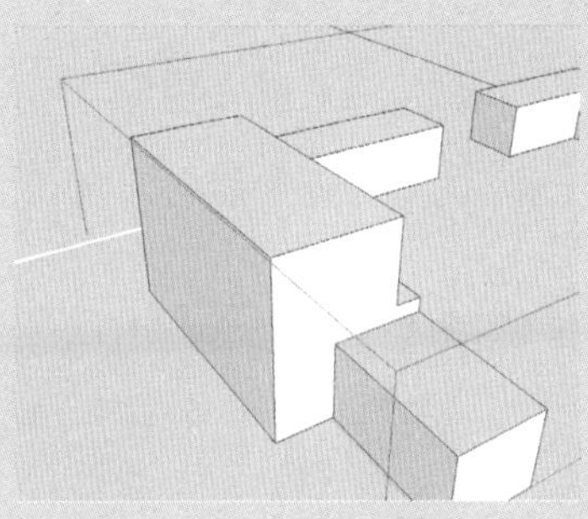
图 9-59 推 / 拉平面

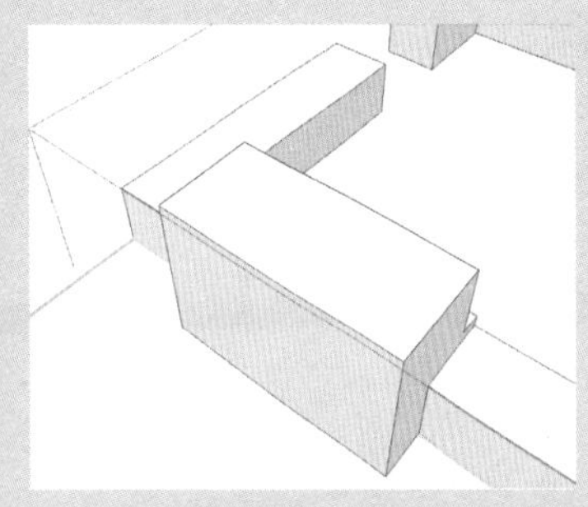
图 9-60 选择线条

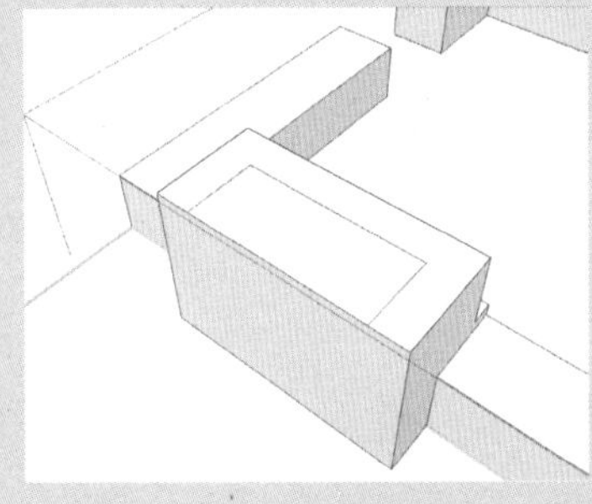
图 9-61 偏移边线

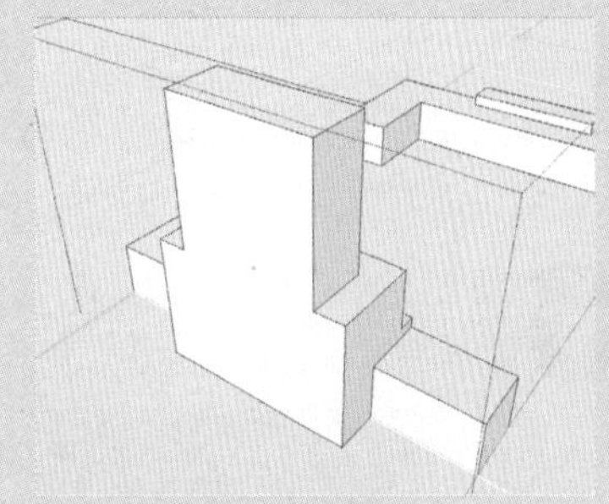
图 9-62 推 / 拉平面

19 激活“弧形”工具，绘制一条弧线，如图 9-63 所示。

20 激活“路径跟随”工具，将鼠标指针放在右上角的面上，按住鼠标左键围绕上方的三条边线制作出烟囱造型，如图 9-64 所示。

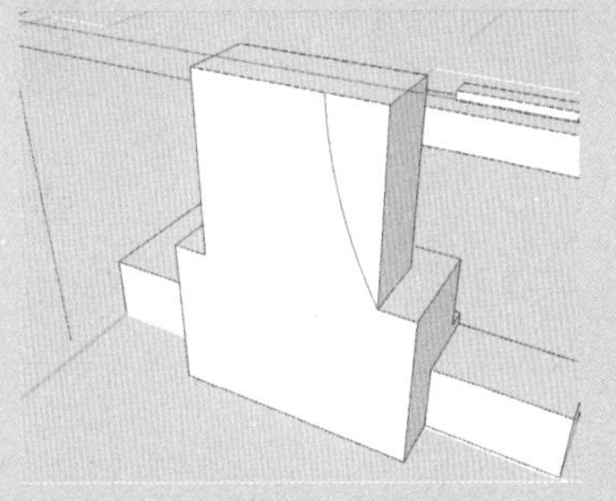
图 9-63 绘制弧线

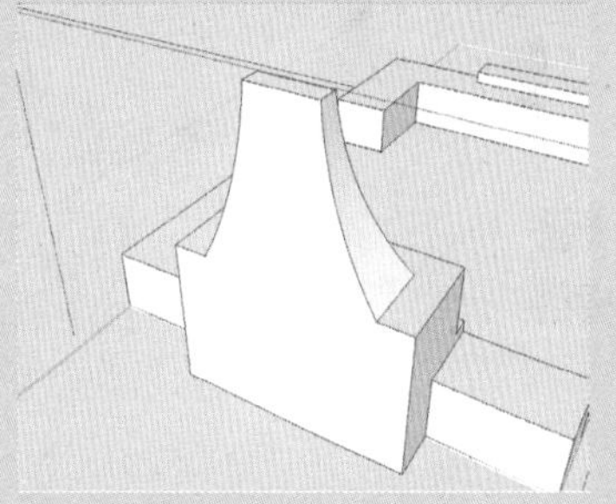
图 9-64 路径跟随操作

21 选择如图 9-65 所示的边线。

22 按住 Ctrl 键向下移动并复制边线，距离为 150mm，如图 9-66 所示。

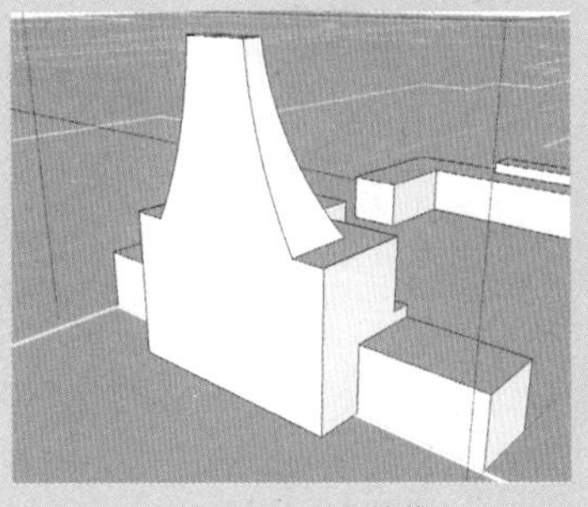
图 9-65 选择边线

图 9-66 向下移动并复制边线

23 激活“推/拉”工具，将三面都向外推出50mm，如图9-67所示。

24 激活“直线”工具和“弧线”工具，绘制图形如图9-68所示。

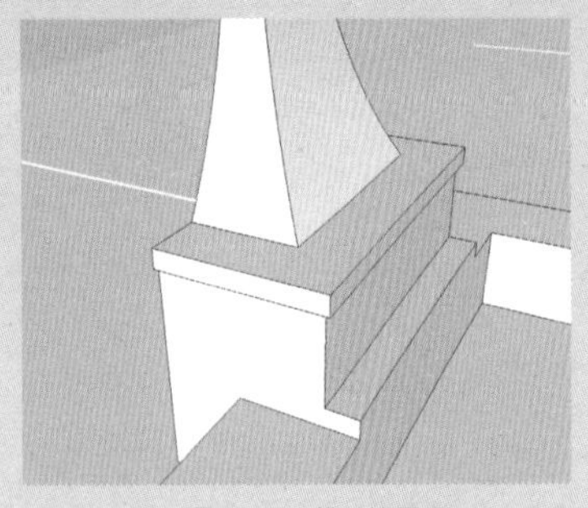

图9-67　推/拉平面

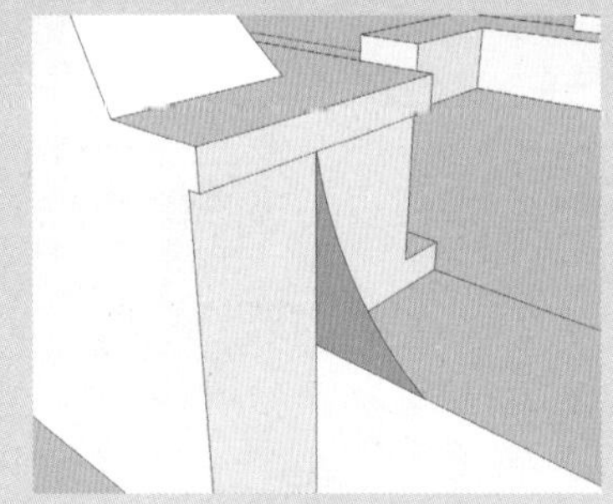

图9-68　绘制图形

25 激活“推/拉”工具，将面推出480mm，如图9-69所示。

26 制作另一侧造型，如图9-70所示。

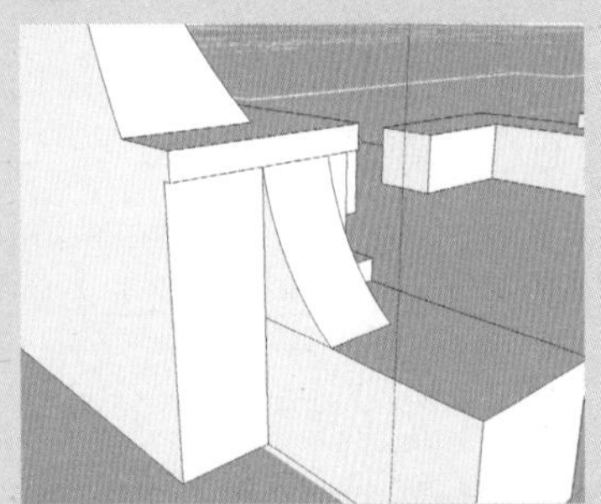

图9-69　推/拉平面

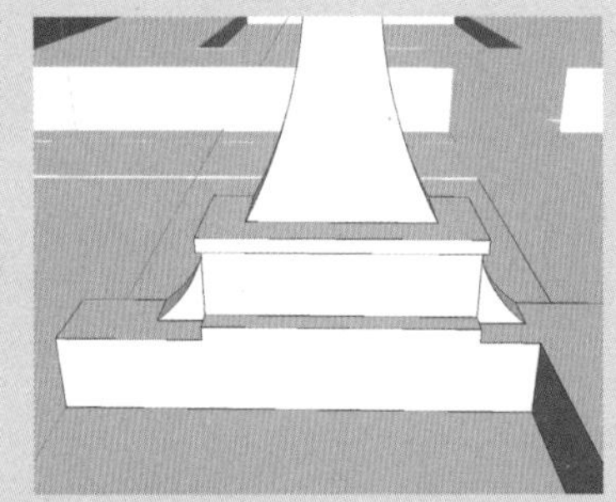

图9-70　制作另一侧造型

27 移动并复制边线，移动距离如图9-71所示。

28 激活“推/拉”工具，将面向内推出150mm，再删除多余线条，如图9-72所示。

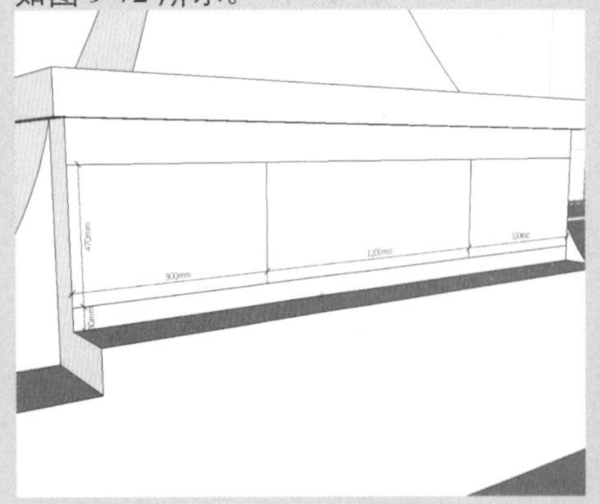

图9-71　移动并复制边线

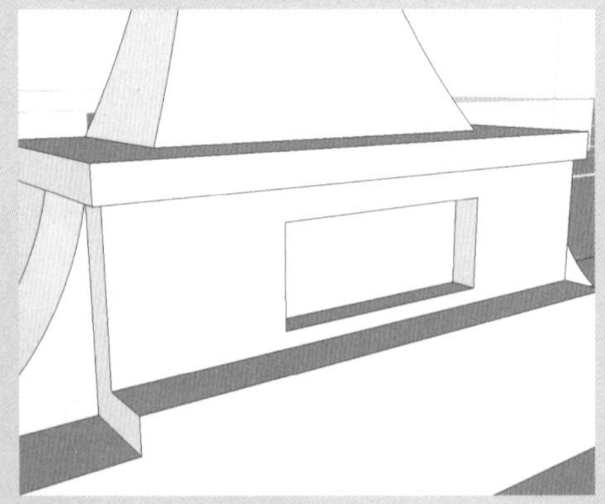

图9-72　推/拉平面

29 激活“偏移”工具，将内部边线向内偏移50mm，如图9-73所示。

30 激活“推 / 拉”工具，将面向内推出 300mm，如图 9-74 所示。

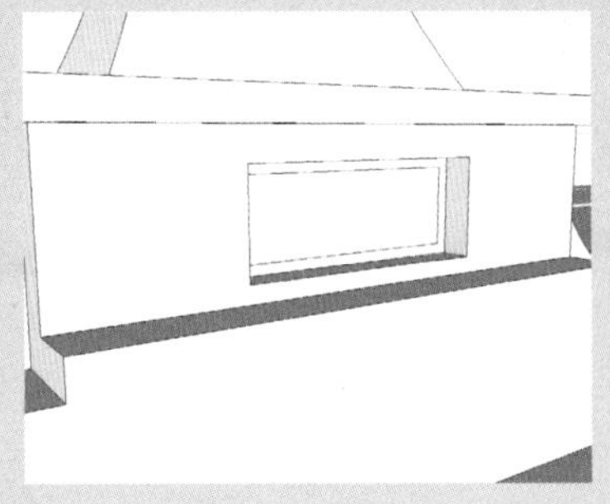

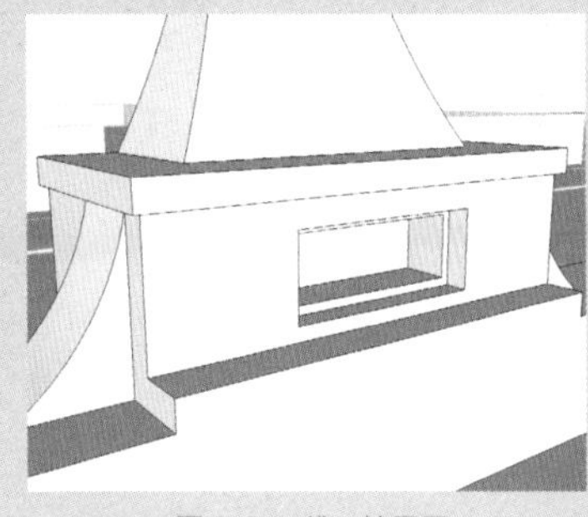

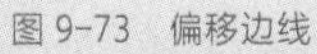

图 9-73 偏移边线　　图 9-74 推 / 拉平面

31 激活“矩形”工具，绘制两个 500mm×550mm 的矩形，并放到合适位置，距离设置如图 9-75 所示。

32 激活“推 / 拉”工具，将平面向内推出 450mm，如图 9-76 所示。

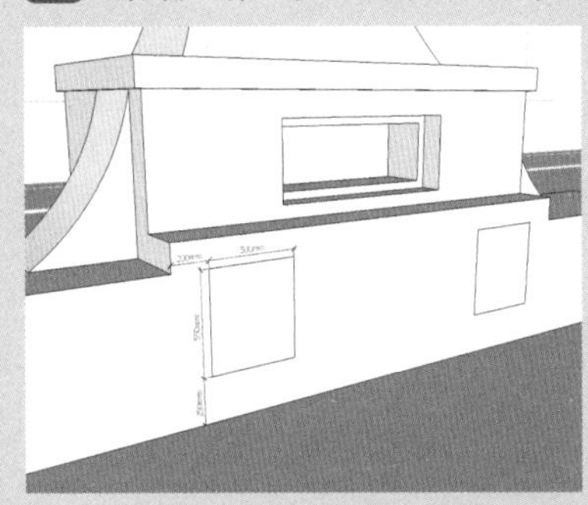

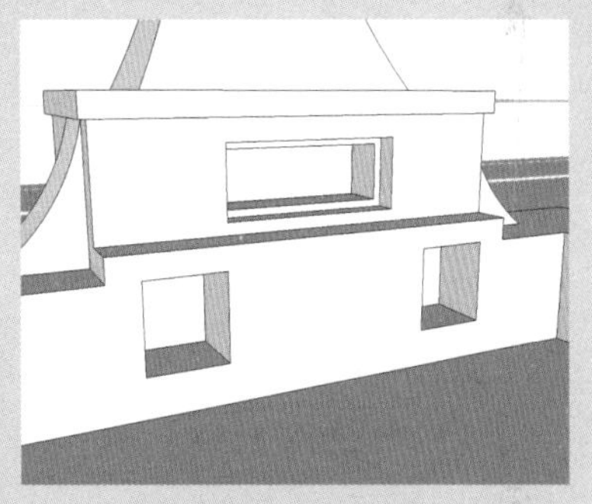

图 9-75 绘制两个矩形　　图 9-76 推 / 拉平面

33 激活“矩形”工具，在柜台面的 6 个角上绘制 300mm×300mm 的矩形，如图 9-77 所示。

34 激活“推 / 拉”工具，将 6 个矩形面向上推出 180mm，如图 9-78 所示。

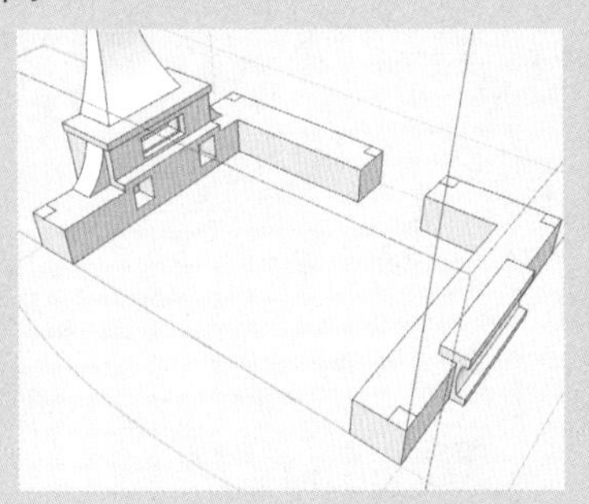

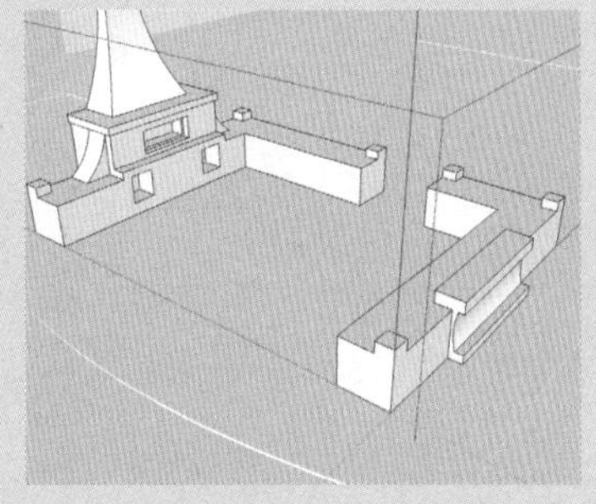

图 9-77 绘制矩形　　图 9-78 推 / 拉平面

35 选择一侧柜台底部的边线，如图 9-79 所示。

36 按住 Ctrl 键向上移动并复制，移动距离为 100mm，如图 9-80 所示。

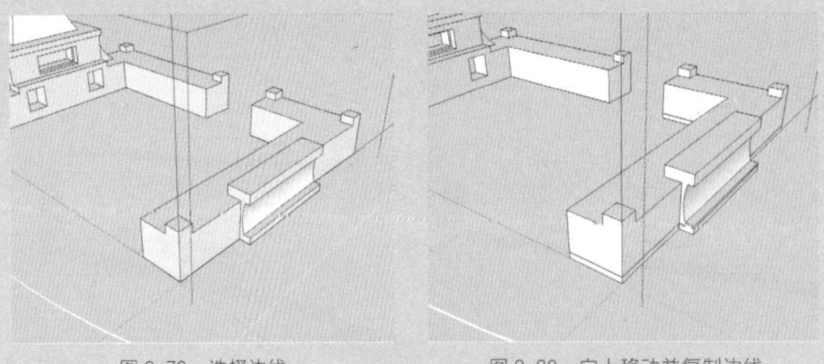

图 9-79　选择边线　　　　图 9-80　向上移动并复制边线

37 激活“直线”工具，在角落绘制一个 15mm×100mm 的矩形，如图 9-81 所示。

38 激活“弧线”工具，捕捉绘制一条弧线，高度为 14mm，如图 9-82 所示。

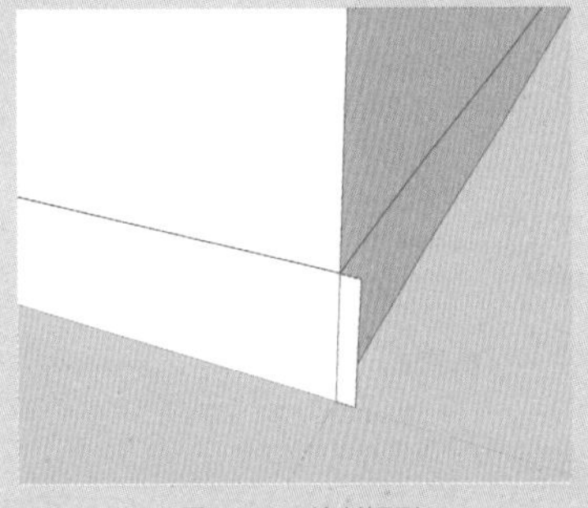

图 9-81　绘制矩形

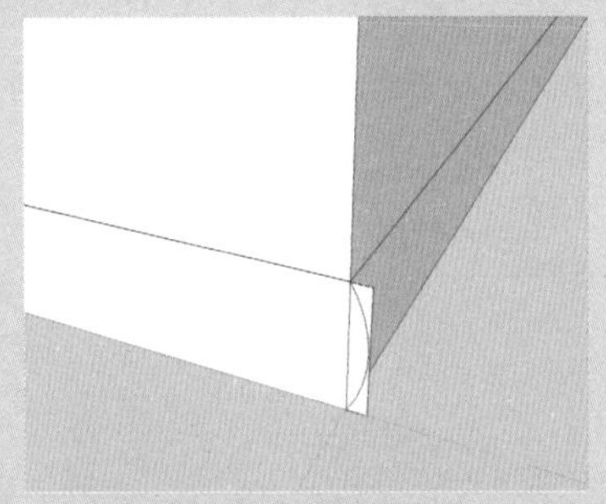

图 9-82　绘制弧线

39 删除多余线条，选择底部周围边线，如图 9-83 所示。

40 激活“路径跟随”工具，单击弧形的面，制作出橱柜踢脚造型，如图 9-84 所示。

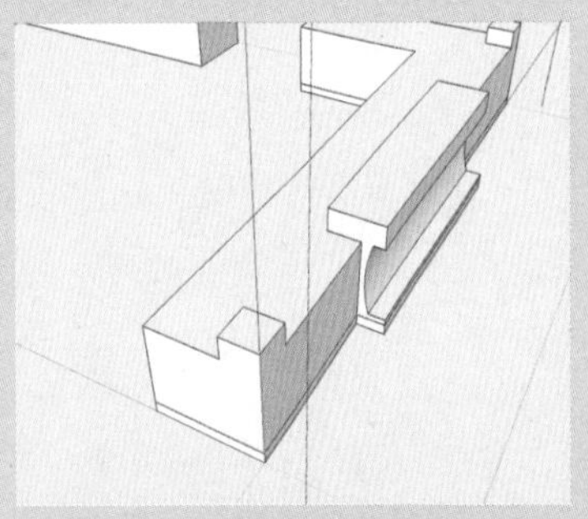

图 9-83　选择底部边线

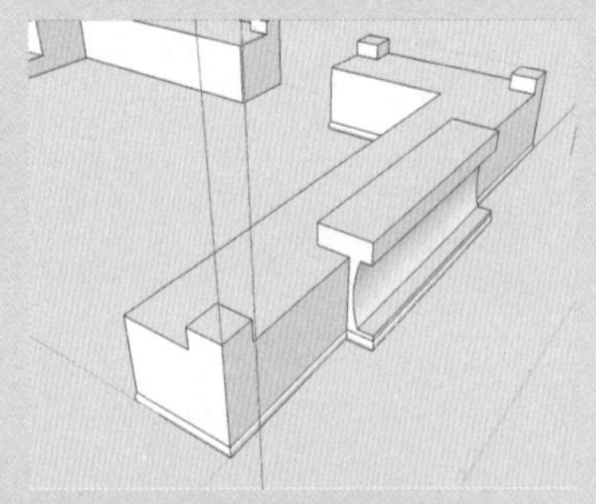

图 9-84　路径跟随操作

41 依照同样的操作方法制作另一侧橱柜的踢脚造型，如图 9-85 所示。

42 激活“弧形”工具，捕捉绘制一条弧线，高度为 150mm，如图 9-86 所示。

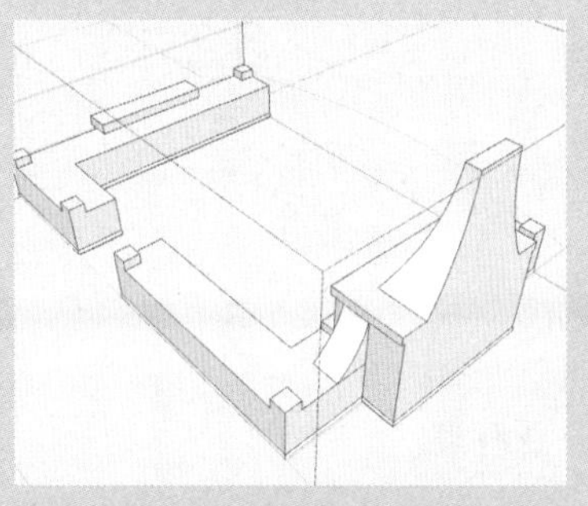

图 9-85　制作踢脚造型

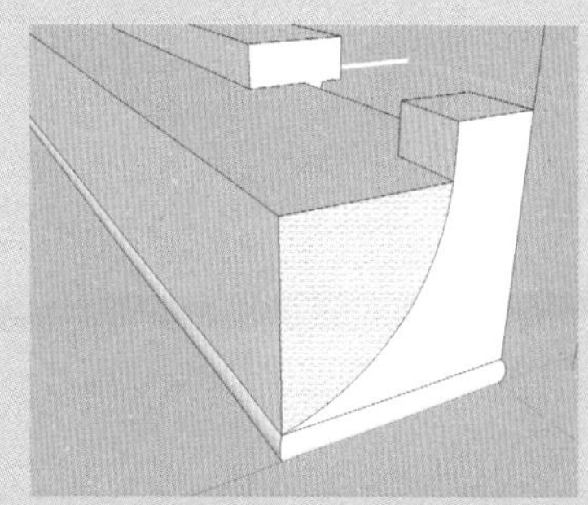

图 9-86　绘制弧线

43 激活“推 / 拉”工具，将面推进 300mm，如图 9-87 所示。

44 照此操作方法制作其他 3 个位置的造型，如图 9-88 所示。

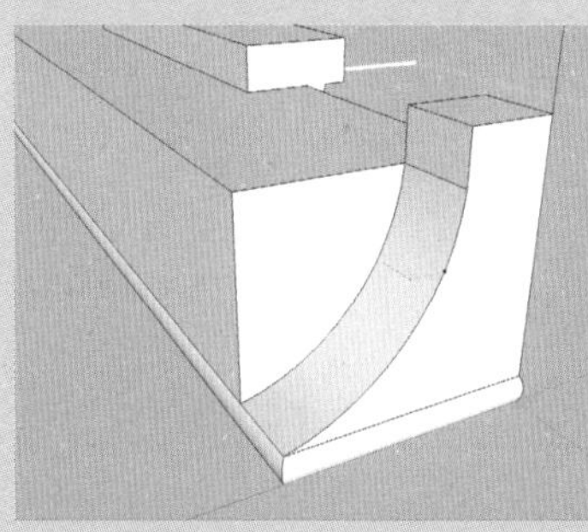

图 9-87　推 / 拉平面

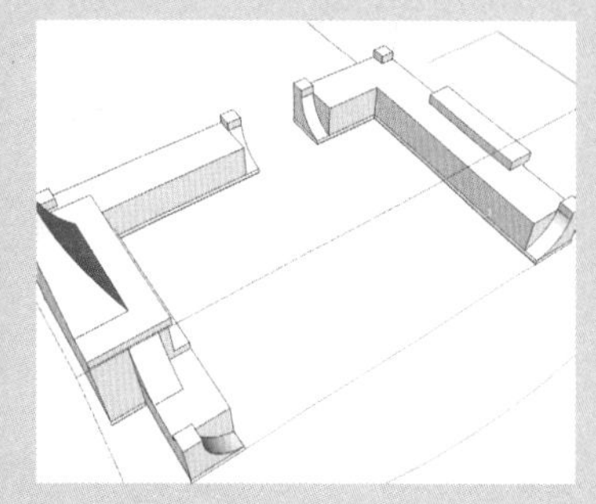

图 9-88　制作其他 3 个造型

45 退出编辑模式，激活“直线”工具，捕捉绘制柜台表面的平面，如图 9-89 所示。

46 将其创建成组，双击进入编辑模式，将部分边线向外移动 50mm，如图 9-90 所示。

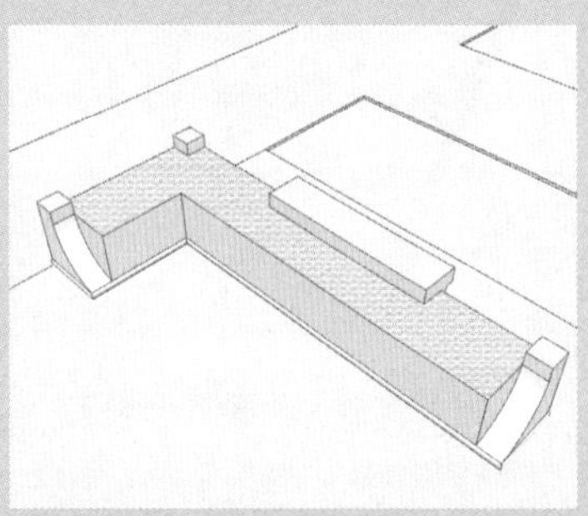

图 9-89　绘制平面

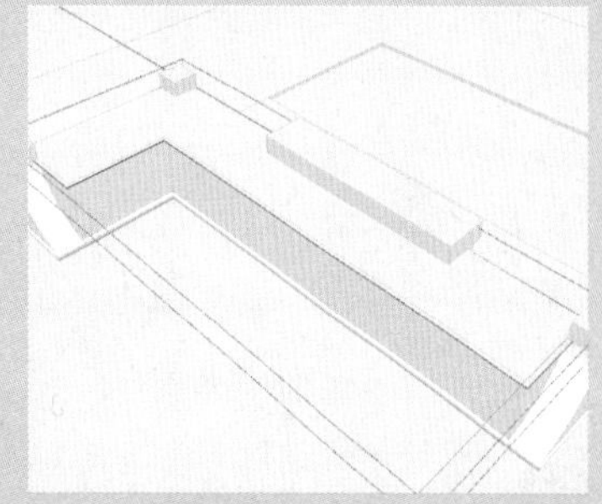

图 9-90　移动边线

47 激活“推 / 拉”工具，将面向上推出 80mm，如图 9-91 所示。

48 激活“弧形”工具，在一侧绘制一条弧线，如图 9-92 所示。

49 选择上方边线，激活“路径跟随”工具，再单击边上的面，制作桌面造型，如图 9-93 所示。

50 激活“直线”工具，绘制一条直线，将面分成两块，如图 9-94 所示。

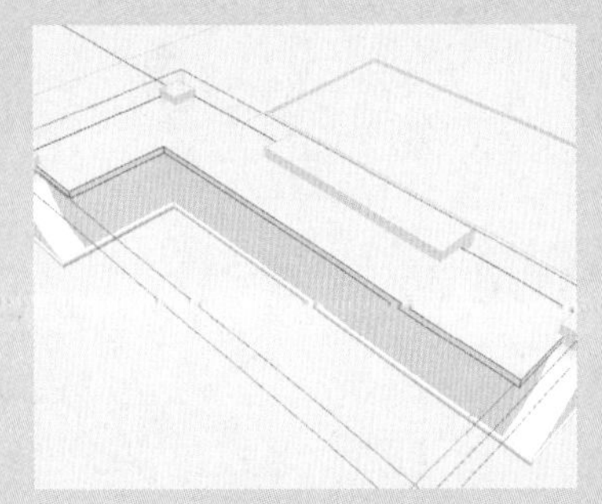

图 9-91 推 / 拉平面

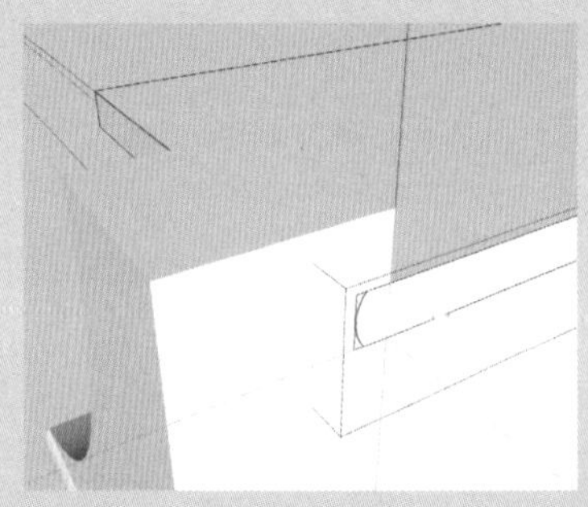

图 9-92 绘制弧线

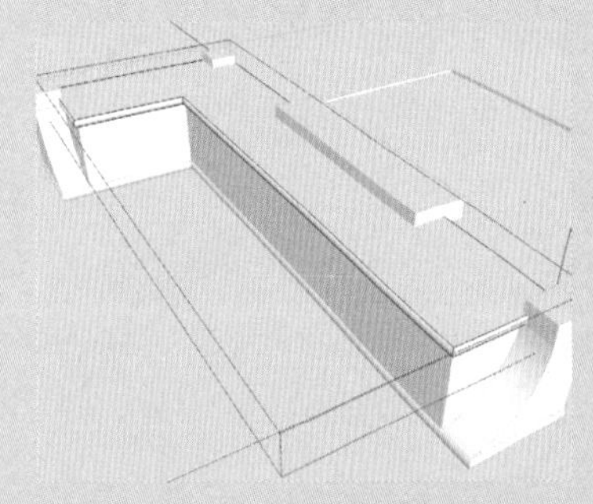

图 9-93 路径跟随操作

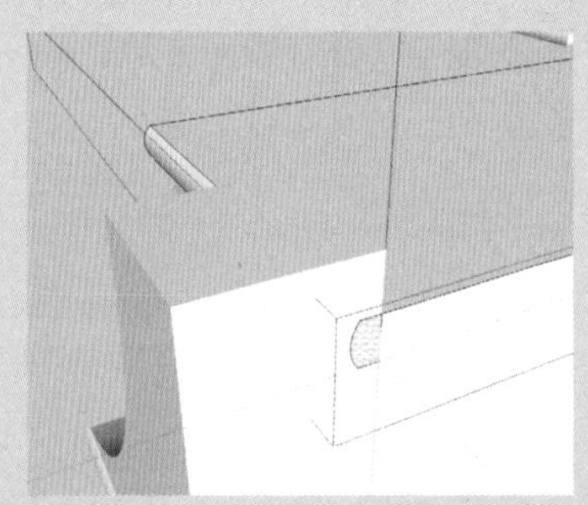

图 9-94 绘制直线

51 激活“推 / 拉”工具，将面推进 10mm，从外观上看不到重叠的位置了，用同样方法制作其他位置，如图 9-95 所示。

52 激活“矩形”工具，在造型上方绘制一个 430mm×430mm 的矩形并将其创建成组，如图 9-96 所示。

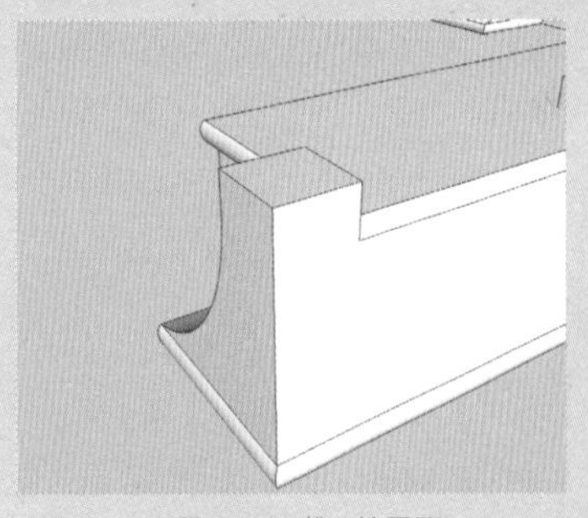

图 9-95 推 / 拉平面

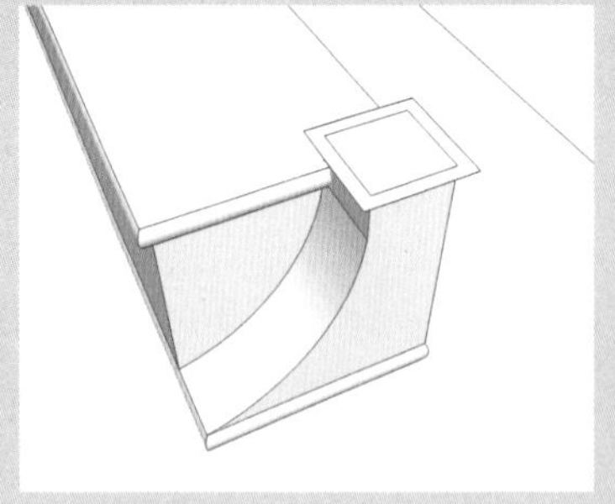

图 9-96 绘制矩形并创建成组

53 双击进入编辑模式，激活“推 / 拉”工具，将矩形面向上推出 80mm，如图 9-97 所示。

54 激活“弧形”工具，绘制弧线，高度为 14mm，距离边线 1mm，如图 9-98 所示。

55 选择上方周圈边线，激活“路径跟随”工具，单击弧形的面，制作出造型，如图 9-99 所示。

56 复制模型到其他位置，如图 9-100 所示。

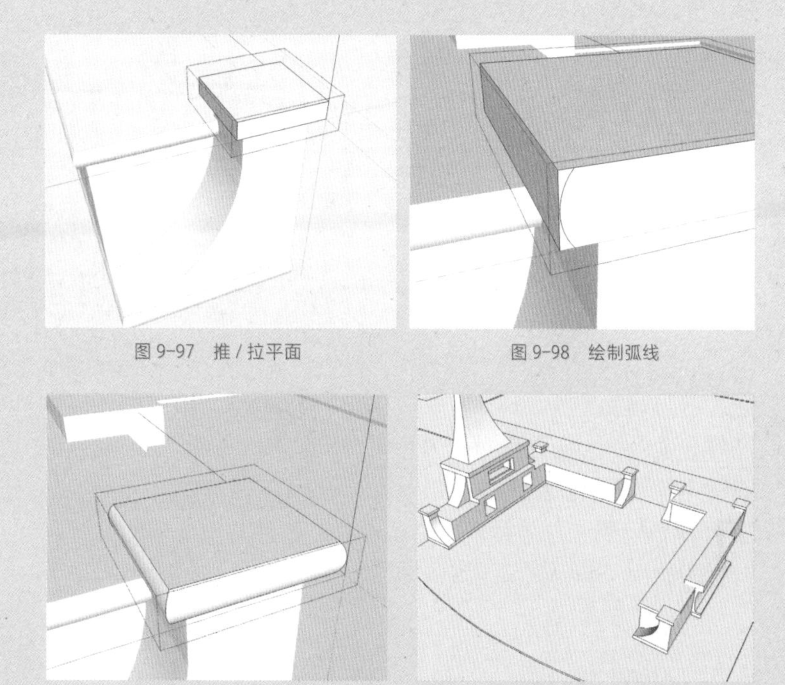

图 9-97　推 / 拉平面　　图 9-98　绘制弧线

图 9-99　路径跟随操作　　图 9-100　复制模型

57 激活“矩形”工具，绘制一个 2730mm×730mm 的矩形并创建成组，调整到合适位置，利用步骤 53~55 的操作方法制作桌面面板，如图 9-101 所示。

58 复制面板模型到另一侧，将长度增加 200mm，再移动到合适位置，作为壁炉上的台面，如图 9-102 所示。

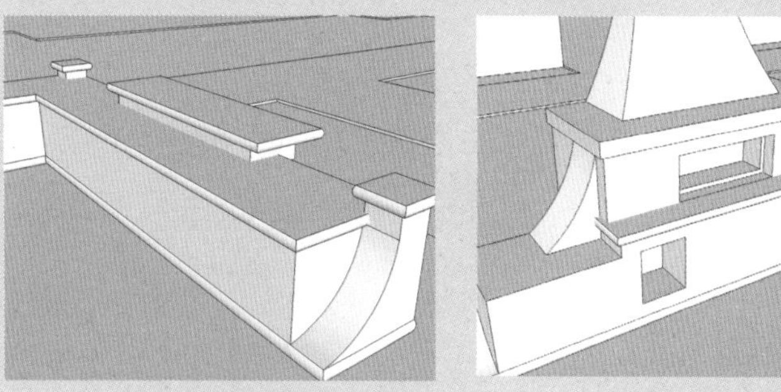

图 9-101　制作桌面面板　　图 9-102　复制并移动面板

59 利用步骤 45~51 的操作方法制作壁炉位置的桌面，如图 9-103 所示。

60 利用“圆形”工具和“推 / 拉”工具，制作几个半径大小不一的圆柱体作为木材模型，放置在壁炉的炉洞里，如图 9-104 所示。

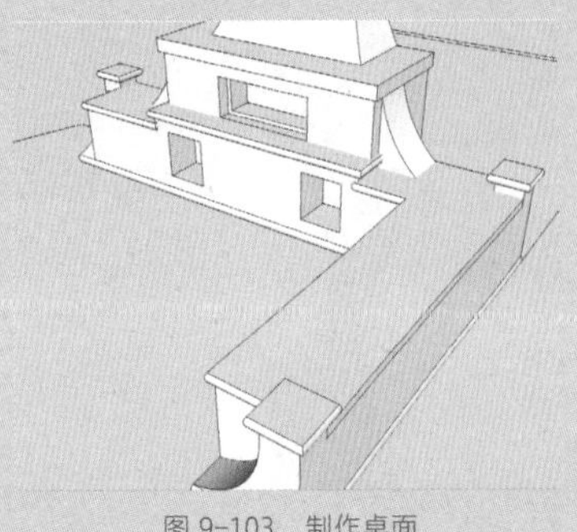

图 9-103　制作桌面

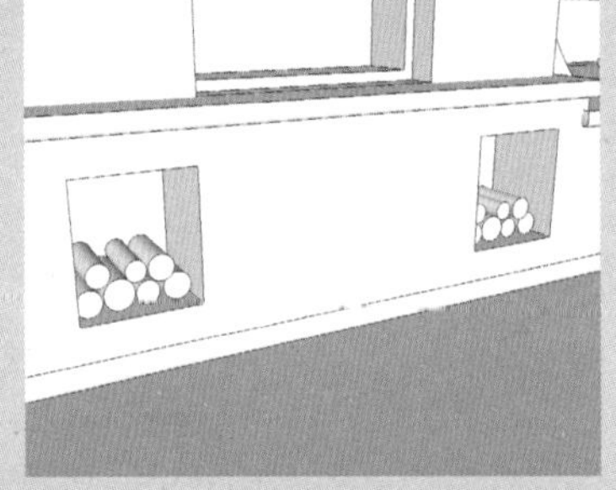

图 9-104　制作木材模型

61 接下来制作椅子模型。激活“矩形”工具和“推 / 拉”工具，制作一个 460mm×460mm×75mm 的长方体，并将其创建成组，如图 9-105 所示。

62 双击模型进入编辑模式，在长方体底部的 4 个角分别绘制 4 个 50mm×50mm 的矩形，如图 9-106 所示。

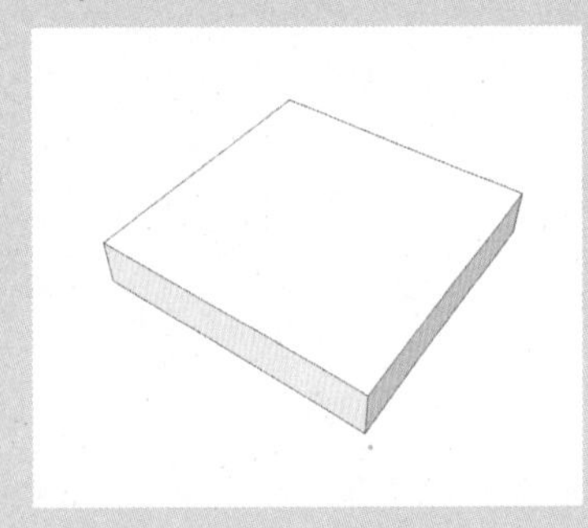

图 9-105　制作长方体

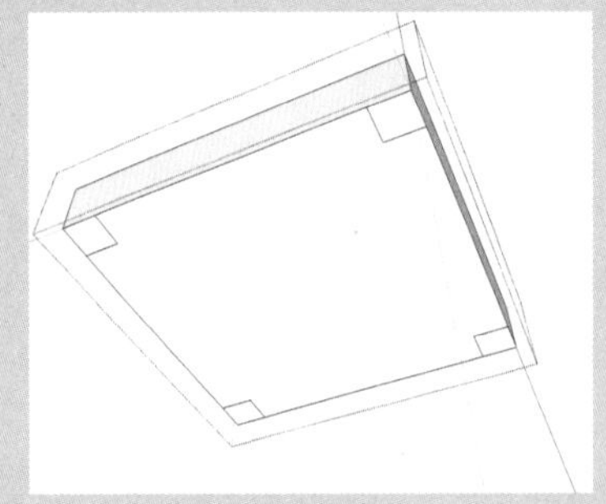

图 9-106　绘制矩形

63 激活“推 / 拉”工具，将 4 个矩形向下推出 800mm，制作出椅子的 4 条腿，如图 9-107 所示。

64 将一侧的面移动复制，移动距离为 50mm，如图 9-108 所示。

图 9-107　制作椅子的 4 条腿

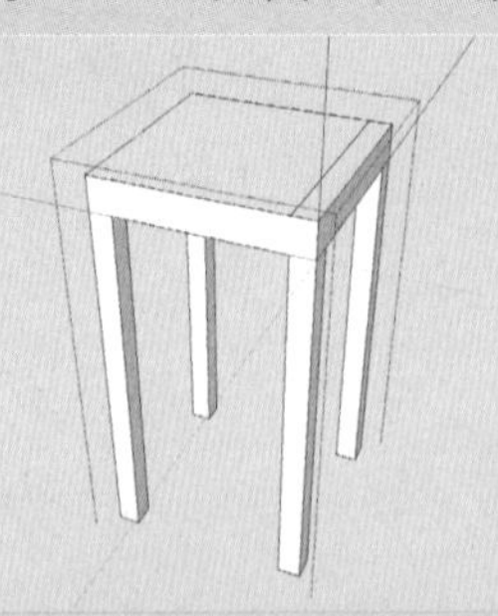

图 9-108　复制并移动边线

65 激活“推 / 拉”工具，将面向上推出 570mm，如图 9-109 所示。

66 将上方的边向下移动并复制，移动距离为 150mm，如图 9-110 所示。

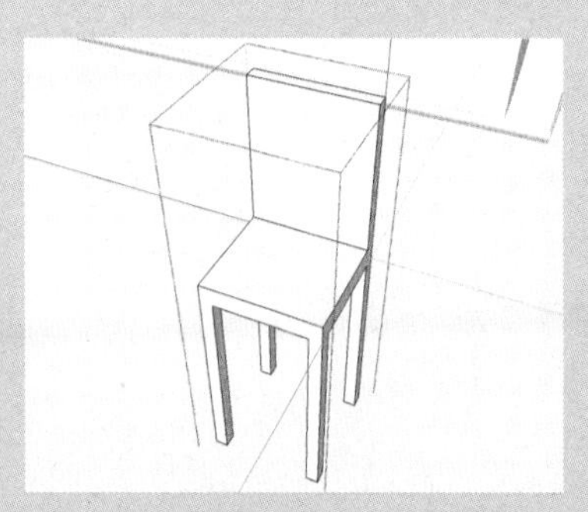
图 9-109　推 / 拉平面

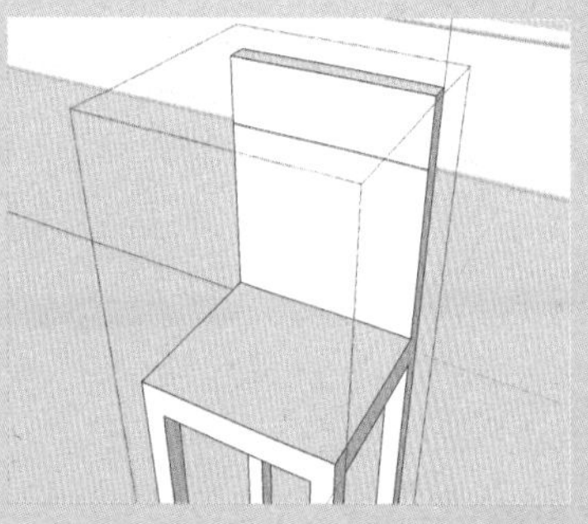
图 9-110　复制并移动边

67 激活“弧形”工具，捕捉绘制弧线，再删除直线，如图 9-111 所示。

68 激活“推 / 拉”工具，将左右两个角的面推出 50mm，制作出椅背的弧形造型，如图 9-112 所示。

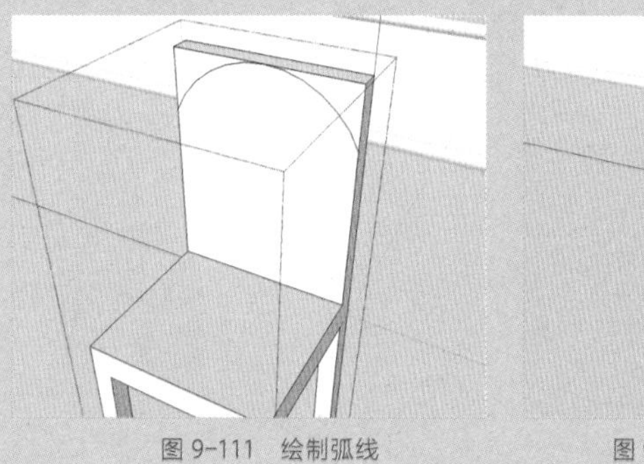
图 9-111　绘制弧线

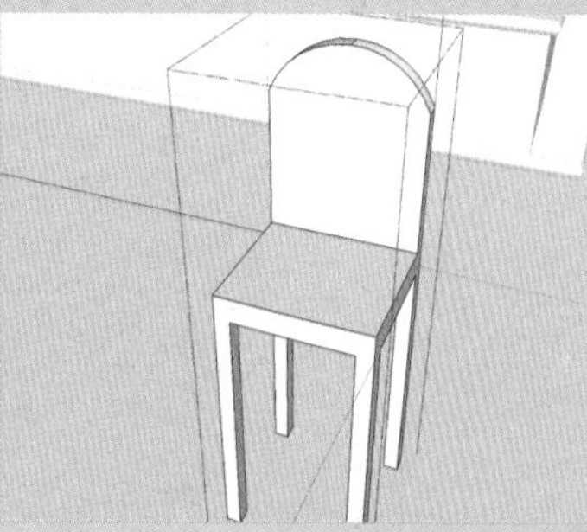
图 9-112　制作弧形造型

69 激活“偏移”工具，将边线向内偏移 50mm，如图 9-113 所示。

70 激活“直线”工具，捕捉中点绘制中线，如图 9-114 所示。

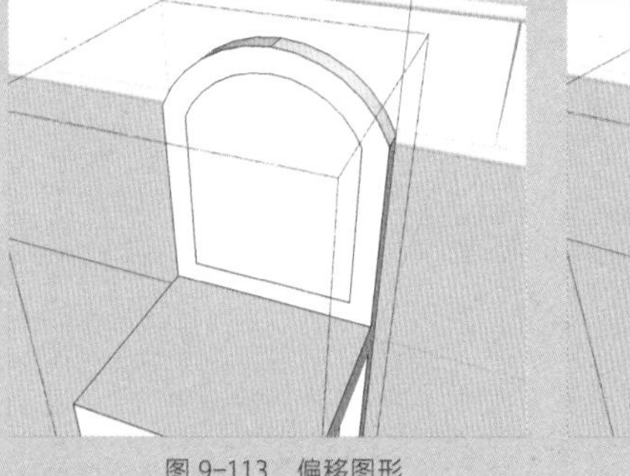
图 9-113　偏移图形

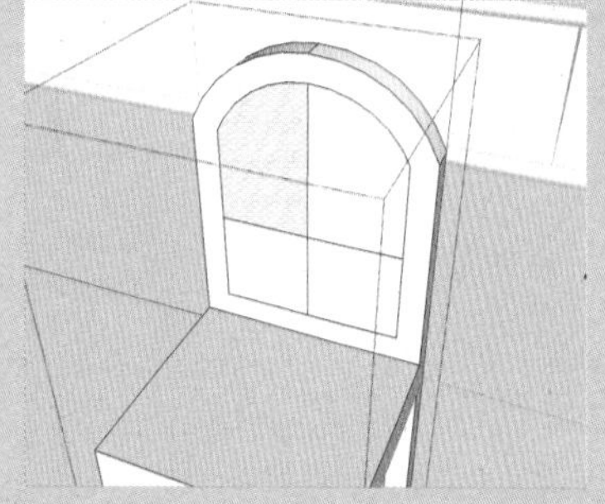
图 9-114　绘制中线

71 将中线向两侧各移动并复制 25mm，如图 9-115 所示。

72 删除多余的线条，如图 9-116 所示。

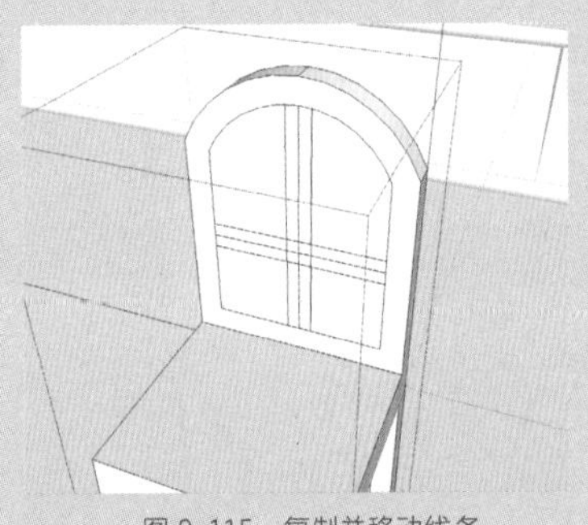
图 9-115　复制并移动线条

图 9-116　删除多余线条

73 激活“推 / 拉”工具，将格子里的面推出 50mm，制作出镂空靠背造型，如图 9-117 所示。

74 选择椅子腿的边线，向上移动并复制，移动距离为 300mm、50mm，如图 9-118 所示。

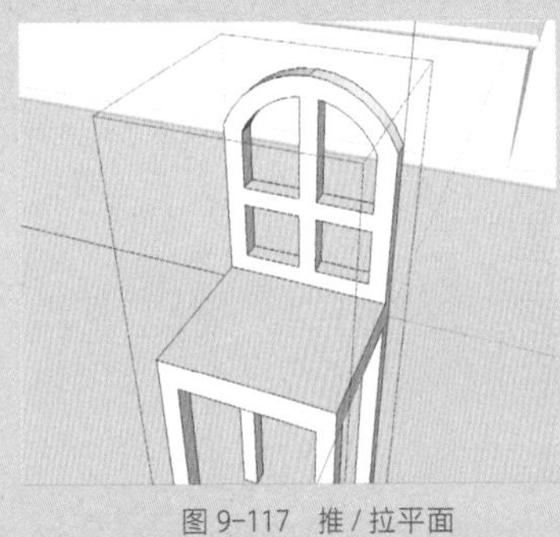
图 9-117　推 / 拉平面

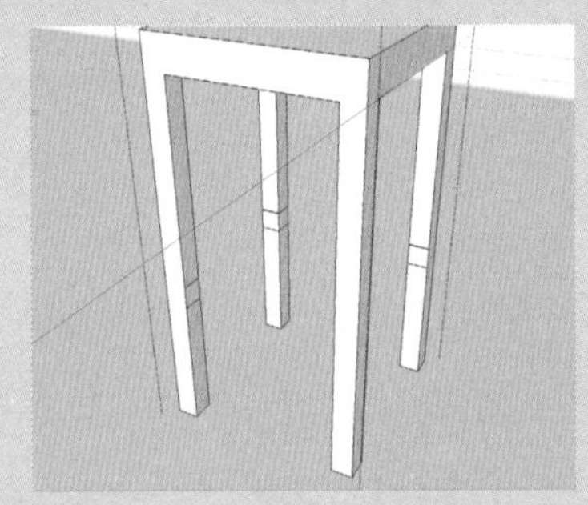
图 9-118　移动并复制线条

75 激活“推 / 拉”工具，将面推出，完成椅子模型的制作，如图 9-119 所示。

76 将椅子移动到合适位置，并进行复制，如图 9-120 所示。

图 9-119　完成椅子模型

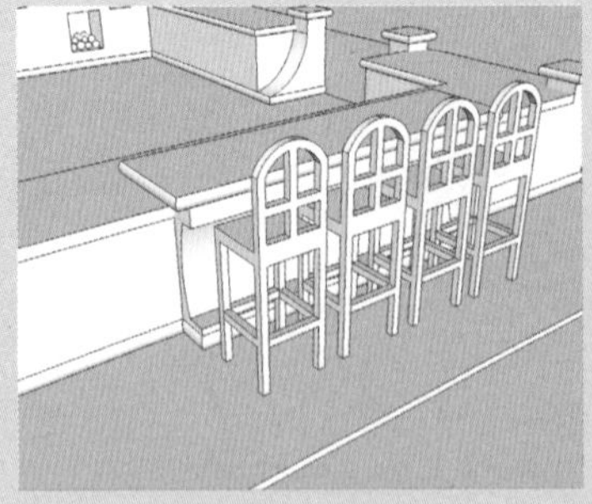
图 9-120　复制模型

77 制作厨房的柱子和顶棚。制作一个 200mm×200mm×2000mm 的长方体，并将其创建成组，如图 9-121 所示。

78 双击模型进入编辑模式，移动并复制长方体到另一侧，如图 9-122 所示。

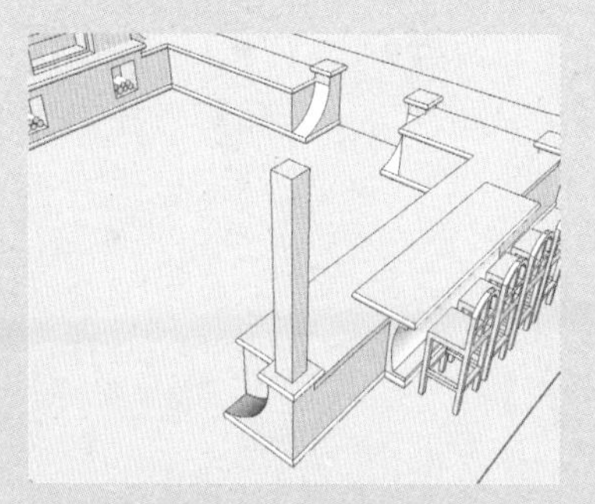

图 9-121　制作长方体

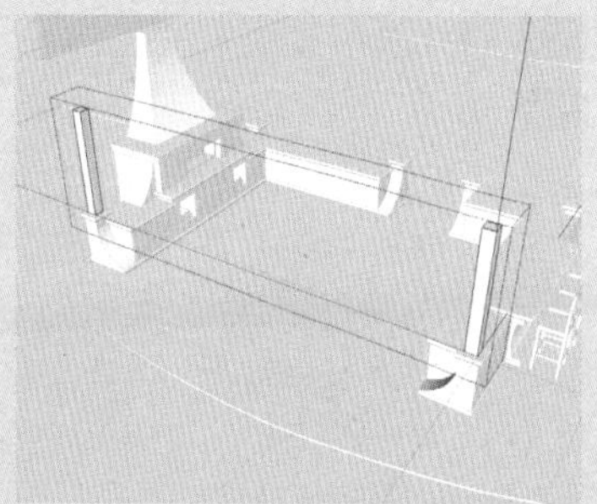

图 9-122　移动并复制长方体

79 激活“直线”工具和“弧形”工具，绘制一个弧形的面，并创建成组，如图 9-123 所示。

80 双击进入编辑模式，激活“推 / 拉”工具，将面推出 200mm，如图 9-124 所示。

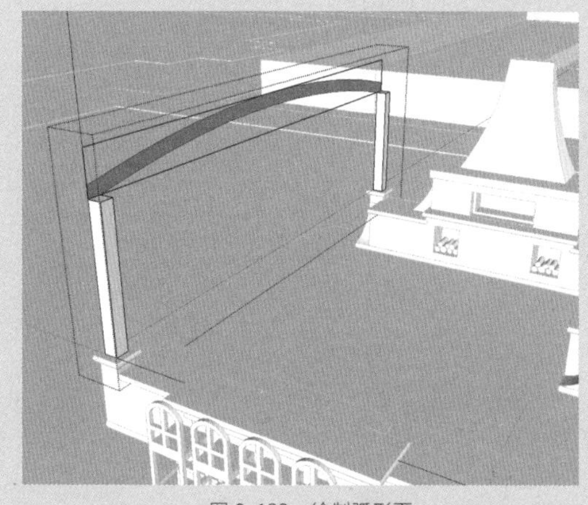

图 9-123　绘制弧形面

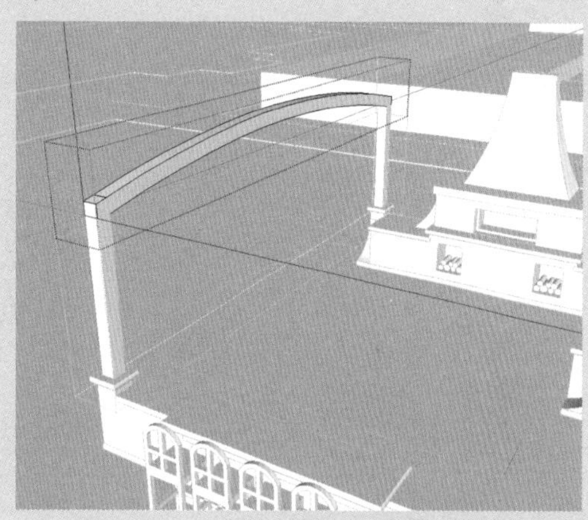

图 9-124　推 / 拉平面

81 复制模型到另一侧，如图 9-125 所示。

82 复制上方的弧形模型，并利用推拉工具调整模型厚度，如图 9-126 所示。

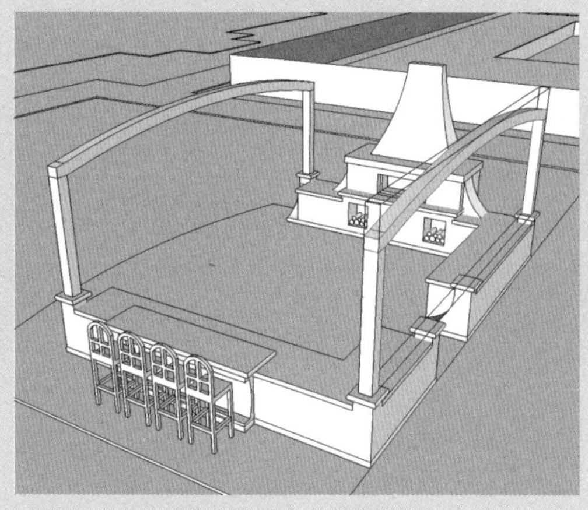

图 9-125　复制模型

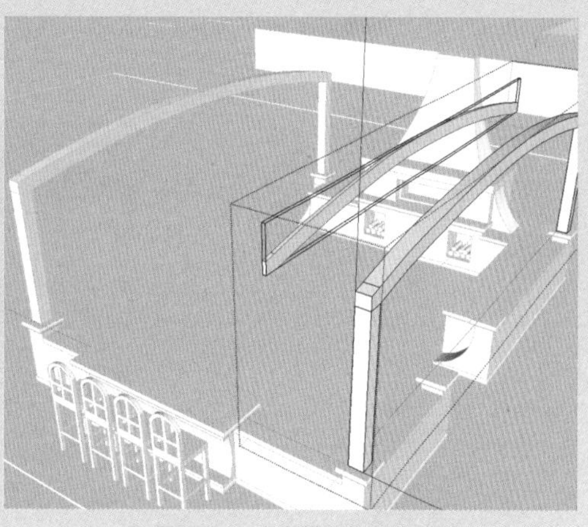

图 9-126　复制模型并调整厚度

83 继续复制模型，使其均匀分布，如图 9-127 所示。

84 激活“矩形”工具，绘制 6100mm×200mm 的矩形并创建成组，如图 9-128 所示。

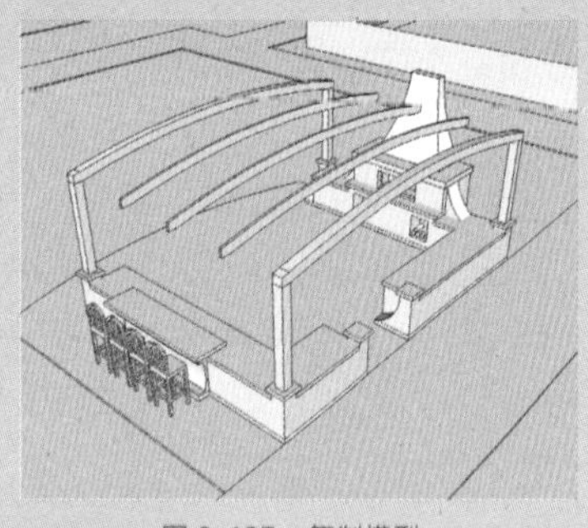
图 9-127　复制模型

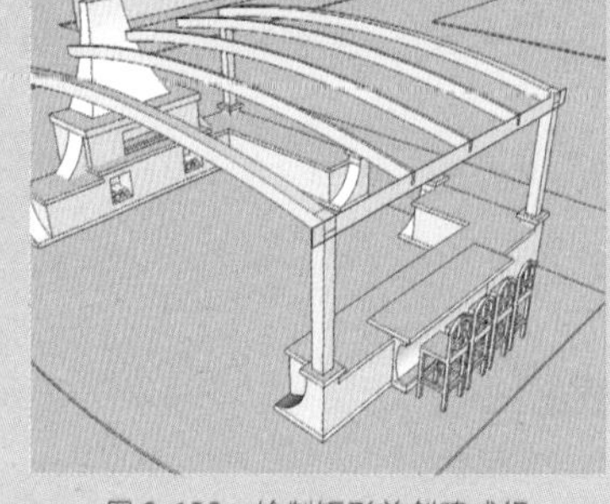
图 9-128　绘制矩形并创建成组

85 激活“推 / 拉”工具，将矩形推出 50mm，将模型向上调整位置，如图 9-129 所示。

86 复制模型，将顶部弧形均分为 24 份，制作出厨房顶部，如图 9-130 所示。

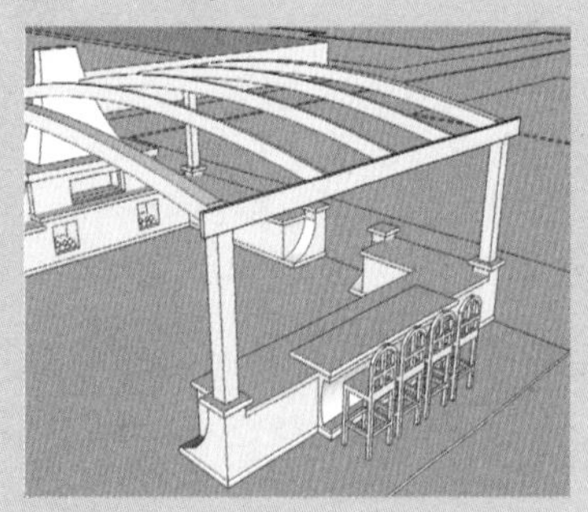
图 9-129　推 / 拉平面并调整位置

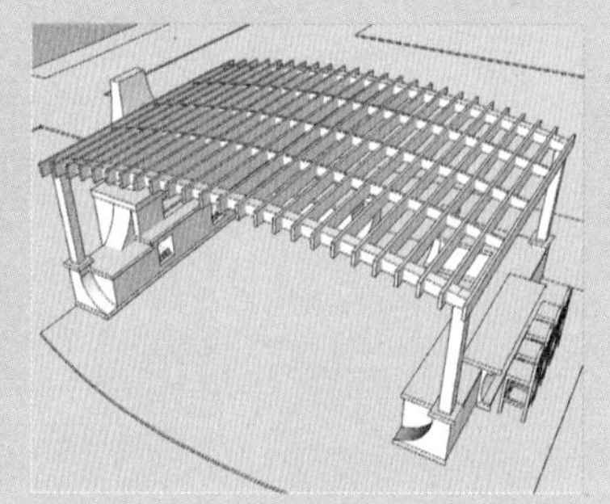
图 9-130　均匀复制模型

87 激活“矩形”工具，在地面居中位置绘制一个 3800mm×2400mm 的矩形，如图 9-131 所示。

88 激活“偏移”工具，将边线依次向内偏移 35mm、150mm、100mm、35mm、400mm、35mm、80mm、35mm，制作地面拼花造型，如图 9-132 所示。

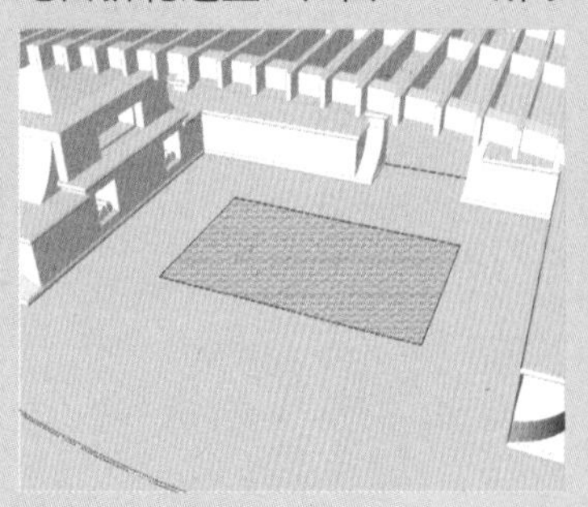
图 9-131　绘制矩形

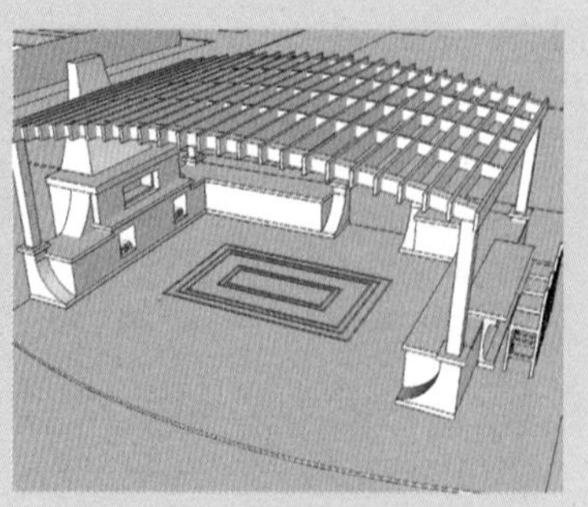
图 9-132　偏移边线

9.1.5　制作小区建筑模型

本场景中需要创建两种建筑模型——住宅楼和活动中心。住宅楼造型是相同的，只是角度不同，因此，只需要创建一个住宅楼模型，然后进行复制即可。操作步骤如下。

01 制作活动中心的建筑模型。激活“直线”工具，捕捉绘制活动中心平面轮廓，将其创建成组，双击进入编辑模式，激活“推 / 拉”工具，将面向上推出 3860mm，如图 9-133 所示。

02 激活“移动”工具，按住 Ctrl 键，将底部周圈边线向上移动复制 700mm，将顶部周圈边线向下移动复制 860mm，如图 9-134 所示。

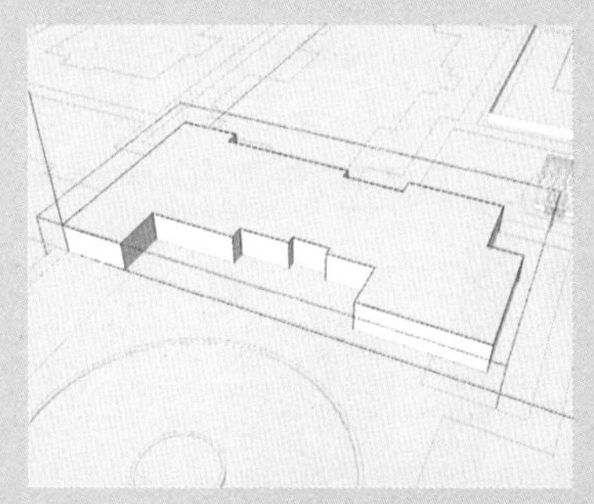

图 9-133　制作建筑轮廓

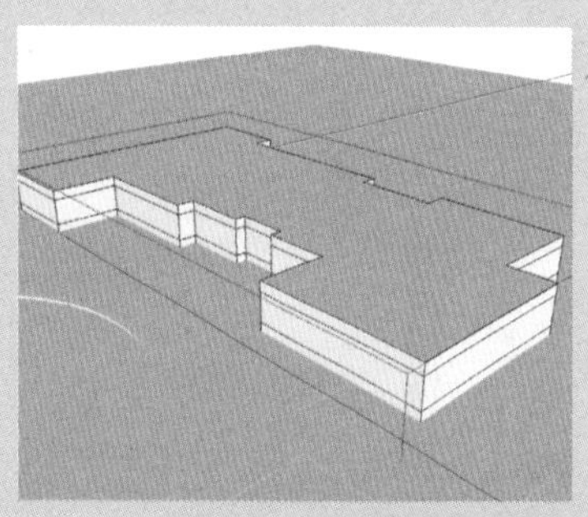

图 9-134　复制边线

03 制作窗户模型。激活“矩形”工具，在距离下方边线上 300mm 的位置绘制多个 1100mm×1350mm 的矩形，如图 9-135 所示。

04 激活“直线”工具，绘制竖向的三角形，边长分别为 900mm、1000mm，如图 9-136 所示。

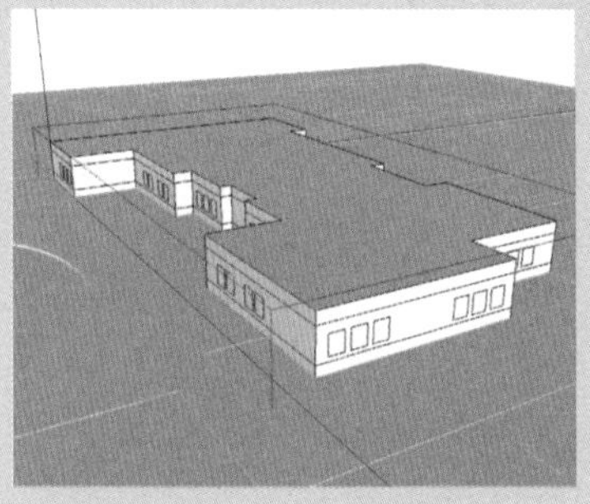

图 9-135　绘制矩形

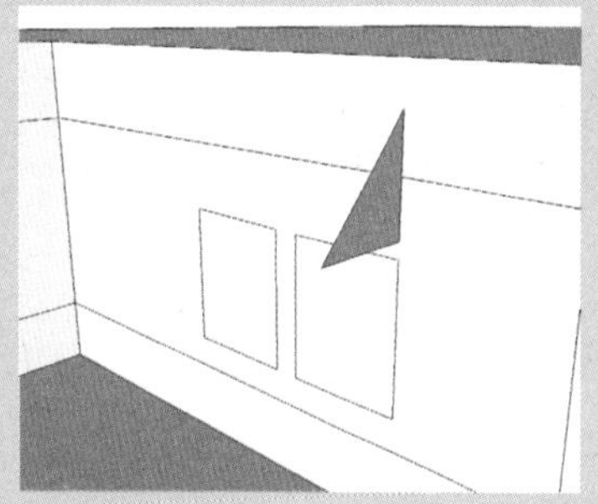

图 9-136　绘制三角形

05 将三角形创建成组，双击进入编辑模式，激活“推 / 拉”工具，将面推出 2850mm，制作出遮雨檐模型，如图 9-137 所示。

06 复制遮雨檐模型，调整到合适位置，再调整部分模型的长度，以适应窗户长度，如图 9-138 所示。

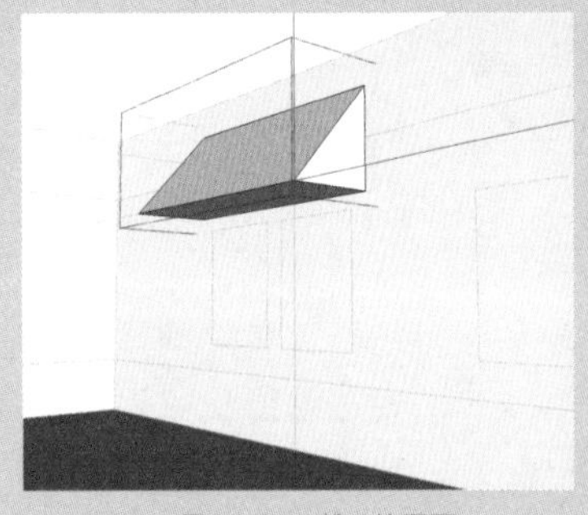

图 9-137　推 / 拉平面

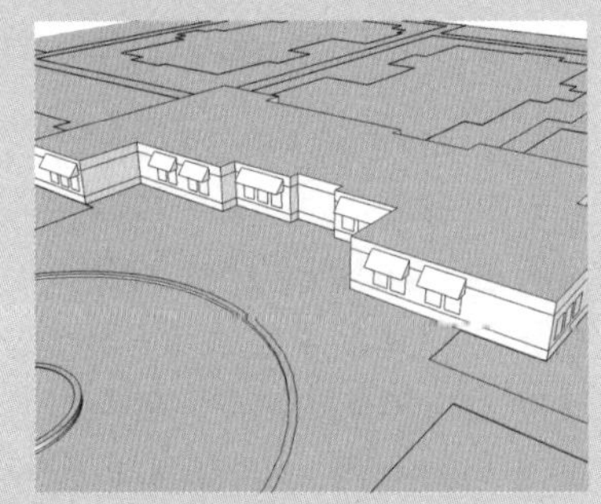

图 9-138　调整位置及尺寸

07 制作门以及屋顶造型。双击建模模型进入编辑模式，激活“矩形”工具，绘制 2400mm×2400mm 的矩形，居中放置，如图 9-139 所示。

08 删除多余的线条及面，激活“矩形”工具，捕捉绘制一个矩形，并创建成组，如图 9-140 所示。

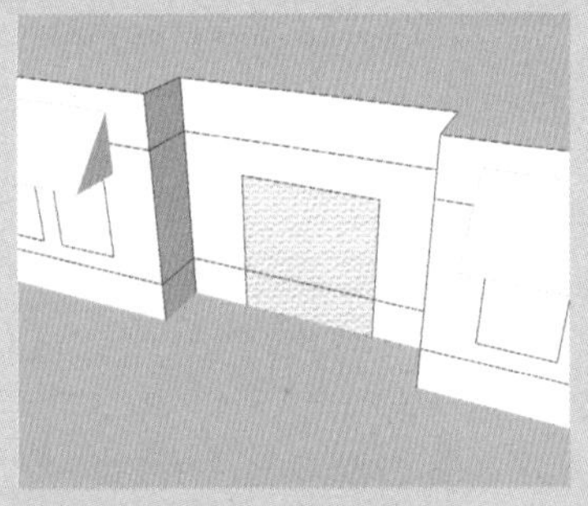

图 9-139　绘制矩形

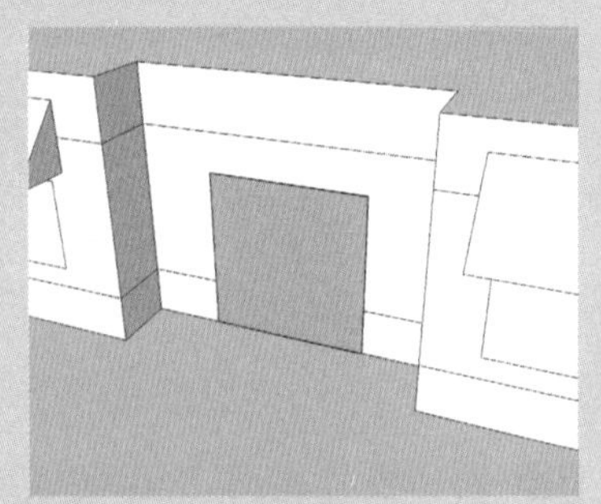

图 9-140　绘制矩形并创建成组

09 双击进入编辑模式，选择左右和上方的边线，激活“偏移”工具，将其向内偏移 80mm，如图 9-141 所示。

10 删除中间的面和下方的边线，如图 9-142 所示。

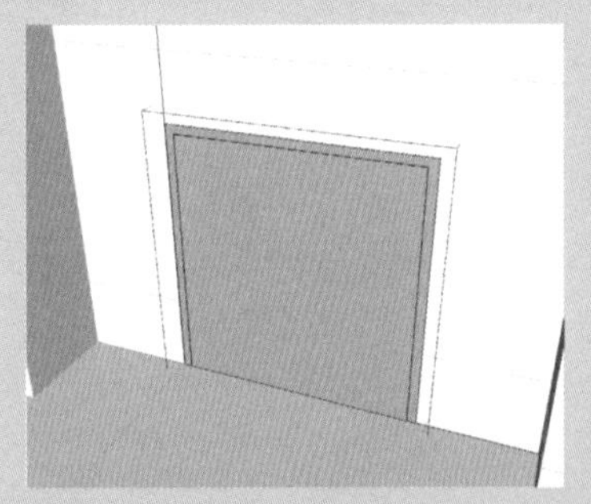

图 9-141　偏移边线

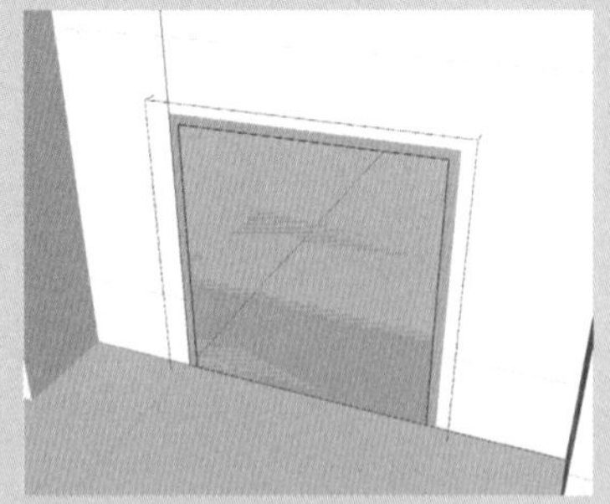

图 9-142　删除边线

11 激活“推 / 拉”工具，将面向外推出 30mm，制作出门套造型，如图 9-143 所示。

12 退出编辑模式，激活“矩形”工具，捕捉中线绘制一个矩形，如图 9-144 所示。

图 9-143 制作门套造型

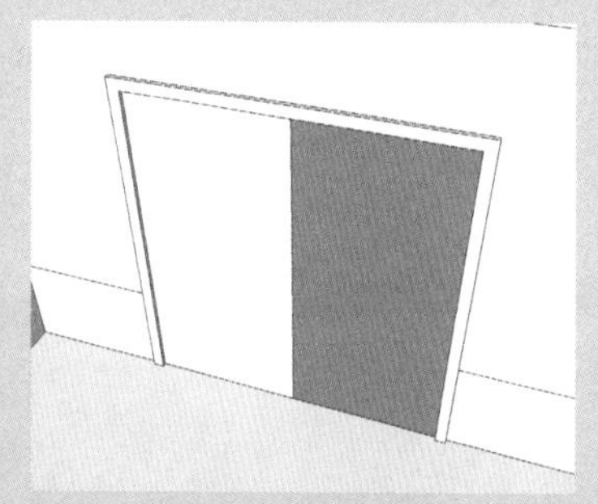

图 9-144 绘制矩形

13 将其创建成组，双击进入编辑模式，激活“偏移”工具，将边线向内偏移 80mm，如图 9-145 所示。

14 激活“推 / 拉”工具，将中间的面推进 30mm，制作出门模型，如图 9-146 所示。

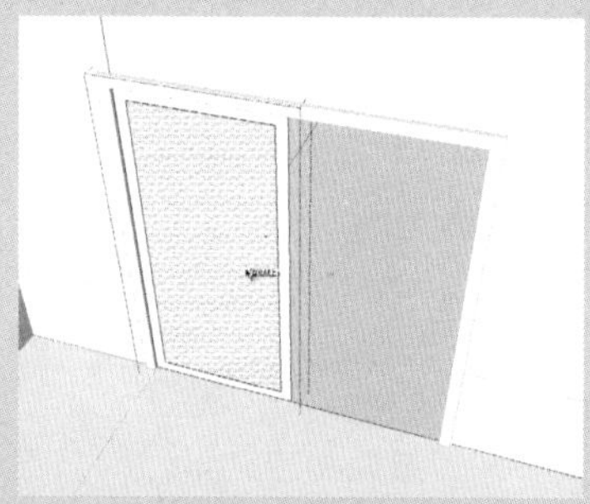

图 9-145 偏移图形

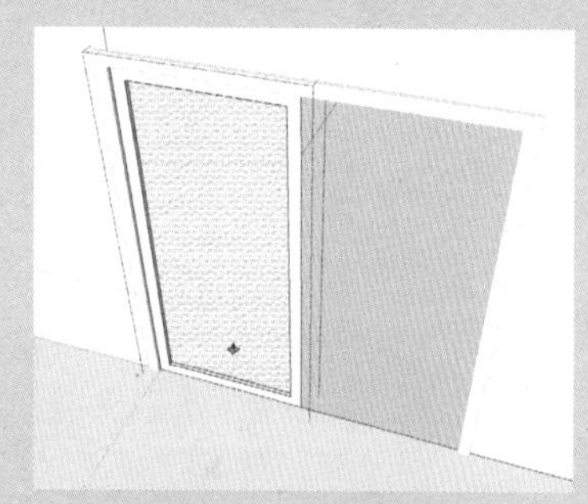

图 9-146 制作门模型

15 复制模型到另一侧，完成门模型的制作，如图 9-147 所示。

16 双击建筑模型进入编辑模式，激活“推 / 拉”工具，将门上方的面向外推出，并删除多余线条，如图 9-148 所示。

图 9-147 复制门模型

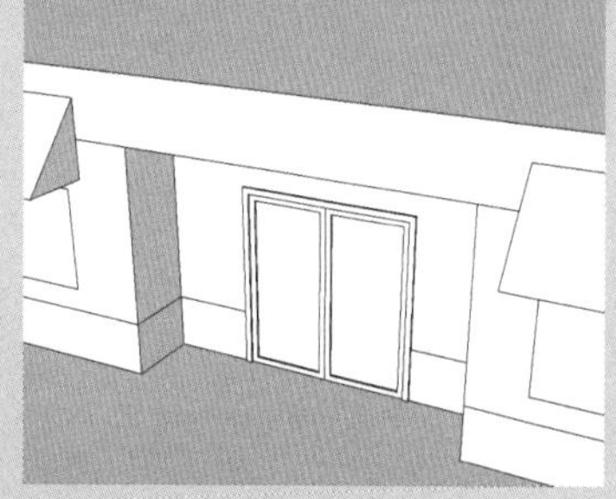

图 9-148 推 / 拉平面

17 将视线转到东面墙体，激活“直线”工具，捕捉中点绘制一条直线，再将直线向两侧各移动复制 1600mm，如图 9-149 所示。

18 删除多余的线条，如图 9-150 所示。

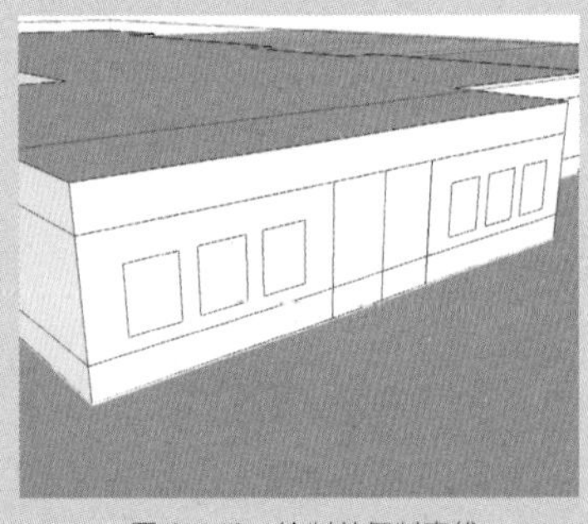

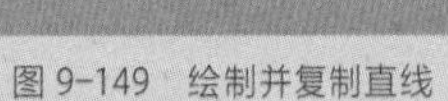
图 9-149 绘制并复制直线

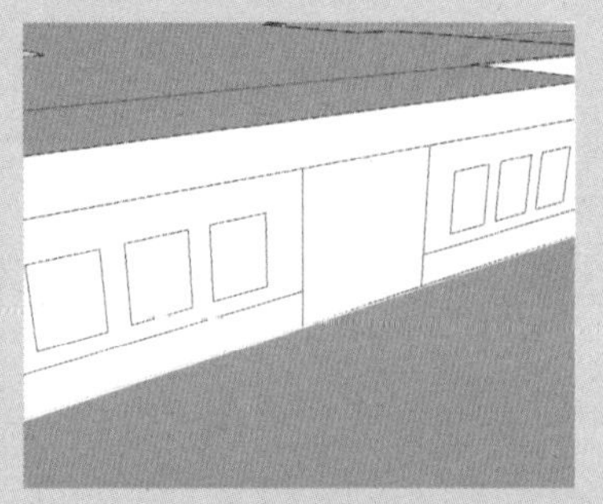
图 9-150 删除多余线条

19 激活“推 / 拉”工具，将面向内推出 700mm，如图 9-151 所示。

20 激活“矩形”工具，绘制一个 1000mm×2200mm 的矩形，将其移动到合适位置，再删除面，如图 9-152 所示。

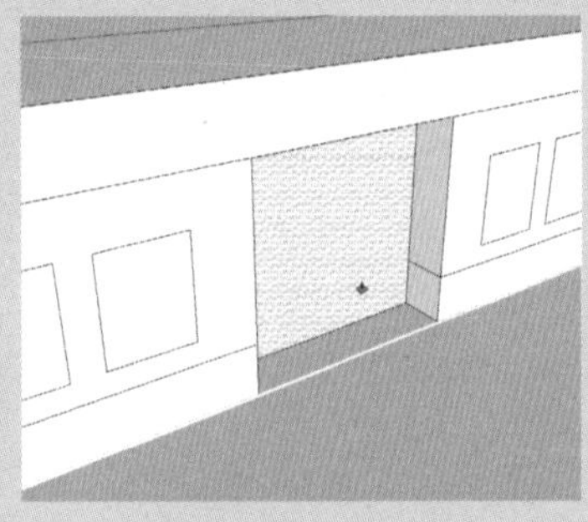
图 9-151 推 / 拉平面

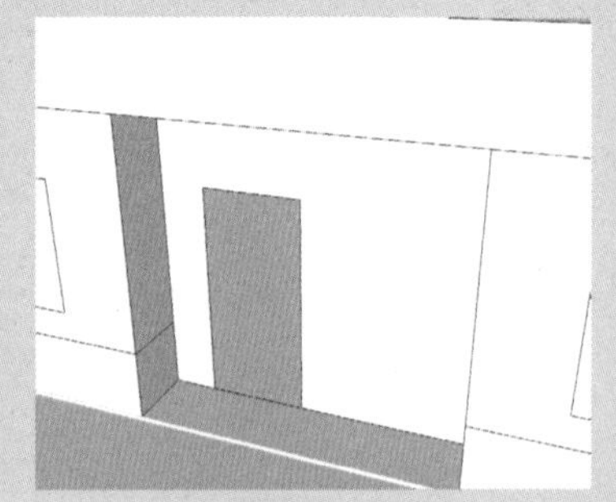
图 9-152 绘制矩形

21 按照步骤 9~16 的操作方法制作一个门模型，如图 9-153 所示。

22 双击地面模型，激活“直线”工具，捕捉绘制两条直线，如图 9-154 所示。

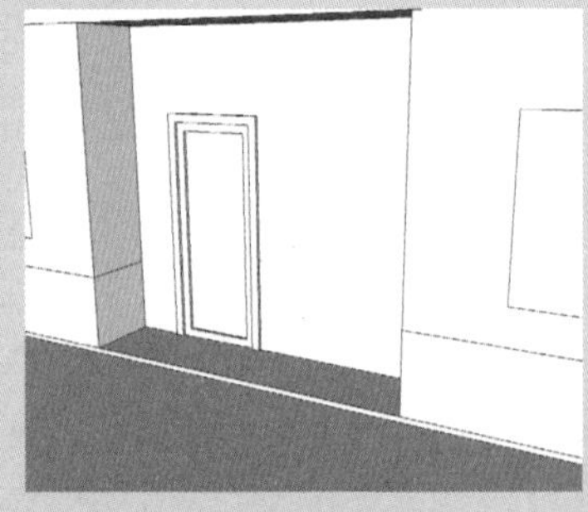
图 9-153 制作门模型

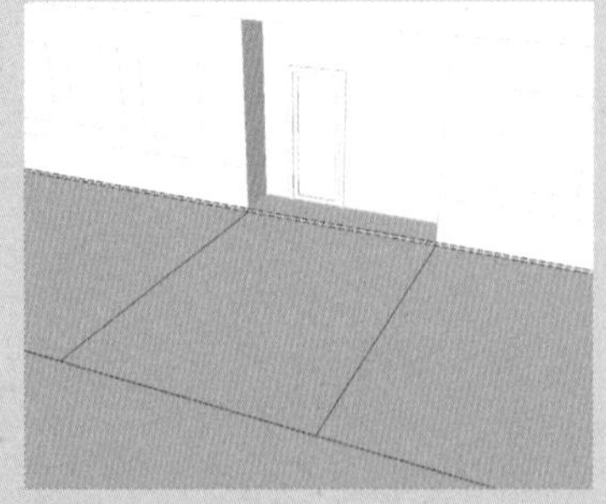
图 9-154 绘制两条直线

23 激活“推 / 拉”工具，将面向上推出 50mm，再删除多余的线条，为东门制作出一条通道，如图 9-155 所示。

24 激活“推 / 拉”工具，将东面墙面及北面墙面上方的面都向外推出 150mm，再删除多余的线条，如图 9-156 所示。

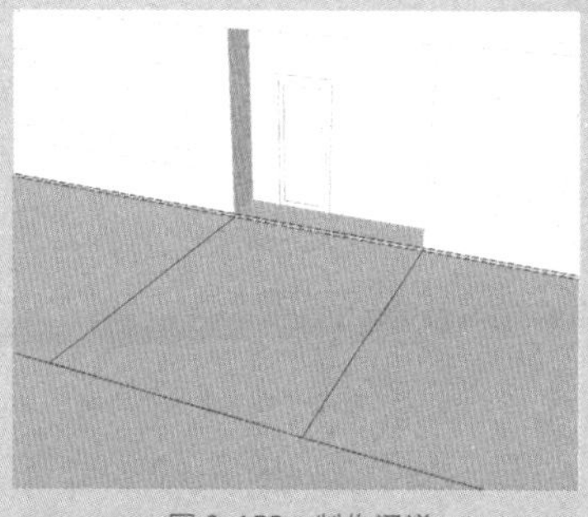

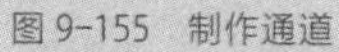

图 9-155 制作通道

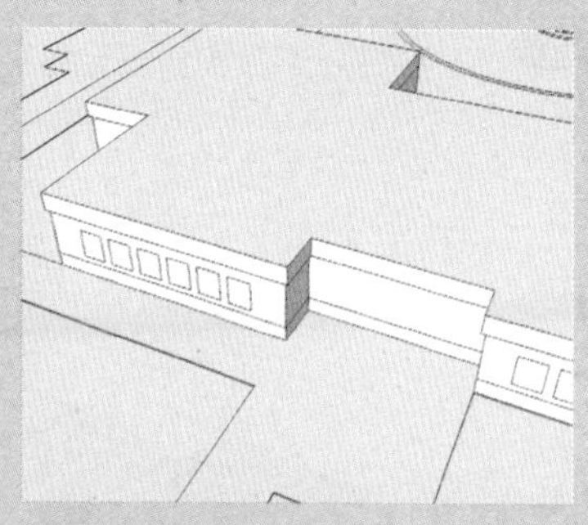

图 9-156 推 / 拉平面

25 制作北面墙上的门，激活“矩形”工具，在墙面上绘制一个 2200mm×2400mm 的矩形，移动到合适位置，如图 9-157 所示。

26 利用步骤 9~17 的操作方法，制作出北面墙上的门，如图 9-158 所示。

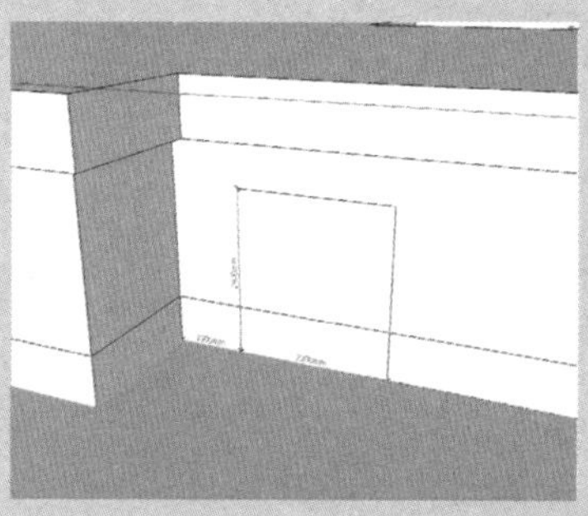

图 9-157 绘制矩形

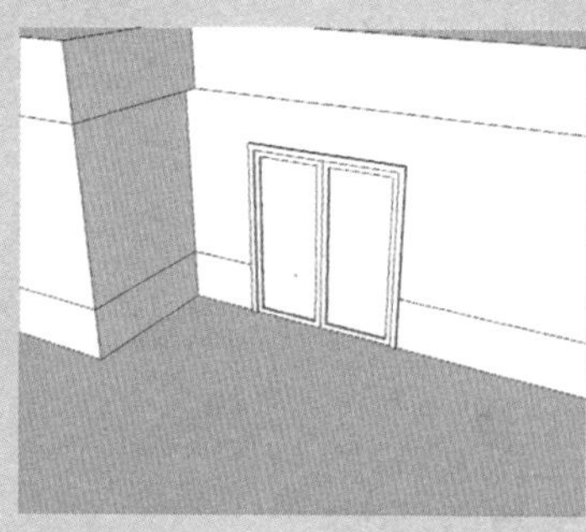

图 9-158 制作门模型

27 激活“推 / 拉”工具，将门上方的面向外推出，与左侧墙面对齐，如图 9-159 所示。

28 将视线转到西墙，激活“直线”工具，捕捉绘制两条直线，如图 9-160 所示。

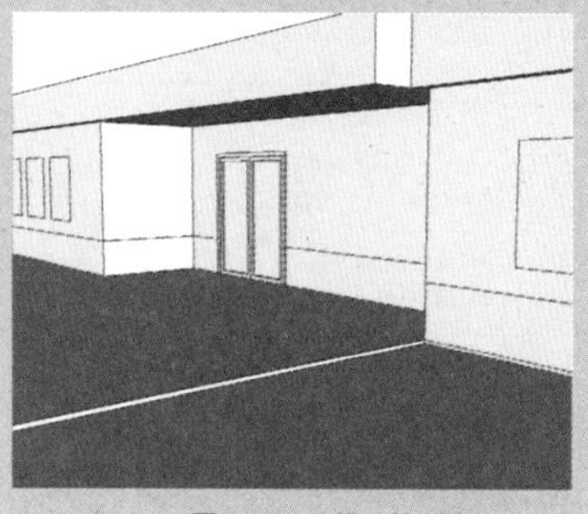

图 9-159 推 / 拉平面

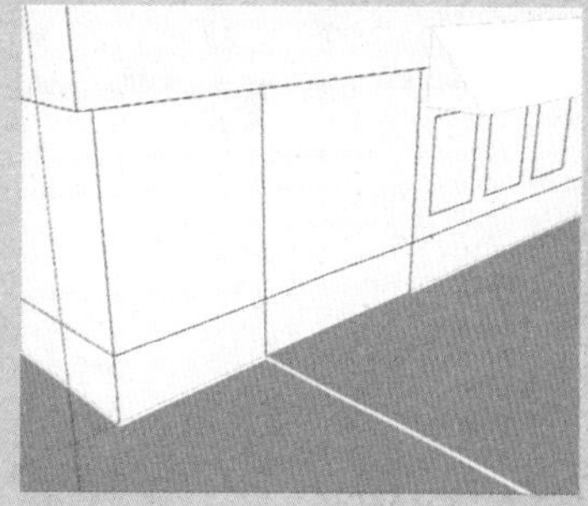

图 9-160 绘制两条直线

29 删除多余线条，再激活“推 / 拉”工具，将面向内推进 700mm，如图 9-161 所示。

30 利用步骤 9~16 的操作方法为西墙制作一个门，如图 9-162 所示。至此，活动中心的模型已经创建完毕。

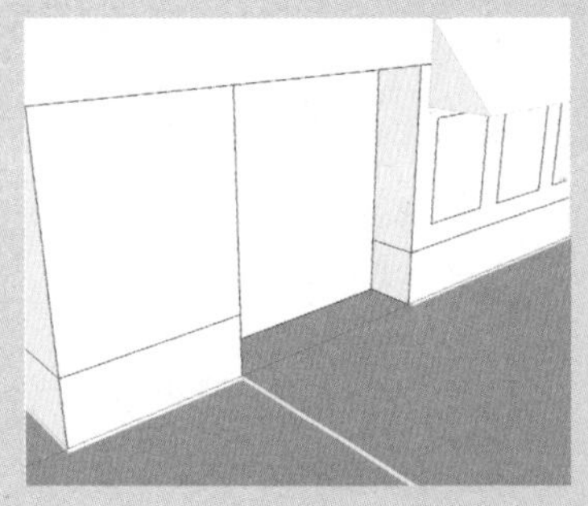

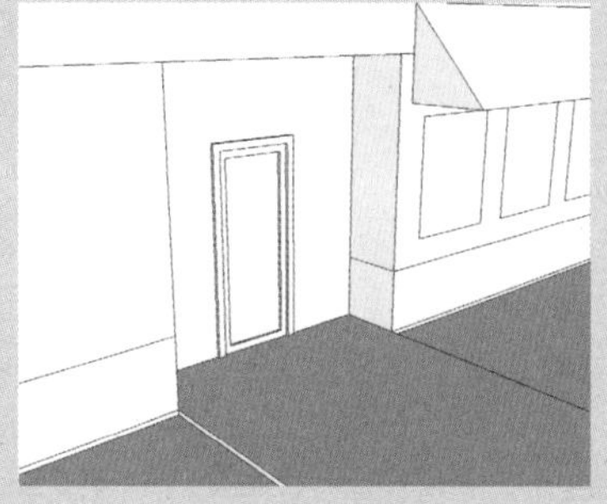

图 9-161　推 / 拉平面

图 9-162　制作门模型

31 制作住宅楼模型。激活“直线”工具，捕捉绘制一个住宅楼平面轮廓，如图 9-163 所示。

32 将其创建成组，双击进入编辑模式，激活“推 / 拉”工具，将面推出 3000mm，如图 9-164 所示。

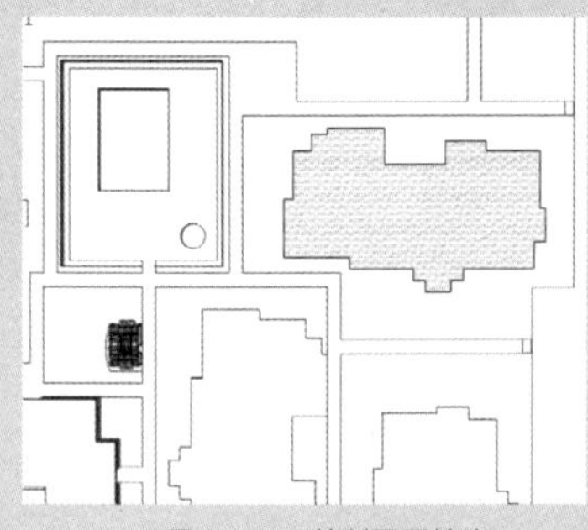

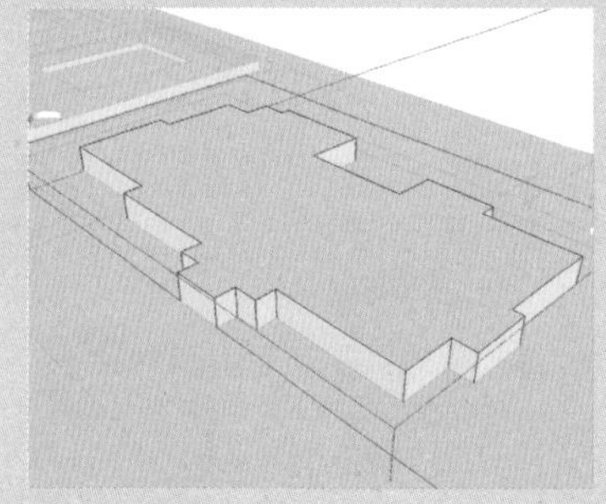

图 9-163　绘制平面轮廓

图 9-164　推 / 拉平面

33 将视线移动到南边凸出的造型处，激活“移动”工具，按住 Ctrl 键移动复制边线，移动距离如图 9-165 所示。

34 激活“推 / 拉”工具，将面向对面推出，制作出两个柱子造型，如图 9-166 所示。

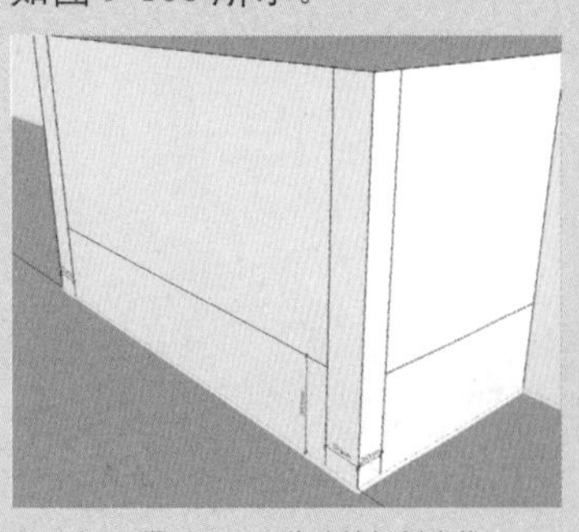

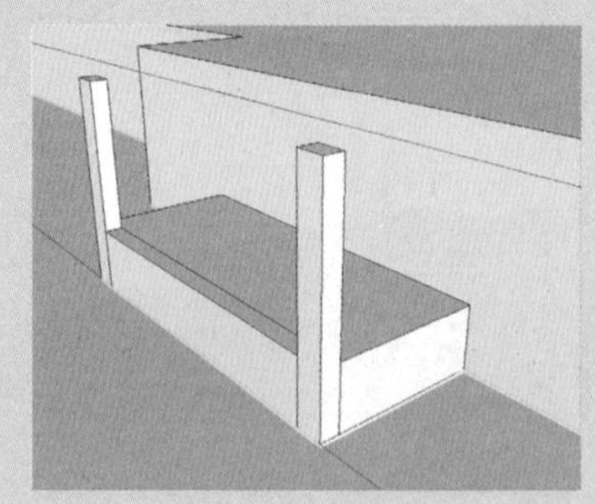

图 9-165　移动并复制直线

图 9-166　制作两个柱子造型

35 激活“移动”工具，将三侧的边线都向内移动复制 150mm，如图 9-167 所示。

36 删除多余线条，激活“推 / 拉”工具，将中间的面向下推出 850mm，如图 9-168 所示。

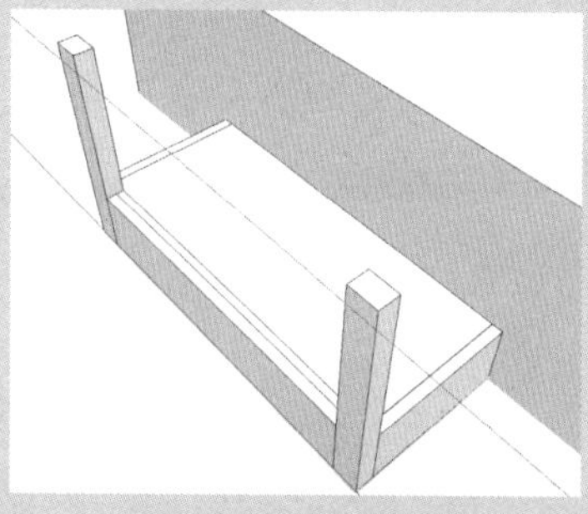

图 9-167　移动并复制边线

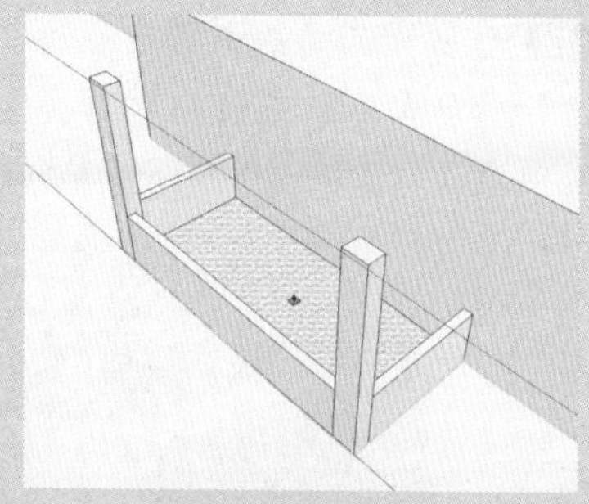

图 9-168　推 / 拉平面

37 再次删除多余的线条，制作出阳台墙体造型，如图 9-169 所示。

38 利用步骤 36~40 的操作方法制作其他位置的阳台造型，如图 9-170 所示。

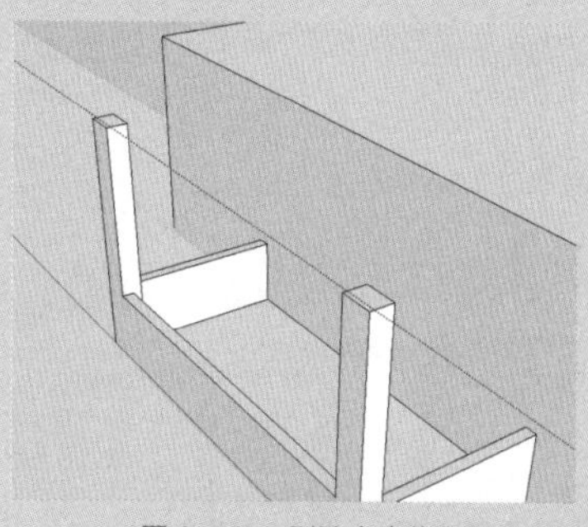

图 9-169　删除多余线条

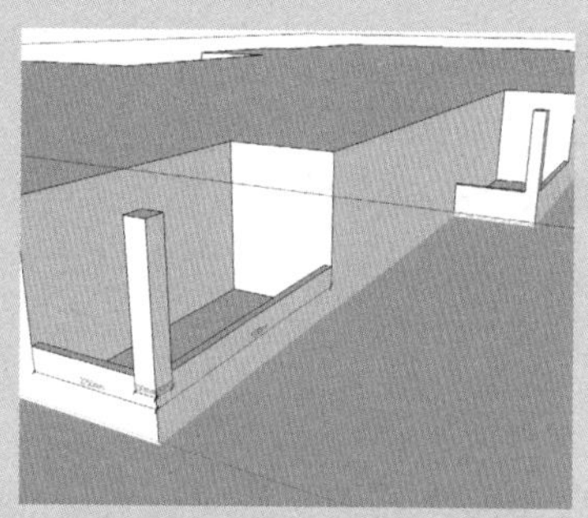

图 9-170　制作西南角阳台造型

39 制作门窗造型。激活“矩形”工具，在墙面上绘制两个 3940mm×1900mm 的矩形，调整到合适位置，距离尺寸如图 9-171 所示。

40 删除矩形的面，退出编辑模式，再捕捉绘制矩形，如图 9-172 所示。

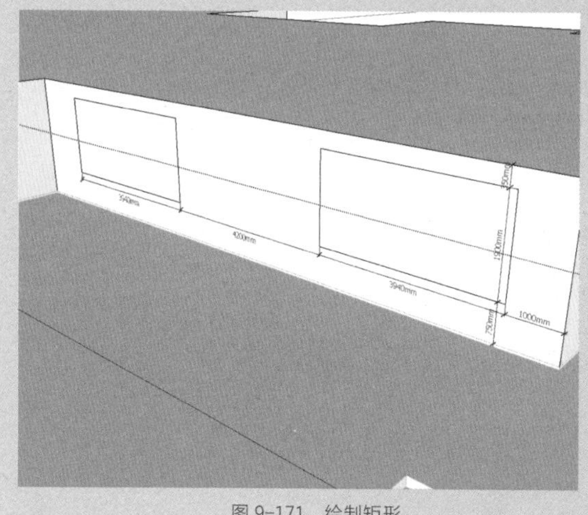

图 9-171　绘制矩形

图 9-172　绘制矩形

41 将其创建成组，双击进入编辑模式，激活“偏移”工具，将边线向内偏移 120mm，如图 9-173 所示。

42 选择下方边线并单击鼠标右键，在弹出的快捷菜单中选择“拆分”命令，将该边线分为 4 段，激活“直线”工具，捕捉绘制直线，如图 9-174 所示。

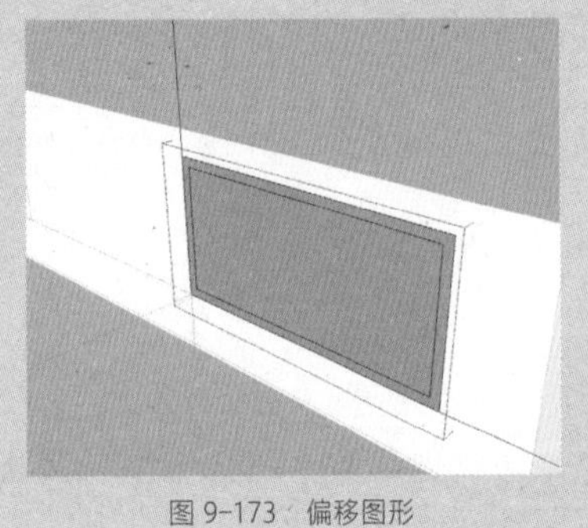
图 9-173 偏移图形

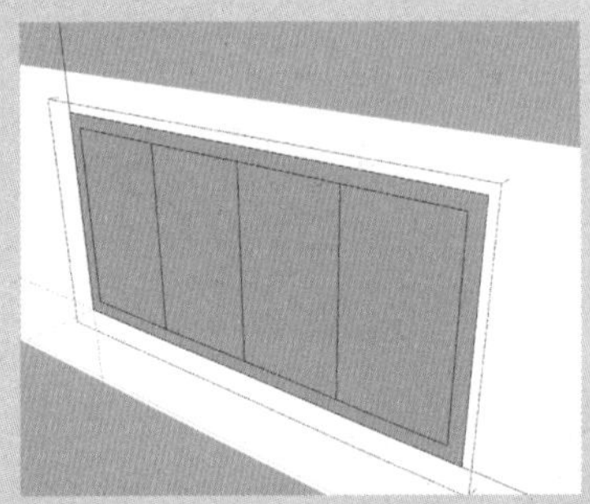
图 9-174 拆分并绘制直线

43 激活“移动”工具，按住 Ctrl 键将直线向两侧各移动复制 60mm 的距离，如图 9-175 所示。

44 删除中间的直线以及面，如图 9-176 所示。

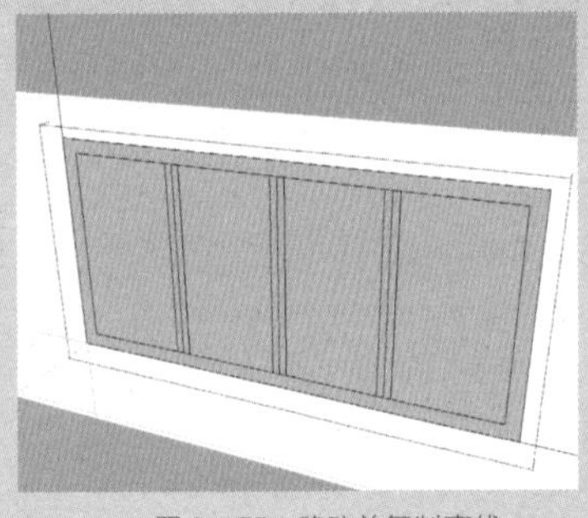
图 9-175 移动并复制直线

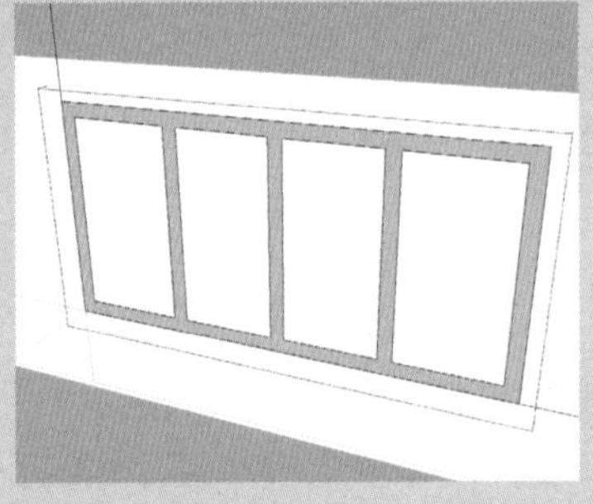
图 9-176 删除边与面

45 激活“推 / 拉”工具，将面推出 40mm，制作出窗框造型，如图 9-177 所示。

46 按照上述操作步骤制作其他位置的窗户造型，如图 9-178 所示。

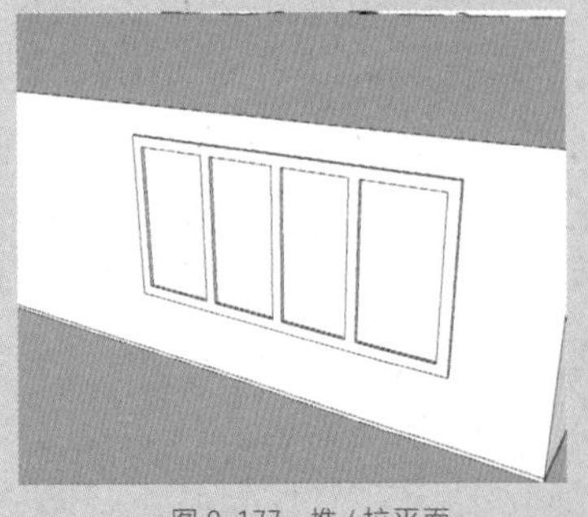
图 9-177 推 / 拉平面

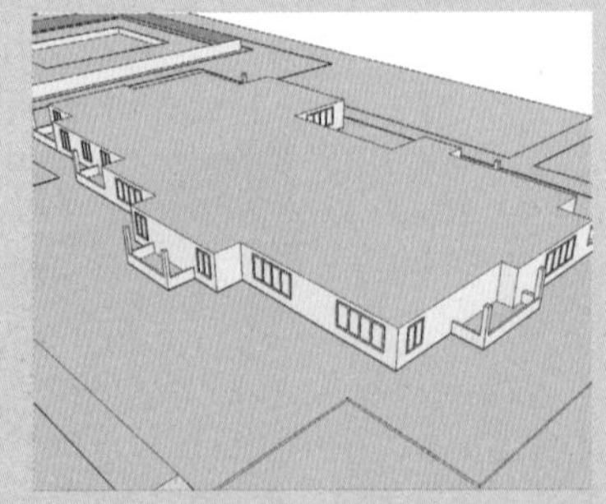
图 9-178 制作其他窗户造型

47 制作门模型。双击建模模型进入编辑模式，激活“矩形”工具，绘制 2200mm×2400mm 的矩形，居中放置，如图 9-179 所示。

48 退出编辑模式，再次捕捉绘制矩形，如图 9-180 所示。

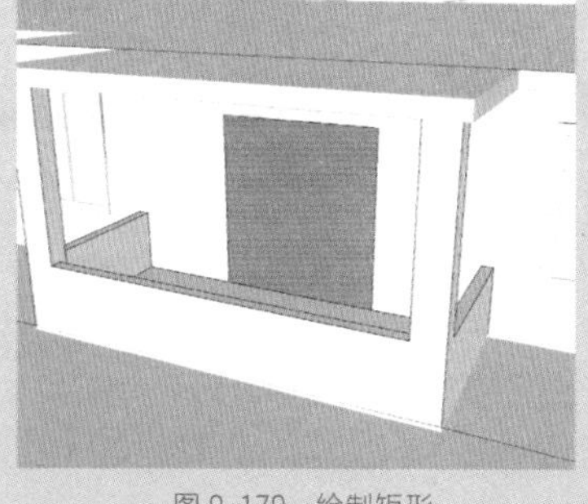
图 9-179 绘制矩形

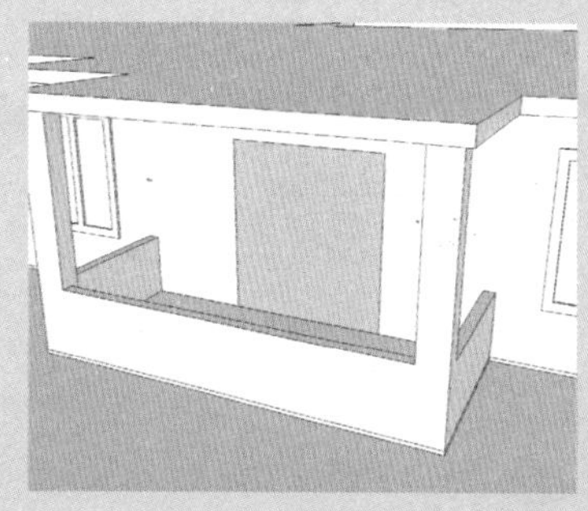
图 9-180 绘制矩形

49 将其创建成组，双击进入编辑模式，选择左右和上方的边线，如图 9-181 所示。

50 激活“偏移”工具，将边线向内偏移 120mm，如图 9-182 所示。

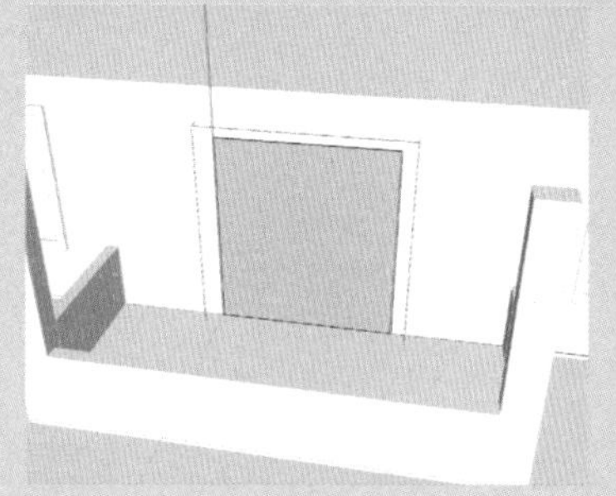
图 9-181 选择边线

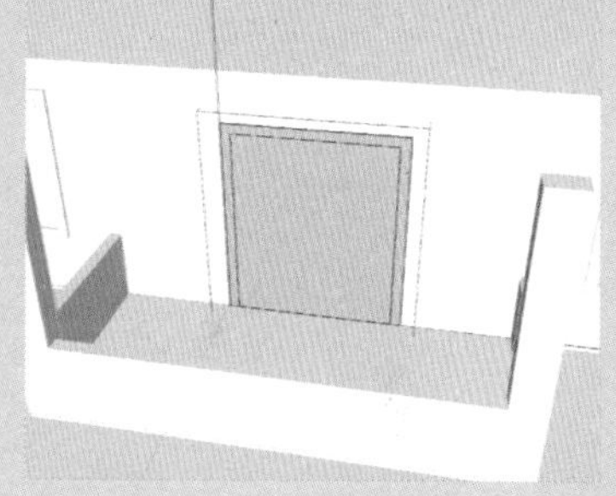
图 9-182 偏移边线

51 激活“直线”工具，绘制中线，如图 9-183 所示。

52 将中线向左右两侧各移动并复制 60mm，如图 9-184 所示。

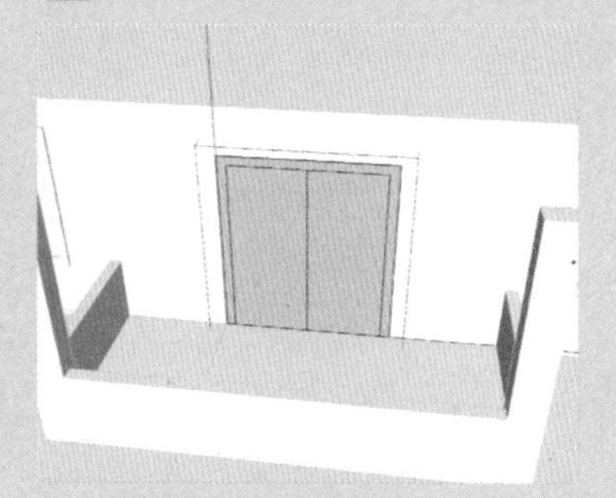
图 9-183 绘制中线

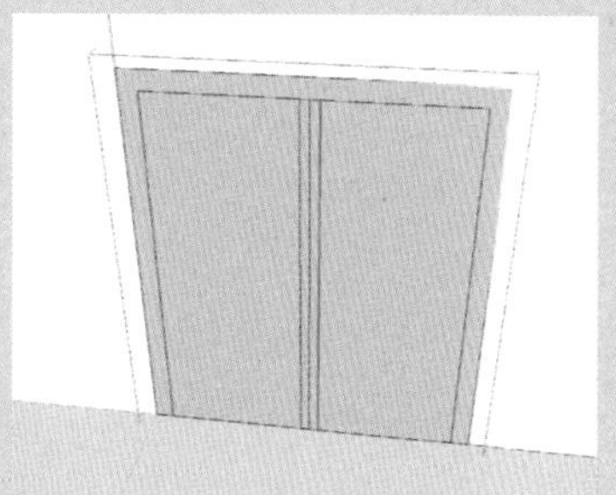
图 9-184 移动并复制中线

53 删除多余的线和面，如图 9-185 所示。

54 激活“推 / 拉”工具，将面推出 40mm，制作出门套模型，如图 9-186 所示。

图 9-185　删除多余线和面

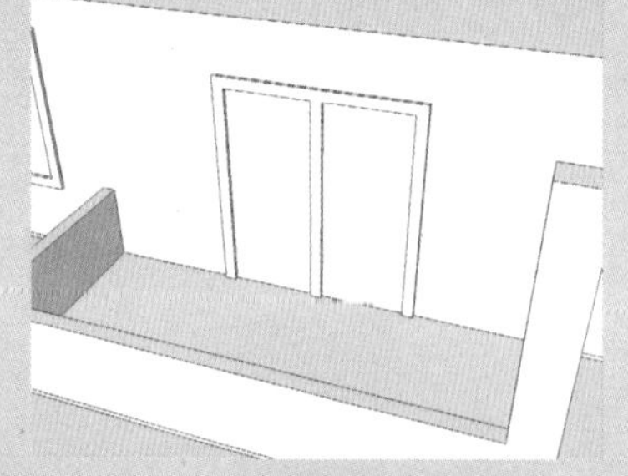

图 9-186　推拉面

55 照此操作方法制作其他位置的门模型，如图 9-187 所示。

56 激活“直线”工具，捕捉建筑顶部绘制顶面轮廓，如图 9-188 所示。

图 9-187　制作其他门模型

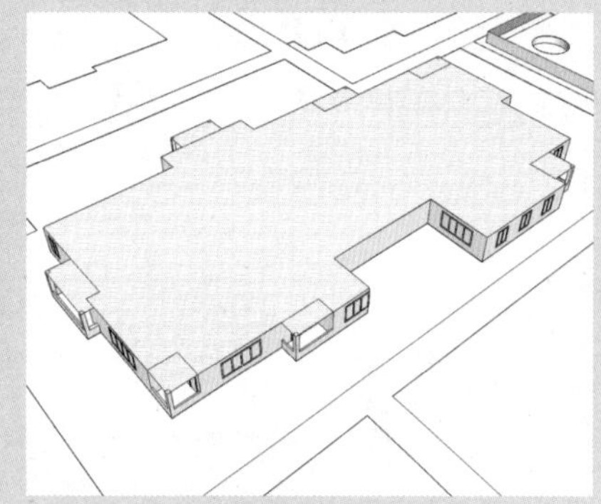

图 9-188　绘制顶面轮廓

57 将其创建成组，双击进入编辑模式，激活“推 / 拉”工具，将面向上推出 200mm，如图 9-189 所示。

58 再将周圈的面皆向外推出 100mm，完成楼层造型的制作，如图 9-190 所示。建筑模型制作到这一步，就要等到后面为其添加了材质贴图后再进行下一步的复制操作。

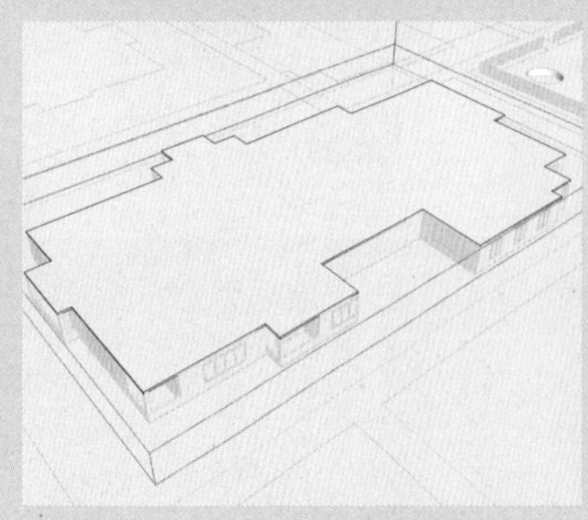

图 9-189　推 / 拉平面

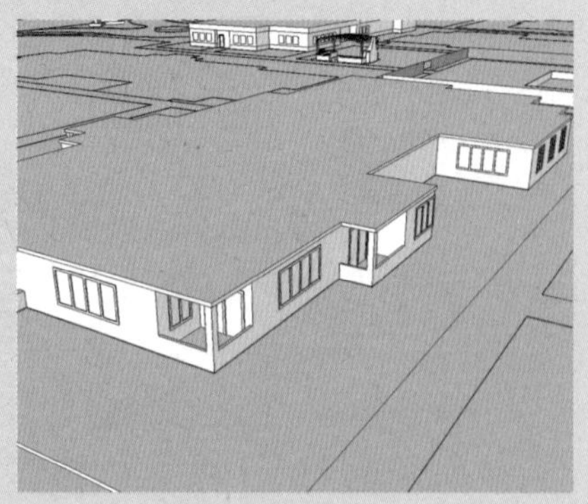

图 9-190　向外圈推 / 拉

9.2　贴图及后期完善

模型制作到这一步，整体的轮廓已经清晰，接下来要为场景添加材质贴图并进行模型的复制，进行最后的完善。由于场景模型较大，本案例将不添加阴影等效果。

9.2.1　添加材质贴图

由于场景中住宅楼模型是相同的，这里需要先为模型赋予材质，再进行复制。操作步骤如下。

01 激活“材质”工具，打开材质库，从中选择“人造草被”材质，调整纹理尺寸，如图 9-191 所示。

02 将材质指定给场景中的植被区域，如图 9-192 所示。

图 9-191　选择“人造草被”材质

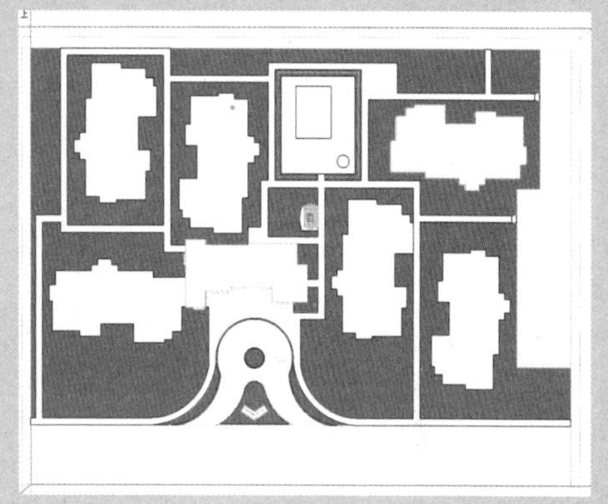

图 9-192　赋予材质

03 创建“路面”材质，为其添加纹理贴图并设置尺寸，如图 9-193 所示。

04 将材质指定给场景中的路面，如图 9-194 所示。

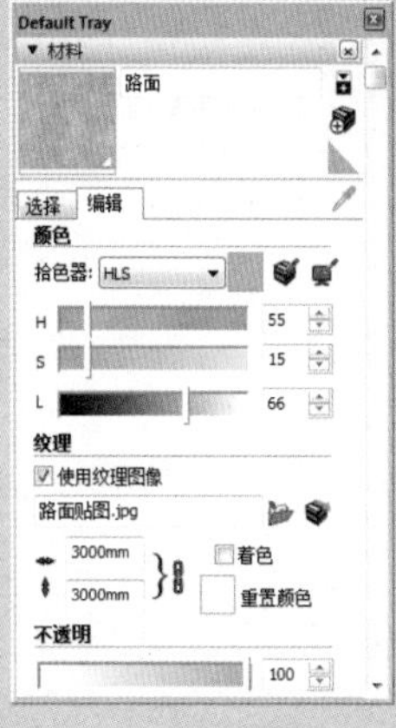

图 9-193　创建“路面”材质

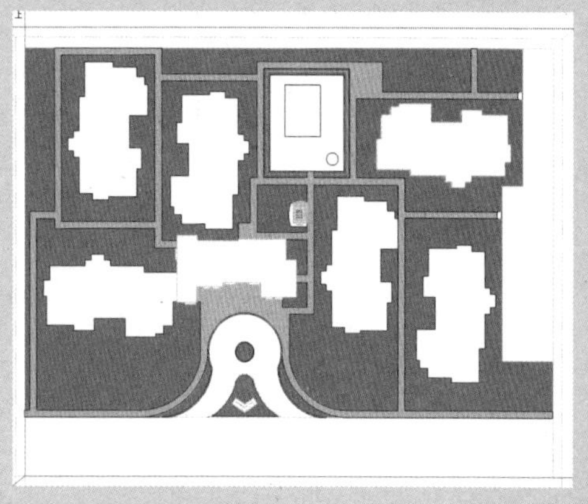

图 9-194　赋予材质

05 选择“新沥青”材质，指定给地面，如图 9-195 所示。

06 创建“公路”材质，为其添加纹理贴图并设置尺寸，如图 9-196 所示。

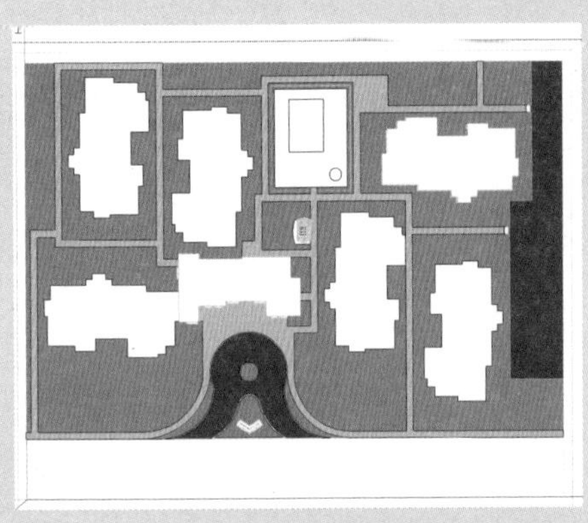

图 9-195 “新沥青”材质

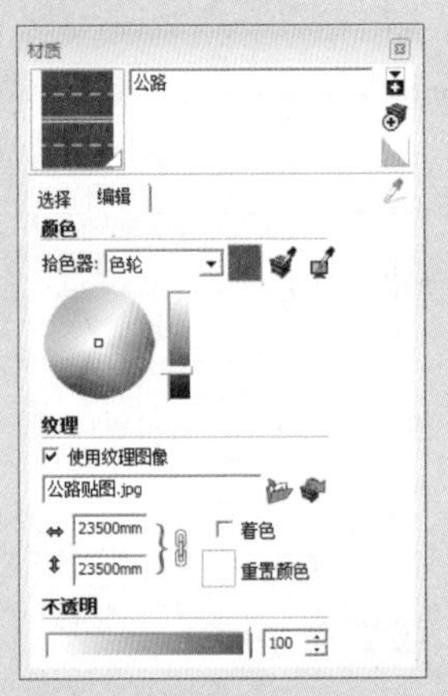

图 9-196 创建“公路”材质

07 将材质指定给公路路面，如图 9-197 所示。

08 将视线转移到小区入口处，创建“文化石”材质，添加纹理贴图并调整尺寸，如图 9-198 所示。

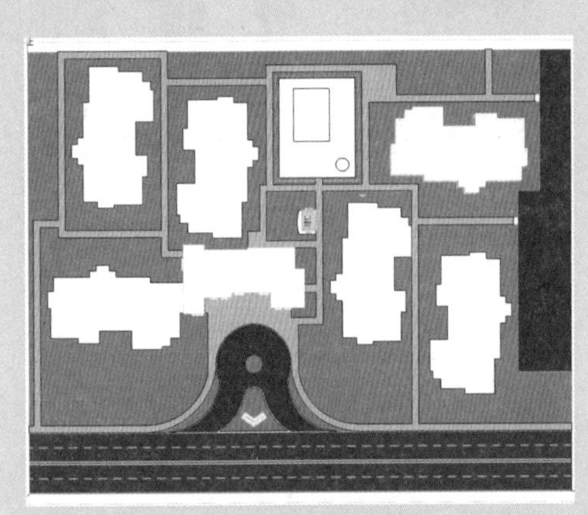

图 9-197 赋予材质

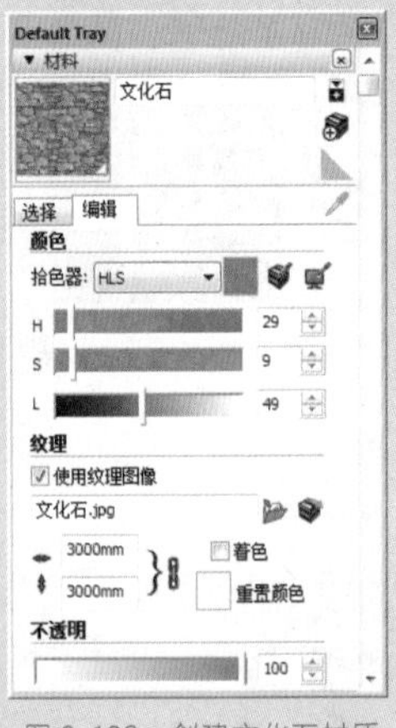

图 9-198 创建文化石材质

09 将材质指定给小区入口处的景观标志，再赋予草皮植被材质，如图 9-199 所示。

10 选择合适的颜色材质，将材质指定给景观标志，如图 9-200 所示。

11 将视线转到露天厨房位置，选择“多色石块”材质，指定给水吧的地面，如图 9-201 所示。

12 选择“走道石材铺面”材质，指定给地面拼花，如图 9-202 所示。

图 9-199 赋予文化石与草皮植被材质

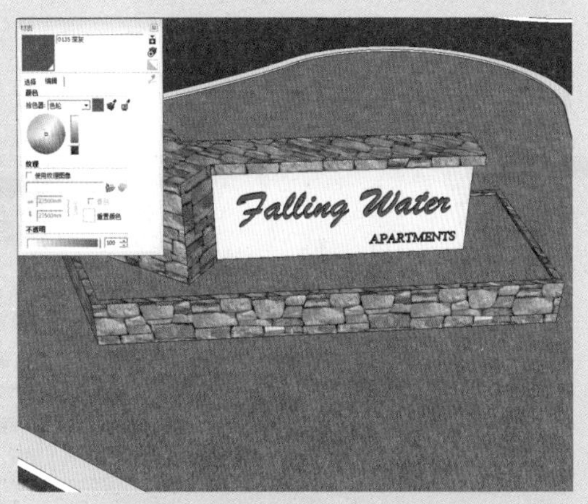

图 9-200 赋予颜色材质

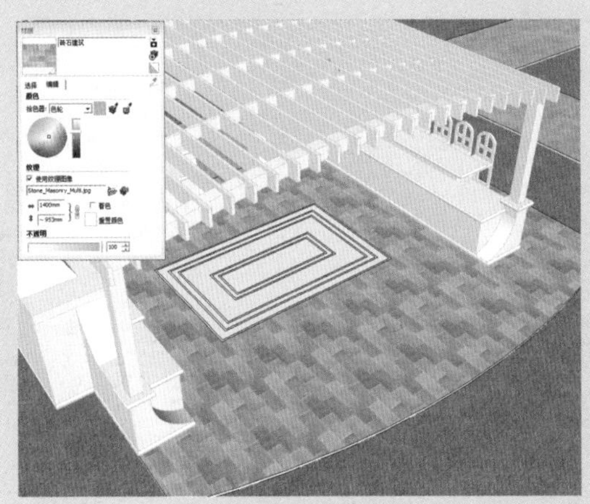

图 9-201 选择“多色石块”材质

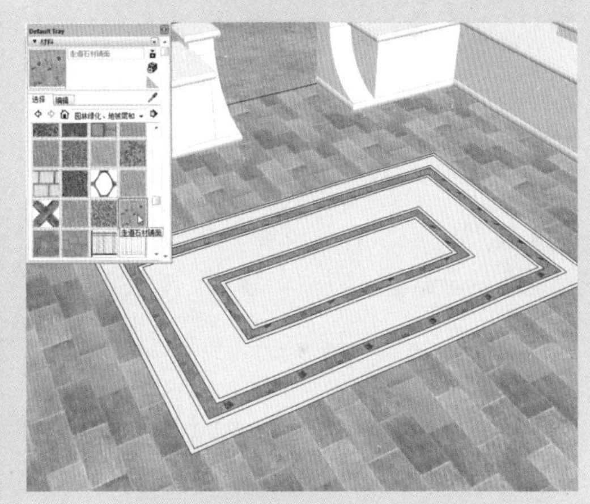

图 9-202 选择“走道石材铺面”材质

13 选择“灰色石板石材铺面”材质，指定给地面拼花，如图 9-203 所示。

14 根据灰色石板铺路石材质，创建“花色路石”材质，为其重命名，并更改贴图颜色，如图 9-204 所示。

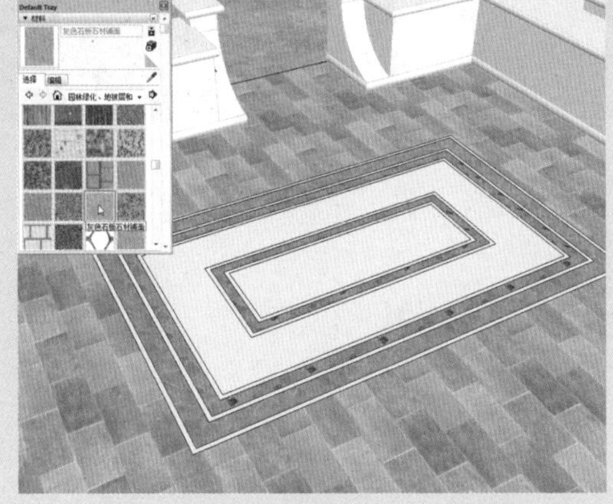

图 9-203 选择“灰色石板石材铺面”材质

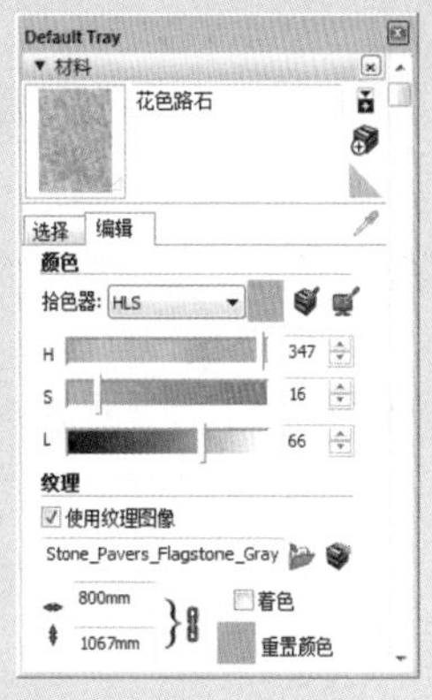

图 9-204 创建“花色路石”材质

15 将材质指定给地面拼花，如图 9-205 所示。

16 创建“马赛克路石”材质，添加纹理贴图并设置尺寸，如图 9-206 所示。

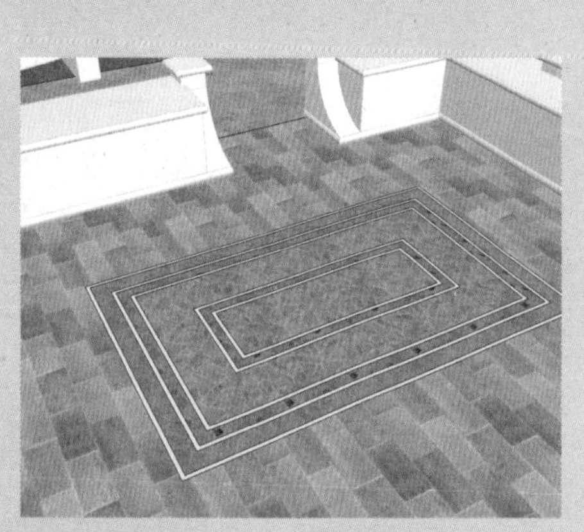

图 9-205 赋予材质

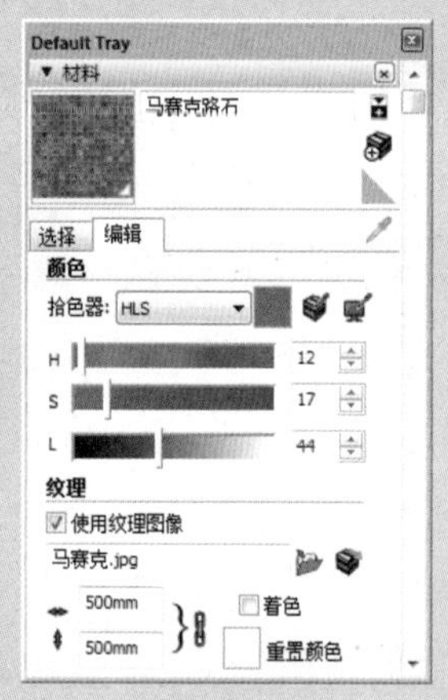

图 9-206 创建“马赛克路石”材质

17 将材质指定给地面拼花，完成地面材质的制作，如图 9-207 所示。

18 选择“走道石材铺面”材质，新建材质，调整贴图颜色，将材质指定给橱柜及壁炉模型，如图 9-208 所示。

图 9-207 赋予材质

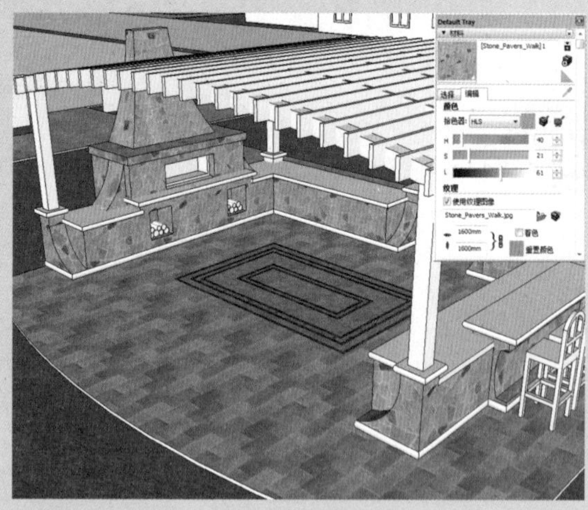

图 9-208 赋予材质

19 根据该材质创建新的材质，并调整贴图颜色，如图 9-209 所示。

20 将材质指定给壁炉内部的造型，如图 9-210 所示。

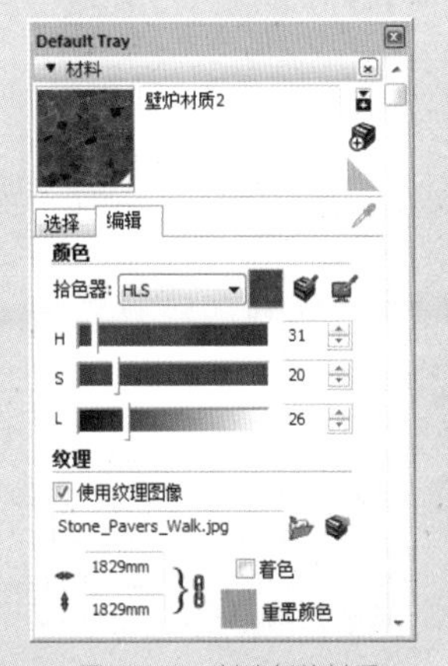

图 9-209　创建新的材质

图 9-210　赋予材质

21 创建“木纹”材质，添加纹理贴图，再将材质指定给场景中的橱柜台面、橱柜踢脚、椅子、木材以及亭子模型，如图 9-211 所示。

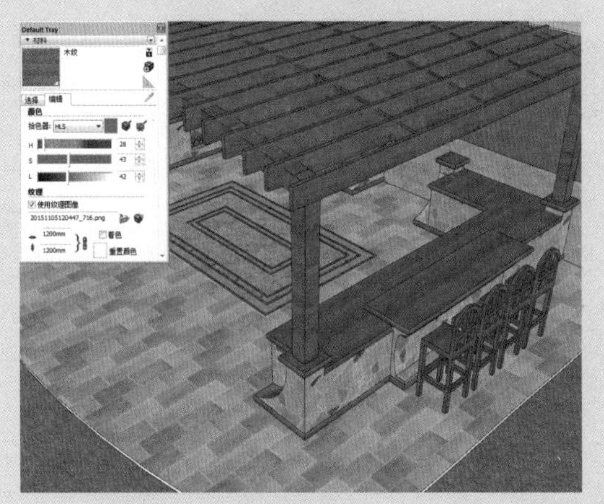

图 9-211　赋予材质

22 将视线转移到游泳池位置，隐藏泳池方形和圆形上的平面，如图 9-212 所示。

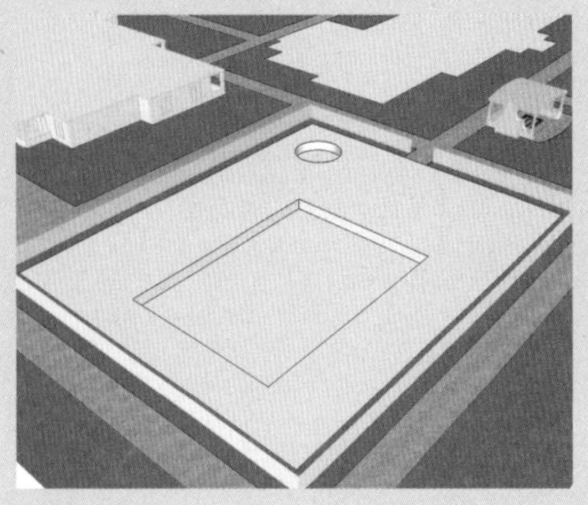

图 9-212　隐藏面

23 选择模型中的“多色石块”材质，指定给游泳池地面，如图 9-213 所示。

24 取消隐藏泳池上方的平面，如图 9-214 所示。

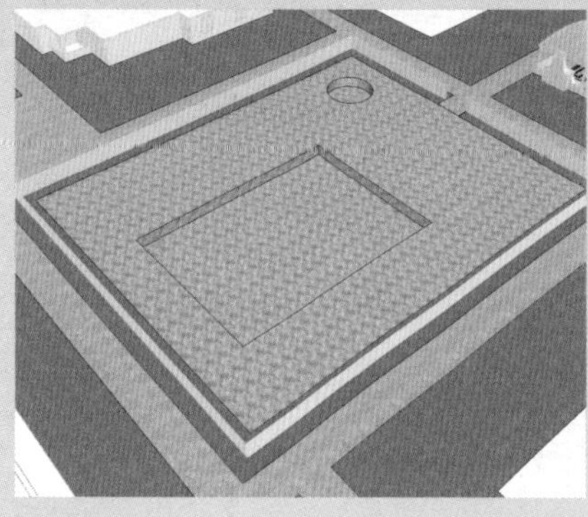

图 9-213 赋予材质

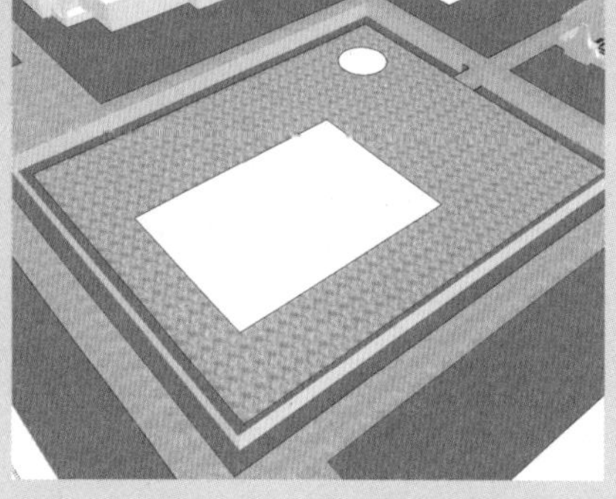

图 9-214 取消隐藏平面

25 选择“水纹”材质，并指定给泳池水面，如图 9-215 所示。

26 创建“栏杆”材质，添加纹理贴图并调整尺寸，如图 9-216 所示。

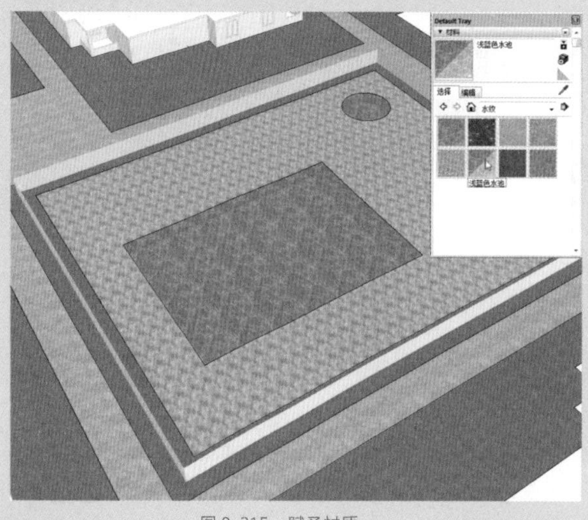

图 9-215 赋予材质

图 9-216 创建“栏杆”材质

27 将材质指定给游泳池周圈的面，如图 9-217 所示。

28 制作建筑材质。创建“屋顶”颜色材质，并将材质指定给活动中心的屋顶周围部分，如图 9-218 所示。

29 选择“0034 小麦色”，将材质指定给活动中心的墙面中间部分，如图 9-219 所示。

30 选择模型中创建好的“文化石”材质，指定给活动中心墙面，如图 9-220 所示。

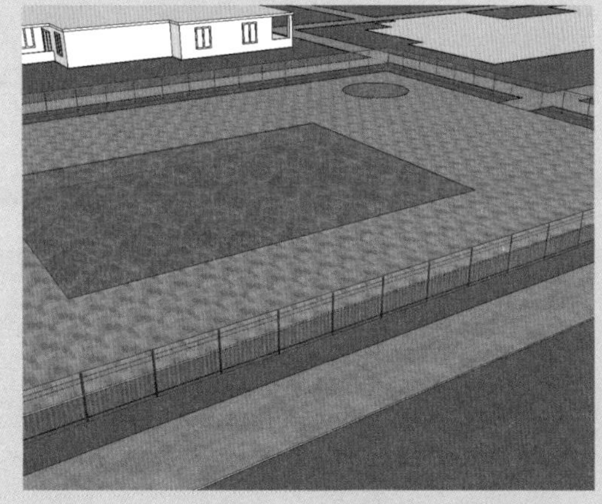

图 9-217 赋予材质

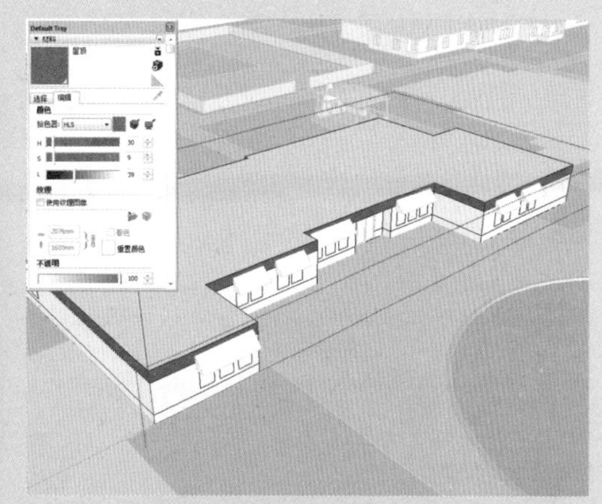

图 9-218 创建“屋顶”颜色材质

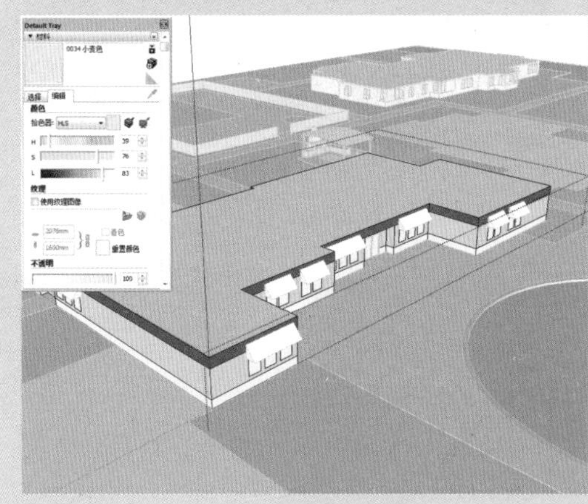

图 9-219 选择颜色

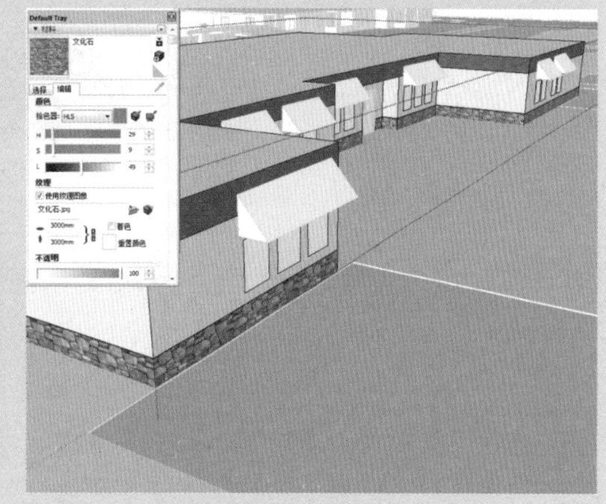

图 9-220 赋予材质

31 选择“灰色半透明玻璃”材质，指定给建筑中的门窗玻璃，如图 9-221 所示。

32 选择“0022 栗色”材质，指定给窗户上方的遮阳棚，如图 9-222 所示。

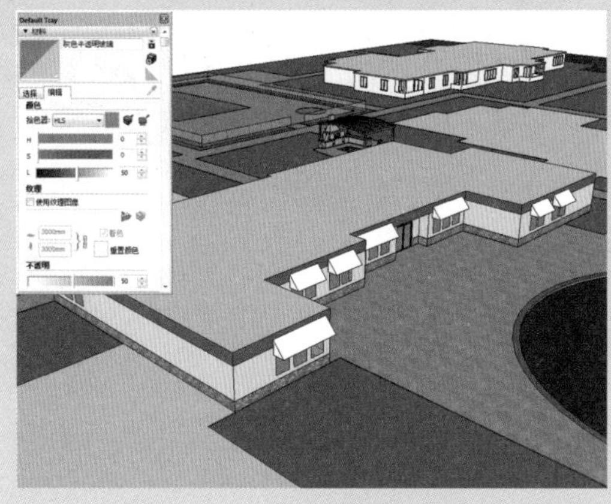

图 9-221 选择“灰色半透明玻璃”材质

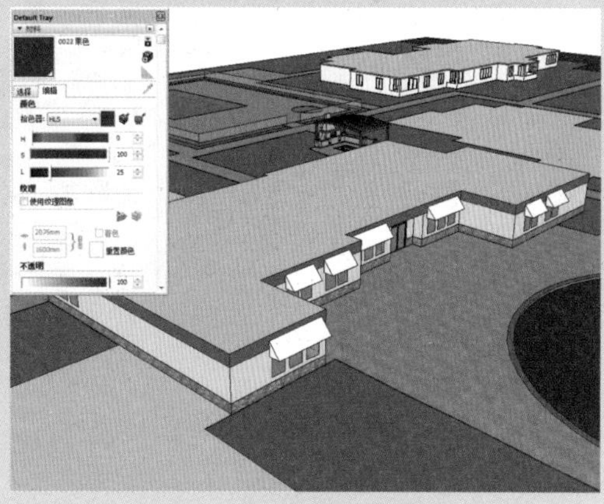

图 9-222 选择“0022 栗色”材质

33 选择“0136 炭黑”材质，指定给门框模型，活动中心建筑材质已经创建完毕，如图 9-223 所示。

34 再将已经创建好的玻璃材质、门框材质、屋顶材质指定给模型，则住宅楼一层的材质已经创建完毕，如图 9-224 所示。

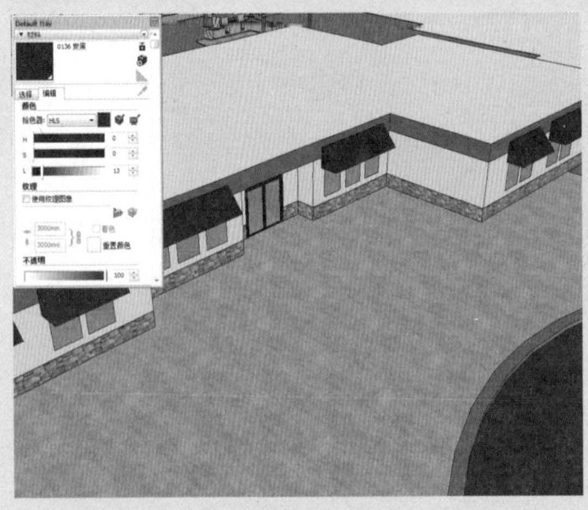

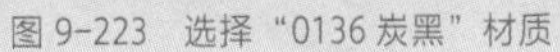
图 9-223 选择“0136 炭黑”材质

图 9-224 材质创建完毕

9.2.2 完善建筑模型并添加景观小品

这里主要是对住宅楼模型进行完善并复制，之前仅创建了一层的模型，楼层复制完毕后，还需要制作屋顶模型。最后还要为整个场景添加景观小品，如树木、路灯、车辆、人物等。操作步骤如下。

01 选择住宅楼模型，向上复制成 5 层楼，如图 9-225 所示。

02 双击顶层屋顶模型进入编辑模式，激活“推 / 拉”工具，将东墙阳台两侧的地面推出对齐，如图 9-226 所示。

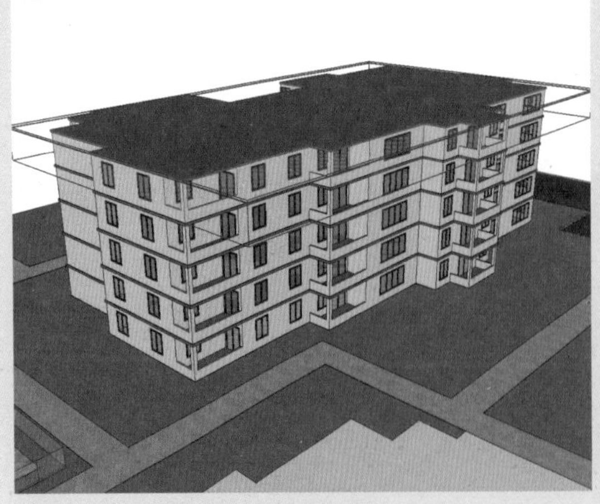

图 9-225 复制模型

图 9-226 推 / 拉模型

03 再转到南面，激活“直线”工具，在阳台位置的顶部绘制一条直线，再捕捉中点沿蓝轴向上绘制3000mm的直线，如图9-227所示。

04 绘制出一个三角形，删除中线，如图9-228所示。

图9-227　绘制直线

图9-228　绘制三角形

05 照此操作方法绘制其他位置的三角形，东面屋顶的三角形高度为1800mm，如图9-229所示。

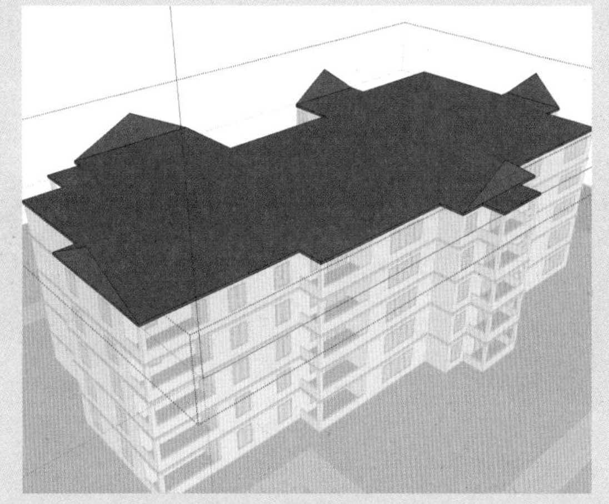

图9-229　绘制其他三角形

06 从西墙的三角形处绘制一条46800mm的直线，如图9-230所示。

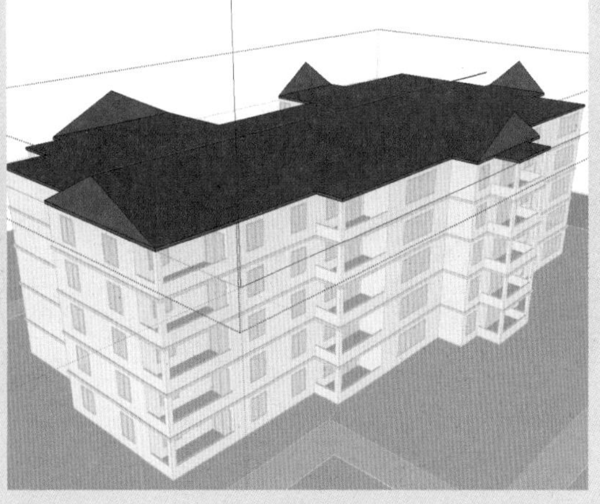

图9-230　绘制直线

07 再从其他三角形处绘制直线垂直连接到该直线，如图 9-231 所示。

08 利用“直线”工具连接各个端点，制作屋顶大致轮廓，如图 9-232 所示。

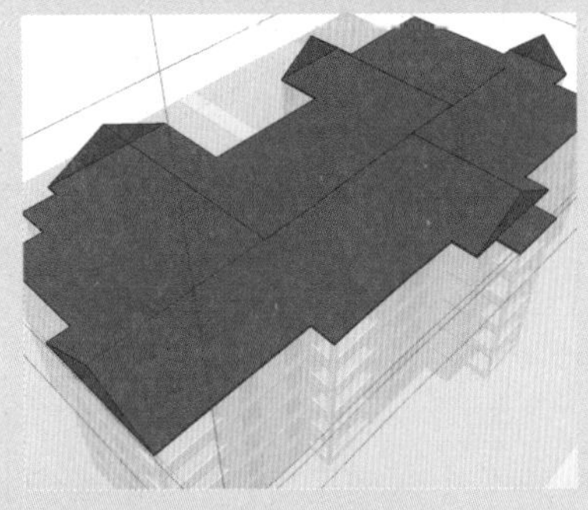

图 9-231　绘制直线

图 9-232　绘制屋顶轮廓

09 制作东面屋顶造型。捕捉三角形顶点绘制 5424mm 长度的直线，使其端点在面上，如图 9-233 所示。

10 继续绘制直线完成屋顶造型，如图 9-234 所示。

图 9-233　绘制直线

图 9-234　完成屋顶造型

11 转到南面的阳台位置，捕捉绘制 1800mm 高度的屋顶造型，如图 9-235 所示。

12 将屋顶的两条线向内偏移 200mm，如图 9-236 所示。

图 9-235　制作屋顶造型

图 9-236　偏移图形

13 删除多余的线条，如图 9-237 所示。

14 激活“推 / 拉”工具，将面向内推出 50mm，如图 9-238 所示。

15 为中间的面赋予“墙板”材质，如图 9-239 所示。

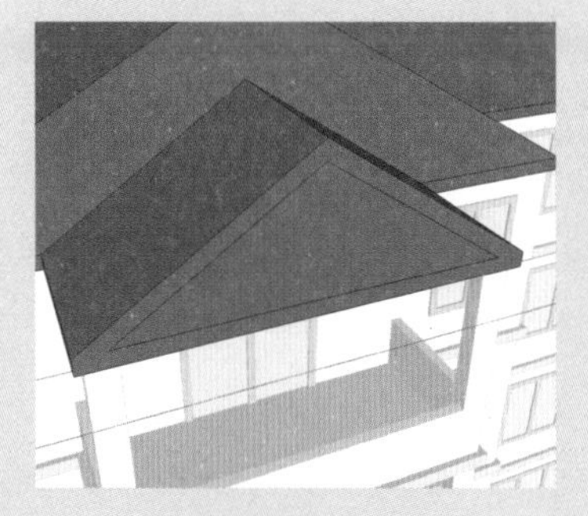
图 9-237　删除多余线条

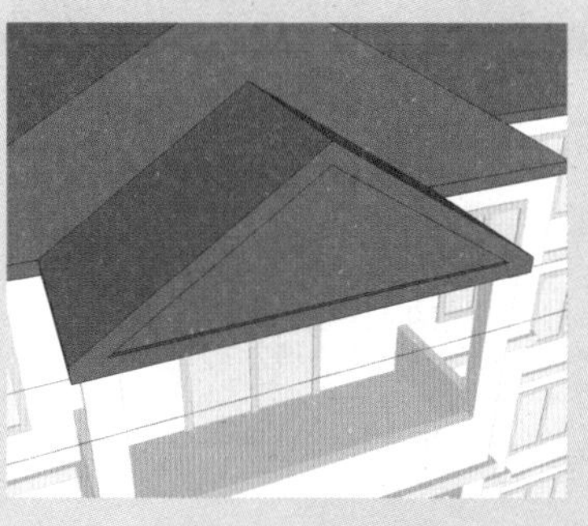
图 9-238　推 / 拉平面

图 9-239　赋予材质

16 照此操作方法制作其他位置的屋顶造型，完成住宅楼模型的制作，如图 9-240 所示。

图 9-240　制作其他屋顶造型

17 将模型创建成组，进行复制及旋转操作，并调整到合适位置，如图 9-241 所示。

18 为场景添加树木、路灯、人物、汽车等模型，并进行合理布置，完成场景模型的制作，如图 9-242 所示。

图 9-241　复制并旋转建筑模型

图 9-242　添加模型

参 考 文 献

[1] 沈真波，薛志红，王丽芳 . After Effects CS6 影视后期制作标准教程 [M]. 北京：人民邮电出版社，2016.

[2] 潘强，何佳 . Premiere Pro CC 影视编辑标准教程 [M]. 北京：人民邮电出版社，2016.

[3] 姜洪侠，张楠楠 . Photoshop CC 图形图像处理标准教程 [M]. 北京：人民邮电出版社，2016